EUROPA-FACHBUCHREIHE
für bekleidungstechnische Berufe

Eberle Hermeling Hornberger Dr. Ignatowitz
Kilgus Kupke Meder Menzer Ring

Prüfungsbuch Bekleidung

2. Auflage

VERLAG EUROPA-LEHRMITTEL · Nourney, Vollmer GmbH & Co. KG
Düsselberger Straße 23 · 42781 Haan-Gruiten
Europa-Nr.: 61955

Autorinnen und Autoren des Prüfungsbuches Bekleidung

Eberle, Hannelore	Studiendirektorin	Ravensburg
Hermeling, Hermann	Dipl.-Ing. (FH), Oberstudiendirektor	Frankfurt
Hornberger, Marianne	Diplom-Modellistin, Fachlehrerin	München
Ignatowitz, Eckhard	Dr. Ing., Studienrat	Waldbronn
Kilgus, Roland	Dipl.-Gwl., Oberstudiendirektor	Neckartenzlingen
Kupke, Renate	Oberstudienrätin	Stuttgart
Meder, Ulrike	Dipl. Designerin (FH), MBA (European Enterprise Management)	Metzingen
Menzer, Dieter	Dipl.-Ing. (FH)	Wiesloch
Ring, Werner	Dipl.-Ing. (FH), Studiendirektor	Metzingen

Lektorat und Leitung des Arbeitskreises Hannelore Eberle

Modezeichnungen Studio Salo-Döllel, Aufkirchen bei Erding

Bildbearbeitung Zeichenbüro des Verlages Europa-Lehrmittel, Leinfelden-Echterdingen

Das vorliegende Buch wurde auf der **Grundlage der neuen amtlichen Rechtschreibregeln** erstellt.

2. Auflage 2008

Druck 5 4 3 2 1

Alle Drucke derselben Auflage sind parallel einsetzbar, da sie bis auf die Korrektur von Druckfehlern untereinander unverändert sind.

ISBN 978-3-8085-6196-6

Satz: RK Text, 42799 Leichlingen
Druck: Triltsch Print und digitale Medien GmbH, 97199 Ochsenfurt-Hohestadt

Das **Prüfungsbuch Bekleidung** bezieht sich hauptsächlich auf die Lerninhalte der Bücher „Fachwissen Bekleidung", „Fachmathematik Bekleidung", „Mode-Zeichnen und Entwerfen" und „Mode-Darstellung, Farbe und Stil". Es dient zur Kenntnisfestigung sowie zur Vorbereitung auf Zwischen- und Abschlussprüfungen. Es kann in Berufs-, Berufsfach- und Fachschulen (Meister- und Technikerschulen) sowie in Berufskollegs und Berufsoberschulen eingesetzt werden. Der Inhalt des Buches umfasst den wesentlichen Prüfungsstoff für bekleidungstechnische Berufe. Der Schwerpunkt liegt auf dem Unterrichtsfach **Technologie.** Daneben enthält das Prüfungsbuch auch Aufgaben aus den Fächern **Technische Mathematik, Gestaltung und Konstruktion** sowie **Wirtschafts- und Sozialkunde**.

Die Gliederung des Buches in sechs Teile erlaubt ein gezieltes Vorbereiten und Wiederholen der einzelnen Wissensgebiete:

Teil A Fragen und Antworten zur Technologie

Dieser Teil enthält alle Wiederholungsfragen der 6. und 7. Auflage von „Fachwissen Bekleidung" sowie ergänzende Fragen. Nach jeder Frage wird jeweils die Antwort aufgezeigt. Zusätzliche Erläuterungen und Bilder vertiefen den Lernerfolg. Zuordnungsaufgaben und fünfzig „multiple-choice-Fragen" aus dem Gebiet der „Geschichte der Bekleidung" runden die einzelnen Kapitel ab.

Teil B Projektaufgaben mit Lösungsvorschlägen

Der Schwerpunkt liegt bei diesen handlungsorientierten Aufgaben im Erkennen von Zusammenhängen. Dies wird durch die Integration von Sachverhalten aus anderen Lerngebieten (z. B. Technisches Zeichnen, Modezeichnen, Verarbeitungstechnik, Betriebsorganisation) in bekleidungstechnische Mathematikaufgaben erreicht. Der didaktische Ansatz der Lernfelder wird hierbei besonders unterstützt. Projekte in dieser oder ähnlicher Form finden immer häufiger Eingang in Prüfungen.

Teil C Beispiele für Abschlussprüfungen der Modenäher

Nach der Erläuterung der Prüfungsstruktur werden Aufgaben der Fächer **Technologie, Technische Mathematik** sowie **Gestaltung und Konstruktion** dargestellt. Die Prüfungen bestehen aus einem gebundenen Teil (Auswahlantworten, sog. „multiple-choice"-Aufgaben) und ungebundenen Aufgaben, die eine freie Formulierung bzw. Konstruktion erfordern. Die Prüfungseinheiten sind im Aufbau und Inhalt den realen Prüfungen bzw. den Abschlussprüfungen der PAL (Prüfungsaufgaben- und Lehrmittelentwicklungsstelle, Stuttgart) für Modenäher angeglichen.

Teil D Beispiele für Abschlussprüfungen der Modeschneider

Nach der Erläuterung der Prüfungsstruktur werden Aufgaben der Fächer **Technologie, Technische Mathematik** sowie **Gestaltung und Konstruktion** dargestellt. Die Prüfungen bestehen aus einem gebundenen Teil (Auswahlantworten, sog. „multiple-choice"-Aufgaben) und ungebundenen Aufgaben, die eine freie Formulierung bzw. Konstruktion erfordern. Die Prüfungseinheiten sind im Aufbau und Inhalt den realen Prüfungen bzw. den Abschlussprüfungen der PAL für Modeschneider angeglichen.

Teil E Fragen und Antworten zur Wirtschafts- und Sozialkunde

In diesem Teil ist eine Sammlung von Fragen und Testaufgaben zusammengestellt, die den Inhalt dieses Fachbereiches abdeckt. Während der Großteil der Fragen mit Auswahlantworten versehen ist, sind am Ende von jedem Abschnitt mehrere ungebundene Test-Fragen gestellt, die mit einem **„T"** gekennzeichnet sind und deren Lösung im Teil F zu finden ist. Am Schluss wird eine Prüfungseinheit vorgegeben, deren Aufbau und Inhalt den realen Abschlussprüfungen angeglichen ist.

Teil F Lösungsvorschläge

In diesem Teil sind die Lösungen der Zuordnungsaufgaben und „multiple-choice"-Fragen aus Teil A, sämtlicher Prüfungsaufgaben sowie der Testaufgaben aus dem Bereich „Wirtschafts- und Sozialkunde" enthalten.

Bei der **2. Auflage** wurden Fehler berichtigt und Aktualisierungen vorgenommen.

Wir wünschen allen Benutzern des Prüfungsbuches Bekleidungstechnik viel Erfolg bei der Vorbereitung zu Tests und Prüfungen.

Für Anregungen, die zu einer Vervollständigung und Verbesserung des Prüfungsbuches beitragen können, sind wir jederzeit aufgeschlossen und dankbar.

Sommer 2008 Die Autoren

Inhaltsverzeichnis

Teil A: Fragen und Antworten zur Technologie

1 Fasern

1 Nennen Sie die Haupt- und Untergruppen der Naturfasern.

Pflanzenfasern:

Samenfasern, Bastfasern (Stängelfasern), Hartfasern

Tierische Fasern:

Wolle, feine Tierhaare, grobe Tierhaare, Seiden

2 Nennen Sie die Haupt- und Untergruppen der Chemiefasern.

Chemiefasern aus natürlichen Polymeren:

Zellulosische Chemiefasern, Alginat, Gummi

Chemiefasern aus synthetischen Polymeren:

Elasto, Polyester, Fluoro, Polychlorid, Polyacryl, Polyolefin, Polyamid, Polyvinylalkohol,

3 Nennen Sie sechs zellulosische Chemiefasern.

Viskose, Modal, Lyocell, Cupro, Acetat, Triacetat

4 Definieren Sie die Begriffe Egrenieren und Linters.

Das Entkörnen der Baumwolle wird als **Egrenieren** bezeichnet.

Linters sind die kurzen Baumwollfasern (unter 10 mm). Sie sind zum Verspinnen zu kurz und werden zur Herstellung zellulosischer Chemiefasern verwendet.

5 Geben Sie die Stapellänge an, die Baumwollfasern haben müssen, um verspinnbar zu sein.

Die **Stapellänge** der Baumwollfasern muss ca. 15 bis 60 mm betragen, damit sie verspinnbar ist.

6 Nennen Sie fünf Merkmale der Baumwolle, nach denen die Faserqualität beurteilt wird.

Stapellänge, Feinheit, Reinheit, Festigkeit, Farbe, Glanz

7 Begründen Sie die Eigenschaft der Baumwolle, Feuchtigkeit aufzunehmen, anhand des Faseraufbaus.

Die Feuchtigkeit wird vor allem in dem Hohlraum im Faserinneren (Lumen) und zwischen den Zelluloseschichten aufgenommen.

8 Beurteilen Sie das bekleidungsphysiologische Verhalten von Baumwolltextilien.

Wärmeisolation:

Die Wärmeisolation von Baumwolltextilien ist eher gering. Sie kann durch Aufrauen der textilen Fläche erhöht werden (vgl. Flanell).

Feuchtigkeitsaufnahme:

Baumwolle ist saugfähig, die Feuchtigkeitsaufnahme ist begrenzt; sie trocknet langsam.

Hautfreundlichkeit:

Die feine, weiche Baumwollfaser ist sehr hautfreundlich.

9 Bewerten Sie folgende technologischen Eigenschaften der Baumwolle:
Trocken- und Nassfestigkeit, Dehnung, Elastizität, Knitterverhalten.

Trockenfestigkeit:

Baumwolle hat gute bis sehr gute Trockenfestigkeit.

Nassfestigkeit:

Baumwolle hat eine sehr gute Nassfestigkeit. Sie ist höher als die Trockenfestigkeit.

Dehnung:

Die Dehnbarkeit ist gering (6% ... 10%).

Elastizität:

Die Elastizität der Baumwolle ist gering.

Knitterverhalten:

Wegen der geringen Elastizität knittern Baumwollstoffe stark.

10 Erklären Sie den Begriff Merzerisieren.

Unter **Merzerisieren** versteht man die Behandlung von Baumwollgarnen oder -stoffen mit Natronlauge unter gleichzeitigem Spannen. Es wird dadurch dauerhafter Glanz erzeugt.

11 Erklären Sie drei weitere Veredlungsverfahren zur Veränderung der Eigenschaften bei Baumwollstoffen.

Krumpfen:
Gewolltes Einlaufen von Baumwollstoffen durch Einwirkung von Dampf und Mechanik.

Imprägnieren:
Tränken mit wasser- und schmutzabweisenden Chemikalien.

Knitterarm-Ausrüstung:
Durch das Einlagern von Kunstharzen in Baumwollgewebe wird die unelastische Baumwolle elastisch und knittert kaum noch.

Man braucht knitterarm ausgerüstete Textilien kaum noch zu bügeln.

12 Beschreiben Sie den Verlauf der Brennprobe bei Baumwolle.

- Rasche Verbrennung, Nachglühen
- Geruch nach verbranntem Papier
- hellgraue Flugasche als Rückstand

13 Begründen Sie den Einsatz von Baumwolle für die Verwendung als Unter- und Nachtwäsche.

Baumwolle ist saugfähig, kochfest (hygienisch), hautfreundlich.

14 Entwerfen Sie ein Plegeetikett für Baumwolltextilien bei Maximalbelastung. Geben Sie drei Beispiele an, für welche Textilien diese Pflegemaßnahmen möglich und sinnvoll sind.

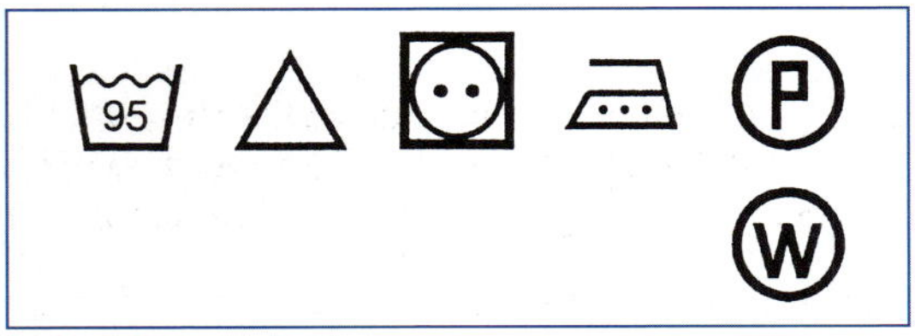

Die Maximalbehandlung ist möglich und sinnvoll bei:

- weißer Säulingswäsche
- weißer Tischwäsche
- weißer Berufskleidung

15 Geben Sie an, welche Garantie mit dem Internationalen Baumwollzeichen verbunden ist.

Das Gütezeichen garantiert, dass ...

- es sich bei Baumwolle um Fasern der Baumwollpflanze handelt.
- die Baumwolle beste Qualität aufweist.

16 Nennen Sie die Arbeitsgänge, die erforderlich sind, um die Flachsfaserbündel aus dem Stängel zu gewinnen.

Raufen, Riffeln, Rösten (Rotten), Brechen, Schwingen, Hecheln

17 Skizzieren Sie den Aufbau eines Flachsstängelquerschnittes.

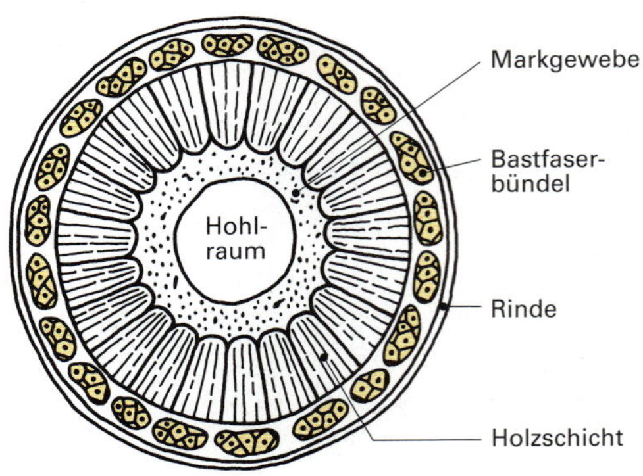

18 Definieren Sie den Begriff Kotonisieren.

Kotonisieren nennt man das mechanische oder chemische Auflösen der Faserbündel in Elementarfasern.

Man erhält Flockenbast, der mit Baumwolle gemischt werden kann.

19 Beurteilen Sie das bekleidungsphysiologische Verhalten von Leinentextilien.

Wärmeisolation:
Garne und Gewebe aus den glatten Leinenfasern haben kaum Lufteinschlüsse, sie isolieren wenig.

Feuchtigkeitsaufnahme:
Leinen ist gut saugfähig, es trocknet schneller als Baumwolle.

Hautfreundlichkeit:
Leinen ist glatter, steifer und weniger geschmeidig als Baumwolle.

20 Erklären Sie, warum sich Leinen kühl anfühlt.

Weil die Faseroberfläche von Leinen glatt ist und Leinen wenig Luft einschließt, fühlen sich Leinenstoffe kühl an.

21 Bewerten Sie folgende technologischen Leineneigenschaften:
Festigkeit trockene Faser und nasse Faser, Dehnung, Elastizität, Knitterverhalten.

Trockenfestigkeit:
Die Trockenfestigkeit von Leinen ist sehr gut.

Nassfestigkeit:
Die Nassfestigkeit ist noch höher als die Trockenfestigkeit.

Dehnung:
Mit 2% Dehnung hat Leinen die geringste Dehnung aller Bekleidungsfasern.

Elastizität:
Die Elastizität von Leinen ist sehr gering.

Knitterverhalten:
Wegen der geringen Elastizität knittert Leinen stark.

22 Beschreiben Sie den Verlauf der Brennprobe bei Leinen.

- Rasche Verbrennung, Nachglühen
- Geruch nach verbranntem Papier
- hellgraue Flugasche als Rückstand

23 Vergleichen Sie die Trockenreißprobe von Leinen und Baumwolle und nennen Sie weitere Methoden, um Leinen von Baumwolle zu unterscheiden.

Trockenreißprobe:

Baumwolle: Reiß-Enden der Garne zeigen kurze Faserenden

Leinen: Reiß-Enden der Garne zeigen lange Faserenden

Lichtprobe:

Baumwolle: Baumwollstoffe zeigen weniger Verdickungen als Leinenstoffe

Leinen: Leinenstoffe zeigen typische Verdickungen

Ölprobe:

Baumwolle: Baumwollstoff wirkt kaum durchscheinend

Leinen: Leinenstoff wirkt leicht glasig, durchscheinend.

24 Entwerfen Sie ein Pflegeetikett für Leinentextilien bei Maximalbelastung. Zählen Sie zwei Beispiele auf, für welche Textilien diese Pflegemaßnahmen möglich und sinnvoll sind. Geben Sie an, worauf beim Bügeln von Leinentextilien zu achten ist.

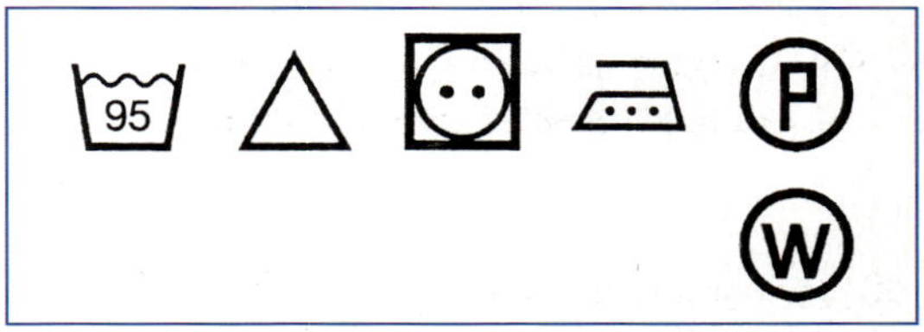

Die Maximalbelastung ist möglich und sinnvoll bei:

- weißer Tisch- und Bettwäsche
- Geschirrtüchern

Im trockenen Zustand ist Leinen schwer zu bügeln, Knitterfalten sind hartnäckig. Deshalb müssen die Textilien vor dem Bügeln stark angefeuchtet werden.

25 Erklären Sie, wie die Begriffe **Reinleinen** und **Halbleinen** nach dem Textilkennzeichnungsgesetz (TKG) geregelt und zulässig sind

Nach dem TKG dürfen Textilien aus 100% Leinen als **Reinleinen** bezeichnet werden.

Die Bezeichnung **Halbleinen** darf nach dem TKG bei Geweben verwendet werden, die in der Kette vollständig aus Baumwolle und im Schuss ganz aus Leinen bestehen. Der Leinenanteil muss mindestens 40% betragen.

26 Geben Sie an, für welche Textilien das Leinensiegel verwendet werden darf.

Mit dem **Leinensiegel** (eingetragenes Warenzeichen) dürfen Textilien aus Reinleinen und Halbleinen gekennzeichnet werden. Wenn das Zeichen bei Halbleinen verwendet wird, muss der Leinenanteil mindestens 50 % betragen.

27 Nennen Sie fünf pflanzliche Fasern und geben Sie an, aus welchem Teil der Pflanze sie gewonnen werden.
Geben Sie jeweils eine wichtige Verwendung an (Tabelle).

	Gewinnung	Verwendung
Kapok:	Fasern aus dem Samen der Kapokfrucht	Füllmaterial für die Polsterei
Hanf:	Fasern aus dem Stängel der Hanfpflanze	Seilerwaren, Planen
Jute:	Fasern aus dem Stängel der Jutepflanze	Wandbespannungen (Rupfen), Gurte, Säcke, Teppichgrundgewebe
Ramie:	Fasern aus dem Stängel der Ramiepflanze	feine, leichte Gewebe, Banknoten
Sisal:	Fasern aus den Blättern der Sisalpflanze	Seilerwaren, Teppiche, Netze, Matten

28 Nennen Sie Arbeitsgänge zur Wollgewinnung.

- Scheren
- Sortieren nach Wollqualitäten am Vlies
- Waschen
- Karbonisieren
- Verspinnen der Fasern zu Garnen

29 Definieren Sie den Begriff Vlies.

Mit Vlies bezeichnet man das zusammenhängende Wollkleid des Schafes nach dem Scheren.

30 Skizzieren Sie ein Vlies und tragen Sie die vier Qualitätszonen ein.

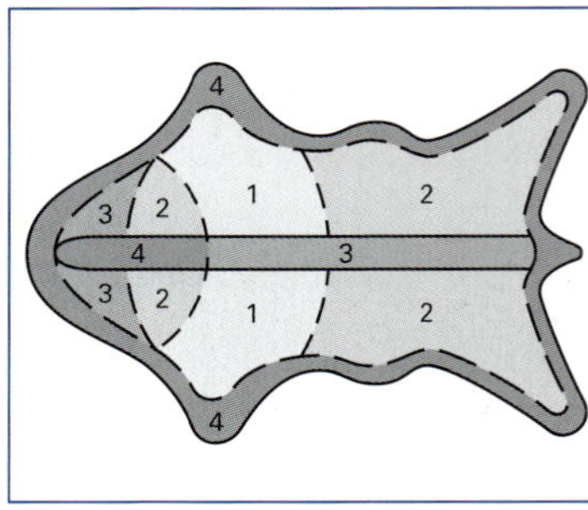

1 Schulter, **beste Qualität**

2 Hinterkopf, Rücken

3 vorderer Kopf, Rücken

4 Kopf, Bauch, **schlechteste Qualität**

31 Erklären Sie den Begriff Karbonisieren.

Durch das **Karbonisieren** werden bei Wolle die pflanzlichen Verunreinigungen mit Schwefelsäure zerstört.

32 Nennen Sie die drei bevorzugten Schafrassen (Wollsorten) und beurteilen Sie Feinheit, Stapellänge und Kräuselung ihrer Wollen in einer Tabelle.

Schafrasse	Feinheit	Stapellänge	Kräuselung
Merino (-wolle)	sehr fein	kurzstapelig, 50 bis 120 mm	 überbogig, hochbogig
Crossbred (-wolle)	mittelfein	mittelstapelig, 120 bis 150 mm	 normalbogig
Cheviot (-wolle)	grob	langstapelig, über 150 mm	 feinbogig, schlicht

33 Erklären Sie den Begriff Schurwolle

Schurwolle ist neue, ungebrauchte Wolle und somit die beste Wollqualität.

34 Erklären Sie die Begriffe Lammwolle und Reißwolle und beurteilen Sie jeweils die Qualität.

Lammwolle stammt von der ersten oder zweiten Schur des Schafes. Sie ist fein, weich, wenig zug- und scheuerfest.

Reißwolle stammt von Wollabfällen und getragenen Wolltextilien, die wieder aufbereitet werden.
Die bereits verwendeten Fasern sind beschädigt und von minderwertiger Qualität.

35 Nennen Sie die Grundsubstanz, aus der Wolle vorwiegend besteht.

Wolle besteht vorwiegend aus tierischem Eiweiß (Keratin).

36 Beschreiben Sie vier wesentliche Merkmale vom Aufbau der Wollfaser.

- Eine feine Membran, die **Epicuticula**, umgibt die Wollfaser.
- Die äußere Struktur der Wollfaser weist **Schuppen** auf.
- Die Wollfaser besteht aus zwei unterschiedlichen Faserhälften, die sich spiralförmig umeinander winden und unterschiedlich viel Feuchtigkeit aufnehmen (**bilaterale Struktur**).
- Die Eiweißmolekülketten winden sich spiralförmig (**elastische Spindelzellen**).

37 Beschreiben Sie vier Eigenschaften der Wolle, die sich aus dem Faseraufbau ergeben.

- Durch die Epicuticula ist die Wolle **hydrophob (wasserabweisend).**
- Durch die Schuppenstruktur ist die Wolle **filzfähig.**
- Die bilaterale Struktur verursacht die **Kräuselung** der Wolle.
- Die elastischen Spindelzellen geben der Wolle die gute **Elastizität.**

38 Nennen Sie die Ursache für das Filzen der Wolle und die Faktoren die einwirken müssen, damit sie filzt.

Die Schuppen der Wollfasern können sich durch den Einfluss von Wärme, Feuchtigkeit, Walkmittel, Reibung dauerhaft ineinander verhaken (verfilzen).

39 Beschreiben Sie die bekleidungsphysiologischen Eigenschaften der Wolle.

Wärmeisolation:
Dicke, voluminöse und aufgeraute Wollstoffe isolieren sehr gut. Feine, glatte Wollstoffe, z. B. Cool Wool, isolieren wenig.

Feuchtigkeitsaufnahme:
Dampfförmige Feuchtigkeit wird von Wolle sehr gut aufgenommen (sie ist hygroskopisch). Wolle ist wasserabweisend (hydrophob).

Hautfreundlichkeit:
Feine Lamm- und Merinowolle sind hautfreundlich, grobe Wollsorten können kratzen.

40 Beurteilen Sie die folgenden technologischen Eigenschaften von Wolle in Tabellenform:
Festigkeit, Dehnung der trockenen und der nassen Faser, Elastizität, Knitterverhalten und Formbarkeit.

Festigkeit:	Sie ist geringer als die der übrigen Bekleidungsfasern, aber ausreichend
Dehnung trockene Faser:	Die Dehnung der trockenen Wollfaser ist sehr hoch, 25 bis 50 %
Dehnung nasse Faser:	Nasse Wolle dehnt sich noch stärker als trockene Wolle
Elastizität:	Wolle ist sehr elastisch, sie hat eine sehr gute Sprungkraft
Knitterverhalten:	Wegen der hohen Elastizität sind Wollstoffe knitterarm
Formbarkeit:	Wolle ist bedingt dauerhaft formbar (Bügelfalten, Plisseefalten).

41 Nennen Sie fünf Veredelungsverfahren für Wolle.

- Karbonisieren
- Walken
- Filzfreiausrüstung
- Rauen
- Mottenschutz-Ausrüstung

42 Beschreiben Sie den Verlauf der Brennprobe bei Wolle.

- Wolle brennt langsam und verlöschend.
- Es riecht nach verbranntem Horn oder Haar.
- Der Rückstand ist zerreibbare Schlacke.

43 Entwerfen Sie je ein Pflegeetikett für einen Wollmantel und filzfrei ausgerüstete Wollsocken.

Wollmantel:

Wollsocken:

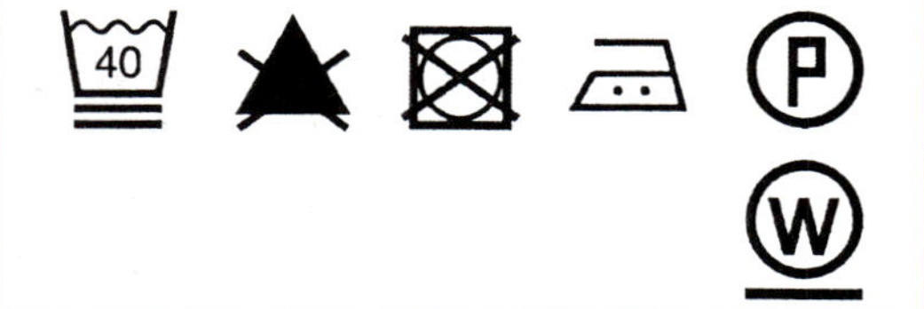

44 Erklären Sie, wann nach dem Textilkennzeichnungsgesetz die Bezeichnung Schurwolle, wann die Bezeichnung Reine Schurwolle verwendet werden darf.

Schurwolle ist neue und unbeschädigte Wolle, die noch keiner Verarbeitung unterzogen war.
In Mischungen muss der Schurwollanteil mindestens 25% betragen.

Liegt der Anteil unter 25%, so darf nur die Bezeichnung Wolle verwendet werden.

Als **Reine Schurwolle** dürfen Textilien aus 100% Schurwolle bezeichnet werden (erlaubte Fremdfasern: 0,3% für Faseranflug während der Produktion, 2% für antistatische Wirkung und bis 7% für sichtbare Ziereffekte).

45 Geben Sie jeweils die Qualitätsmerkmale an, die durch die Warenzeichen Wollmark® (Wollsiegel) und Woolmark-Blend® (Combiwollsiegel) garantiert werden.

Woolmark (Wollsiegel)

- Der Artikel besteht aus 100 % Schurwolle.
- Mindestechtheiten der Farben wird garantiert.
- Mindestreißfestigkeit wird garantiert.
- Dimensionsstabilität (Formbeständigkeit) wird garantiert.

Woolmark-Blend (Combiwollsiegel)

- Nur eine Faser darf zugemischt sein.
- Schurwollanteil muss mindestens 50 % sein.
- Es gelten gleiche Qualitätsrichtlinien wie bei Woolmark-Textilien.

46 Nennen Sie die Herkunft und die besonderen Eigenschaften der nachstehenden feinen Tierhaare und geben sie typische Verwendungen an:
Alpaka, Kamelhaar, Kaschmir, Mohair und Angora.

Die **Alpakafasern** stammen von einer Lamaart. Sie sind fein, weich und leicht gekräuselt und haben eine ausgezeichnete Isolationsfähigkeit. Sie werden für hochwertige Strickwaren, Mäntel und Decken verwendet.

Kamelhaar ist das Flaumhaar der zweihöckerigen Kamele. Es ist sehr fein, weich, leicht gekräuselt und beigebraun.

Das Babyhaar junger Kamele ist besonders weich und wertvoll. Kamelhaar wird für Oberbekleidung verwendet.

Kaschmir stammt von der Kaschmirziege, die ein außergewöhnlich feines Unterhaar hat. Textilien aus Kaschmir sind fein, weich, geschmeidig und glänzend (teuerstes Naturhaar).

Aus Kaschmir werden Strickwaren, Jacken, Mäntel, Tücher, Schals und feinste Anzüge hergestellt.

Mohair ist die Bezeichnung für die Haare der Angora- oder Mohairziege. Die Haare sind langstapelig, leicht gelockt und seidig glänzend. Ihre Farbe ist weiß, sie filzen kaum und lassen sich ausgezeichnet färben. Man stellt aus Mohair Oberbekleidung und Decken her.

Angora sind die feinen, sehr leichten Haare der Angorakaninchen. Sie nehmen Wasserdampf sehr gut auf. Angora wird meist mit Wolle gemischt. Einzelne gröbere Grannenhaare geben den Stoffen den typischen Stichelhaareffekt. Man stellt aus Angora(-mischung) Rheuma- und Skiunterwäsche und feine Maschenware her.

47 Nennen Sie drei grobe Tierhaare und geben Sie deren Verwendungszweck an.

Die wichtigsten groben Tierhaare sind **Rosshaar, Kamelhaar** (Granenhaar) **Rinderhaar** und **Ziegenhaar**. Sie werden in der Bekleidungsherstellung vor allem für elastische und formbeständige Einlagestoffe verwendet.

48 Definieren Sie die folgenden Begriffe: Kokon, Fibroin, Serizin, Flockseide.

Als **Kokon** wird die taubeneigroße Hülle aus Seide bezeichnet, in die sich die Raupe eingesponnen hat.

Fibroin ist die Eiweißsubstanz, aus der die Seide besteht.

Serizin oder Seidenbast ist der Seidenleim, mit dem der Seidenfaden umgeben ist.

Als **Flockseide** wird das Seidengewirr, mit dem der Kokon befestigt ist, bezeichnet.

49 Unterscheiden Sie Haspelseide (Reale Seide), Schappeseide und Bouretteseide.

Haspelseide ist die endlose Seide von abgehaspelten Kokons (reale Seide).

Als **Schappeseide** werden die längeren Seidenfasern von nicht mehr abhaspelbaren, aufgeschnittenen Kokons bezeichnet. Sie werden nach dem Kammgarnspinnverfahren zu feinen, glatten, gleichmäßigen Schappeseidengarnen verarbeitet.

Bouretteseide nennt man die bei der Schappeseidenverarbeitung anfallenden kurzen Seidenabfallfasern (Kämmlinge). Sie werden nach dem Streichgarnspinnverfahren zu gröberen, ungleichmäßigen noppigen Bourretteseidengarnen verarbeitet.

50 Beschreiben Sie den Aufbau des Seidenfadens.

Der **Querschnitt** eines Fibroineinzelfadens ist fast dreieckig.

Zwei **Fibroineinzelfäden** sind vom Seidenleim, dem **Serizin,** umgeben.

Jeder Seidenfaden ist aus **Fibrillenbündeln** aufgebaut. Die Fibrillenbündel bestehen aus **Fibrillen**.

Die Fibrille besteht aus **Eiweißmolekülketten**, die in „**Faltblattstruktur**" angeordnet sind.

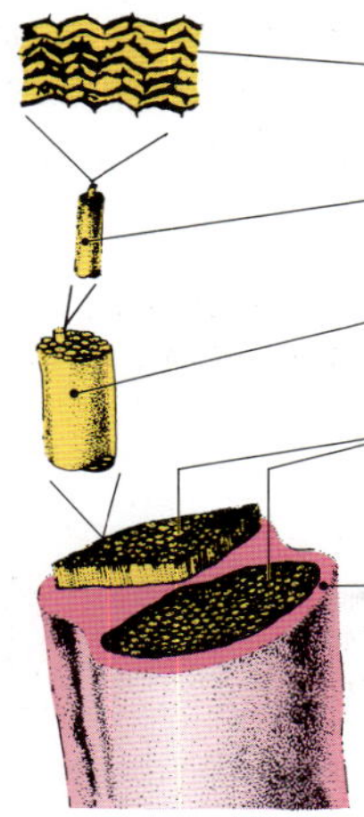

51 Geben Sie zwei Eigenschaften der Seide an, die sich aus ihrem Faseraufbau ergeben.

- Glanz durch die glatte Faseroberfläche
- Hohe Elastizität auf Grund der Faltblattstruktur

52 Bewerten Sie die bekleidungsphysiologischen Eigenschaften der Seide.

Wärmeisolation: Seide wird als kühl und zugleich warmhaltend bezeichnet. Seidenfilamente ergeben feine Gewebe mit geringem Lufteinschluss, sie liegen glatt auf der Haut und wirken deshalb kühlend. Trotzdem sind solche feinen Seidengewebe warm haltend, weil sie zwischen Körper und dem feinen, dichten Gewebe vorhandene warme Luft nicht so leicht entweichen kann.

Hautfreundlichkeit: Seide ist eine feine, weiche, hautfreundliche Faser.

Feuchtigkeitsaufnahme: Seide saugt Feuchtigkeit gut auf. Schweiß kann zu Farbtonveränderungen und Festigkeitsverlust führen.

53 Bewerten Sie die folgenden technologischen Eigenschaften der Seide:
Festigkeit, Dehnung, Elastizität, Knitterverhalten.

Festigkeit:
Seide hat eine sehr gute Festigkeit.

Dehnung:
Die Dehnbarkeit von Seide ist hoch (10% bis 30%); nasse Seide dehnt sich stärker als trockene.

Elastizität:
Seide hat eine sehr gute Elastizität.

Knitterverhalten:
Wegen der hohen Elastizität knittert Seide kaum. (Sehr feine, glatte sowie erschwerte Seide knittert.)

54 Erklären Sie die Begriffe Entbasten und Erschweren.

Beim **Entbasten** wird durch Abkochen in Seifenlauge der Seidenleim (Seidenbast) entfernt.

Als **Erschweren** wird der Ausgleich des Gewichtsverlustes (der durch das Entbasten entstanden ist) mit geeigneten Chemikalien bezeichnet.

55 Nennen Sie sechs Eigenschaften entbasteter, unbeschwerter Maulbeerseide.

- sehr fein
- glatt
- glänzend
- sehr elastisch
- geschmeidig
- sehr reißfest

56 Nennen Sie drei Unterscheidungsmerkmale von Haspelseide und Wildseide.

Haspelseide ist absolut gleichmäßig, glatt, fein, glänzend, üblicherweise entbastet

Wildseide ist sehr ungleichmäßig (Titerschwankungen), gröber, mattglänzendes Aussehen, normalerweise wird sie nicht entbastet.

57 Beschreiben Sie den Verlauf der Brennprobe bei Seide.

- Seide verbrennt langsam, verlöschend.
- Es riecht nach verbranntem Horn.
- Der Rückstand ist zerreibbare Schlacke.

58 Entwerfen Sie das Pflegeetikett für eine waschbare Seidenbluse.
Geben Sie drei Gesichtspunkte an, die bei der Pflege von Seidentextilien zu beachten sind.

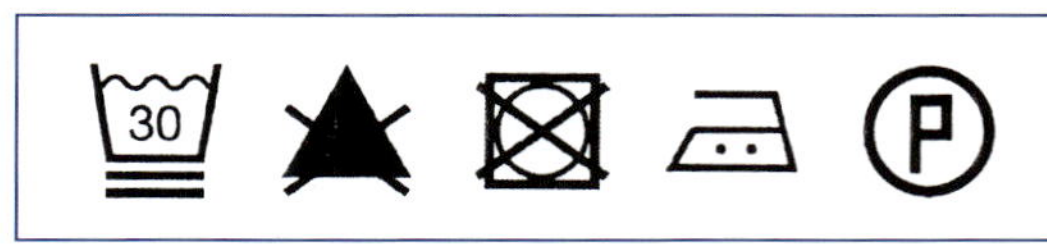

Pflegehinweise:

- Feinwaschmittel verwenden
- nicht reiben
- kalt spülen
- von links bügeln, mit wenig oder ohne Dampf

59 Nennen Sie die gesetzliche Bestimmung des Textil-Kennzeichnungsgesetzes für Seide.

Als **Seide** dürfen nur Fasern bezeichnet werden, die von seidenspinnenden Insekten stammen.

60 Geben Sie an, welche Garantie das Seiden-Signet gibt.

Das **Seiden-Signet** (Seidenzeichen) bürgt für reine Seide und sehr gute Qualität.

61 Erläutern Sie die Begriffe Atom, Molekül, Synthese und Polymer.

Ein **Atom** ist das kleinste Teilchen eines chemischen Grundstoffes (Elementes).

Ein **Molekül** ist das kleinste Teilchen einer chemischen Verbindung, aufgebaut aus Atomen.

Den Aufbau einer chemischen Verbindung nennt man **Synthese**.

Als **Polymer** bezeichnet man ein kettenförmig angeordnetes Makromolekül (Kettenmolekül).

62 Beschreiben Sie den modellhaften Aufbau von textilen Fasern.

Die Faser ist aus Fibrillenbündeln, die Fibrillenbündel sind aus Fibrillen aufgebaut. Eine Fibrille besteht aus vielen Molekülketten, die kristalline und amorphe Bereiche bilden.

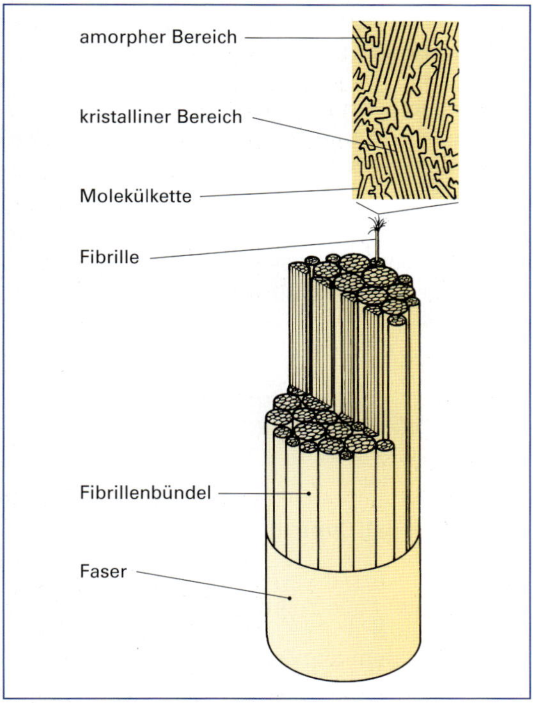

63 Zeigen Sie die Bedeutung der amorphen und kristallinen Bereiche im Faserinneren auf.

Die **kristallinen Bereiche** geben der Faser die Festigkeit.

Die **amorphen Bereiche** geben der Faser die Beweglichkeit, sie ermöglichen die Feuchtigkeits- und die Farbstoffaufnahme.

64 Geben Sie an, wie aus Zellulose eine Spinnmasse entsteht, damit eine Faser hergestellt werden kann. Nennen Sie die 4 Verfahren.

Um Zellulose verspinnbar zu machen, muss sie mit Chemikalien zur zähflüssigen **Spinnmasse** aufgelöst werden. Dies kann durch vier unterschiedliche Verfahren erfolgen:

- Viskoseverfahren,
- Kupferoxid-Ammoniak-Verfahren,
- Acetatverfahren,
- Lösemittelverfahren.

65 Geben Sie die drei Schritte an, wie aus dem Ausgangsstoff Erdöl eine Spinnmasse entsteht.

- Aus Erdöl gewinnt man Kleinmoleküle (Monomere).
- Durch Polymerisation, Polykondensation oder Polyaddition werden die Monomere zu Kettenmolekülen (Polymeren) verbunden.
- Aus Polymeren, z.B. in Form von Granulat wird die Spinnmasse hergestellt.

66 Unterscheiden Sie die Begriffe Polymerisation, Polykondensation und Polyaddition.

Bei der **Polymerisation** verbinden sich gleichartige, reaktionsfähige Monomere zu langkettigen Polymeren.

Bei der **Polykondensation** verbinden sich verschiedenartige Monomere unter Abspaltung eines Nebenproduktes (meist Wasser) zu Polymeren.

Bei der **Polyaddition** verbinden sich zwei Arten von Monomeren zu Polymeren.

67 Begründen Sie, warum das Verstrecken bei der Herstellung von Chemiefasern so wichtig ist.

Durch das **Verstrecken** werden die Kettenmoleküle, die im Faserinneren noch wirr liegen (überwiegend amorph) in Faserlängsrichtung ausgerichtet. Es bilden sich kristalline Bereiche und zwischen den Molekülketten Querverbindungen (Querbrücken). Dadurch wird die endgültige Faserfestigkeit erreicht und die Faser wird dünner.

68 Unterscheiden Sie die drei Verfahren für die Erspinnung von Chemiefasern und geben Sie jeweils zwei nach diesem Verfahren hergestellte Chemiefasern an.

- Beim **Nassspinnverfahren** verfestigen sich die Filamente in einem Chemikalienbad.
  Faserbeispiele: **Viskose, Modal**
- Beim **Trockenspinnverfahren** verfestigen sich die Filamente im Warmluftstrom.
  Faserbeispiele: **Acetat, Triacetat**
- Beim **Schmelzspinnverfahren** werden die Polymere zur Spinnmasse geschmolzen, die Filamente erstarren im Kaltluftstrom.
  Faserbeispiele: **Polyester, Polyamid**

69 Machen Sie Angaben darüber, wie Feinheit, Glanz und Griff bei Chemiefasern beeinflusst werden können.

Die **Feinheit** der Chemiefasern ergibt sich durch die Größe der Austrittsöffnung bei der Spinndüse und durch den Verstreckungsgrad.

Der **Glanz** wird beeinflusst durch die Faserquerschnittsform und durch den Zusatz von Mattierungsmitteln.

Der **Griff** wird durch Feinheit, Faserquerschnitt sowie durch den Zusatz von Mattierungsmitteln beeinflusst.

70 Erklären Sie die folgenden Begriffe: Filament, Monofil, Multifil, Texturieren, Stapelfaser.

Als **Filament** wird eine endlose Faser bezeichnet.

Ein **Monofil** ist ein einzelnes Filament.

Viele Filamente werden zu einem **Multifil** zusammengefasst.

Beim **Texturieren** werden thermoplastische Filamente bei Hitzeeinwirkung und anschließendes Abkühlen dauerhaft gekräuselt.

Stapelfasern sind geschnittene oder gerissene Chemiefasern oder Naturfasern (außer Haspelseide) einer bestimmten Länge (Stapel).

71 Erklären Sie die Gemeinsamkeiten der Herstellung und die Unterschiede in den Eigenschaften zwischen Viskose und Modal.

Viskose und Modal werden grundsätzlich nach dem gleichen Verfahren hergestellt.

Bei der Herstellung von **Modal** sind die Zusätze im Spinnbad und die Spinnbedingungen verändert (modifiziert).

Modal hat durch die veränderten Spinnbedingungen mehr kristalline Bereiche als Viskose und damit eine höhere Trocken- und Nassfestigkeit als Viskose.

Viskose hat eine geringe Nassfestigkeit. Sie beträgt nur ca. 50 % der Trockenfestigkeit.

72 Nennen Sie die besonderen Eigenschaften von Modal und Cupro.

Modal ist eine modifizierte Viskosefaser mit verbesserter Trocken-, vor allem aber verbesserter Nassfestigkeit.

Modal hat ansonsten alle Eigenschaften einer Zellulosefaser: sie ist saugfähig, hat geringe Elastizität und knittert.

Cupro ist in ihren Eigenschaften der Viskose am ähnlichsten. Die Faser hat eine befriedigende Trockenfestigkeit und eine geringe Nassfestigkeit.

Cupro hat ansonsten alle Eigenschaften einer Zellulosefaser: sie ist saugfähig, hat geringe Elastizität und knittert, ist jedoch sehr schmiegsam und weich.

73 Geben Sie an, aus welcher Fasersubstanz Viskose, Modal, Cupro, Lyocell, Acetat und Triacetat jeweils bestehen:

Viskose, Modal, Cupro und **Lyocell** bestehen aus Zellulose.

Acetat besteht aus Zelluloseacetat.

Triacetat besteht aus Zellulosetriacetat.

74 Unterscheiden Sie zwischen Zelluloseregeneratfasern und Zellulosederivatfasern und ordnen Sie die entsprechenden Fasern zu.

Zelluloseregeneratfasern werden aus Zellulose hergestellt. Die Zellulose wird durch verschiedene Verfahren zur Spinnmasse aufgelöst. Die Fasersubstanz der neu hergestellten Faser ist Zellulose (regenerieren = erneuern).

Viskose, Modal, Cupro und Lyocell sind Zelluloseregeneratfasern.

Zellulosederivatfasern werden zwar auch aus Zellulose hergestellt, die Zellulose geht jedoch vor dem Lösen zur Spinnmasse eine Verbindung mit Essigsäure ein. Es bildet sich als Fasersubstanz Zelluloseacetat bzw. Zellulosetriacetat (Derivat = Abkömmling).

Acetat und Triacetat sind Zellulosederivatfasern.

75 Bewerten Sie in Tabellenform die folgenden Eigenschaften von Viskose und Acetat: Festigkeit trockene Faser, Festigkeit nasse Faser, Feuchtigkeitsaufnahme, Bügeltemperatur (Hitzeverträglichkeit), Formbarkeit, Knitterverhalten

	Viskose	**Acetat**
Festigkeit trockene Faser:	befriedigend	ausreichend
Festigkeit nasse Faser:	mangelhaft	mangelhaft
Feuchtigkeits-aufnahme:	sehr saugfähig	geringe Saugfähigkeit
Bügel-temperatur (Hitze-verträg-lichkeit):	relativ hitze-beständig 	hitzeempfindlich 
Knitter-verhalten (Elastizität):	geringe Elastizität, knittert stark	gute Elastizität, knittert wenig

76 In einer Kollektion soll das Hemdenmodell „Sven" aus drei verschiedenen Faserstoffen hergestellt werden: aus Viskose, Modal und Lyocell. Entwerfen Sie für alle drei Hemdenmaterialien ein Pflegeetikett.

Viskose:

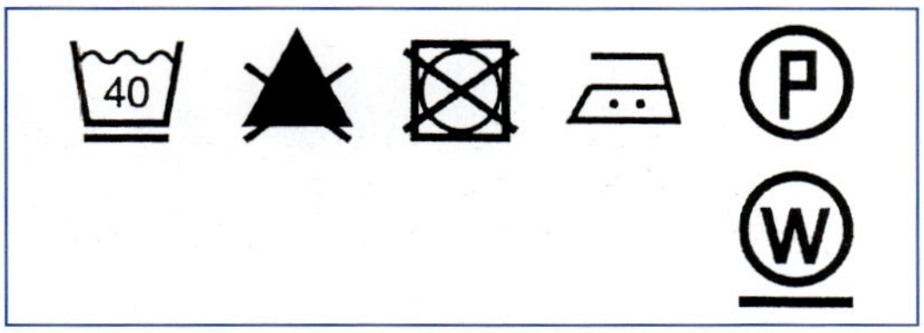

Modal:

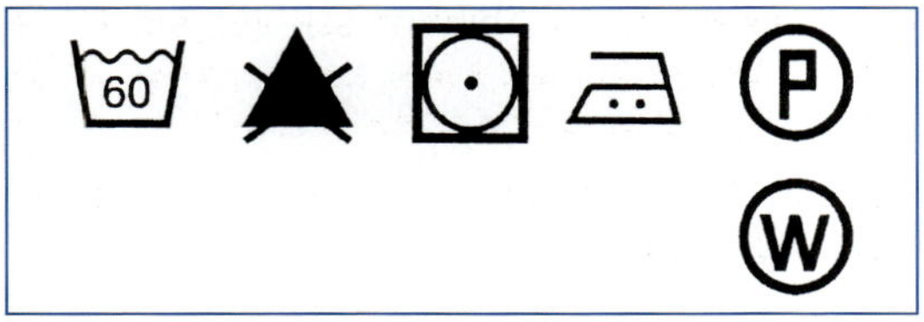

Lyocell:

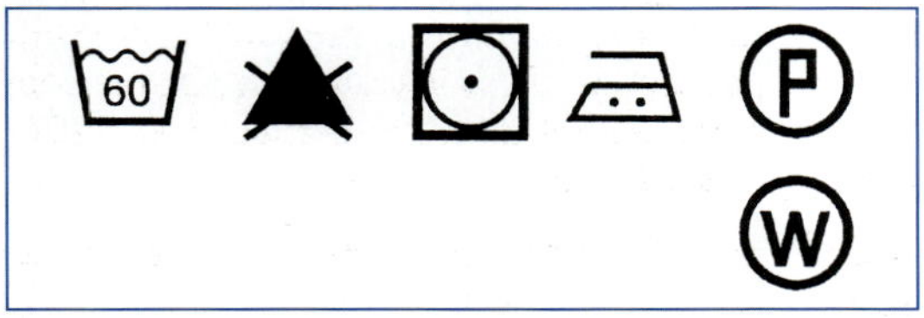

77 Begründen Sie anhand des Faseraufbaus, warum Lyocell eine mit Baumwolle vergleichbare Trocken- und Nassfestigkeit aufweist.

Lyocellfasern haben einen hohen Anteil kristalliner Bereiche, die der Faser die gute Festigkeit geben.

78 Erklären Sie, welche besondere Eigenschaft sich durch die hohe Kristallinität von Lyocell ergibt.

Die hohe Kristallinität von Lyocell ist die Ursache für das Fibrillieren. Das heißt, dass sich einzelne Fibrillen – vor allem von der nassen Faser – ablösen können. Damit lassen sich verschiedene Oberflächeneffekte erzielen.

79 Beschreiben Sie zwei typische Veredelungen für Stoffe aus Lyocell.
Geben Sie an, warum die von Ihnen aufgeführte Veredelung durchgeführt wird.

Durch **Schmirgeln** wird auf der Stoffoberfläche ein Pfirsichhauteffekt erzielt. Für diese Veredlung ist die Fibrillierung vorteilhaft.

Durch **Kunstharzausrüstung** kann Lyocell pflegeleicht ausgerüstet werden. Dadurch wird die Elastizität, die bei allen Zellulosefasern gering ist, erhöht. Die Knitterneigung wird herabgesetzt.

80 Nennen Sie fünf typische Eigenschaften von Acetat und beschreiben Sie den Verlauf der Brennprobe.

Eigenschaften:

- edler, mattschimmernder Glanz (ist der Naturseide am ähnlichsten)
- fülliger Griff
- eleganter Fall
- empfindlich gegen trockene Hitze

Brennprobe:

- Acetate schmelzen in der Flamme.
- Sie brennen rasch.
- Der Geruch ist säuerlich.
- Der Rückstand ist schwarz und hart.

81 Nennen Sie jeweils typische Eigenschaften und Einsatzgebiete von Polyamid, Polyester und Polyacryl.

Polyamid

Typische Eigenschaften:

- hohe Reiß- und Scheuerfestigkeit
- hohe Elastizität

Typische Einsatzgebiete:

- Feinstrumpfhosen
- Badebekleidung
- Miederwaren

Polyester

Typische Eigenschaften:

- höchste Reiß- und Scheuerfestigkeit
- hohe Elastizität
- gute Temperaturbeständigkeit

Typische Einsatzgebiete:

- Wetterschutzbekleidung
- technische Textilien
- Gardinen
- in Mischung mit Wolle: Anzugstoffe
- in Mischung mit Baumwolle: Hemdenstoffe

Polyacryl

Typische Eigenschaften:

- Spinnfasern mit weichem Griff, mit wollähnlicher guter Bauschelastizität

Typische Einsatzgebiete:

- Rein oder mit Wolle gemischt: Strickwaren, Decken, Pelzimitationen, Dekostoffe

82 Geben Sie Einsatzgebiete an für Polyamidfilamente, für Polyamidspinnfasern und für Aramide.

Texturierte Polyamidfilmente werden für Feinstrümpfe, Damenwäsche, Miederwaren, Badebekleidung, verwendet.

Glatte Polyamidfilamente setzt man ein für Futter-, Kleider- und Blusenstoffe sowie Stoffe für Wetterschutzbekleidung.

Polyamidspinnfasern werden meist in Mischung mit Wolle oder Baumwolle für Maschenwaren, Plüsche und Dekorationsstoffe verwendet.

Aramide dienen vor allem zur Verstärkung von Kunststoffen und zur Herstellung von Schutzbekleidung, z. B. für schusssichere Westen.

83 Beurteilen Sie Festigkeit, Dehnung/Elastizität und Feinheit von Polyamid, Polyester und Polyacryl.

Polyamid, Polyester haben eine sehr gute, Polyacryl hat eine gute **Festigkeit**. Alle haben eine hohe **Dehnbarkeit** und **Elastizität**.

Polyamid und Polyester werden in allen **Feinheitsbereichen** bis zu Mikrofasern als glatte und texturierte Filamente und als Spinnfasern hergestellt.

Aus Polyacryl werden fast ausschließlich Spinnfasern mit wollähnlichem Charakter hergestellt.

84 Beurteilen Sie Wärmeisolation und Feuchtigkeitsaufnahme der synthetischen Chemiefasern Polyamid, Polyester und Polyacryl.

Bei glatten Filamenten aus Polyamid und Polyester ist die **Wärmeisolation** gering.

Texturierte, voluminöse Filamente schließen viel Luft ein und isolieren gut.

Spinnfasern aus Polyacryl, Polyamid oder Polyester können zu voluminösen, warmhaltenden Spinnfasergarnen verarbeitet werden.

Polyamid nimmt wenig, Polyester und Polyacryl nehmen fast keine **Feuchtigkeit** auf. Durch die Kapillarwirkung bei texturierten Filamenten oder bei Spinnfasergarnen wird jedoch Feuchtigkeit (Schweiß) gut transportiert.

85 Nennen Sie die Pflegeeigenschaften der synthetischen Chemiefasern Polyamid, Polyester und Polyacryl.

Polyamidtextilien, Polyestertextilien und Polyacryltextilien sind **pflegeleicht**, also waschbar in der Waschmaschine, schnell trocknend, weitgehend bügelfrei.

Polyamid und Polyacryl sind hitzeempfindlich und deshalb eingeschränkt bügelfähig und eingeschränkt für die Trocknung im Wäschetrockner geeignet.

86 Geben Sie an, was man unter Pflegeleichtigkeit bei synthetischen Chemiefasern versteht.

- in der Waschmaschine waschbar
- schnell trocknend
- weitgehend bügelfrei

A

87 Definieren Sie die folgenden Begriffe, und geben Sie an, welche Faserstoffgruppe diese Eigenschaften besitzt: thermoplastisch, thermofixierbar, texturierbar.

Thermoplastisch sind Materialien, die bei Wärmeeinwirkung verformt werden können und nach dem Abkühlen ihre Form behalten.

Thermofixierbar sind thermoplastische Fasern, Garne oder Stoffe, die bei Wärmeeinwirkung dauerhaft eine bestimmte Form erhalten.

Texturierbar sind thermoplastische Filamente, die bei Wärmeeinwirkung dauerhaft gekräuselt werden können.

Die synthetischen Chemiefasern und Triacetat haben diese Eigenschaften.

88 Nennen Sie die besonderen Eigenschaften von Elastan, Fluoro und Polypropylen und jeweils mindestens ein Einsatzgebiet.

Elastan weist bis 800% elastische Dehnung auf. Zusammen mit anderen Fasern (hauptsächlich mit Polyamid) verwendet man Elastan für elastische Bekleidung wie Damenfeinstrümpfe, Miederwaren, Badebekleidung.

Fluoro ist wasserabweisend und chemikalienbeständig. Man verwendet Fluoro als Membran (dünne Folie) in Wetterschutzbekleidung (z.B. Gore-Tex®).

Polypropylen nimmt keine Feuchtigkeit auf und hat gute Kapillarwirkung. Deshalb setzt man diesen Faserstoff bei funktioneller Sportwäsche besonders zum Schweißtransport ein.

89 Erklären Sie den Begriff Lurex und geben Sie Einsatzgebiete an.

Lurex® ist der Markenname für feine Polyesterfolienbändchen, die mit Aluminiumstaub geschichtet und mit Kunstharzlack überzogen sind. Silber-, goldfarben oder bunt wird Lurex als Effektgarn bei Geweben und Maschenwaren eingesetzt.

90 Nennen Sie vier Gründe für das Mischen von verschiedenen Faserstoffen.

- Verbesserung der Gebrauchseigenschaften
- Verbesserung der Pflegeeigenschaften
- Veränderung des Aussehens
- Erhöhung der Wirtschaftlichkeit (Preisreduzierung).

91 Baumwolle wird häufig mit anderen Fasern gemischt.

Nennen Sie drei gängige Mischungen und die Gründe, die für diese Mischungen sprechen.

- **Baumwolle/Polyester**
  oder
  Baumwolle/Polyamid:
  Man erreicht durch die Mischung eine sehr gute Strapazierfähigkeit, hohe Formbeständigkeit und günstige Pflegeeigenschaften.
  Allerdings sind diese Fasermischungen nur bedingt thermofixierbar.
- **Baumwolle/Viskose**
  oder
  Baumwolle/Modal:
  Im Allgemeinen werden diese Fasern wegen der Erzielung von Glanzeffekten, guter Gleichmäßigkeit der Garne und Flächen und sehr guter Saugfähigkeit miteinander gemischt.
- **Baumwolle/Leinen**:
  Zum Beispiel bei Halbleinen erreicht man durch den Leinenanteil den typischen Leinencharakter, durch den Baumwollanteil einen weicheren Griff und einen günstigeren Preis.

92 Eine Hose besteht aus 55% Schurwolle und 45% Polyester.

Beurteilen Sie die Wareneigenschaften, die sich aus dieser Fasermischung ergeben.

- verminderte Filzneigung
- günstige Pflegeeigenschaften
  (waschbar, trocknet schnell, leicht zu bügeln)
- gute Scheuerfestigkeit
- ausreichende Feuchtigkeitsaufnahme
- gute Formstabilität

93 Nennen Sie eine Fasermischung aus Natur- und Chemiefasern, bei der beide Fasergruppen Zellulosefasern sind.

Bei der Mischung von Baumwolle oder Leinen mit Viskose, Modal, Cupro oder Lyocell bestehen alle Fasern aus Zellulose.

94 Wolle wird häufig mit anderen Fasern gemischt.

Nennen Sie drei gängige Mischungen und deren typischen Merkmale.

- **Wolle/synthetische Chemiefasern (Polyamid, Polyester, Polyacryl):**

  Verminderte Filzneigung, günstige Pflegeeigenschaften (trocknet schnell, leicht zu bügeln) beschränkte Feuchtigkeitsaufnahme, gute Scheuerfestigkeit, gute Formbeständigkeit (Falten sind beständiger).

- **Wolle/Seide:**

  Leichter Glanz, weicher Fall, schmiegsam, warmhaltend, gute Festigkeit.

  Beide Fasern bestehen aus tierischem Eiweiß und haben ähnliche Eigenschaften.

- **Wolle/feine Tierhaare:**

  Die feinen Tierhaare, wie Mohair, Angora, Alpaka, Kaschmir mit Wollfasern gemischt geben den Stoffen den typischen Charakter der feinen Tierhaare.

  Diese Stoffe sind schmiegsam, weich, fein, leicht, warmhaltend, glänzend. Alle Faseranteile sind tierischen Ursprungs.

95 Zeigen Sie je eine typische Fasermischung mit möglicher Prozentangabe für Oberhemd/Bluse, Stretchjeans, Kostüm-/Anzugstoff auf.

Oberhemd, Bluse:	Baumwolle mit Polyester z. B. 50/50; 60/40; 70/30
Stretchjeans:	Baumwolle mit Elastan z. B. 95/5, 98/2
Kostüm-, Anzugstoff:	Wolle mit Polyester z. B. 60/40, 55/45

96 Nennen Sie die Faktoren, die am Wasch- und Reinigungsvorgang beteiligt sind.

Wasch- und Reinigungsfaktoren sind Wasser, Temperatur, Zeit, Mechanik und Chemie (Waschmittel).

97 Nennen Sie Gesichtspunkte, die bei Pflegemaßnahmen berücksichtigt werden müssen.

- Faserart und Fasereigenschaften
- Chemikalienbeständigkeit
- Temperaturverhalten
- Garn- und Flächenaufbau
- Veredlung
- Verarbeitung und Ausstattung (Einlage, Futter, Zutaten)

98 Unterscheiden Sie zwischen Universalwaschmitteln, Feinwaschmitteln und Kompaktwaschmitteln.

Universalwaschmittel enthalten waschaktive Substanzen (Tenside), Wasserenthärter, Bleichmittel, optische Aufheller, häufig auch Füllstoffe und Duftstoffe.

Feinwaschmittel enthalten Tenside, Wasserenthärter, meist auch Duft- und Füllstoffe, jedoch im Allgemeinen keine Bleichmittel und keine optischen Aufheller. Ihre volle Waschwirkung entwikkeln sie schon bei niedrigen Temperaturen.

Kompaktwaschmittel enthalten keine Füllstoffe und entfalten ihre Waschwirkung bereits bei geringen Temperaturen. Daher sind sie umweltverträglicher.

99 Skizzieren und benennen Sie die Grundsymbole für die Pflegekennzeichnung in der vorgeschriebenen Reihenfolge.

Waschen		Waschbottich
Bleichen		Dreieck
Trocknen		Tumbler (Wäschetrockner)
Bügeln	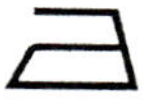	Bügeleisen
Chemisch reinigen		Reinigungstrommel

100 Geben Sie die Bedeutung folgender Pflegesymbole an und nennen Sie je eine Textilie, bei der das jeweilige Symbol angebracht werden könnte:

A	B	C	D	E	F

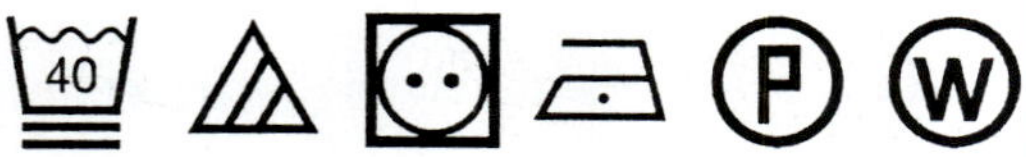

A 40 °C-Feinwäsche, Spezialschonwaschgang;

BH mit Bügel, filzfrei ausgerüsteter Wollpullover

B Sauerstoffbleiche;

helle Tischwäsche, aus der Flecken entfernt werden sollen

C Trocknung im Wäschetrockner mit normaler Temperatur;

einlaufsichere Unterwäsche aus Baumwolle

D nicht heiß bügeln;

hitzempfindliches Futter, z. B. aus Acetat

E Chemischreinigung mit gebräuchlichen Reinigungsmitteln;

Blazer aus Wolle

F Nassreinigung (Symbol wird unter dem Symbol für die Chemischreinigung angebracht);

Oberhemd

101 Nennen Sie jeweils eine Faserstoffgruppe, für die nachstehende Pflegeeigenschaften zutreffen:

Ⓐ waschbar, kochfest, bügelfähig, nicht bügelfrei

Ⓑ beschränkt waschbar, gut bügelfähig, nicht bügelfrei

Ⓒ gut waschbar, begrenzt bügelfähig, weitgehend bügelfrei

Ⓐ Pflanzenfasern

Ⓑ Tierische Fasern

Ⓒ Synthetische Chemiefasern

102 Nennen Sie Prüfmethoden zur Erkennung textiler Faserstoffe.

- Mikroskopisches Bild
- Brennprobe
- Trockenreißprobe
- Nassreißprobe
- Löslichkeitsprobe

103 Nennen Sie die Fasersubstanzen von Baumwolle, Wolle, Seide, Viskose, Acetat.

Baumwolle:	Zellulose
Wolle:	Tierisches Eiweiß (Keratin)
Seide:	Tierisches Eiweiß (Fibroin)
Viskose:	Zellulose
Acetat:	Zelluloseacetat

104 Beurteilen Sie die Brennproben von Viskose, Modal, Lyocell und Cupro. Begründen Sie die Ergebnisse.

Der Verlauf der Brennprobe ist bei allen Zellulosefasern gleich.

- Sie verbrennen rasch und nachglühend.
- Sie riechen nach verbranntem Papier.
- Als Rückstand bleibt hellgraue Flugasche.

Die Fasersubstanz von Viskose, Modal, Lyocell und Cupro besteht vorwiegend aus Zellulose wie bei den Pflanzenfasern.

105 Vergleichen Sie die Brennproben zellulosischer und tierischer Fasern.

Zellulosische Fasern
- Sie verbrennen rasch und glühen nach.
- Geruch nach verbranntem Papier
- Rückstand hellgraue Flugasche

Tierische Fasern
- Sie verbrennen langsam, verlöschend.
- Geruch nach verbranntem Horn
- Rückstand zerreibbare Schlacke

106 Vergleichen Sie die Brennproben von Acetat, Viskose und Polyester.

Viskose:

- Verbrennt rasch und nachglühend.
- Geruch nach verbranntem Papier.
- Der Rückstand ist hellgraue Flugasche.

Acetat:

- Schmilzt in der Flamme.
- Brennt brodelnd mit stechend saurem Geruch.
- Der Rückstand ist hart und unzerreibbar.

Polyester:

- Schmilzt in der Nähe der Flamme (aus der Schmelze lassen sich Fäden ziehen).
- Es rußt sehr stark und richt nach verschmortem Kunststoff.
- Der Rückstand ist glänzend, hart und nicht zerreibbar.

107 Vergleichen Sie das Verhalten von Baumwolle und Wolle bei Einwirkung von Natronlauge und Schwefelsäure.

Durch Einwirkung von **Natronlauge** wird Baumwolle z.B. glatt und glänzend (Merzerisieren), Wolle löst sich auf.

Durch Einwirkung von **Schwefelsäure** werden bei Wolle z.B. pflanzliche Verunreinigungen zerstört (Karbonisieren). Baumwolle löst sich auf.

108 Definieren Sie den Begriff Mikrofasern und geben Sie die Einsatzgebiete an.

Mikrofasern sind Fasern mit einem feineren Titer als 1 Decitex. Es handelt sich dabei vor allem um Polyamid- und Polyesterfasern. Man verwendet Gewebe aus glatten Mikrofaser-Filamentgarnen für Wetterschutzbekleidung. Aus Mikrofasergarnen werden außerdem voluminöse, warmhaltende Fleece-Gestricke hergestellt.

109 Ordnen Sie den Faserstoffen Wolle, Leinen, Polyester und Viskose die jeweils typische Eigenschaft zu:
Ⓐ geringste Dehnung
Ⓑ größte Feuchtigkeitsaufnahme (im dampfförmigen Zustand)
Ⓒ geringste Nassfestigkeit
Ⓓ höchste Festigkeit

Ⓐ Leinen Ⓑ Wolle
Ⓒ Viskose Ⓓ Polyester

110 Nennen Sie jeweils fünf typische Handelsbezeichnungen für Stoffe aus Baumwolle, Wolle, Seide.

Baumwollstoffe:
Batist, Damast, Finette, Denim, Popeline

Wollstoffe:
Afghalaine, Charmelaine, Loden, Tuch, Mousseline

Seidenstoffe:
Bourette, Duchesse, Crêpe de Chine, Honan, Shantung

111 Bewerten Sie für Textilien aus Baumwolle, Viskose, Wolle, Polyester folgende Gesichtspunkte: Elastizität, Knittern, Hitzeverträglichkeit/Bügeln, Feuchtigkeitsaufnahme, biologische Beständigkeit.

	Baumwolle	**Viskose**	**Wolle**	**Polyester**
Elastizität:	gering	gering	gut	sehr gut
Knittern:	knittert stark	knittert stark	knittert mäßig	knitterarm
Hitzeverträglichkeit/ Bügeln:	sehr gut 	gut 	mäßig bis gut 	mäßig bis gut 
Feuchtigkeitsaufnahme:	sehr saugfähig	sehr saugfähig	Dampf aufnehmend, Tropfen abweisend	nimmt kaum Feuchtigkeit auf
Biologische Beständigkeit:	gering	gering	gering	sehr gut

112 Nennen Sie drei Bestimmungen aus dem Textilkennzeichnungsgesetz (TKG).

- AlleTextilien müssen gekennzeichnet werden, bevor sie in den Handel gebracht werden.
- Die Rohstoffgehaltsangabe erfolgt in absteigender Reihenfolge der Prozentanteile der Faserstoffe.
- Naturfasern werden mit ihren Namen (z.B. Baumwolle, Leinen), die Chemiefasern mit ihren Gattungsnahmen (z.B. Polyester, Elastan, Viskose) angegeben.

113 Geben Sie an, welchen Vorteil die Kennzeichnung von Textilien nach dem TKG für den Verbraucher hat.

Der Verbraucher soll beim Kauf von Textilien wissen, aus welchen Rohstoffen ein Erzeugnis besteht, um daraus Trage- und Pflegeeigenschaften ableiten zu können.

114 Unterscheiden Sie zwischen Angaben, die nach dem TKG vorgeschrieben, und solchen, welche freiwillig sind.

Die **Rohstoffgehaltsangabe** ist gesetzlich **vorgeschrieben**. Zusätzlich dürfen abgesetzt auch Markennamen, Warenzeichen oder Firmennamen angegeben sein. Nicht vorgeschrieben, aber sehr sinnvoll, ist die Angabe der Pflegekennzeichnung.

115 Geben Sie an, welche der angegebenen Textilkennzeichnungen zulässig sind (mit Begründung = Ⓑ).

Ⓐ	**Reine Schurwolle** zulässig Ⓑ „Rein" ist zulässig
Ⓑ	**100 % Wolle** zulässig Ⓑ „100 %" ist zulässig
Ⓒ	**65 % Baumwolle/35 % Synthetik** unzulässig Ⓑ „Synthetik" ist kein Gattungsname
Ⓓ	**Kunstseide** unzulässig Ⓑ Seide muss von seidenspinnenden Insekten stammen.
Ⓔ	**45 % Reine Schurwolle/55 % Polyester** unzulässig Ⓑ 45 % ist nicht „Rein", die Reihenfolge muss absteigend sein.
Ⓕ	**60 % Viskose, Modal, Baumwolle** unzulässig Ⓑ Viskose erreicht keine 85 %, deshalb muss die zweite Faser mit Prozent angegeben werden.
Ⓖ	**85 % Polyamid, 15 % sonstige Fasern** zulässig Ⓑ Polyamid erreicht 85 %, als sonstige Fasern dürfen textile Rohstoffe bezeichnet werden, die keine 10 % erreichen.
Ⓗ	**90 % Baumwolle Mindestgehalt** zulässig Ⓑ Bei Textilien aus mehreren Faserstoffen, bei denen einer 85 % erreicht, genügt die Angabe „85 % Mindestgehalt".

116 Nennen Sie die Grundfunktionen der Bekleidung.

Schutzfunktion, Schmuckfunktion, Kennzeichnungsfunktion

117 Erklären Sie die Schutzfunktion der Bekleidung.

Die Bekleidung soll Schutz **vor Umwelteinflüssen** bieten (z.B. gegen Hitze, Kälte, Wind, Regen und Schnee), **vor Verletzungen** schützen (z.B. am Arbeitsplatz, im Verkehr, beim Sport). Sie soll außerdem die Klimaregelung des menschlichen Körpers unterstützen.

118 Beschreiben Sie die Kennzeichnungsfunktion der Bekleidung an drei Beispielen.

- Trachten bestimmter Volksgruppen
- Uniformen von Soldaten, Polizei, usw.
- Gleichartige Bekleidung, z.B. von Fußballfans

119 Nennen Sie fünf allgemeine Anforderungen an Bekleidung.

- Zweckmäßigkeit
- gutes Aussehen
- Haltbarkeit
- physiologische Eignung
- Pflegbarkeit

120 Erklären Sie den Begriff Bekleidungsphysiologie.

Als **Bekleidungsphysiologie** bezeichnet man die Wissenschaft, die sich mit dem Zusammenwirken von Körper und Kleidung bei unterschiedlichem Klima befasst.

121 Nennen Sie fünf bekleidungsphysiologische Eigenschaften, die für das Wohlbefinden besonders wichtig sind.

- Wärmeisolation
- Luftaustausch
- Feuchtigkeitsaufnahme
- Feuchtigkeitstransport
- Hautfreundlichkeit

122 Beschreiben Sie, durch welche Maßnahmen bei der Textilherstellung eine gute Wärmeisolation erreicht werden kann.

Voluminöse Garn- und Flächenkonstruktionen mit viel Lufteinschluss (großes Porenvolumen) haben eine hohe Wärmeisolation und eignen sich besonders für Winterbekleidung.

123 Erklären Sie den Begriff Mikroklima.

Als Mikroklima bezeichnet man das Klima (Wärme, Feuchtigkeit) zwischen Haut und Bekleidung.

124 Geben Sie an, was in der Bekleidungsphysiologie unter dem Begriff Zwiebelschalenprinzip zu verstehen ist.

Durch das **Zwiebelschalenprinzip** (An- und Ablegung einzelner Bekleidungsstücke) kann die Klimaregelung des Körpers wirkungsvoll unterstützt werden. Mehrere dünne Bekleidungsschichten sind besser geeignet als wenige dicke.

125 Beschreiben Sie drei Maßnahmen, durch die der Luftaustausch zwischen Körper und Bekleidung erhöht werden kann.

- durch die **Flächenkonstruktion** (Faserart, Garnart, Flächenart, Veredelung)
- durch die **Schnittkonstruktion** (weite Kleidung, große Öffnungen, Kamineffekt)
- durch **Ventilation**, bewirkt durch Körperbewegung oder starke Luftbewegung (Wind; beim Radfahren usw.)

126 Beschreiben Sie die bekleidungsphysiologische Funktion von körpernah getragener Maschenware, bei der die Innenseite aus texturierten synthetischen Filamenten, die Außenseite aus Baumwolle oder Viskose besteht.

Bei den sogenannten **Zweischichttextilien**, bei denen die texturierten synthetischen Filamente auf der Haut getragen werden, wird die Feuchtigkeit durch die Kapillarwirkung von der Haut wegtransportiert und von der außen liegenden Saugschicht aus Baumwolle oder Viskose aufgesaugt und langsam an die Umgebung abgegeben.

127 Geben Sie an, wovon bei Berührungskontakt der Haut mit der Bekleidung, das Hautempfinden, beeinflusst wird.

Das **Hautempfinden** wird vor allem durch die Feinheit (Weichheit) des Faserstoffes, von der „Haarigkeit" (Anzahl der abstehenden Fäserchen) und vom Grad der Feuchtigkeit, den die Textilie enthält, beeinflusst.

128 Nennen Sie fünf Personengruppen, deren Tätigkeit eine besondere Schutzbekleidung erfordert und geben Sie entsprechende Schutzmöglichkeit durch die Bekleidung an.

Personengruppe	Schutzmöglichkeit
Wanderer, Bauarbeiter, Landwirte, Soldaten	Wind- und Nässeschutzbekleidung
Wintersportler, Polarforscher, Arbeiter in Kühlhäusern	Kälteschutzbekleidung
Gießereiarbeiter, Polizisten Motorradfahrer	Verletzungsschutzbekleidung
Chemiearbeiter, Katastrophenschutz	Chemikalienschutzbekleidung
Arbeiter in der Mikrochipherstellung, Lackierer	Reinraumanzüge

129 Nennen Sie drei Funktionen, die Wetterschutzbekleidung erfüllen soll.

- Windschutz
- Wasserschutz
- Wasserdampfdurchlässigkeit

130 Nennen Sie vier Wetterschutzsysteme und beschreiben Sie diese.

- **Imprägnierte Gewebe:**
  Sie weisen das Wasser ab, die Imprägnierung ist nicht dauerhaft
- **Mikroporöse Membrane:**
  Eine dünne Membrane hat so feine Öffnungen, dass sie die dicken Wassertropfen an der Kleidungsaußenseite abperlen lässt, aber die feinen Dampfmoleküle (Schweiß) an der Kleidungsinnenseite hindurchlässt (Gore-Tex®).
- **Hygroskopische (Wasserdampf anziehende) Membrane:**
  Sie nehmen den dampfförmigen Schweiß auf und reichen die Wasserdampfmoleküle durch die geschlossene Folie nach außen weiter. Wassertropfen können nicht hindurch (Sympatex®).
- **Hydrophob (wasserabweisend) ausgerüstete Mikrofasergewebe**

131 Erklären Sie die folgenden Begriffe: hygroskopisch, hydrophil, hydrophob.

Hygroskopisch bedeutet dampfförmige Feuchtigkeit anziehend.

Hydrophil bedeutet wasserfreundlich. Wassertropfen verteilen sich auf der Stoff- bzw. Faseroberfläche.

Hydrophob bedeutet wasserabweisend. Wassertropfen perlen auf der Stoffoberfläche ab.

132 Erklären Sie den Lagenaufbau der Wetterschutzbekleidung anhand von Gore-Tex®.

Die mikroporöse **Gore-Tex®**-Membrane liegt zwischen Oberstoff und Futter als Liner (Zwischenlage). Sie weist den Wind ab, lässt Wassertropfen von außen abperlen, lässt aber den Körperschweiß (Dampf) von innen durch die mikroskopisch feinen Öffnungen nach außen.

133 Erklären Sie den Begriff Ökologie.

Ökologie ist die Wissenschaft von den Beziehungen der Lebewesen zu ihrer Umwelt, bzw. der ungestörte Haushalt der Natur.

134 Stellen Sie dar, welche Verantwortung und welche Aufgaben die Menschen für die Umwelt haben.

Umweltverträglichkeit und Verantwortung sollten das menschliche Handeln prägen. Der Schutz des Menschen und der Umwelt sind Aufgaben, die jede Generation für die nachfolgende Generation zu übernehmen hat.

135 Nennen Sie drei allgemeine Maßnahmen, die zur Umweltentlastung beitragen können.

- Vermeiden von umweltbelastenden Stoffen.
- Verringern des Verbrauchs durch Sparkonzepte.
- Wiederverwerten von Materialien (Recycling).

136 Nennen Sie vier Verordnungen und Gesetzte zum Schutz der Umwelt.

- Gefahrstoffverordnung
- Gewerbeordnung
- Immissionsschutzgesetz
- Abfallgesetz

137 Geben Sie jeweils ein Beispiel für Ökologie in der Produktionsphase, in der Nutzungsphase und in der Entsorgungsphase.

Produktionsphase:
Umstellung beim Anbau von Baumwolle, z.B. durch biologische Schädlingsbekämpfung

Nutzungsphase:
Waschmittel nicht überdosieren, Verwendung von Waschmittelbaukästen

Entsorgungsphase:
Alttextilien in Recyclingprozesse geben.

138 Erläutern Sie den Begriff Ökobilanz.

Ökobilanzen vergleichen die Umweltauswirkung über den gesamten Lebensweg eines Produktes.

Sie betrachten den Rohstoff-, Energie-, Chemikalien-, Wasserverbrauch usw. bei der Produktion und Nutzung eines Produktes und auch die Entsorgung.

139 Nennen Sie mögliche Garantien, die ein Markenzeichen für schadstoffgeprüfte Textilien geben kann.

- Es sind keine krebserregenden Stoffe enthalten.
- Grenzwerte für ablösbare Schwermetalle wie bei Trinkwasser werden eingehalten.
- Grenzwerte für Pestizide wie bei Lebensmitteln.
- Grenzwerte für Formaldehyd.
- Der ph-Bereich ist neutral bis sauer, wie bei der Haut.

140 Beschreiben Sie anhand von drei Beispielen die Aufgaben von High-Tech-Fashion.

Unter **High-Tech-Fashion** versteht man Kleidung,

- die vor schädlichen Umwelteinflüssen schützt (z. B. Textilien mit UV-Schutz)
- die das Wohlbefinden des Menschen steigert (z. B. Textilien mit Geruchsbindung oder eingelagerten Pflegesubstanzen).
- die gegen Krankheiten schützt bzw. heilend wirkt (z. B. Textilien mit antibakterieller Wirkung).

141 Sie kaufen verschiedene Kleidungsstücke ein, die mit folgenden Ökolabels ausgestattet sind: Öko-Tex Standard 100, Ecolog, Naturtextil, Euroblume.

Stellen Sie dar, welche Informationen Sie damit über die erworbene Kleidung erhalten.

Öko-Tex Standard 100

Beim Öko-Tex Standard 100 werden Bekleidungsstücke auf Schadstoffmengen, Hautverträglichkeit oder pH-Wert geprüft. Garantiert wird die Einhaltung festgelegter Grenzwerte.

Ecolog

Mit diesem Label wird Wetterschutzbekleidung gekennzeichnet, wenn alle verarbeiteten Teile aus Polyester bestehen. Die gekennzeichnete Kleidung kann nach der Nutzungsphase zurückgegeben werden. Sie wird recycelt, es können wieder Reißverschlüsse oder Druckknöpfe daraus hergestellt werden.

Naturtextil

Kleidungsstücke mit diesem Label sind immer aus Naturfasern hergestellt. Bei der Herstellung dürfen keine umwelt- und gesundheitsbedenklichen Stoffe eingesetzt werden. Im gesamten Herstellungsprozess müssen strenge Sozialkriterien eingehalten werden.

Euro-Blume

Dieses Umweltzeichen der europäischen Union garantiert die Einhaltung strenger ökologischer Kriterien und Gebrauchstauglichkeit. Es wird für Bekleidung, Heimtextilien, Schuhe und Accessoires vergeben. Das Label wird von der Europäischen Kommision unterstützt.

2 Garne

1 Definieren Sie den Begriff „Garn".

Garn ist der Sammelbegriff für linienförmige textile Gebilde, die aus Fasern bestehen.

2 Erklären Sie die Begriffe Filamentgarn, Monofil, Multifil und Zwirn.

Filamentgarne bestehen aus Endlosfasern (Filamenten).
Beim **Monofil** besteht das Filamentgarn aus nur einem einzigen Filament.
Beim **Multifil** besteht das Garn aus vielen Filamenten.
Zwirne entstehen durch Zusammendrehen von zwei oder mehreren Einfachgarnen oder Zwirnen.

3 Nennen Sie die grundsätzlichen Arbeitsschritte zur Herstellung von Spinnfasergarnen.

Fasermaterial vom gepressten Ballen lösen, Lockern und Reinigen, Ordnen und Parallelisieren, Bandbilden, Verstrecken, Vorspinnen zum Vorgarn, Feinspinnen zum Feingarn.

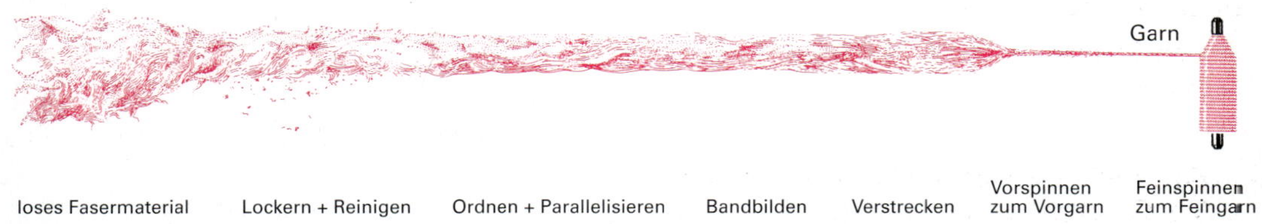

4 Nennen Sie die beiden Möglichkeiten der Vorgarnbildung.

- Vorgarnbildung durch Florteilen
- Vorgarnbildung durch Doppeln und Verstrecken von Faserbändern.

5 Definieren Sie die zwei Drehrichtungen von Garnen.

Die Drehrichtung von Garnen oder Zwirnen zeigt den Steigungsverlauf von Fasern im Garn oder von Garnen im Zwirn.

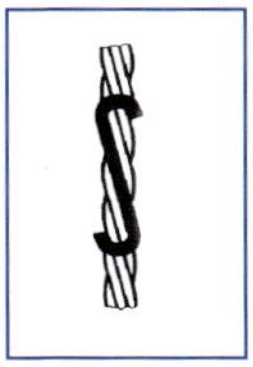

Diese Drehrichtung wird durch die Buchstaben S und Z gekennzeichnet.

Die **Drehrichtung S** verläuft von rechts unten nach links oben.

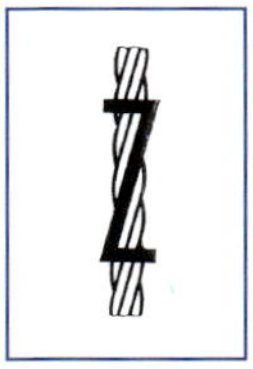

Die **Drehrichtung Z** verläuft hingegen von links unten nach rechts oben.

6 Nennen Sie geeignete Spinnverfahren für Wolle, Baumwolle und Seide.

Wolle:
Streichgarnspinnerei, Halbkammgarnspinnerei, Kammgarnspinnerei

Baumwolle:
Zweizylinderspinnerei, Dreizylinderspinnerei, Rotorspinnerei

Seide:
Schappespinnerei, Bourettespinnerei.

7 Nennen Sie die sechs Verfahrensschritte in der Streichgarnspinnerei.

- Wolfen
- Mischen und Schmälzen
- Wiegen
- Krempeln
- Florteilen und Nitscheln
- Feinspinnen

8 Nennen Sie die Arbeitsgänge der Kammgarnspinnerei (Kämmerei und Spinnerei).

Kämmerei:
Sortieren, Öffnen, Waschen, Trocknen, Wolfen, Mischen und Schmälzen, Wiegen, Krempeln, Strecken, Kämmen, Strecken

Spinnerei:
Strecken, Vorspinnen, Feinspinnen.

9 Unterscheiden Sie Kammgarn und Streichgarn hinsichtlich ihres Aussehens.

Kammgarne
sind fein, glatt und gleichmäßig.

Streichgarne
haben ein gröberes, rustikales Aussehen mit abstehenden Fasern.

10 Unterscheiden Sie kardierte Baumwollgarne, gekämmte Baumwollgarne und Baumwollgarne, die nach dem Rotorspinnverfahren hergestellt wurden.

Kardierte Baumwollgarne
sind relativ glatt und gleichmäßig mit einigen herausstehenden Fasern.

Gekämmte Baumwollgarne
sind sehr glatt und gleichmäßig und haben sehr wenig herausstehende Fasern.

Rotorgarne
sind stärker strukturiert, haben eine geringere Festigkeit und können nicht sehr fein ausgesponnen werden.

11 Unterscheiden Sie zwischen Schappespinnerei und Bourettespinnerei

In der **Schappespinnerei** werden nicht abhaspelbare Kokons und Abfälle der Haspelseidengewinnung zu hochwertigen Garnen versponnen.

In der **Bourettespinnerei** werden Abfälle aus der Schappespinnerei zu relativ groben und ungleichmäßigen Garnen versponnen.

12 Nennen Sie Gründe, warum Garne zu Zwirnen zusammengedreht werden.

Garne werden zu Zwirnen zusammengedreht, um

- eine bessere Gleichmäßigkeit zu erzielen
- die Reißfestigkeit zu erhöhen
- eine gröbere Struktur zu erzielen
- besondere Effekte zu erreichen

13 Unterscheiden Sie einstufige und mehrstufige Zwirne

Bei **einstufigen Zwirnen** werden mehrere Einfachgarne zusammengefasst und in einem Arbeitsgang zu Zwirnen zusammengedreht.

Bei **mehrstufigen Zwirnen** werden zunächst Garne zu Zwirnen zusammengedreht und in einem **weiteren** Arbeitsgang werden dann mehrere Zwirne zu einem Zwirn zusammengedreht.

14 Skizzieren Sie schematisch folgende Zwirne: Zweifachzwirn, Dreifachzwirn, Vierfachzwirn, zweistufiger Zwirn vierfach, zweistufiger Zwirn sechsfach und dreistufiger Zwirn achtfach.

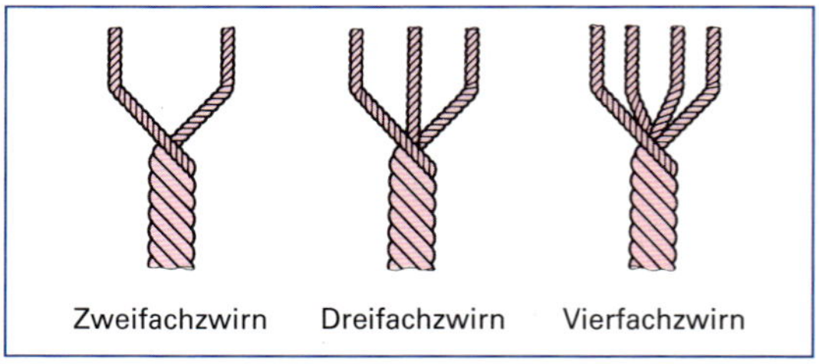

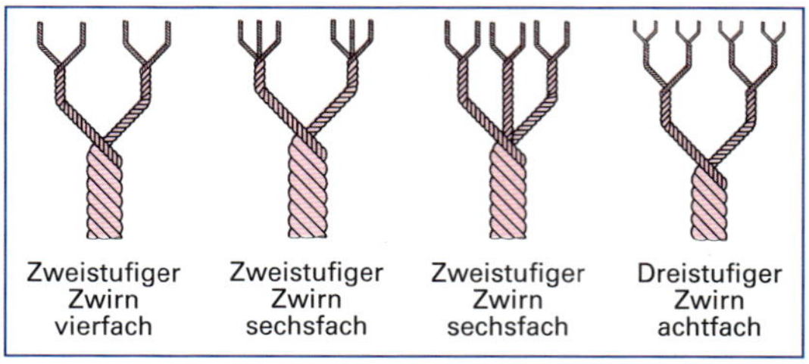

15 Definieren Sie den Begriff Umspinnungszwirn.

Umspinnungszwirne bestehen aus einem Kernfaden, auch Seele genannt, um den ein Garn herumgezwirnt wird.

16 Nennen Sie drei Möglichkeiten, Effekte bei einfachen Garnen und Zwirnen zu erzielen, und geben Sie Beispiele an.

Farbeffekte
z.B. Melange, Vigoureux-, Jaspégarne, Moulinézwirne

Struktureffekte
z.B. Flammen-, Noppengarne bzw. -zwirne, Schlingenzwirne, Chenille- oder Raupenzwirne, Kräuselgarne

Glanzeffekte
z.B. Lurex®

17 Unterscheiden Sie Melangegarne und Vigoureuxgarne.

Melangegarne entstehen durch Mischung verschiedenfarbiger Fasern beim Verspinnen.

Vigoureuxgarne erhalten ihren Farbeffekt durch das Bedrucken von Kammzügen.
Die Farben der Fasern fließen ineinander.

18 Erklären Sie die Entstehung des Farbeffektes bei Jaspégarnen und Moulinézwirnen.

Bei **Jaspégarnen** entsteht der Farbeffekt durch gemeinsames Verspinnen verschiedenfarbiger Vorgarne bei geringer Drehung.

Bei **Moulinézwirnen** entsteht der Farbeffekt durch Verzwirnen verschiedenfarbiger Garne.
Es entsteht eine farblich verfließende Musterung.

19 Geben Sie an, welche Eigenschaften durch Texturieren erreicht werden können.

- höheres Porenvolumen und Bauschkraft
- ein gutes Warmhaltevermögen durch höheren Lufteinschluss
- höhere Dehnbarkeit und Elastizität
- höhere Luftdurchlässigkeit und verbesserter Feuchtigkeitstransport
- mattes Oberflächenbild
- ein angenehmes Tragegefühl und ein weicherer Griff

20 Nennen Sie vier wichtige Texturierverfahren.

Falschdrallverfahren, Blasverfahren, Stauchkräuselverfahren, Strickfixierverfahren.

21 Beschreiben Sie das Falschdrallverfahren.

In einer beheizten Zone wird einem Garn eine Drehung gegeben, die durch die Hitze fixiert wird.

Das Garn wird anschließend wieder aufgedreht, die fixierte Kräuselung bleibt jedoch erhalten.

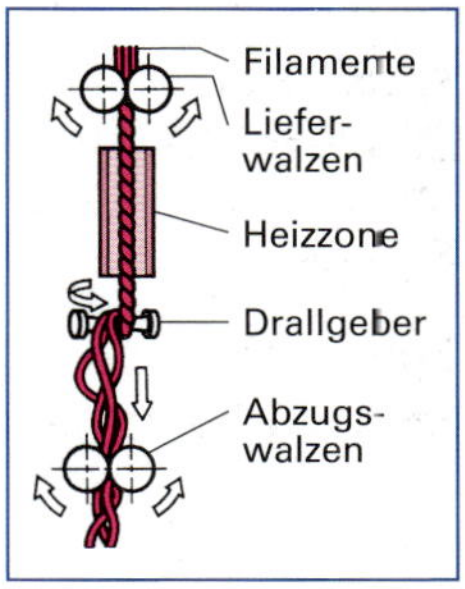

22 Unterscheiden Sie Massennummerierung und Längennummerierung.

Die **Massennummerierung** gibt die Masse eines Garn bezogen auf eine bestimmte Länge an.

Die **Längennummerierung** gibt an, welche Länge ein Garn mit einer bestimmten Masse hat.

23 Ordnen Sie die Formelzeichen Tt, Nm, NeB, und Td der Massen- bzw. der Längennummerierung zu.

Massennummerierung:	Tt und Td
Längennummerierung:	Nm und NeB

24 Erklären Sie die folgenden Garnbezeichnungen:
20 tex, 40 tex x 3, Nm 20/2/3, Nm 100/3, 300 dtex x 3.

20 tex
bedeutet, dass 1 km Garn 20 g Masse hat.

40 tex x 3
definiert einen Zwirn aus drei Garnen mit einer Einzelgarnfeinheit von 40tex.

Nm 20/2/3
ist ein zweistufiger Zwirn, bei dem zunächst zwei Garne mit je Nm 20 verzwirnt wurden und danach drei Zwirne Nm20/2 verzwirnt wurden.

Nm 100/3
ist ein einstufiger Zwirn aus drei Garnen mit einer Feinheit von je Nm100.

300 dtex x 3
ist ein einstufiger Zwirn aus drei Garnen mit einer Feinheit von je 300 dtex.

25 Nennen Sie vier Garneigenschaften, die wesentlichen Einfluss auf die aus ihnen hergestellten Textilien haben.

- Gleichmäßigkeit
- Festigkeit
- Härte/Drehung
- Dehnbarkeit/Elastizität
- Oberflächenstruktur, Griff, Volumen

26 Nennen Sie die Einsatzgebiete von Kammgarn, Rotorgarn und Bourettegarn.

Kammgarn:
hochwertige, elegante Anzug-, Kostüm- und Kleiderstoffe

Rotorgarn:
mittelfeine bis grobe Baumwollwaren (Jeansköper, Denim)

Bourettegarn:
grobe und noppige Seidengewebe für Oberbekleidung und Dekoration

27 Begründen Sie drei Einsatzgebiete für Umspinnungsgarne bzw. -zwirne.

Zur Herstellung **elastischer Waren** verwendet man Umspinnungszwirne, deren Seele aus Elastan und deren Mantel häufig aus Naturfasern besteht.

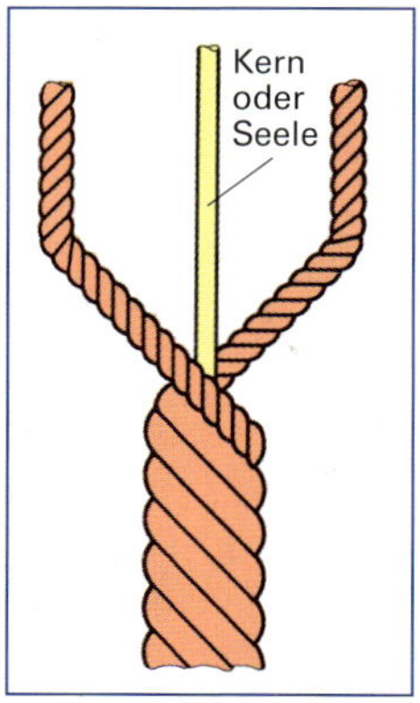

Nähgarne haben häufig eine Polyester-Seele mit hoher Festigkeit, die Ummantelung besteht aus Baumwolle, deren große Hitzebeständigkeit wichtig ist bei hohen Nähgeschwindigkeiten.

Bei **Ausbrennerwaren** besteht das Umspinnungsmaterial der verwendeten Garne aus einem anderen Faserstoff als der Kern und kann nach dem Weben mustermäßig weggeätzt werden.

28 Nennen Sie je drei Handelsbezeichnungen typischer Kammgarn- und Streichgarngewebe.

Kammgarngewebe:
Cool Wool, Gabardine, Mousseline

Streichgarngewebe:
Shetland, Tuch, Velours

29 Geben Sie jeweils ein Einsatzgebiet als Nähgarn für die nachfolgenden Garnarten an und nennen Sie deren wesentlichen Merkmale bzw. Eigenschaften:
Polyester-Nähzwirn, Knopflochseide, Monofilgarn, Multifil glatt, Multifil texturiert.

Garnart / **Einsatzgebiet**	**Merkmale und Eigenschaften**
Polyester-Nähzwirn Universalgarn für fast alle Näharbeiten	zugfest, scheuerfest, pflegebeständig, jedoch nur mittlere Hitzebeständigkeit
Knopflochseide Knopflöcher, Ziernähte	verzwirnte Seidenfilamente, glänzend, geschmeidig beim Verarbeiten
Monofilgarn Blindstichnähte (z.B. Säume)	meist transparent, steif, glänzend
Multifil, glatt Versäuberungs- und Überdecknähte	glatt, dicht, geschlossen, gleichmäßig, glänzend
Multifil, texturiert Versäuberung- und Überdecknähte, z.B. bei Maschenwaren	bauschig, voluminös, weich, elastisch, matt, anschmiegsam

A

3 Textile Flächen

1 Nennen Sie sechs textile Flächen, die nach unterschiedlichen Verfahren hergestellt werden.

Textile Flächengebilde sind:

Gewebe, Maschenware, Geflecht, Filz, Nähgewirk, Vliesstoff.

2 Erklären Sie die Begriffe Weben, Kette und Schuss.

Weben ist die Bezeichnung für das rechtwinkelige Verkreuzen von Kett- und Schussfäden.

Kette ist die Gesamtheit der in Längsrichtung verlaufenden Fäden.

Schuss ist die Gesamtheit der in Querrichtung verlaufenden Fäden.

3 Stellen Sie den wesentlichen Unterschied zwischen dem Schaftweben und dem Jacquardweben dar.

Wesentlicher Unterschied ist das Heben und Senken der Kettfäden.

Beim **Schaftweben** wird immer eine Gruppe von Kettfäden mittels eines Schaftes gehoben, bzw. gesenkt.

Beim **Jacquardweben** kann jeder Kettfaden einzeln gehoben, bzw. gesenkt werden.

4 Nennen Sie die beiden Verfahren zum Herstellen einer Webkette.

Eine Webkette kann durch Schären oder durch Zetteln hergestellt werden.

5 Erklären Sie die Begriffe Bindung, Patrone, Bindungspunkt, Gewebeschnitt, Flottierung, Ketthebung, Kettsenkung.

Mit **Bindung** bezeichnet man die Art und Weise der Verkreuzung von Kett- und Schussfäden in einem Gewebe.

Die **Patrone** ist die zeichnerische Darstellung einer Bindung.

Mit **Bindungspunkt** bezeichnet man den Kreuzungspunkt eines Kettfadens mit einem Schussfaden.

Der **Gewebeschnitt** ist eine Zeichnung, in der die Einbindung eines Kett- oder eines Schussfadens von der Schnittseite des Gewebes her gesehen, dargestellt ist.

Eine **Flottierung** ist ein Fadenstück, welches über eine größere Strecke nicht durch Bindungspunkte gehalten wird.

Bei einer **Ketthebung** liegt der Kettfaden über dem Schussfaden und wird durch Ausfüllen eines Kästchens in der Bindungspatrone dargestellt.

Bei der **Kettsenkung** liegt der Kettfaden unter dem Schussfaden und dieser Kreuzungspunkt wird nicht dargestellt (leeres Kästchen).

6 Nennen Sie die drei Gewebegrundbindungen.

Die Gewebegrundbindungen sind:

Leinwandbindung, Köperbindung, Atlasbindung

7 Erklären Sie die vier Nummernteile des EDV-Bindungskurzzeichens anhand 10-01 01-01-00.

10 Bindungsart

01 01 Gibt die Ketthebungen und Kettsenkungen des 1. Kettfadens an.

01 Gibt die Anzahl der nebeneinander gleichbindenden Kettfäden an (Fädigkeit).

00 Gibt an, um wie viele Schussfäden die Ketthebungen und Kettsenkungen von Kettfaden zu Kettfaden zu versetzen sind, jeweils von links unten nach rechts oben. 00 bedeutet entgegengesetzt bindend.

8 Nennen Sie Erkennungsmerkmale und Eigenschaften der Leinwandbindung.

Merkmale der Leinwandbindung sind:

- Bindungsgleiches Aussehen von rechter und linker Warenseite
- Die Bindungspunkte berühren sich nach allen Seiten.
- Keine Fadenflottungen
- Engste Verkreuzung von Kette und Schuss

Die **Eigenschaften** ergeben sich je nach Faser- und Garnart, Fadendichte und Ausrüstung. Es gibt sehr leichte, durchscheinende, weiche, poröse sowie scheuerfeste, strapazierfähige Leinwandgewebe.

9 Zählen Sie Handelsbezeichnungen für leinwandbindige Gewebe auf.

Toile, Batist, Voile, Vichy, Taft, Fresko, Donegal.

10 Nennen Sie drei Ableitungen der Leinwandbindung.

Panamabindung, Querrips (Kettrips), Längsrips (Schussrips).

11 Vergleichen Sie Querrips und Längsrips hinsichtlich Herstellung und Aussehen.

Querrips (Kettrips):

Die Querrippung erreicht man durch eine hohe Kettdichte, die jeweils zwei oder mehr in das gleiche Fach eingetragene Schussfäden verdeckt. Da die meist feinen Kettfäden das Oberflächenbild bestimmen, nennt man Querrips auch Kettrips. Ein ripsartiges Aussehen kann man auch durch das Eintragen von dicken Schussfäden in eine feinfädige Kette erreichen.

Längsrips (Schussrips):

Die Längsrippung erreicht man durch eine hohe Schussdichte, die jeweils zwei oder mehr gleichbindende Kettfäden überdeckt.

12 Nennen Sie die Merkmale einer Köperbindung.

- Diagonal aneinandergereihte Bindungspunkte bilden einen Köpergrat
- Je nach Bindung und Fadendichte weich und locker oder dicht, strapazierfähig
- Flottungen in Kett- oder Schussrichtung
- Warenseiten zeigen konträres Bindungsbild

13 Zählen Sie Handelsbezeichnungen für köperbindige Gewebe auf.

Denim, Drell, Twill, Whipcord, Trikotine, Serge, Shetland.

14 Nennen Sie die drei Erweiterungen der Köpergrundbindung.

Gleichgratköper, Mehrgratköper, Breitgratköper.

15 Zeichnen Sie die Patrone mit dem Rapport für einen dreibindigen Schussköper mit Z-Grat.

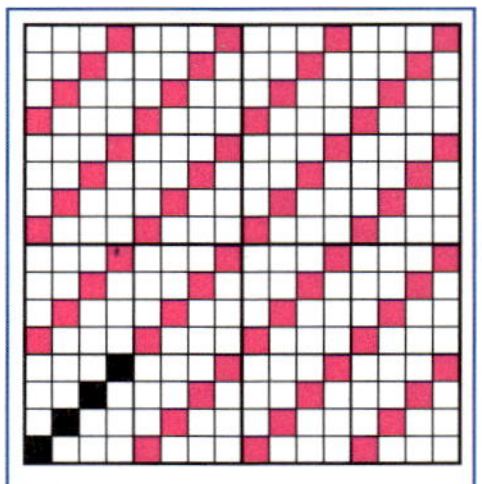

16 Skizzieren Sie Kett- und Schussschnitt der Köperbindung 20-0102-01-01.

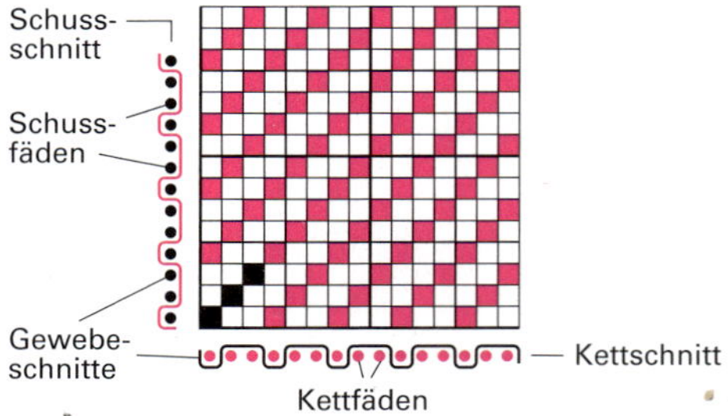

17 Nennen Sie Ableitungen der Köperbindung und geben Sie je ein wesentl. Merkmal an.

- Beim **Steilgratköper** ist der Verlauf des Köpergrates steiler als 45°.
- Der **Fischgratköper** hat einen Gratwechsel, wobei die Grate nicht spitz zusammenlaufen.
- Der **Kreuzköper** hat einen nicht erkennbaren Grat durch Wechsel von S-Grat und Z-Grat im halben Rapport.
- Beim **Flachgratköper** ist der Verlauf des Köpergrates flacher als 45°.

18 Geben Sie die Merkmale und Eigenschaften der Atlasbindung an.

- Gleichmäßig verstreute Anordnung der Bindungspunkte, die sich nicht berühren
- Lange Fadenflottungen, meistens in Kettrichtung
- Je nach Anzahl von Bindungspunkten und Dichte der Fadenstellung weich und geschmeidig oder fest, steif
- Glatte, gleichmäßige und glänzende Oberfläche

A

19 Unterscheiden Sie Kett- und Schussatlas.

Kettatlas wird durch das Vorherrschen des Kettfadensystems auf der rechten Warenseite bestimmt.

Beim **Schussatlas** bestimmen die Schussfäden die rechte Warenseite.

20 Zählen Sie atlasbindige Gewebe auf.

Damast, Duchesse,

Satin, Charmelaine,

Moleskin, Buntsatin,

Streifensatin, Damassé.

21 Definieren Sie den Begriff Buntgewebe und nennen Sie Handelsbezeichnungen.

Buntgewebe weisen Musterungen auf, die durch Wechsel farbiger Kett- und/oder Schussfäden oder durch Kombination von beiden entstehen.

Handelsbezeichnungen sind z.B. Glencheck, Changeant, Nadelstreifen, Schottenkaro, Pepita, Oxford, Hahnentritt, Fil-à-fil.

22 Beschreiben Sie das Aussehen von Changeant, Glencheck, Fil-à-fil.

Beim **Changeant** sind Kette und Schuss aus verschiedenen farbigen Garnen.

Glencheck zeigt ein Grundkaro mit einem Überkaro in verschiedener Musterwirkung.

Beim **Fil-à-fil** wechseln in Kette und Schuss je ein heller und ein dunkler Faden bei Doppelköperbindung, es entsteht eine treppchenförmige Kleinmusterung.

23 Geben Sie drei Möglichkeiten an, einem Gewebe Kreppcharakter zu verleihen.

Kreppcharakter erhalten Gewebe durch

- die Verwendung von Kreppgarnen
- durch den Einsatz der Kreppbindung
- durch Textilveredlung (Laugieren, Gaufrieren)

24 Unterscheiden Sie zwischen Voll- und Halbkrepp und nennen Sie jeweils zwei Handelsbezeichnungen.

Vollkreppe sind ein Gewebe mit Kreppgarnen in Kette und Schuss,
Handelsbezeichnungen sind z.B.
Crêpe georgette, Crêpe chiffon

Halbkreppe zeigen Kreppgarne in nur einem Fadensystem.
Handelsbezeichnungen sind z.B.
Crêpe satin, Crêpe de chine.

25 Nennen Sie die zwei Möglichkeiten der Textilveredelung einen Kreppeffekt zu erzielen.

Mit dem **Laugierverfahren**
oder
mit dem **Prägekalander** (Gaufrieren)
können Kreppeffekte erzielt werden.

26 Erklären Sie die Herstellung eines Gewebes mit der Handelsbezeichnung Seersucker.

Seersucker entsteht durch gruppenweise unterschiedliche Kettfadenspannungen, evtl. unterstützt durch Kreppgarne, oder durch schrumpfende und nicht schrumpfende Kettfadengruppen. Man erreicht blasige Längsstreifen neben glatten Längsstreifen.

27 Nennen Sie Gewebearten, die mit drei Fadensystemen hergestellt werden.

- verstärkte Gewebe
- lancierte Gewebe, broschierte Gewebe
- Schlingengewebe, Florgewebe

28 Zählen Sie Eigenschaften auf, die Gewebe durch ein drittes Fadensystem erhalten können.

- größere Festigkeit und Widerstandsfähigkeit
- mehr Fülle
- eine besondere Oberfläche (z.B. Schlingen, Flor)
- eine zusätzliche Musterung
- beidseitig verwendbare Warenseiten

29 Beschreiben Sie die Herstellung von lancierten Geweben.

Durch zusätzliche Fadensysteme in Kett- und/ oder Schussrichtung werden in glatte leinwand-, köper- oder atlasbindige Gewebe bordürenartige oder stickereiähnliche Muster eingebracht.

30 Geben Sie die Merkmale an, die zur Unterscheidung der Handelsbezeichnung Broché und Lancé dienen.

Broschierte Gewebe haben zusätzliche musterbildende Fäden nur in Schussrichtung, bei jeder Broschierstelle sind Fadenanfang und -ende sichtbar.

Beim **Lancé** liegen die musterbildenden Fäden auf der Geweberückseite flott oder sind am Musterrand abgeschnitten (Découpé).

31 Beschreiben Sie die Herstellung von Frottiergeweben.

Frottiergewebe haben drei Fadensysteme:
Eine straff gespannte Grundkette,
eine locker geführte Schlingenkette
und einen Schuss.

Nach dem Eintrag von drei bis vier Schüssen erfolgt das Anschlagen. Die Polkette schiebt sich zu Schlingen zusammen.

32 Definieren Sie die Begriffe Samt und Plüsch.

Samt hat eine Florhöhe bis 3 mm,

Plüsch einen höheren Flor.

33 Unterscheiden Sie die Herstellung von Kett- und Schusssamt.

Beim **Kettsamt** bindet eine zusätzliche Florkette in das Grundgewebe ein, die Flornoppen binden am Schuss an. Man unterscheidet Doppelsamt und Rutensamt. Beim Doppelsamt sind zwei Gewebe übereinander webtechnisch mittels einer gemeinsamen Polkette verbunden, durch Aufschneiden des Polfadens entstehen zwei Samtgewebe. Beim Rutensamt wird die locker gespannte Florkette über Ruten geführt und aufgeschnitten.

Beim **Schusssamt** bindet ein zusätzlicher Florschuss in das Grundgewebe, durch nachträgliches Aufschneiden dieser Flottungen entsteht der Flor. Man unterscheidet Glattsamt und Rippensamt. Beim Glattsamt binden die Florschüsse gleichmäßig versetzt ein. Beim Rippensamt binden die Florschüsse immer an den gleichen Kettfäden.

34 Erklären Sie den Begriff Rippensamt.

Beim Rippensamt binden die Florschüsse immer an den gleichen Kettfäden an und bilden dazwischen Flottungen.

Nach dem Aufschneiden der Flottungen entstehen die Rippen.

35 Beschreiben Sie die Gewebe mit folgenden Handelsbezeichnungen:
Babycord, Manchester,
Trenkercord, Fancycord.

Babycord hat ganz feine Rippen und ist weich.

Manchester zeigt mittlere Rippen und ist fest.

Trenkercord hat breite Rippen und ist weich.

Beim **Fancycord** liegen Rippen in unterschiedlicher Breite vor.

36 Geben Sie an, wodurch sich Gewebe mit den Handelsbezeichnungen Velvet und Velveton in der Herstellung unterscheiden.

Velvet ist ein glatter Schusssamt,

Velveton ist ein aufgerautes Baumwollgewebe.

37 Nennen Sie Eigenschaften, die Gewebe mit vier oder mehr Fadensystemen (Doppelgewebe) erhalten können.

Eigenschaften von Doppelgeweben:

- größere Dichte
- höheres Volumen
- größere Festigkeit
- beidseitig verwendbare Warenseiten
- plastisches Oberflächenbild

38 Beschreiben Sie vier Herstellungsmöglichkeiten für Doppelgewebe.

Herstellungsarten für Doppelgewebe:

- Zwei Gewebelagen sind mit einer zusätzlichen Bindekette oder einem Bindeschuss verbunden.
- Ein feinfädiges Obergewebe ist mustermäßig mit einem Kreppuntergewebe verbunden (Cloqué).
- Bei einem Gewebe aus vier Fadensystemen bindet z. B. die Unterkette an den Oberschuss, (Doppelgewebe mit An- oder Abbindung).
- Austausch von Ober- und Untergewebe als Hohlgewebe (Doppelgewebe mit Warenwechsel).

39 Vergleichen Sie Cloqué und Matelassé hinsichtlich der Herstellung und des Aussehens.

Cloqué ist ein Gewebe mit vier Fadensystemen. Ein Kreppuntergewebe bindet mustermäßig in das Obergewebe, es ergeben sich kleine, blasige Aufwerfungen.

Matelassé besteht aus einem Grundgewebe, einer Unterkette und zusätzlichen Füllschüssen. Die rechte Warenseite hat ein Oberflächenbild mit plastisch, großflächiger Musterung, die linke Warenseite ist grobfädig.

40 Nennen Sie das Merkmal eines Pikeegewebes.

Pikeegewebe zeigen ein plastisches Oberflächenbild, das wie gesteppt wirkt.

41 Beschreiben Sie die Herstellung von Piqué.

Piqué ist ein Doppelgewebe mit feinem, leinwandbindigem Obergewebe und einem gröberen Untergewebe.

Dadurch, dass das Obergewebe nach einer bestimmten Regel mit dem Untergewebe durch Einbinden verbunden ist, entstehen kleine Figuren und Streifen, die wie gesteppt erscheinen.

Zur plastischen Formung der rechten Seite werden Füllschüsse eingewebt, die uneingebunden zwischen Grundgewebe und Steppkette liegen. Die Steppkette, die in das Obergewebe einbindet und die Füllschüsse an das Obergewebe andrückt, ist fein und straff gespannt.

42 Geben Sie an, wie das Oberflächenbild von Waffelpikee entsteht.

Waffelpikee entsteht durch regelmäßige Fadenflottungen in Schuss und Kettrichtung, die nach innen verkürzend verlaufen. Es ergeben sich quadratische Reliefmuster.

43 Beschreiben Sie das Aussehen des Cotelés.

Leichte Rippen in Längsrichtung. Sie entstehen durch die Cordbindung (Hohlschussbindung), ohne zusätzliches Fadensystem.

44 Nennen Sie die beiden Gruppen, in die Maschenwaren eingeteilt werden.

- Gestricke und Einfadengewirkte (Einfadenware)
- Kettengewirke (Kettfadenware)

45 Nennen Sie vier Merkmale von Strickware bzw. Kulierwirkware (Einfadenware).

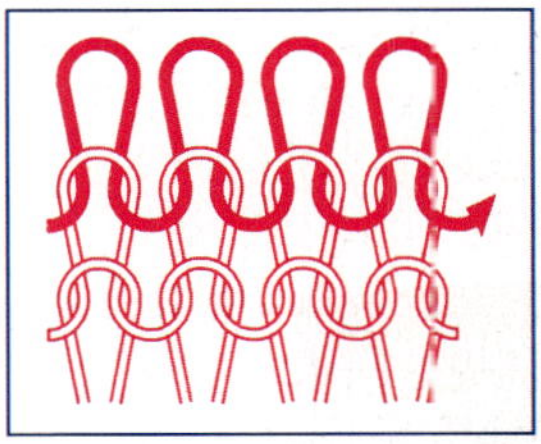

- Die Maschenbildung erfordert mindestens einen Faden.
- Der Fadenverlauf erfolgt in Warenquerrichtung.
- Die Ware kann aufgezogen werden und Fallmaschen bilden.
- Einfadenware lässt sich durch Stricken oder Wirken herstellen.

46 Nennen Sie vier Merkmale der Kettenwirkware.

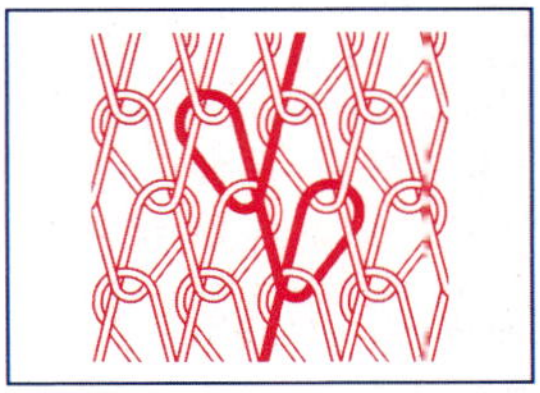

- Die Maschenbildung erfordert mindestens ein Kettfadensystem.
- Maschenbildende Fäden verlaufen in Längsrichtung überwiegend im Zickzack durch die Ware.
- Die Ware lässt sich nicht aufziehen, sie ist weitgehend laufmaschenfest.
- Kettenwirkware ist immer gewirkt.

47 Erklären Sie die Begriffe Stricken und Wirken.

- Beim **Stricken** wird mit einzelnen bewegten (Zungen-) Nadeln gearbeitet. Zur Herstellung dienen Flach- und Rundstrickmaschinen.
- Beim **Wirken** wird mit gemeinsam bewegten oder fest stehenden Nadeln gearbeitet.

48 Zeichnen Sie eine Masche und benennen Sie die Teile.

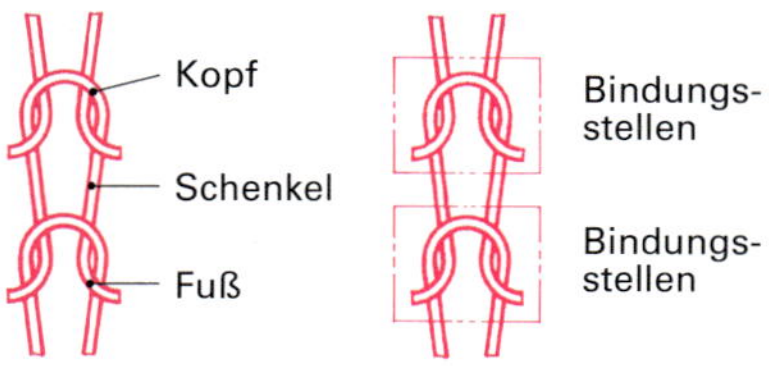

49 Definieren Sie die Begriffe Maschenreihe und Maschenstäbchen.

Nebeneinander angeordnete Maschen in Warenquerrichtung bilden eine **Maschenreihe**.

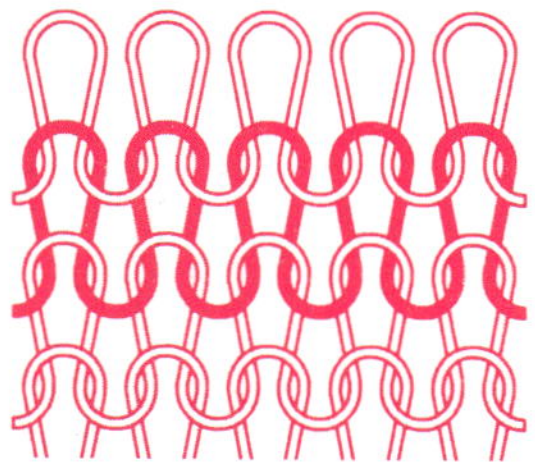

Übereinander angeordnete Maschen in Warenlängsrichtung bilden ein **Maschenstäbchen**.

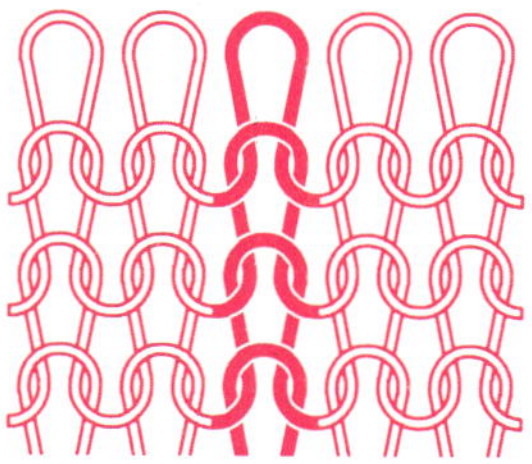

50 Unterscheiden Sie das Bindungselement Masche von den Bindungselementen Henkel und Flottung.

Eine **Masche** ist eine Fadenschleife mit einem Maschenkopf, zwei Maschenschenkeln und zwei Maschenfüßen.

Sie hat zwei obere und zwei untere Bindungsstellen.

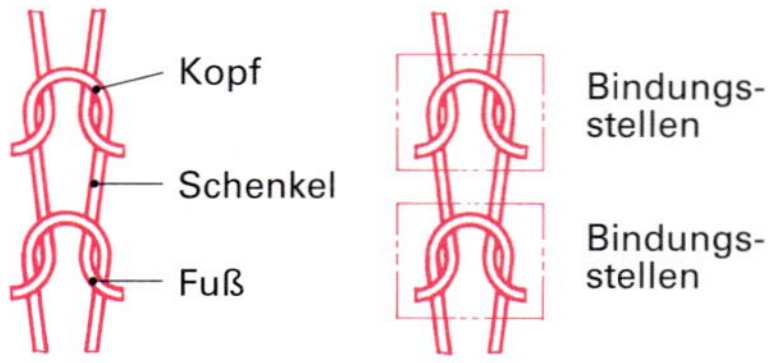

Der **Henkel** ist eine Fadenschleife, die nur zwei obere Bindungsstellen aufweist.

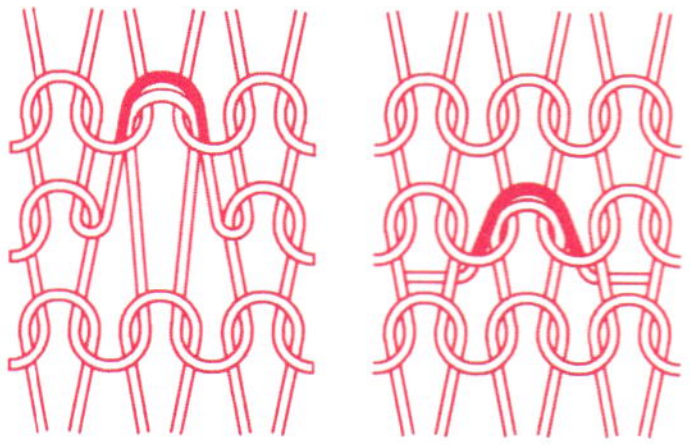

Die **Flottung** ist eine Fadenschleife, die nur zwei untere Bindungsstellen aufweist.

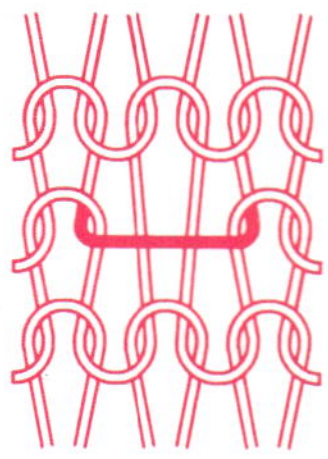

51 Nennen Sie die vier Grundbindungen von Strick- bzw. Kulierwirkware.

- Rechts/Links (RL)
- Rechts/Rechts (RR)
- Links/Links (LL)
- Rechts/Rechts/Gekreuzt (RRG)

52 Zeichnen Sie die linke und die rechte Seite einer einflächigen Strick- und Kulierwirkware.

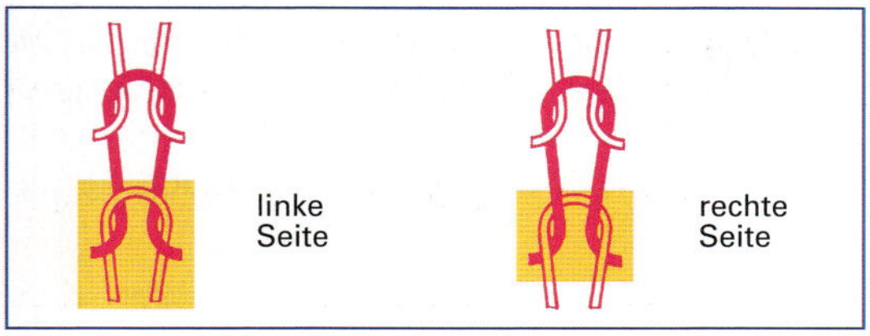

53 Beschreiben Sie Rechts/Rechts-Ware und Links/Links-Ware.

Bei **Rechts/Rechts-Ware** wechseln in einer Maschenreihe rechte und linke Maschen. Beide Warenseiten zeigen rechte Maschen. Wird die Ware quergespannt, erkennt man zwischen den rechten Maschenstäbchen jeweils linke Maschenstäbchen.

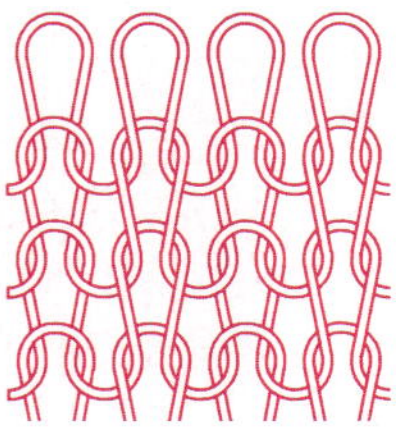

Bei **Links/Links-Ware** wechselt jeweils eine rechte Maschenreihe mit einer linken Maschenreihe. Beide Warenseiten zeigen linke Maschen. Wird die Ware längsgespannt, erkennt man zwischen den linken Maschenreihen jeweils rechte Maschenreichen.

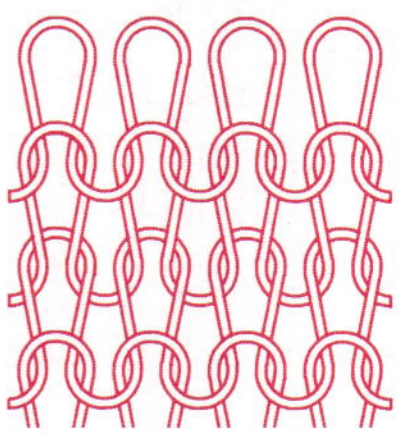

54 Beschreiben Sie jeweils das Aussehen und die typischen Eigenschaften von Single-Jersey, Feinripp und Interlock.

Single Jersey hat zwei verschieden aussehende Warenseiten. Eine Seite zeigt nur rechte Maschen, die andere nur linke Maschen. Die Ware ist in Querrichtung wenig elastisch und neigt an den Rändern zum Einrollen (RL-Bindung).

Bei **Feinripp** wechseln in einer Reihe rechte und linke Maschen. Beide Warenseiten zeigen rechte Maschen (-rippen). Wird die Ware quergespannt, erkennt man zwischen den rechten Maschenstäbchen jeweils linke Maschenstäbchen. Feinripp ist querelastisch (RR-Bindung).

Bei **Interlock** stehen sich die Maschen der Warenvorderseite und der Warenrückseite genau gegenüber. Die nebeneinander liegenden Maschen auf einer Warenseite sind jeweils um eine halbe Maschenhöhe versetzt. Interlock hat eine geschlossene Oberfläche. Ware in dieser Bindung ist dehnfähig, aber nicht sehr elastisch (RRG).

55 Nennen Sie fünf Ableitungen der Rechts/Links-Bindung

- RL-hinterlegt
- RL-Plüsch
- RL-Futter
- RL-Luntenflor
- RL-Pikee

56 Beschreiben Sie das Aussehen von Henkelplüsch (RL-Plüsch), Scherplüsch und Futterware.

- **RL-Plüsch**
  ist eine RL-Ware mit einem zusätzlichen Faden, der an der Warenoberfläche Schlingen bildet.
- **Scherplüsch**
  entsteht, wenn bei Henkelplüsch die Schlingenköpfchen abgeschnitten werden.
- **Futterware**
  ist eine RL-Grundware mit einem meist dicken Futterfaden, der zusätzlich auf der linken Warenseite eingebunden ist.

57 Nennen Sie fünf Ableitungen der Rechts/Rechts-Bindung.

- Rippware
- Halbschlauch
- Fang und Perlfang
- Webstrick
- Jacquard

58 Beschreiben Sie das Aussehen von Rippware, Fang und Perlfang.

Rippware erkennt man an den ausgeprägten Längsrippen, die durch rechte Maschen gebildet werden.

Fanghenkel lassen bei **Fang** die Rechtsmaschen hervortreten. Beide Warenseiten sehen gleich aus.

Perlfang weist ausgeprägte Rechtsmaschen auf der Vorderseite auf, auf der Rückseite sieht Perlfang aus wie Fang.

59 Unterscheiden Sie Hinterlegware, Nicki und Henkelplüsch.

Hinterlegware ist eine RL-Ware mit Musterungen auf der Warenvorderseite und Flottierungen auf der Warenrückseite.

Scherplüsch hat eine samtartige Oberfläche, er wird auch Nicki genannt.

Henkelplüsch weist eine Schlingenoberfläche auf.

60 Begründen Sie, warum beim Verarbeiten von Maschenware noch mehr Sorgfalt erforderlich ist, als bei der Verarbeitung von Webware.

Bei der **Verarbeitung von Maschenware** muss auf das größere Dehnungsvermögen, die höhere Elastizität und auf die Bildung von Fallmaschen Rücksicht genommen werden.

61 Definieren Sie den Begriff Ketteln.

Ketteln ist das maschengenaue Zusammennähen oder das Annähen von Blenden mit einer Kettelmaschine.

62 Nennen Sie vier wesentliche Ursachen für die Entstehung von Maschensprengschäden beim Nähen von Maschenwaren.

- Fehlerhafte Warenausrüstung (häufigste Ursache)
- Beschädigte Nadelspitze
- Zu dicke Nadel
- Ungeeignete Nadelspitzenform

63 Vergleichen Sie Maschenware, die als Rundstrickware und als Flachstrickware hergestellt wurde.

Maschenwaren wie T-Shirts, Sweatshirts, Unter- und Nachtwäsche, Polohemden und Jogginganzüge werden als **Rundstrickware** hergestellt. Diese wird als Meterware im Schlauch hergestellt.

Oberbekleidung wie Pullover, Strickjacken, Kleider, Röcke und Hosen, wird überwiegend als **Flachstrickware** hergestellt.

64 Erklären Sie den Begriff „fully fashioned".

Der Fachbegriff **fully fashioned** bedeutet, dass die Strickteile formgerecht gestrickt werden. Man bezeichnet sie auch als reguläre Ware.

65 Vergleichen Sie die Herstellung von Kettenwirkware und Kulierwirkware.

Kettenwirkware wird mit mindestens einem Kettfadensystem hergestellt. Maschenbildende Fäden verlaufen in Längsrichtung überwiegend im Zickzack.

Kulierwirkware wird mit mindestens einem Faden hergestellt. Der Fadenverlauf erfolgt in Warenquerrichtung.

66 Definieren Sie die Begriffe Schussfaden und Stehfaden bei Kettenwirkware.

Schussfaden heißt bei Kettenwirkwaren ein in Querrichtung eingelegter, von Maschen gehaltener Faden.

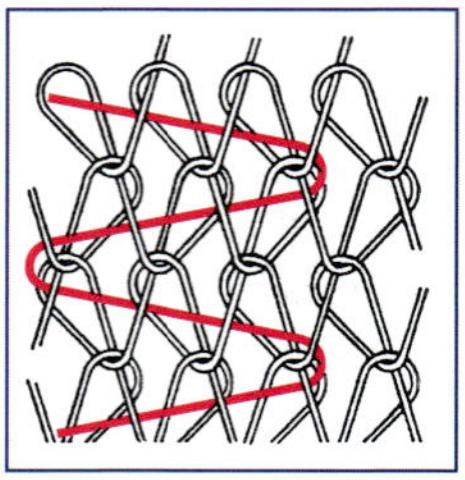

Stehfaden heißt bei Kettenwirkwaren ein in Längsrichtung eingelegter, von Maschen gehaltener Faden.

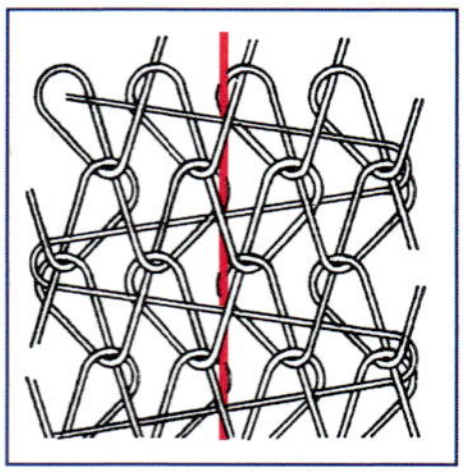

67 Nennen Sie vier Legungen der Kettenwirkware.

- Fransenlegung
- Trikotlegung
- Tuchlegung
- Atlaslegung

68 Beschreiben Sie jeweils das Maschenbild von Atlaslegung, Trikotlegung und Tuchlegung.

Bei der **Atlaslegung** verläuft jeder maschenbildende Kettfaden treppenförmig bis zu einem Umkehrpunkt und wechselt dann seine Richtung.

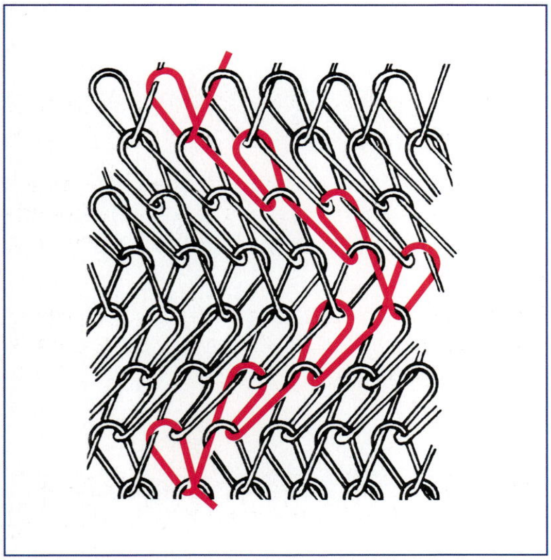

Bei der **Trikotlegung** verläuft jeder maschenbildende Kettfaden im Zickzack in Längsrichtung durch die Ware und bindet zwischen zwei Nachbarstäben.

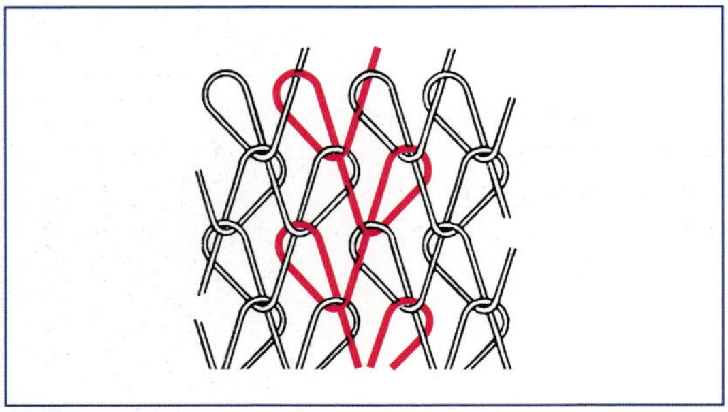

Die **Tuchlegung** bindet ähnlich wie die Trikotlegung, jedoch überspringt jeder maschenbildende Kettfaden ein Maschenstäbchen.

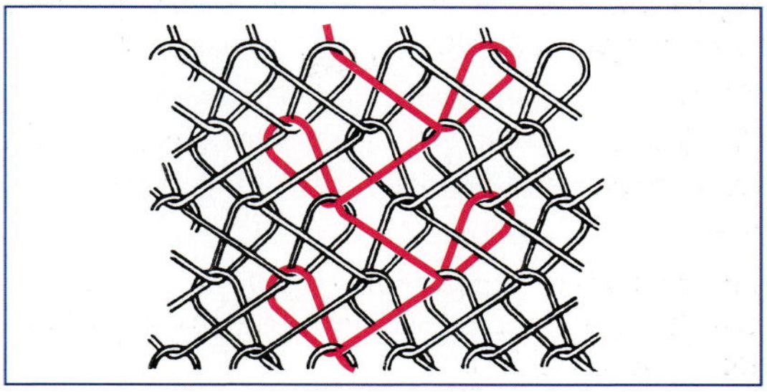

69 Nennen Sie fünf Kettenwirkwaren, die durch kombinierte Legungen entstanden sind.

- Charmeuse
- Kettenwirkfrottier
- Wirkplüsch
- Rascheltüll
- Raschelspitze

70 Nennen Sie Garnart und Bindung von Chameuse und beschreiben Sie das Aussehen von Vorder- und Rückseite.

Charmeuse ist eine Kettenwirkware aus Filamentgarnen, bei der die Trikotlegung und die Tuchlegung miteinander kombiniert sind. Auf einer Seite zeigt Charmeuse kleine Rechtsmaschen, auf der anderen Seite einen zickzackförmigen Verlauf der Kettfäden.

Charmeuse Vorderseite

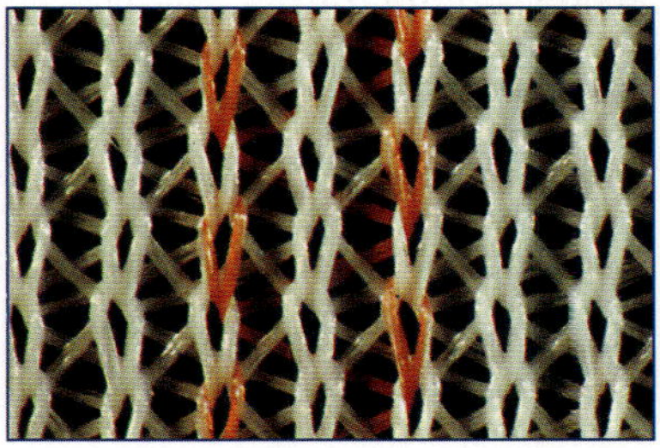

Charmeuse Rückseite

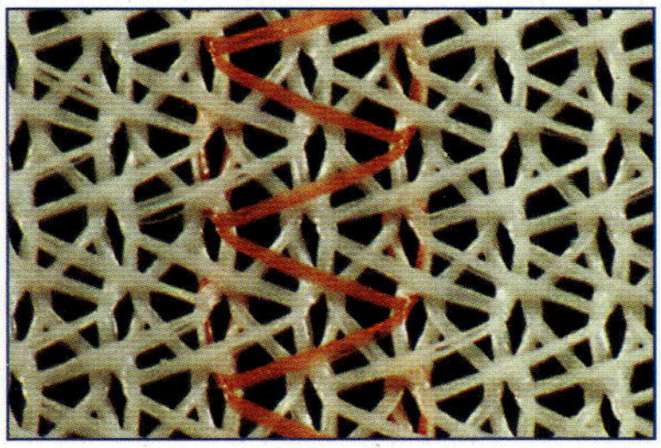

Die Lösungen der Aufgaben 71 und 72 befinden sich auf Seite 275.

71 Ordnen Sie den Bildern Ⓐ bis Ⓗ die nachfolgenden Begriffe zu:

Schussfaden, Stehfaden, Maschenreihe, Maschenstäbchen, Linke Maschenseite, Rechte Maschenseite, Henkel, Flottung

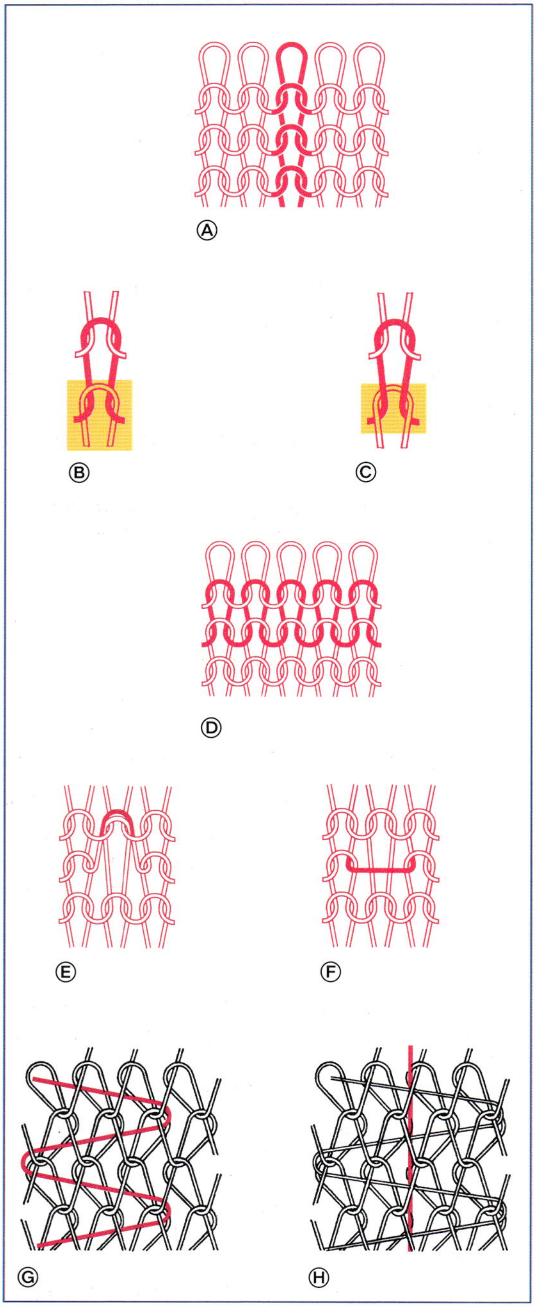

72 Ordnen Sie den schematischen Abbildungen Ⓐ bis Ⓘ die Bindungen bzw. Legungen zu:

Rechts/Links rechte Seite,
Rechts/Links linke Seite,
Rechts/Rechts, Links/Links,
Rechts/Rechte/Gekreuzt (Interlock),
Franse, Trikot, Tuch, Atlas

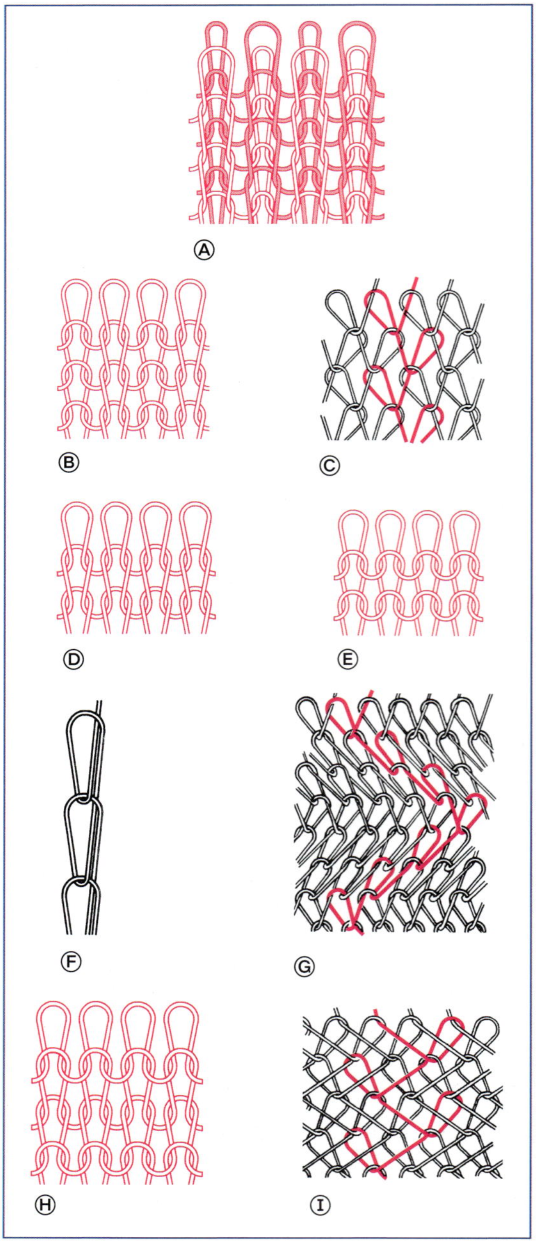

73 Nennen Sie zwei Gruppen der Faserverbundstoffe mit der jeweiligen Untergliederung.

Filze:

Walkfilze und Nadelfilze

Vliesstoffe:

Trockenvliesstoffe, Nassvliesstoffe und Spinnvliesstoffe

74 Beschreiben Sie den grundsätzlichen Unterschied bei der Herstellung von Filzen und Vliesstoffen.

Bei **Filzen** erfolgt die Verfestigung des Faserflores mechanisch (Nadeln) bzw. chemisch-mechanisch (Walken).

Bei **Vliesstoffen** kann die Verfestigung chemisch (Verkleben), thermisch (Verschweißen) oder mechanisch (Nadeln) erfolgen.

Eine Kombination dieser Verfahren ist im Einzelfall möglich.

75 Beschreiben Sie die Herstellung von Walkfilzen.

Beim **Walkfilz** macht man sich die Fähigkeit der Wolle oder anderer Tierhaare zunutze, unter Einwirkung von Laugen, Wärme, Bewegung und Druck zu filzen.

Ein **Faserflor** wird verdichtet und anschließend durch Stauchen, Pressen oder Klopfen bis zur endgültigen Dichte verfilzt.

76 Beschreiben Sie die Herstellung von Nadelfilzen.

Beim **Nadelfilz** wird ein bauschiges Faservlies von Nadeln mit Widerhaken durchstochen.

Die Widerhaken ziehen einen Teil der Fasern an die Unterseite des Faservlieses, was zu einer Verschlingung der Fasern führt.

Dies geschieht so lange, bis die gewünschte Dichte erreicht ist.

In der Regel werden Nadelfilze zusätzlich chemisch verfestigt.

77 Nennen Sie Eigenschaften und Einsatzgebiete von Walkfilzen und Nadelfilzen.

Walkfilze besitzen gute Isolierfähigkeit und damit ein gutes Warmhaltevermögen.

Haupteinsatzgebiete sind:
Hüte, Unterkragen an Sakkos und Mänteln, Dekomaterialen, Trachtenmoden, Walzenbezüge, Dämmmaterial, Billardtischbezüge und Transportbänder in der Papierherstellung.

Nadelfilze sind im Allgemeinen elastisch und haben ein geringes Gewicht.

Sie werden vor allem für Bodenbeläge eingesetzt, aber auch für Einlagen, Wattierungen, Polstermaterial, Matratzenschoner, Bezüge und Filter.

78 Nennen Sie die verschiedenen Möglichkeiten der Verfestigung von Vliesstoffen.

- **Chemische Verfestigung** durch Binder oder Lösemittel
- **Thermische Verfestigung** durch Schmelzfasern oder Verschweißungspunkte
- **Mechanische Verfestigung** durch Vernadeln oder durch das Wasserstrahlverfahren

79 Erklären Sie die Begriffe Wirrfaservlies und richtungsorientiertes Vlies.

Beim **Wirrfaservlies** liegen die Fasern ungeordnet, wodurch Festigkeit und Dehnung in alle Richtungen mehr oder weniger gleich sind.

Bei **richtungsorientierten Vliesen** können die Fasern in Längs- oder Querrichtung geordnet sein, wodurch sich in der entsprechenden Richtung eine geringere Dehnung und eine höhere Festigkeit ergibt.

80 Zählen Sie auf, welche Eigenschaften Vliesstoffe in Bekleidungstextilien haben sollten.

Eigenschaften von Vliesstoffen

- Luftdurchlässigkeit
- Formbeständigkeit
- gutes Knitterverhalten
- Wasch- und Reinigungsbeständigkeit
- Einlauffestigkeit und einfache Verarbeitung

A

81 Nennen Sie je drei Einsatzgebiete von Walkfilzen und Vliesstoffen.

Walkfilze:

Hüte, Unterkragen an Sakkos und Mänteln, Trachtenoden

Vliesstoffe:

Einlagen, Wattierungen, Schutzkleidung

82 Definieren Sie den Begriff Nähwirkware.

Nähwirkwaren sind textile Flächen, die durch Übernähen von Faservliesen oder Fadenlagen entstanden sind.

Faservlies-Nähgewirk

Fadenlagen-Nähgewirk

83 Unterscheiden Klöppelspitze, Stickereispitze und Raschelspitze bezüglich der Herstellungstechnik.

Klöppelspitzen werden geflochten.

Stickereispitzen entstehen durch Besticken einer textilen Fläche. Anschließend wird der Stickgrund ganz oder teilweise entfernt.
Beispiel: **Ätzspitze**

Raschelspitzen werden auf Kettenwirkmaschinen mit Zungennadeln hergestellt.

84 Durch welche Herstellungstechniken können Tülle hergestellt werden?

Tülle werden heutzutage hauptsächlich nach der Rascheltechnik hergestellt durch Kombination von Fransen- und Trikotlegung. Seltener ist die Herstellung als Bobinetware.

85 Unterscheiden Sie Gewebe und Geflechte hinsichtlich des Fadenverlaufs.

Bei **Geweben** verlaufen die Kettfäden senkrecht und die Schussfäden waagerecht.

Bei **Geflechten** verlaufen die Fäden diagonal.

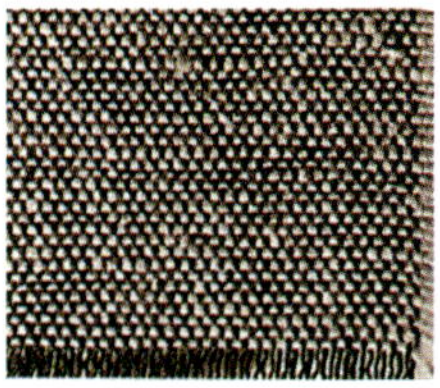

Gewebe

Geflecht

86 Nennen Sie die grundlegenden Eigenschaften von Strickwaren und von Kettenwirkwaren.

Strickwaren:

- weich
- anschmiegsam
- sehr dehnfähig
- hohes Porenvolumen
- knitterarm
- sehr elastisch
- mögliche Laufmaschenbildung

Strickware

Kettengewirk

Kettenwirkwaren:

- haltbar
- formstabil
- eingeschränkt dehnfähig
- eingeschränkt elastisch
- knitterarm
- maschenfest

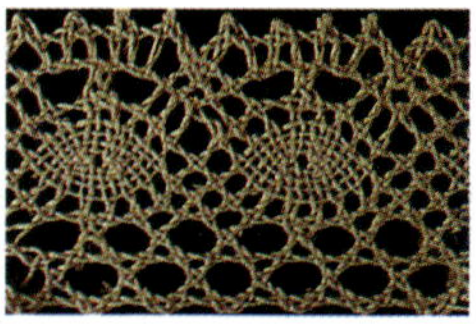

Klöppelspitze

Ätzspitze (Stickereispitze)

Raschelspitze

Rascheltüll

4 Textilveredlung

1 Erläutern Sie den Zweck der Textilveredelung.

Textilveredelung hat die Aufgabe, textile Rohwaren gebrauchsfertig zu machen, sie zu verschönern, die Oberfläche zu verändern sowie die Trage- und Pflegeeigenschaften zu verbessern.

2 Zählen Sie die Veredlungsstufen auf.

- Vorbehandlung
- Farbgebung
- Appretur
- Kaschieren u. Beschichten

3 In welchen Verarbeitungsstadien können Textilien veredelt werden?

Es kann das Fasermaterial, das Garn, die Stückware oder auch die Fertigware veredelt werden.

4 Nennen Sie fünf verschiedene Vorbehandlungsverfahren.

- Entschlichten
- Sengen
- Waschen
- Beuchen
- Bleichen
- Merzerisieren
- Karbonisieren

5 Beschreiben Sie die Veränderungen, die durch das Merzerisieren erreicht werden.

Baumwollfasern erhalten durch das Merzerisieren einen nahezu runden Querschnitt, dadurch erreicht man

- einen waschbeständigen Glanz,
- eine bessere Anfärbbarkeit,
- eine höhere Reißfestigkeit,
- einen weichen, voluminösen Griff.

6 Zählen Sie vier Druckprinzipien auf.

- Direkt- und Aufdruck
- Ätzdruck
- Reservedruck
- Transferdruck

7 Unterscheiden Sie zwischen Ätzdruck und Reservedruck.

Beim **Ätzdruck** wird auf eine vorgefärbte Ware eine Ätzpaste aufgedruckt, die an den bedruckten Stellen den Farbstoff zerstört.

Beim **Reservedruck** wird eine ungefärbte textile Fläche mit einer farbabweisenden Paste bedruckt, die an den bedruckten Stellen eine Anfärbung verhindert.

8 Erklären Sie die Druckarten Flockdruck und Kettdruck.

Beim **Flockdruck** wird die Ware mustermäßig mit einem Kleber bedruckt, an dem aufgestreute Fäserchen hängen bleiben.
Beim **Kettdruck** wird vor dem Weben die Kette bedruckt. Durch die Spannungsunterschiede beim Webvorgang werden die Konturen verwischt.

9 Beschreiben Sie den Vorgang des Rouleauxdruckens.

Beim **Rouleauxdruck** wird das Druckmuster von gravierten Walzen in einem kontinuierlichen Arbeitsgang auf die textile Fläche übertragen. Für jede Farbe ist eine Walze notwendig.

10 Unterscheiden Sie Flachfilmdruck und Rotationsfilmdruck.

Beim **Filmdruck** wird der Farbstoff durch eine Schablone gepresst, die beim **Flachfilmdruck** in einem flachen Schablonenrahmen befestigt ist und beim **Rotationsfilmdruck** zu einer Rolle geformt ist. Dadurch ist beim Rotationsfilmdruck ein kontinuierliches Drucken möglich.

11 Erklären Sie den Begriff Farbechtheit und nennen Sie fünf verschiedene Echtheiten.

Farbechtheit ist die Widerstandsfähigkeit von Färbungen gegen verschiedene Einwirkungen, denen Textilien in Fertigung und Gebrauch ausgesetzt sind.

Ätzdruck (Rückseite)

Reservedruck (Rückseite)

Chiné (Kettdruck)

Flockprint (Flockdruck)

Es gibt z. B. Reibechtheit, Waschechtheit, Schweißechtheit, Wetterechtheit, Meerwasserechtheit, Lösungsmittelechtheit, Bügelechtheit.

12 Beschreiben Sie, wie durch Färben mit nur einem Farbstoff ein Melangeeffekt erzielt werden kann.

Durch Verwendung einer Mischung aus Fasern mit verschiedener Anfärbbarkeit kann ein **Melangeeffekt** erzielt werden.

13 Nennen Sie verschiedene Zwischen- und Nachbehandlungsvorgänge.

- Fixieren
- Waschen
- Thermofixieren
- Entwässern und Trocknen

14 Nennen Sie die wesentlichen Ziele, die durch Appretur erreicht werden sollen.

- **Veränderung der Oberfläche**
  z. B. Rauen, Glätten, Prägen
- **Verbesserung der Trageeigenschaften**
  z. B. Fleckschutz, Knitterarmut
- **Verbesserung der Pflegeeigenschaften**
  z. B. Bügelfreiheit, Krumpfechtheit.

15 Zählen Sie Verfahren der Trockenappretur auf.

- Spannen
- Ratinieren
- Kalandern
- Prägen (Gaufrieren)
- Rauen
- Dekatieren
- Pressen
- Schleifen, Schmirgeln
- Scheren
- Krumpfen
- Plissieren

16 Beschreiben Sie die Veredelungsmaßnahmen Dekatieren, Rauen, Ratinieren und Kalandern.

Das **Dekatieren** bewirkt die Beseitigung des Pressglanzes, das Verhindern des Einlaufens, die Verbesserung des Griffs und der Tropfenfestigkeit durch Dampf und Druck. Anwendung bei Wollstoffen.

Durch das **Ratinieren** werden bei Rauwaren durch Bürsten oder Reibescheiben örtliche Muster erzielt (z.B. Knötchen)

Beim **Rauen** werden durch feine Häkchen Fasern an die Warenoberfläche gezogen, ohne sie von ihr zu trennen, dadurch entsteht ein Flor.

Durch **Kalandern** werden Gewebe mittels Walzen geglättet und verdichtet.

17 Unterscheiden Sie die Begriffe Trockenappretur und Nassappretur.

Während bei der **Trockenappretur** im Wesentlichen nur die Oberfläche eines Stoffes auf physikalischem Wege verändert wird, werden bei der **Nassappretur** durch Behandlung mit Chemikalien die Eigenschaften verändert.

18 Nennen Sie Verfahren der Nassappretur.

- Imprägnieren
- Fleckschutzausrüstung
- Antistatische Ausrüstung
- Flammschutzausrüstung
- Hygieneausrüstung
- Verrottungsschutz
- Antipillingausrüstung
- Pflegeleichtausrüstung
- Walken
- Filzfreiausrüstung
- Mottenechtausrüstung
- Transparentieren
- Opalisieren

19 Erklären Sie den Begriff Transparentieren.

Als **Transparentieren** bezeichnet man die Ausrüstung feiner Baumwollwaren zur Erzielung einer glasigen, steifen Ware durch Merzerisieren, anschließende Säurebehandlung und nochmaliges Merzerisieren.

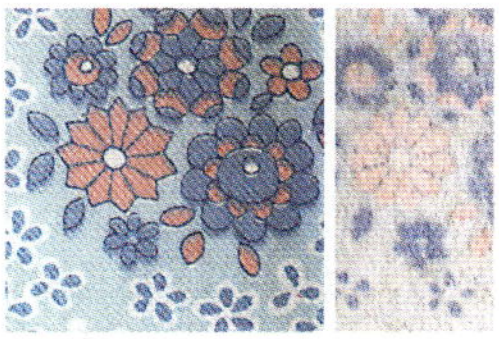

Finette
linksseitig geraut

Ratiné
geraut und ratiniert

Gaufré
prägegemustert

Glasbatist
transparentiert

5 Warenkunde

1 Begründen Sie die Notwendigkeit der Warenüberprüfung.

Die **Warenüberprüfung** dient dazu, eine gleichbleibende Qualität textiler Produkte zu erzielen. Sie trägt zur Qualitätssicherung, Kundenzufriedenheit und auch zur Kosteneinsparung bei.

2 Nennen Sie mögliche Überprüfungen im Rahmen der Wareneingangskontrolle.

Die Wareneingangskontrolle umfasst z.B. die Überprüfung von Artikelart, Farbe, Dessin, Warenlänge und Warenbreite.

3 Zählen Sie mögliche Warenfehler auf.

Mögliche **Warenfehler** sind z.B.:

- Noppen
- Fadenbrüche
- Bindungsfehler
- Streifenbildung
- Farbunterschiede
- Flecken
- Risse

4 Nennen Sie technische Materialinformationen, die für eine reibungslose Produktion wichtig sind.

Technische Materialinformationen sind z.B.:

- Bügel- und Fixierverhalten
- Nahtfestigkeit
- Faseranalyse

5 Erklären Sie die Begriffe Pillresistenz, Farbechtheit, Krumpfechtheit.

Pillresistenz ist die Widerstandsfähigkeit gegenüber Knötchen- und Noppenbildung, die durch Reibung an der Textiloberfläche entstehen.

Farbechtheit ist die Widerstandsfähigkeit von Färbungen und Drucken, z.B. Reib-, Wasser-, Wasch-, Licht-, Wetter-, Meerwasser-, Bügel-, Lösungsmittelechtheit.

Unter **Krumpfechtheit** versteht man die Beständigkeit gegen Maßveränderungen in Kett- und Schussrichtung durch Einwirkung von Wärme, Feuchtigkeit und Mechanik.

6 Nennen Sie sechs Bezeichnungen für Mustereffekte und erklären Sie diese.

allover:	ganzflächig verteilte Musterung
faconné:	kleine freistehende Webmusterung
rayé:	Längsstreifen, gewebt oder bedruckt
mille fleurs:	sehr kleine Allover-Blumenmusterung
dégradé:	Farbabtönung mit „harten" Übergängen
ombré:	sanft verlaufende Farbschattierungen

7 Ordnen Sie den nachfolgenden Effekten bzw. Fachbegriffen Handelsbezeichnungen zu: Glanzeffekt, Struktureffekt, Farbeffekt.

Handelsbezeichnungen bzw. Fachbegriffe für

Glanzeffekte:	Ciré, Glacé, Lamé
Struktureffekte:	Moiré, Ondé, Frotté
Farbeffekte:	Imprimé, Mouliné, Melange

8 Erklären Sie die folgenden Fachbegriffe bzw. Zusatzbezeichnungen: carré, gaufré imprimé, moiré, multicolor, ombré, rayé, travers.

carré:	Karomusterung, meistens gewebt
gaufré:	eingepresste Musterung
imprimé:	Druckmuster
moiré:	wellen-, holzmaserartige Pressmuster
multicolour:	vielfarbige, bunte Garneffekte
ombré:	sanft verlaufende Farbschattierungen
rayé:	Längsstreifen, gewebt oder bedruckt
travers:	Querstreifen, gewebt oder bedruckt

9 Nennen Sie Handelsbezeichnungen für Stoffe, die Effektgarne enthalten.

Handelsbezeichnungen für **Stoffe mit Effektgarnen** sind z. B. Flammé, Mouliné, Tweed, Donegal, Frisé, Frotté, Lamé, Brokat, Marengo, Chenille, Loop, Bouclé.

10 Zählen Sie Stoffe auf, die für nachfolgende Einsatzgebiete geeignet sind:
Kleider und Blusen,
Kostüme und Anzüge,
Jacken und Mäntel, Dekorationen.

Kleider und Blusen:

Crêpe de Chine, Crêpe Georgette, Crêpe satin, Changeant, Mousseline, Twill

Kostüme und Anzüge:

Cheviot, Flanell, Fresko, Gabardine, Tuch, Tweed

Jacken und Mäntel:

Bouclé, Flausch, Loden, Ratiné, Tuch, Tweed

Dekorationen:

Brokat, Chenille, Damassé, Flammé, Jacquard, Matelassé

11 Nennen Sie Baumwollgewebe, die als Wäschestoff Verwendung finden.

Wäschestoffe aus Baumwolle sind z. B.:

Batist, Zefir, Finette, Feinripp, Flanell, Biber, Damast.

12 Nennen Sie die Merkmale von Flanell, Tuch, Flausch, Velours.

Flanell:

ein- oder beidseitig leicht geraut, Leinwand- oder Köperbindung, Bindungsbild nicht klar erkennbar.

Tuch:

matter Glanz, kurzer Strichflor, der die Bindung verdeckt, stark gewalkt und geraut.

Flausch:

langer Strichflor, weich, voluminös.

Velours:

dichter, kurzer Stehflor, oder kurzer, niedergepresster Strichflor, weich, geraut, gewalkt.

13 Nennen Sie Merkmale von Crêpe satin, Damassé, Ätzsamt, Crêpe marocain

Crêpe satin:

Fließender Stoff in Kettatlasbindung. Stark gedrehte Filamentgarne im Schuss und glatte Filamente in der Kette ergeben eine glänzende und eine matte Gewebeseite.

Damassé:

Filamentgewebe mit großflächiger Musterung durch Wechsel von Kett- und Schussatlas.

Ätzsamt:

Kurzfloriges, weiches Samtgewebe, mit dichtem, niedergelegten Flor und durchscheinendem Grund. Die Musterung entsteht durch mustermäßiges Wegätzen des Faserflors.

Crêpe marocain:

Leinwandbindiges Gewebe aus Filamentgarnen mit stark gedrehtem Schuss, dadurch starke Querrippigkeit.

14 Ordnen Sie nachstehend genannten Stoffen geeignete Einsatzgebiete zu:
Mousseline, Gabardine, Crêpe de Chine, Piqué, Taft, Twill, Tweed, Batist.

Mousseline:	Bluse, Tuch, Rock
Gabardine:	Hose, Kostüm, Rock
Crêpe de chine	Bluse, Abendkleid, Tuch
Piqué:	Ausputz, Sommerkleidung DOB
Taft:	Anlassmode, Futter
Twill:	Kleid, Bluse, Krawatte
Tweed:	Rock, Sakko, Mantel, Hose
Batist:	Bluse, Nachthemd

15 Ordnen Sie nachfolgende Handelsbezeichnungen den Gewebegrundbindungen zu:
Duchesse, Batist, Damast, Donegal, Fresko, Finette, Gabardine, Kattun, Moleskin, Organza, Popeline, Pongé, Serge, Shetland, Taft, Trikotine, Twill, Whipcord.

Atlasbindung:

Moleskin, Duchesse, Damast

Leinwandbindung:

Fresko, Kattun, Organza, Popeline, Pongé, Taft, Batist, Donegal

Köperbindung:

Finette, Gabardine, Whipcord, Serge, Shetland, Trikotine, Twill

16 Bewerten Sei den Einsatz von Maschenwaren in Sport- und Freizeitkleidung. Nennen Sie fünf Handelsbezeichnungen.

Maschenwaren sind weich, anschmiegsam, dehnfähig und elastisch, haben ein hohes Porenvolumen und sind knitterarm.

Handelsbezeichnungen sind z. B.:
Interlock, Henkelplüsch, Single Jersey, Charmeuse, Fleece, Feinripp, Doppelripp, Futterware.

17 Nennen Sie vier Handelsbezeichnungen für Baumwollstoffe mit ausgeprägter Oberflächenstruktur.

Handelsbezeichnungen für **Baumwollstoffe mit ausgeprägter Oberflächenstruktur** sind:
Piqué, Seersucker, Kräuselkrepp, Crash, Gaufré, Matelassé.

18 Nennen Sie vier Wollstoffe mit Oberflächenstruktur.

Wollstoffe mit Oberflächenstruktur sind:
Ratiné, Bouclé, Loop, Frisé.

19 Nennen Sie mögliche Anforderungen an Einlagestoffe.

Anforderungen an Einlagestoffe sind z. B.:
Steifheit, Elastizität, Volumen, Formbeständigkeit und Dauerhaftigkeit.

20 Erläutern Sie die Begriffe Pikieren, Fixieren, Dressieren.

Pikieren ist das Befestigen einer Einlage durch unsichtbares Aufnähen.

Beim **Fixieren** wird eine Einlage unter Einwirkung von Hitze und Druck aufgepresst.

Dressieren ist der Fachbegriff für Formbügeln von Schnittteilen.

21 Unterscheiden Sie nach dem Flächenaufbau verschiedene Arten von Einlagen.

Man unterscheidet:
- Webeinlagen
- Vlieseinlagen
- Kettenwirkeinlagen

22 Nennen Sie Eigenschaften und Einsatzgebiete von Haareinlagen.

Haareinlagen haben eine raue Oberfläche und sind in Querrichtung sprungelastisch.

Man verwendet sie als Fronteinlage bei mittelschweren und schweren Stoffen für Jacken und Mäntel.

23 Geben Sie drei Versteifungsgewebe an und ordnen Sie jeweils ein Einsatzgebiet zu.

Bougram verwendet man für Kragen, Manschetten, als Steifeinlage für Brusttasche, Unterkragen, Hosenbund (HAKA)

Organza verwendet man für Kragen, Knopfleisten (leichte DOB)

24 Zählen Sie Eigenschaften von Vlieseinlagen auf.

Vlieseinlagen haben niedriges Warengewicht, sind pflegeleicht, fransen nicht, sind in vielfältigen Typen erhältlich.

25 Beschreiben Sie die Kettenwirkeinlagen Charmeuse, Watteline, Rascheleinlage und nennen sie jeweils ein Einsatzgebiet.

Charmeuse
ist eine glatte und querelastische Einlage in kombinierter Trikot- und Tuchlegung, für dehnbare Oberstoffe.

Watteline
ist eine lockere, weiche und linksseitig aufgeraute Einlage in Trikotlegung für Zwischenfutter, Wattierung.

Rascheleinlage
in der Bindungsvariante Franse mit Schuss ist formbeständig und weich. Sie wird für Vorderteilfixierung bei Jacken, Mänteln eingesetzt.

26 Geben Sie Gründe für das Abfüttern von Kleidungsstücken an.

Gefütterte Kleidungsstücke sind beim An- und Ausziehen gleitfähiger, sie sind formbeständiger und wärmender.

Der Oberstoff wird geschont, die Innenverarbeitung wird abgedeckt.

27 Zählen Sie mögliche Anforderungen an Futterstoffe auf.

Haltbarkeit im Gebrauch, bei der Reinigung und Wäsche, gute bekleidungsphysiologische Eigenschaften.

28 Nennen Sie Handelsbezeichnungen für Leibfutter.

Handelsbezeichnungen für **Leibfutter** sind z.B.:

Taft, Pongé, Serge, Duchesse, Satin, Croisé.

29 Nennen Sie mögliche Anforderungen an Taschenfuttergewebe, und geben Sie drei Handelsbezeichnungen an.

Taschenfutter sollen dicht, strapazierfähig, scheuerfest und damit gebrauchstüchtig sein.

Handelsbezeichnungen sind z.B.:

- Moleskin
- Taschentwill
- Pocketing
- Taschenvelveton

30 Nennen Sie Futterstoffe, die Effekte aufweisen.

Handelsbezeichnungen für **Effektfutter** sind z.B.:

Taft imprimé, Changeant, Façonné, Rayé.

31 Beschreiben Sie Plaidfutter und Plüschfutter.

Plaidfutter ist ein buntgewebter, gerauter Karostoff in Köperbindung.

Plüschfutter weist einen Faserflor auf und kann als Web- oder Maschenware hergestellt oder evtl. bedruckt sein.

32 Nennen Sie Merkmale und Verwendung folgender Bänder:
Tresse, Nahtband, Schrägband, Stanzband.

Tresse ist ein schmiegsames, formbares (gemustertes oder ungemustertes) Flechtband für Besatz- oder Einfassarbeiten.

Nahtband ist ein köperbindiges Webband mit festen Kanten, aus Baumwolle oder Viskose, geeignet zur Nahtsicherung und zur Saumverarbeitung.

Schrägband ist ein diagonal geschnittenes Webband für Kanteneinfassarbeiten, flach oder vorgefalzt (aus Baumwolle, Viskose, Polyester).

Stanzband aus Vliesstoff hat vorgestanzte Breiten und Nahtzugaben. Es wird zur Bund- und Blendenverarbeitung eingesetzt.

33 Erklären Sie den Begriff Posamenten und nennen Sie Beispiele

Mit **Posamenten** werden schmückende textile Besatzartikel bezeichnet, die oft geflochten oder umsponnen sind.

Beispiele:

Kordeln, Fransen, Tressen, Soutache, Litzen, Schnüre

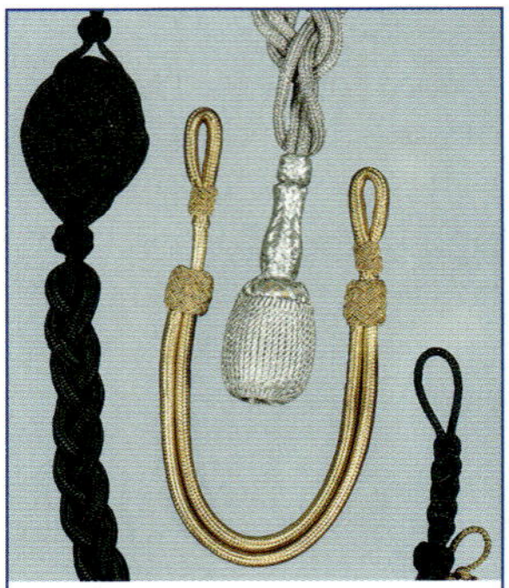

Posamenten

34 Nennen Sie für die Knopfherstellung geeignete Rohstoffe.

Knopfmaterialien sind z. B.:

- Polyester
- Polyamid
- Leder
- Galalith
- Holz
- Metall
- Perlmutt
- Steinnuss

35 Nennen Sie verschiedene Verschlussmittel.

Verschlussmittel sind z. B.:

- Reißverschluss
- Haken und Ösen
- Schließen
- Schnallen
- Druckknöpfe
- Klettverschluss

36 Listen Sie sowohl fertigungstechnische als auch schmückende Bänder auf.

Fertigungstechnische Bänder:

- Lisierband
- Schrägband
- Gummilitze
- Nahtband
- Stanzband
- Gurtband

Schmückende Bänder:

- Samtband
- Satinband
- Borte
- Moiréband
- Taftband
- Tresse

6 Leder und Pelze

1 Skizzieren Sie eine Lederhaut und bezeichnen Sie die einzelnen Teile mit den Fachbegriffen.

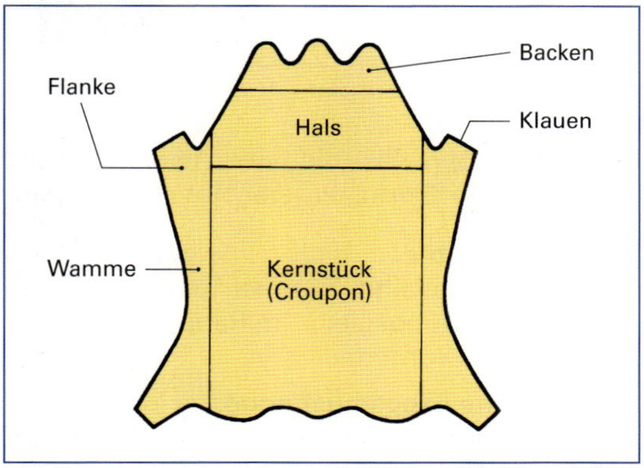

2 Erklären Sie die Begriffe Narbenseite und Fleischseite.

Die **Narbenseite** entspricht der äußeren Fellseite der Tierhaut.

Die **Fleischseite** entspricht der Innenseite der Tierhaut und wird auch als Veloursseite bezeichnet.

3 Nennen Sie vier verschiedene Ledersorten.

Kalbleder, Rindleder, Ziegenleder, Lammleder, Schweinsleder, Hirschleder (Wildleder)

4 Zählen Sie die Arbeitsschritte der Lederkonfektion auf.

Sortieren, Zuschneiden, Fixieren, Nähen, Kleben.

5 Nennen Sie drei Pelztiere aus freier Wildbahn, die frei gehandelt werden dürfen und drei Zuchttiere.

Tiere aus freier Wildbahn:

Nordamerikanischer Biber, Nutria, Bisam, Rotfuchs, Waschbär, Iltis, Marder, Wiesel, Grisfuchs, Schakal, Hamster, Maulwurf, u.a.

Zuchttiere:

Nerz, Iltis, Nutria, Zobel, Blau- und Weißfuchs, Chinchilla, Persianer u.a.

6 Nennen Sie vier wichtige Arbeitsgänge der Pelzzurichtung

Weichen, Waschen, Entfleischen,
Pickeln, Gerben, Fetten,

Entwässern und Trocknen, Läutern,
Dünnschneiden, Strecken, Anbrachen.

7 Begründen Sie den Vorgang des Fettens in der Pelzzurichtung.

Man fettet, um eine dauerhafte Elastizität zu erreichen.

8 Nennen Sie Kriterien, nach denen Felle sortiert werden.

Felle werden nach Farbe, Glanz, Haarstruktur und Fellgröße sortiert.

9 Unterscheiden Sie zwischen Einschneiden, Umschneiden und Auslassen.

Einschneiden:

Zwei oder mehr zusammenpassende Felle werden durch gezackte Schnitte geteilt und danach so zusammengenäht, dass der Charakter eines langgezogenen Felles entsteht.

Umschneiden:

Felle mit unterschiedlicher Haarstruktur und Farbe werden in schmale Streifen geschnitten.

Diese werden durchnummeriert.

Danach werden die Streifen in geänderter Reihenfolge zu kleineren Fellen zusammengenäht.

Auslassen:

Aus kurzen breiten Fellen sollen lange Felle ohne Quernähte entstehen.
Dies erfolgt dadurch, dass Felle V-förmig in schmale Streifen geschnitten werden, die dann zu langen Pelzstreifen zusammengenäht werden.

10 Begründen Sie die Notwendigkeit des Artenschutzübereinkommens.

Das Artenschutzabkommen ist notwendig, um gefährdete Tierarten zu schützen.
Alle zwei Jahre wird jeweils neu festgelegt, welche Tiere einem Handelsverbot unterliegen.

7 Bekleidungsherstellung

1 Geben Sie zwei Verfahren an, mit denen Schnitte konstruiert werden.

- Schnittkonstruktion durch manuelles Zeichnen
- Computergestützte Schnittkonstruktion

2 Nennen und erklären Sie Maßarten, die bei der Schnittkonstruktion benötigt werden.

Körpermaße sind am Körper gemessene Maße.

Tabellenmaße werden aus branchenüblichen Tabellen der Serienmessung entnommen.

Proportionsmaße werden mit Hilfe von Konstruktionsformeln von Körper- und Tabellenmaßen abgeleitet.

3 Erklären Sie die Begriffe Gradieren und Sprungbetrag.

Unter **Gradieren** versteht man das schrittweise Ableiten kleinerer und größerer Größen von einer Ausgangsgröße (Basisgröße).

Sprungbeträge sind die Differenzwerte zwischen den einzelnen Größen.

4 Nennen Sie die Möglichkeiten der Richtungsorientierung beim Auslegen von Schnittschablonen und geben Sie ein Anwendungsbeispiel.

Legen in beliebige Richtung: Faserverbundware ohne Richtungsorientierung, z.B. Unterkragenfilz.

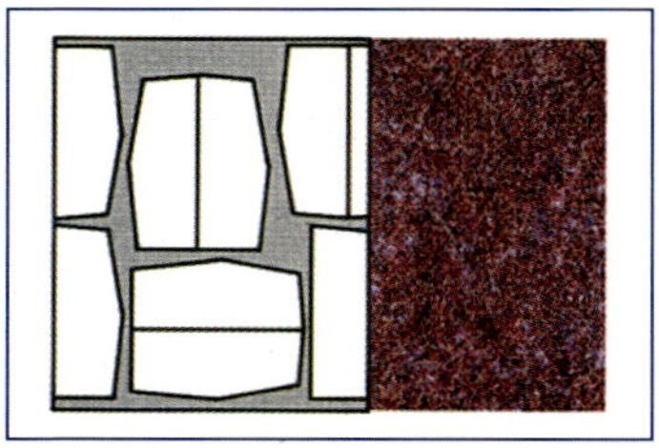

Vlieseinlage

Legen in zwei Richtungen: Neutrale bzw. rechts/links gleiche Ware, z.B. Futterstoffe und beschichtete Ware.

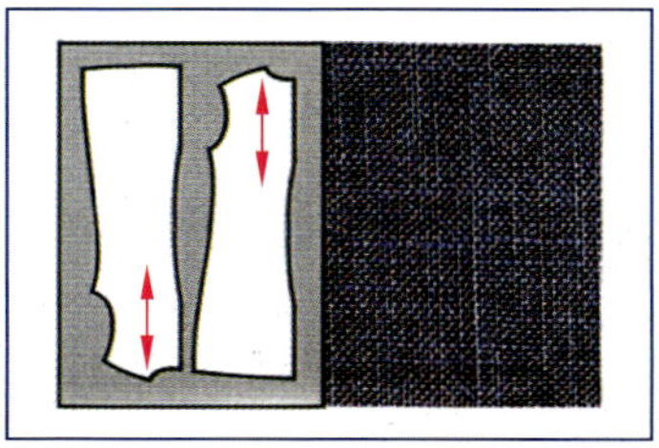

Kretonne, uni

Legen in eine Richtung: Gewebe mit Kopfmuster oder Strichflor.

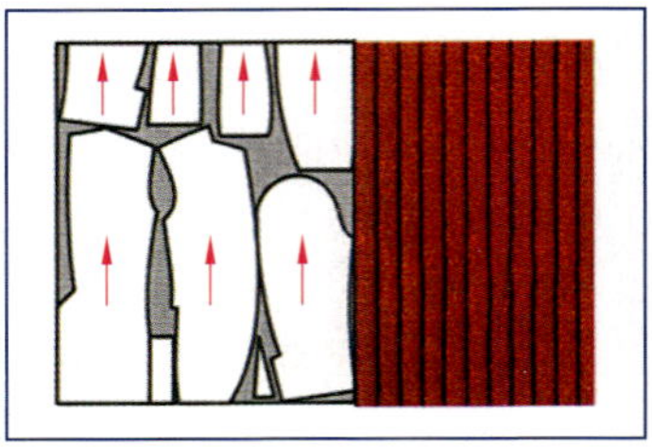

Cordsamt

5 Beschreiben Sie die vier Abstimmungsmerkmale für mustergerechte Verarbeitung.

Mustersymmetrie:
Die Schnittteile sind symmetrisch zur Mittelachse und deckungsgleich im Rapport, z.B. rechtes und linkes Vorderteil.

Abgestimmte Längsmusterung:
Bei Querteilungsnähten und aufgesetzten Schnittteilen, z.B. Taschen, verläuft die Musterung längs ohne Versetzung weiter.

Abgestimmte Quermusterung:
Bei Längsteilungsnähten, aufgesetzten und nebeneinander liegenden Schnittteilen, z.B. Armkugel und Vorderteile, verläuft die Musterung waagerecht ohne Versetzung weiter.

Abstimmung im Rapport:
Bei Quer- und Längsteilungsnähten verläuft die Musterung ohne Versetzung weiter, z.B. vordere Mitte.

6 Beschreiben Sie ein Eingrößenbild und nennen Sie dessen Vor- und Nachteile.

Ein **Eingrößenbild** beinhaltet Schnitteile einer Größe eines Modells.

Vorteile: Einfache Auftragsbearbeitung, schnelle Schnittlagebild- und Legeplanerstellung

Nachteil: Höherer Materialverbrauch.

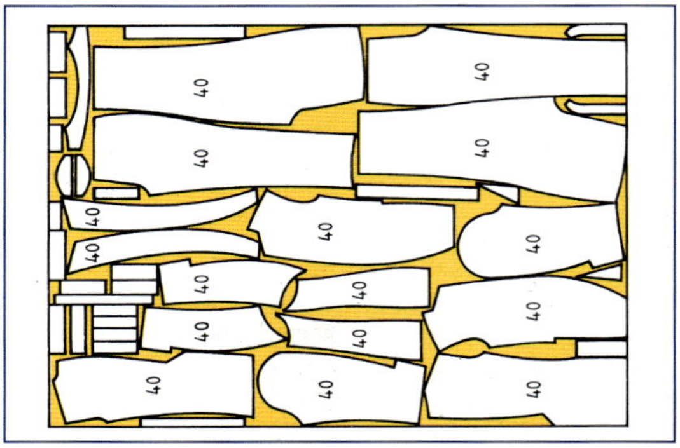

Eingrößenbild

7 Unterscheiden Sie Halbbild und Ganzbild.

Das **Halbbild** enthält nur die Hälfte aller Schnittteile. Die Anwendung ist bei gedoppelter Ware und bei rechts auf rechts gelegter Ware möglich.

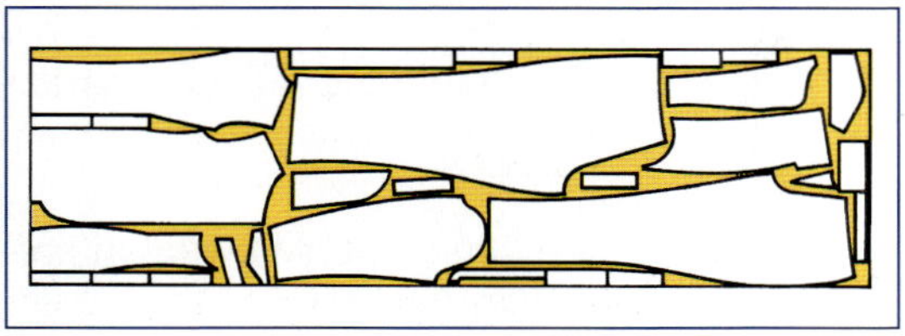

Das **Ganzbild** besteht aus allen Schnittteilen eines Modells. Es wird z. B. bei breit aufgemachter, links auf rechts oder zick-zack-gelegter Ware eingesetzt.

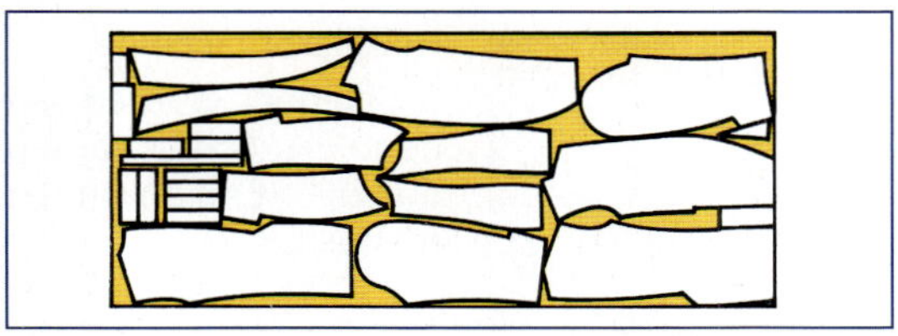

8 Erklären Sie die Begriffe Mehrgrößenbildkette und gemischtes Mehrgrößenbild .

Mehrgrößenbildkette

Die Schnittschablonen unterschiedlicher oder gleicher Größen werden in Reihe hintereinander ausgelegt.

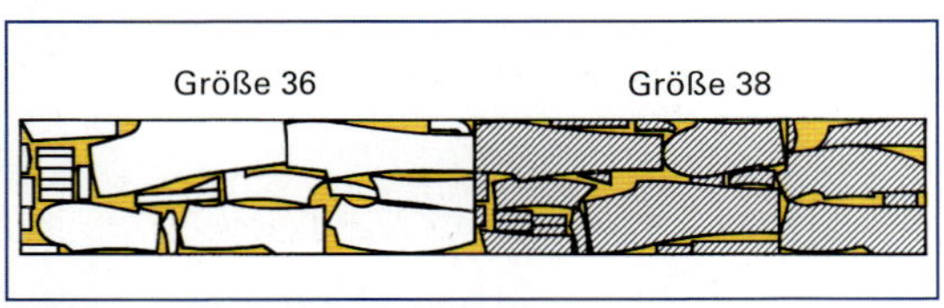

Mehrgrößenbildkette, bestehend aus 2 unterschiedlichen Größen

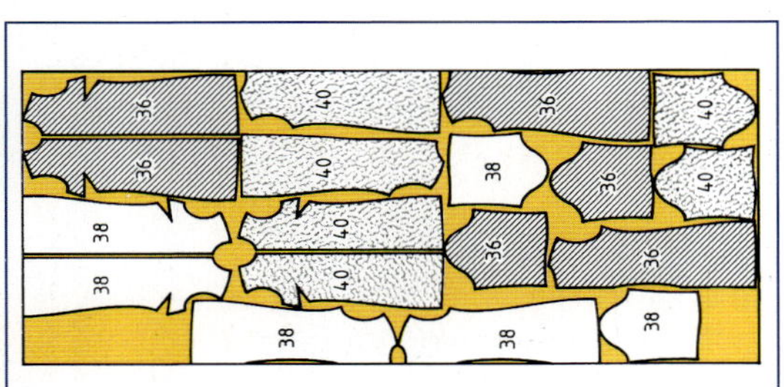

Gemischtes Mehrgrößenbild, bestehend aus drei unterschiedlichen Größen

Gemischtes Mehrgrößenbild

Die Schnittschablonen mehrerer Größen werden in einem Schnittbild ineinander kombiniert, hierbei kann der beste Materialnutzungsgrad erreicht werden.

9 Erklären Sie die Begriffe Materialnutzungsgrad, Vorgabelänge und Ausschnittverlust.

Materialnutzungsgrad:
Das Verhältnis in Prozent der genutzten zur ungenutzten Stofffläche.

Vorgabebelänge:
Für den Zuschnitt erforderliche Schnittlagenlänge, die sich aus der Schnittbildlänge und den Anschnitten errechnet.

Ausschnittverlust:
Der Abfall innerhalb eines Schnittbildes.

10 Nennen und beschreiben Sie die drei Legearten, und geben Sie je ein Anwendungsbeispiel an.

Links auf Rechts:

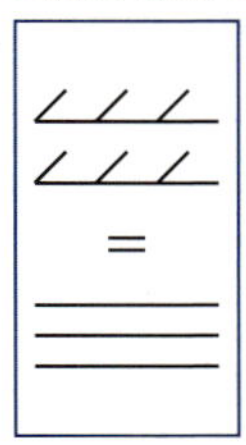

Die **linke** Warenseite liegt im Stapel auf der **rechten** Warenseite. Jede Lage muss am Lagenende abgeschnitten werden, dann erfolgt ein Leerlauf. Die nächste Lage beginnt jeweils am Lagenanfang. Stoffe mit Strich und andere richtungsorientierte Stoffe werden so gelegt.

Rechts auf Rechts:

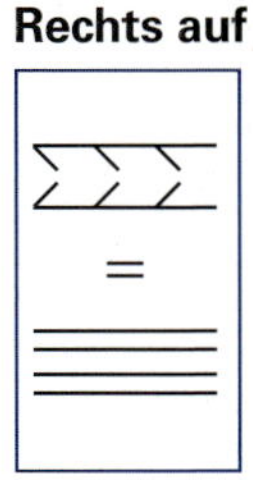

Die **rechte** Warenseite liegt im Stapel auf der **rechten** Warenseite. Kopfmuster und Strich liegen immer in gleicher Richtung. Jede Lage muss am Lagenende abgeschnitten werden, dann erfolgt ein Leerlauf. Die nächste Lage beginnt jeweils am Lagenanfang. Gedoppelte Ware und Halbbilder (paarig gelegt) werden so bearbeitet.

Zick-Zack:

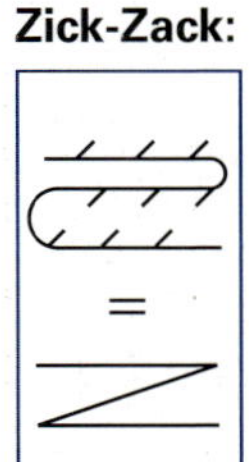

Einer Lage **„Rechts auf Rechts"** folgt eine Lage **„Links auf Links"**.
Die Lagen werden endlos übereinander gelegt.
Alle uni Stoffe und Gewebe ohne Richtungsorientierung oder Strichrichtung werden nach dieser rationellsten Legeart verarbeitet.

11 Nennen Sie die drei Legeverfahren und geben Sie je ein Anwendungsbeispiel an.

Legen von Hand:
Dieses Verfahren wird eingesetzt bei kurzen Lagen, Einzelfertigung, kleinen Stückzahlen und häufigem Waren-, bzw. Farbwechsel.

Legen mit Legewagen:
Dieses Verfahren wird eingesetzt bei breiten und langen Lagen, größeren Stückzahlen.

Legen mit Legemaschinen und Legeautomaten:
Dieses Verfahren wird eingesetzt bei großer Stoffbreite, langen Lagen und größeren Stückzahlen.

12 Nennen Sie Zuschneidemaschinen und Beispiele für Einsatzgebiete.

Kreismessermaschine:
Teilen von Einzellagen und Stapellagen, für gerade und leicht gebogene Schnittlinien.

Stoßmesser (Vertikalmesser):
Grob- und Feinausschnitt bis 300 mm Lagenhöhe, auch für enge Rundungen geeignet.

Bandmessermaschine:
Feinausschnitte, zum exakten Nachschneiden, enge Rundungen, bis 300 mm Lagenhöhe.

Stanzmaschine:
Vorwiegend für Standardformen von z. B: Patten, Taschen, Kragen.

Zuschneideautomat (Cutter):
Computer gesteuerter Ausschnitt von Einzellagen und Stapellagen.

13 Vergleichen Sie die Stoßmessermaschine und die Bandmessermaschine in Bezug auf die Handhabung.

Die **Stoßmessermaschine** wird von Hand durch das ruhende Schneidegut geführt.

Bei der **Bandmessermaschine** wird der Lagenstapel von Hand an das Bandmesser geführt. Stoffklammern und Zuschneideschablonen erhöhen die Schnittgenauigkeit.

14 Nennen Sie drei Markiergeräte und beschreiben Sie deren Funktionsprinzip.

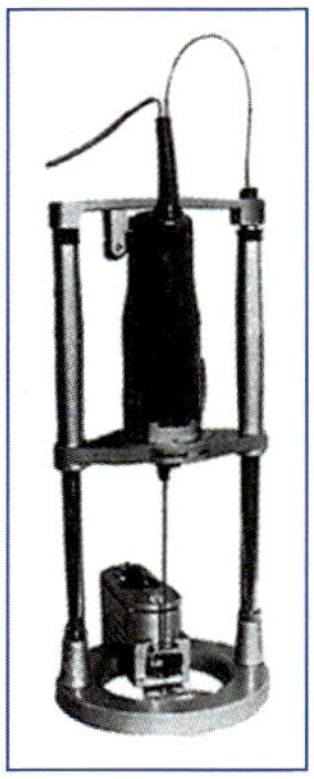

Bohrmarkiergerät
Eine Bohrnadel dringt durch die Stofflagen.

Innerhalb einer Fläche werden so z. B. Taschenlagen „punktmarkiert".

Die Einstichpunkte werden entweder durch Gewebeverdrängung (Kaltbohrmaschine), durch Hitze (Heißbohrmaschine) oder durch Farbe (Farbbohrmaschine) erzeugt und sind längere Zeit sichtbar.

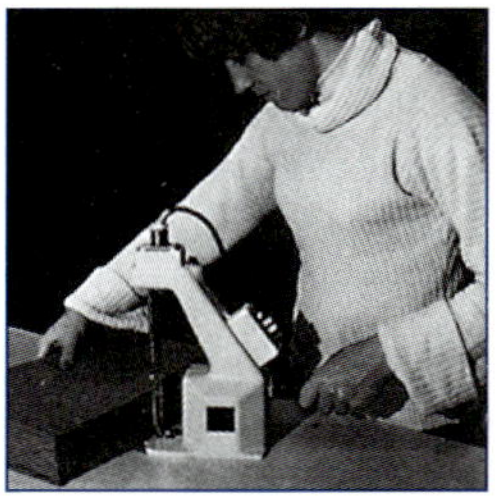

Heißkerbmaschine
Stofflagen werden an den Schnittkanten durch Einkerbungen markiert.

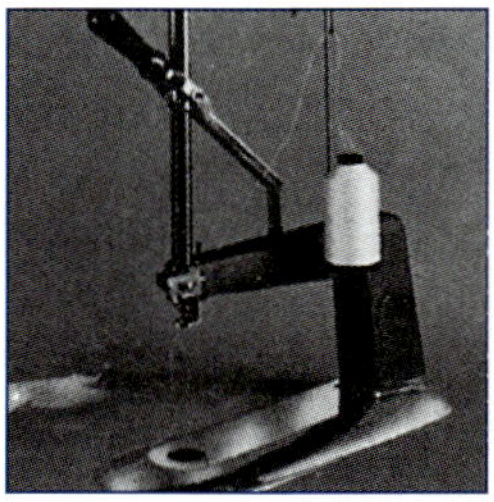

Fadenmarkiermaschine
Ein Heftfaden wird mittels einer senkrechten Nadel durch die Stofflagen geführt. Der Faden wird anschließend zwischen jeder Einzellage mit der Schere durchgeschnitten.

15 Definieren Sie den Begriff Einrichten.

Unter **Einrichten** versteht man alle vorbereitenden Arbeiten für die Näherei wie Nummerieren, Etikettieren, Aufzeichnen von Taschenlagen, Zusortieren von Zutaten und das Sortieren von Schnittteilen.

16 Nennen Sie zwei Geräte, mit denen die Rocklänge markiert werden kann.

- Rockabrunder
- Fadomat

17 Nennen Sie drei in der Fertigung häufig verwendete Scherenarten und geben Sie deren Merkmale und Einsatzgebiete an.

Papierschere
- Die spitz auslaufenden Schneideblätter sind länger als die Griffe.
- Gerades Schneiden von dünnem Papier.

Zuschneideschere
- Große stabile Schere mit versetzten ungleich großen Griffen.
- Schneiden dicker Stoffe und Einzellagen.

Zackenschere
- Aufbau wie die Zuschneideschere, hat zwei gezackte Schneiden.
- Verzierungen, Kantenversäuberung (gezackte Schnittkanten vermindern das Ausfransen).

Zwicker, Ringschere
- Zwei Blätter öffnen sich selbständig durch Federdruck.
- Rationelles Abschneiden von Fäden.

18 Geben Sie die Einsatzgebiete für Pfeiltrenner, Pfriem und Kerbschnittzange an.

Pfeiltrenner: Für Trennarbeiten

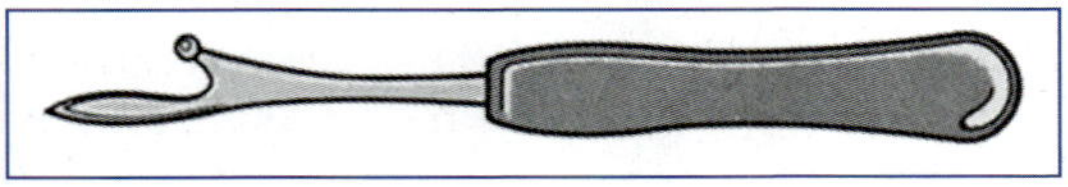

Pfriem: Zum Nachrunden von Augenknopflöchern und Schnürlöchern

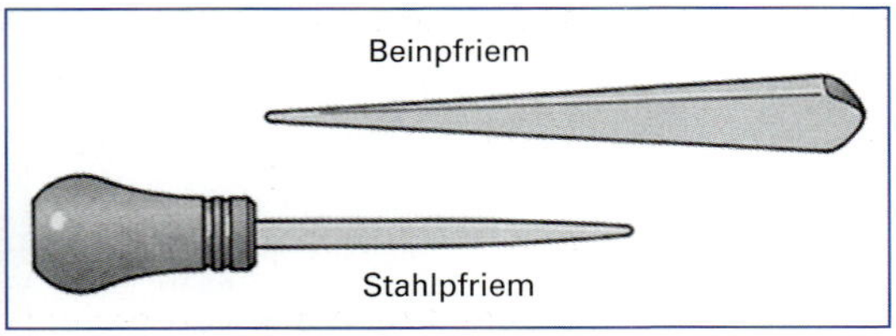

Kerbschnittzange: Zum Anbringen von Markierungspunkten an Kanten der Schnittschablone

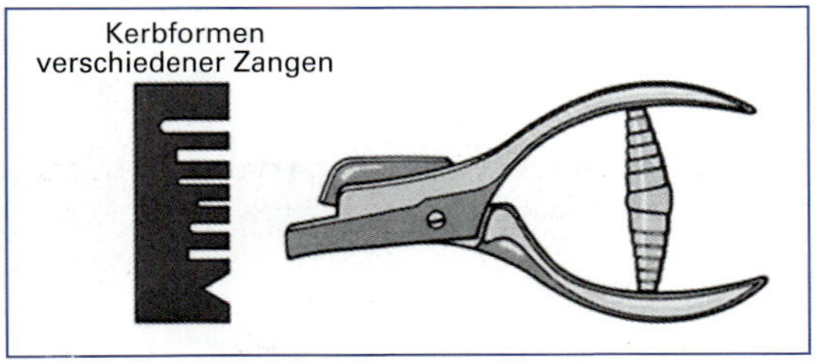

19 Nennen Sie fünf Nähmaschinenbauformen und geben Sie jeweils ein Einsatzbeispiel an.

- **Flachbett-Nähmaschine**
  Bei allgemeinen Näharbeiten.
- **Sockel-Nähmaschine**
  Als Grundform für verschiedene Spezialmaschinen wie z. B. Knopflochautomaten.
- **Säulen-Nähmaschine**
  Besonders geeignet für die Verarbeitung dreidimensionaler Artikel z. B. Schuhe und Taschen.
- **Arm-Maschine**
  Für die Bearbeitung von schlauchförmigem Nähgut, bei Riegeln und zum Knopfannähen.
- **Blockmaschine**
  Für Arbeiten an Kanten wie z. B. Überwendlich- und Sicherheitsnähte.

20 Nennen Sie in richtiger Reihenfolge die fadenführenden Teile für den Nadelfaden (Doppelsteppstich).

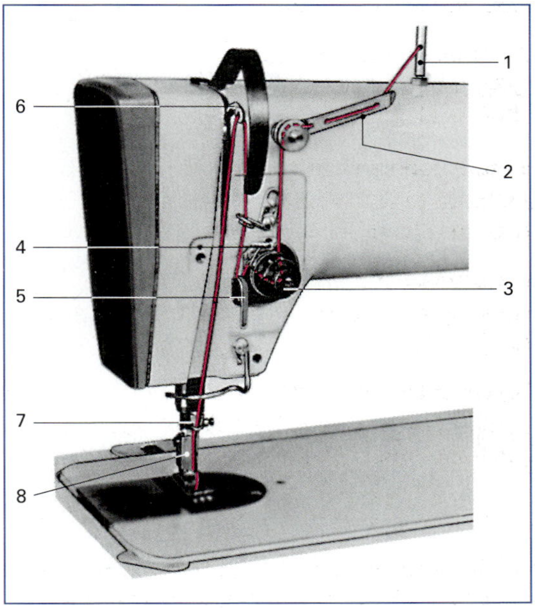

1 Fadenführungsstift
2 Fadenführung und Vorspannungseinrichtung
3 Fadenspannungseinrichtung
4 Fadenanzugsfeder
5 Fadenführung
6 Fadengeberhebel
7 Fadenführung
8 Nadel mit Nadelöhr

21 Nennen Sie die drei Aufgaben des Fadengeberhebels.

- Gibt die zur Stichbildung erforderliche Fadenmenge frei.
- Zieht den Stich nach vollendeter Stichbildung an.
- Zieht den Nadelfaden von der Garnrolle ab.

22 Beschreiben Sie die Aufgabe von Nadel, Greifer und Transporteur bei der Bildung des Doppelsteppstichs.

Die **Nadel** führt den Nadelfaden durch das Nähgut und bildet bei der Aufwärtsbewegung eine Fadenschlinge.

Der **Greifer** fängt die Fadenschlinge, erweitert sie und führt sie um den Unterfaden.

Der **Transporteur** schiebt das Nähgut nach der Stichbildung um eine Stichlänge weiter.

23 Beschreiben Sie die Bewegungsabläufe in der Nähmaschine am Beispiel der Doppelsteppstichmaschine.

Bewegungsablauf der Doppelsteppstichmaschine:

Die Drehbewegung der Motorwelle wird durch den Antriebsriemen auf die Armwelle übertragen.

Die Armwelle überträgt die Drehbewegung durch den Zahnriemen und die Zahnräder auch auf die untere Hauptwelle.

Der Greifer wird über die Greiferwelle angetrieben.

Der Transporthebeexzenter erzeugt die Hubbewegung und der Transporteurschiebeexzenter die Schubbewegung des Transporteurs.

Die Länge des Vorschubs wird über die Stichstellvorrichtung, die Stichstellerwelle und die Transporteurschiebewelle bestimmt.

Auf der Armwelle sitzt die Armwellenkurbel. Über das Pleuel wird die Drehbewegung der Armwelle in die geradlinige Bewegung der Nadelstange umgewandelt.

24 Nennen Sie die Einzelteile der Nähmaschinennadel.

Kolben, Konus, Schaft mit langer Rinne, Hohlkehle, Öhr, Spitze.

25 Erklären Sie die Dickenbezeichnung einer Nähmaschinennadel Nm 80.

Die metrische Dickenbezeichnung „Nm“ entspricht dem Durchmesser in 1/100 mm im Schaftbereich oberhalb der Hohlkehle. „Nm 80“ = 80/100 mm (= 0,8 mm) Durchmesser, das entspricht einer mittleren Nadeldicke.

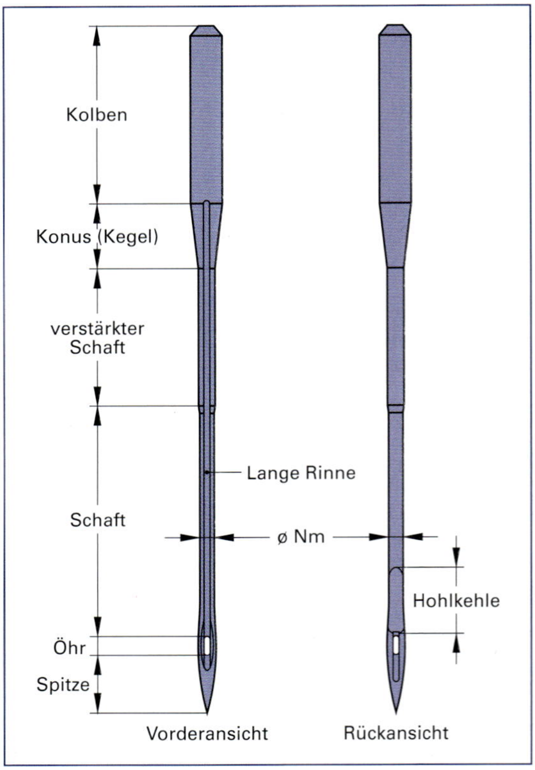

Doppelsteppstichnadel

26 Beschreiben Sie die Bildung der Nadelfadenschlinge.

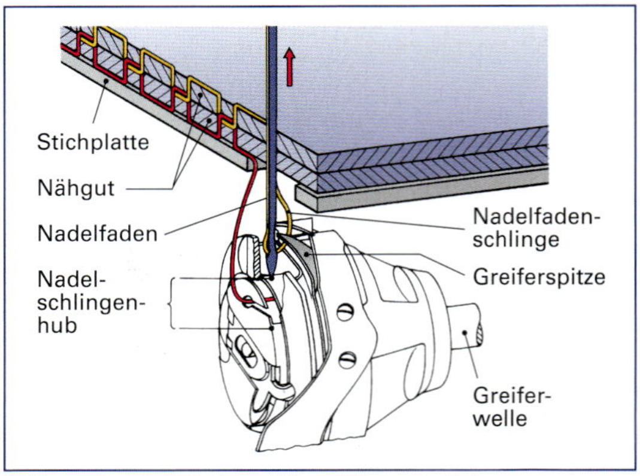

Bildung der Nadelfadenschlinge (Querschnitt)

Die Nadel durchsticht das Nähgut und führt so den Nadelfaden hindurch. Bei der Aufwärtsbewegung der Nadel entsteht in Verbindung mit der Reibung des Nadelfadens am Nähgut die Nadelfadenschlinge. Diese wird im Bereich der Hohlkehle vom Greifer erfasst und erweitert.

27 Ordnen Sie dünnen, mittleren und dicken Nadeln die entsprechende Dickenbezeichnung zu.

Dünne Nadeln:	Nm60, Nm70
Mittlere Nadeln:	Nm80, Nm90
Dicke Nadeln:	Nm100, Nm120

28 Ordnen Sie den drei Nadelspitzenformen entsprechende Einsatzgebiete zu.

Rundspitzen:

Scharfe Rundspitzen werden bei Blindstichen und bei der Verarbeitung feinfädiger Gewebe eingesetzt. Normale Rundspitzen sind vielseitig einsetzbar.

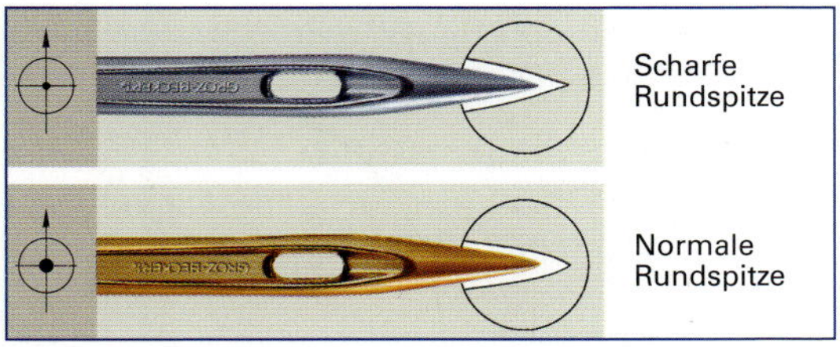

Kugelspitzen:

Kleine Kugelspitzen werden bei empfindlicher Ware und Maschenware eingesetzt. Mit mittleren und schweren Kugelspitzen werden Gewebe mit Elastomerfasern bearbeitet. Die Sonderkugelspitze wird z.B. beim Nähen orthopädoscher Bekleidung eingesetzt.

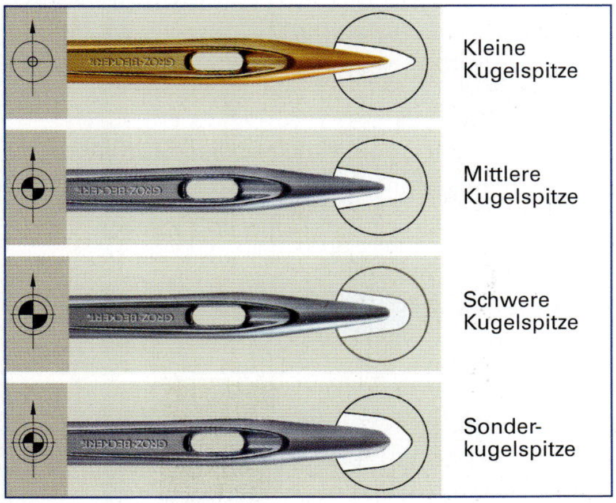

Schneidspitzen:

Bei der Verarbeitung von Leder, Folien und kaschierten oder beschichteten textilen Flächen werden Schneidspitzen verwendet.

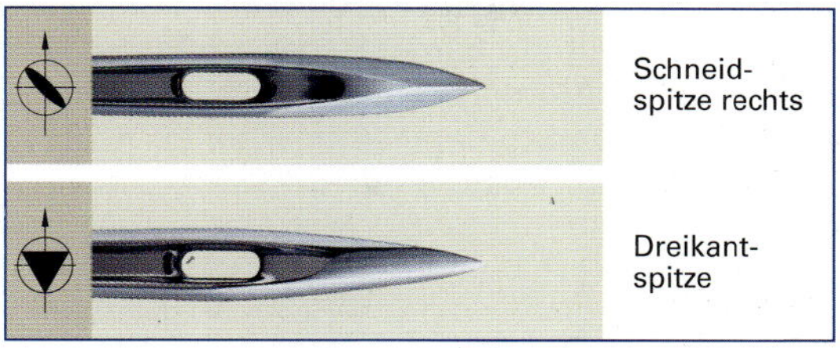

29 Geben Sie die Maschinenteile an, die die Länge des Stoffvorschubs bestimmen.

Die Länge des Stoffvorschubs wird durch Zusammenwirken von Transportschiebeexzenter, Transporteur, Stichplatte und Stoffdrücker erreicht.

30 Erklären Sie den Bewegungsablauf des einfachen Untertransportes.

Der Stoffschieber tritt von unten durch die Stichplatte nach oben durch, drückt das Nähgut gegen den Stoffdrücker und verschiebt es um eine Stichlänge. Danach geht er wieder unter die Stichplatte zurück in die Ausgangsposition.

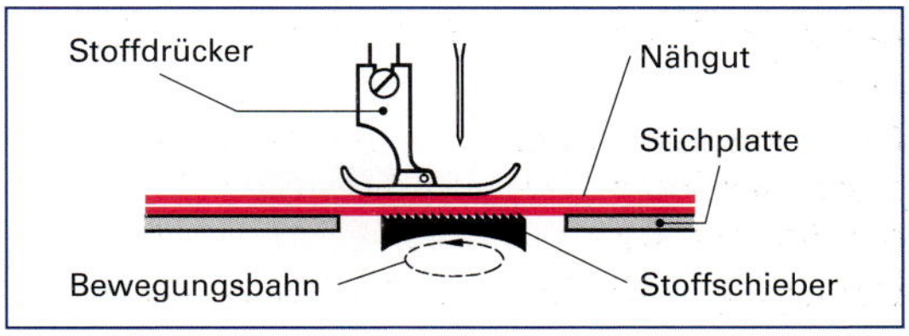

Untertransport

31 Leiten Sie nähtechnische Probleme aus der Arbeitsweise des einfachen Untertransportes ab.

Da beim Nähen einer Naht nur die untere Stofflage durch den Stoffschieber erfasst wird, kann es durch Verschiebung der Stofflagen zu Längendifferenzen kommen.

32 Nennen Sie fünf Nähguttransportarten.

Untertransport, Differential-Untertransport, Nadeltransport, Differential (veränderlicher) Obertransport, alternierender Obertransport, Pullertransport, Walzentransport.

33 Beschreiben Sie die Funktion des Differential-Untertransportes.

Beim **Differential-Untertransport** bewegen zwei unabhängig voneinander arbeitende Stoffschieber das Nähgut. So wird z.B. bei größerem Vorschub des vorderen Stoffschiebers, Mehrweite bei der unteren Stofflage eingearbeitet.

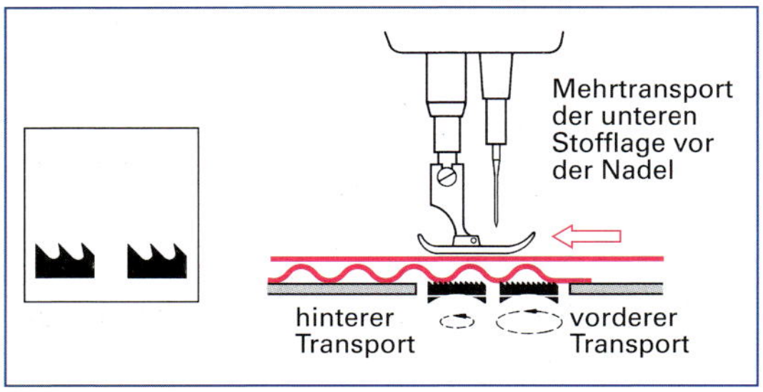

Differential-Untertransport

34 Geben Sie für kombinierte Transportarten entsprechende Einsatzgebiete an.

Differential-Untertransport
Einhalten von Mehrweite bei der unteren Stofflage, z.B. kräuseln.

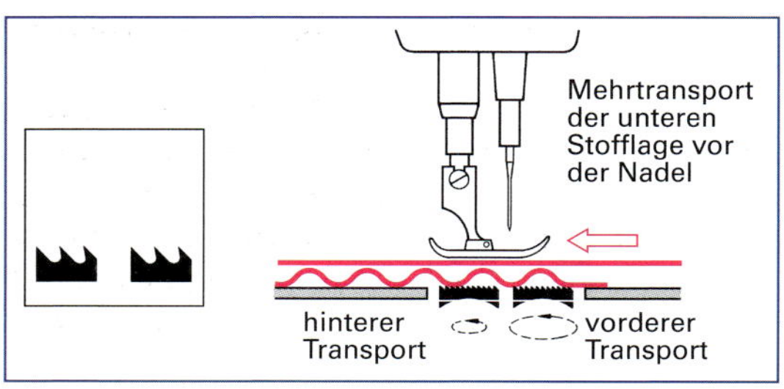

Differential-Obertransport
Einarbeiten von Mehrweite bei der oberen Stofflage, z.B. Armkugel einnähen.

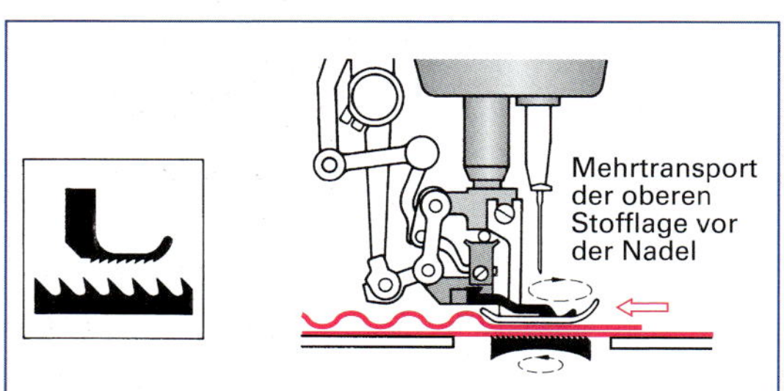

Unter- und Nadeltransport
Verhindern von Stofflagenverschiebungen, z.B. bei Absteppartbeiten und bei der Verarbeitung von karierter Ware.

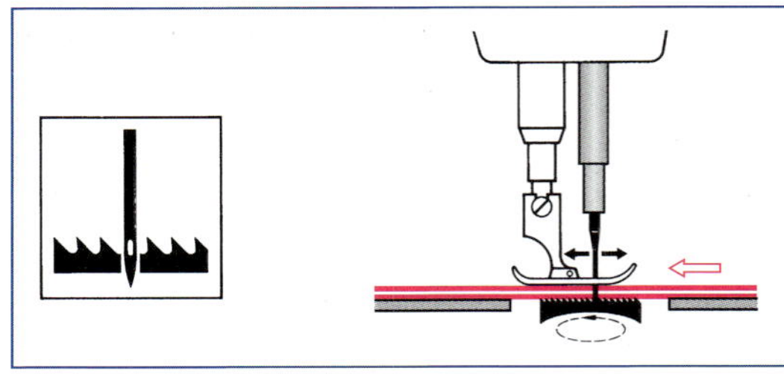

Pullertransport und Untertransport
Kräuselfreies Verarbeiten langer gerader Nähte, z.B. bei Bettwäsche.

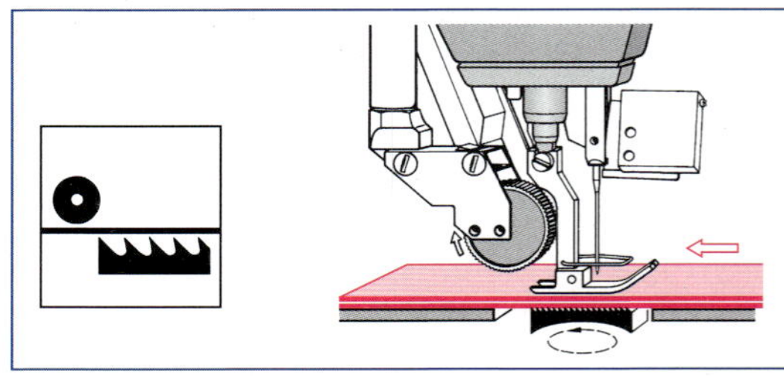

35 Geben Sie den Einsatz eines starren Nähfußes und eines Gelenknähfußes an.

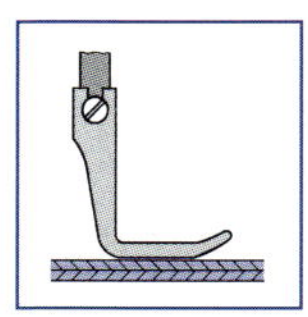

Starrer Nähfuß
Geeignet für glatte Nähte ohne Übergänge.

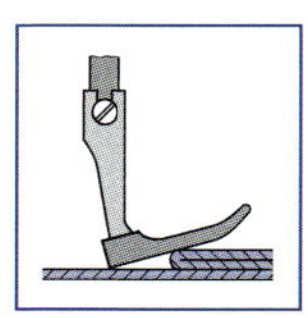

Gelenknähfuß
Geeignet für Übergänge ungleich hoher Stofflagen.

36 Nennen Sie fünf verschiedene Stoffdrücker (Nähfüße), und geben Sie jeweils ein geeignetes Einsatzgebiet an.

- **Gelenknähfuß**
  Für Übergänge ungleich hoher Stofflagen.
- **Zweiteiliger Ausgleichsfuß**
  Zum schmalen Absteppen von Kanten.
- **Reißverschlussfuß**
  Zum Einnähen von Reißverschlüssen.
- **Rollfuß**
  Zum Nähen von Leder und Folien.
- **Teflonfuß**
  Zum Nähen von schlecht gleitenden Nähgutoberflächen, z.B. beschichteter Waren.

37 Geben Sie die Aufgaben von drei Nähgutführungen an.

Kantenlineal:
Erleichtert das Absteppen entlang einer Kante.

Schrägbandeinfasser:
Übernimmt die Zuführung und ggf. das Einschlagen des Schrägbandes.

Tütensäumer:
Die Schnittkante wird eingeschlagen.

38 Nennen Sie die Einzelteile des umlaufenden Doppelsteppstichgreifers.

- Spule
- Spulenkapsel-Oberteil
- Spulenkapsel-Unterteil
- Greiferbügel
- Greiferkörper

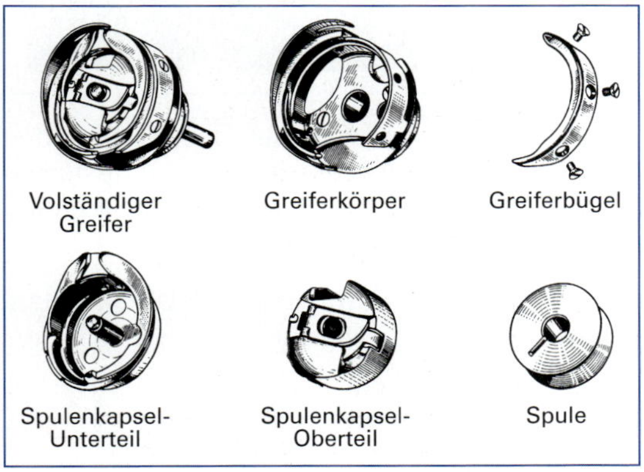

39 Unterscheiden Sie einen Einfachkettenstichgreifer von einem Doppelkettenstichgreifer.

Der **Einfachkettenstichgreifer** ist ein hakenförmiger, schwingender oder umlaufender Greifer, der ohne Unterfaden arbeitet und deshalb keine Fadenführung für einen Greiferfaden hat.

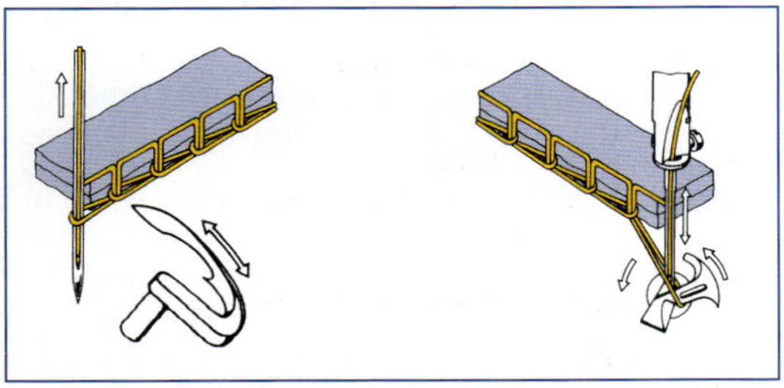

Einfachkettenstichgreifer (schwingend) **Einfachkettenstichgreifer (umlaufend)**

Den **Doppelkettenstichgreifer** erkennt man an der zusätzlichen Fadenführung für den Greiferfaden.

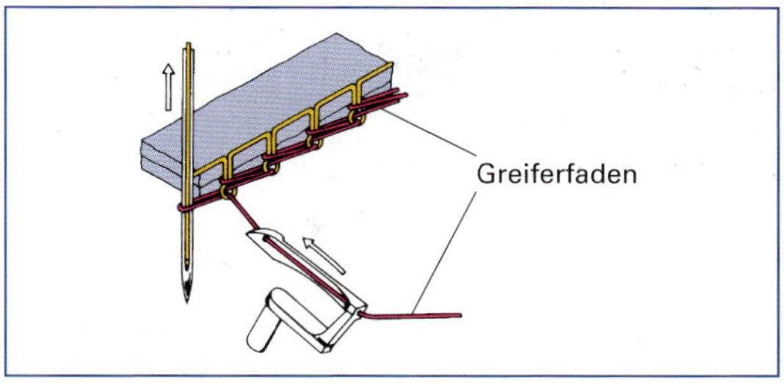

Doppelkettenstichgreifer (schwingend)

40 Zählen Sie die sechs Klassen der Nähstichtypen auf.

Klasse 100: Einfachkettenstichtypen
Klasse 200: Einfachsteppstichtypen
Klasse 300: Doppelsteppstichtypen
Klasse 400: Doppelkettenstichtypen
Klasse 500: Überwendlichkettenstichtypen
Klasse 600: Überdeckkettenstichtypen

41 Beschreiben Sie die Sicherheitsdoppelnaht.

Die **Sicherheitsdoppelnaht** (Safety-Naht) ist eine Kombinationsnaht, bestehend aus einer Doppelkettenstichnaht und einer parallel getrennt verlaufenden Überwendlichnaht. Beide Sticharten werden in einem Arbeitsgang hergestellt. Die Nähgutteile werden verbunden und gleichzeitig werden die Schnittkanten versäubert.

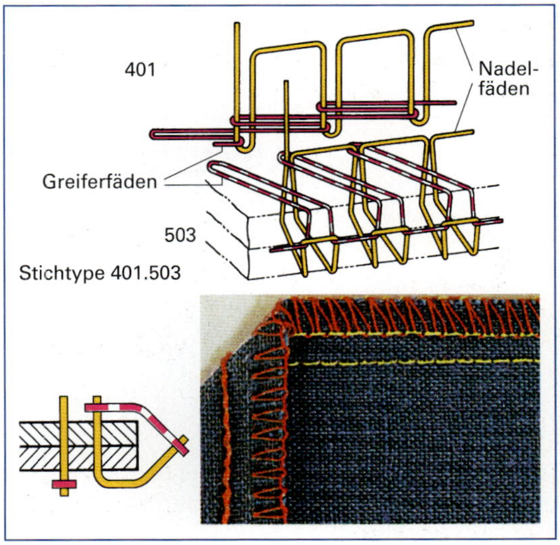

42 Vergleichen Sie Doppelsteppstich und Doppelkettenstich bezüglich Aussehen, Elastizität und Einsatz.

Doppelsteppstich

Aussehen: Ober- u. Unterseite sehen gleich aus.

Elastizität: Bei gutem Lagenschluss ist die Elastizität gering.

Einsatz: Sehr haltbare dichte Verbindungsnähte z.B. Schließ-, Verstürz- und Ziernähte.

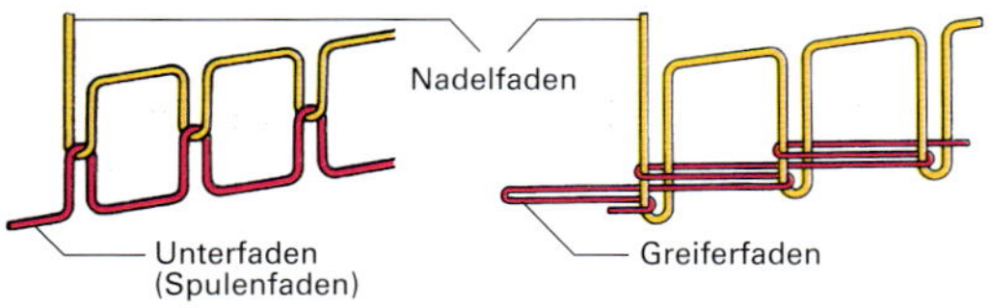

Doppelsteppstich
Stichtype 301

Doppelkettenstich
Stichtype 401

Doppelkettenstich

Aussehen: Ober- und Unterseite sehen unterschiedlich aus.

Elastizität: Gute Elastizität, im Vergleich zum Doppelsteppstich geringerer Lagenschluss.

Einsatz: Elastische, haltbare Verbindungsnähte, Gesäßnähte, Langnähte.

43 Beschreiben Sie zwei Überwendlichstichnähte.

Überwendlichstichnaht zweifädig (Kantenbindung)

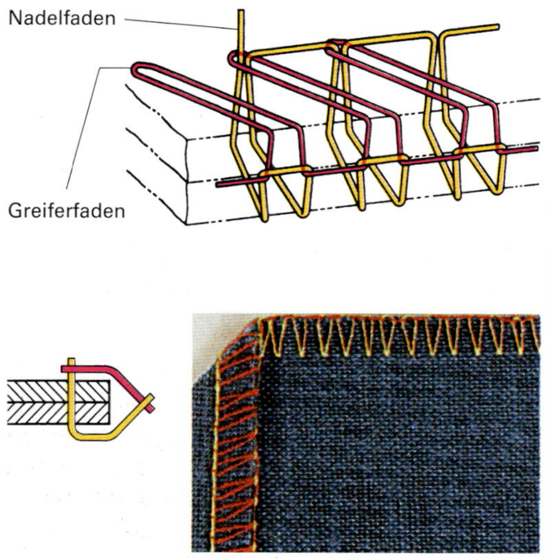

Die Verschlingung von Nadel- u. Greiferfaden liegt in der Mitte der zu schützenden Schnittkanten. Das Ausfransen der Schnittkanten bei lockeren Geweben und Maschenwaren wird vermindert.

Überwendlichkettenstichnaht dreifädig (Stichlochbindung)

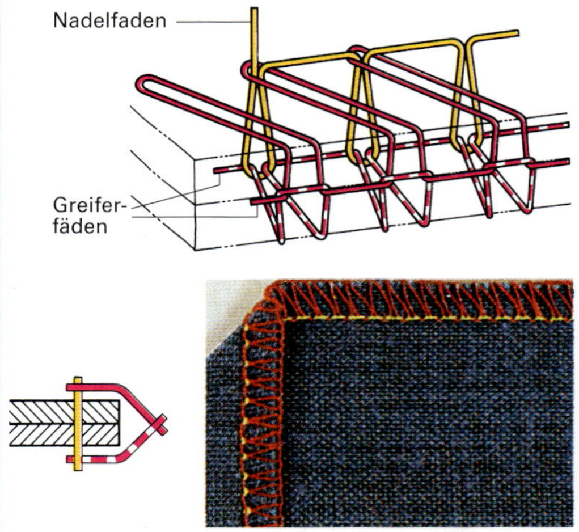

Die Verschlingung von Nadel- und Greiferfaden liegt am Nadeleinstichloch. Die Nahtfestigkeit und der Lagenschluss werden dadurch erhöht.

44 Ordnen Sie den folgenden Arbeitsgängen geeignete Stichtypen zu:

Gesäßnaht schließen:
Doppelkettenstichnaht, Safety-Naht

Saumnaht nähen:
Blind-Einfachkettenstichnaht,
Blind-Doppelsteppstichnaht

Ärmel einnähen an Pullovern:
Imitierte Sicherheitsnaht

Nähen von elastischen Säumen:
Zweinadel-Doppelkettenstichnaht

Nähen von Gürtelschlaufen:
Zweinadel-Doppelkettenstichnaht

45 Erklären Sie die Blind-Einfachkettenstichnaht und geben Sie ein Einsatzbeispiel an.

Bei der **Blind-Einfachkettenstichnaht** wird mit Hilfe einer gebogenen Nadel die untere Stofflage nur angestochen, sodass der Einstich auf der Nähgutvorderseite nicht sichtbar (blind) ist.
Diese Naht wird zum Befestigen von Säumen (Staffieren) und zum Festigen von Einlage an den Oberstoff (Pikieren) angewandt.

Blind-Einfachkettenstich

46 Beschreiben Sie die Funktion des Tauchers bei der Blindstichmaschine.

Mit der Höheneinstellung des Tauchers kann die Einstichtiefe der gebogenen Nadel eingestellt werden. Der Taucher hebt vor dem Nadeleinstich den Stoff an und geht vor dem Stofftransport wieder nach unten.

47 Vergleichen Sie die nachstehenden drei Nähstichtypen in Bezug auf den Fadenverbrauch.

Doppelsteppstichnaht (301)
Der Fadenverbrauch beträgt etwa das 2,5-fache der Nahtlänge.

Doppelkettenstichnaht (401)
Der Fadenverbrauch beträgt etwa das 5-fache der Nahtlänge.

Sicherheitsdoppelnaht (Safety-Naht)
Der Fadenverbrauch beträgt bis zu 16 Meter Faden je Meter Naht.

48 Erklären Sie die Funktionsweise eines Positionierantriebes.

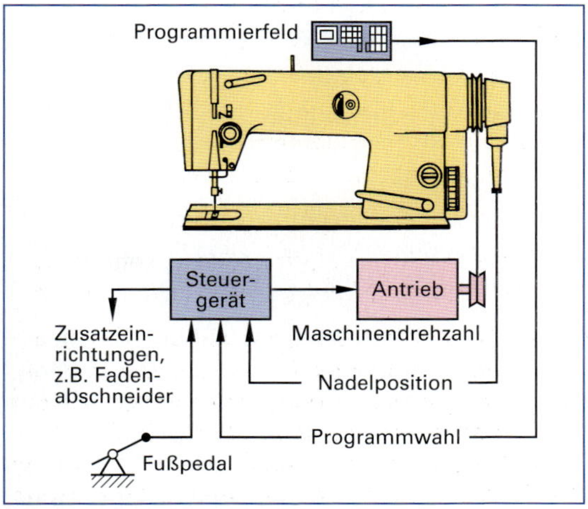

Positionierantrieb, elektronisch gesteuert

Die Funktionsweise erfolgt in drei Stufen:

1. Eingabe:

Der am Handrad eingebaute Positionsgeber gibt elektrische Impulse über z.B. Nadeleinstellung an das Steuergerät. Nähprogramme werden an einem Programmierfeld eingegeben. Zusätzliche Vorgänge wie z.B. Fadenabschneiden werden über Handtaster oder Fußpedale ausgelöst.

2. Verarbeitung:

Die Eingabebefehle werden im elektronischen Steuergerät ausgewertet.

3. Ausgabe:

Das Steuergerät gibt Impulse zur Auslösung der Befehle an den Motor.

49 Nennen Sie den Nähmaschinenantrieb, der Zusatzfunktionen ermöglicht und geben Sie drei mögliche Zusatzfunktionen an.

Der **Positionierantrieb** ermöglicht Zusatzfunktionen wie z.B. Nadelpositionierung, Fadenabschneideautomatik, Stichverdichtung, Endkantenerkennung.

50 Zeigen Sie fünf technische Besonderheiten auf, die der Positionierantrieb ermöglicht.

Der **Positionierantrieb** ermöglicht z.B. folgende **Zusatzeinrichtungen:**

- Fadenabschneideautomatik
- Fadenwischer
- Presserfußautomatik
- Nadelpositionierung
- Stichverdichtung
- Verriegelung bei Nähbeginn und Nähende
- Automatischer Nähbeginn am Stoffanfang

51 Erklären sie die folgenden Begriffe: Nadelpositionierung, Fadenwischer, Presserfußautomatik.

Nadelpositionierung

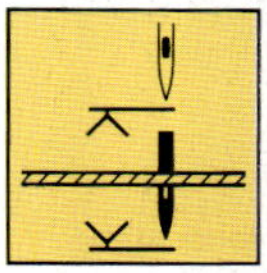

Bei Nähunterbrechungen bleibt die Nadel in Tiefstellung, so kann z.B. beim Eckennähen das Nähgut fixiert werden. Bei der Entnahme des Nähgutes befindet sich die Nadel in Hochstellung.

Fadenwischer

Nach dem Nähfadenabschneiden legt der Fadenwischer den Nadelfaden auf die Oberseite des Nähfußes. Dadurch wird ein Einklemmen des Nadelfadens vermieden und ein sauberer Nähanfang gewährleistet.

Presserfußautomatik

Bei Nähunterbrechungen wird der Nähfuß selbsttätig angehoben, dabei befindet sich die Nadel entweder in Tiefstellung oder z.B. nach dem automatischen Fadenabschneiden in Hochstellung.

52 Nennen Sie fünf Nähautomaten.

- Knopflochautomat
- Knopfannähautomat
- Riegelautomat
- Langnahtautomat
- Konturennäher

53 Erklären Sie die Arbeitsweise eines kurvengesteuerten Nähautomaten.

Bei **kurvengesteuerten Nähautomaten** erfolgt der Nähguttransport durch eine Kurvenscheibe über Schiebe- und Zugstangen.

In der Nutbahn dieser Kurvenscheibe laufen zwei Rollenbolzen und übertragen über ein Hebelsystem die Bewegung auf die Schiebe- und Zugstangen.

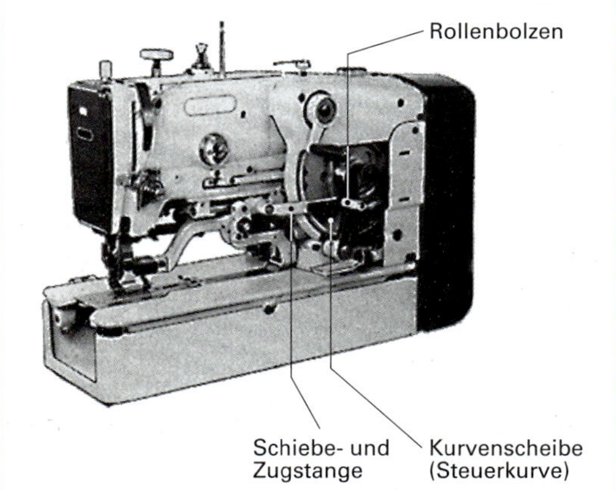

54 Unterscheiden Sie Nähautomaten und automatisierte Nähanlagen.

Nähautomaten:

Eine Bedienperson legt das Nähgut ein und löst den automatischen Arbeitsablauf aus, überwacht den Arbeitsablauf und nimmt das fertige Teil wieder heraus.

Automatisierte Nähanlagen:

Eine Bedienperson beschickt die Anlage mit vorbereiteten Schnittteilen. Die Nähgutzuführung erfolgt automatisch. Während des Nähvorganges können weitere Schnittteile zugeführt werden (überlappendes Arbeiten). Das fertige Nähgut wird meistens automatisch abgestapelt.

55 Beschreiben Sie die Probleme bei der Automatisierung von Nähanlagen.

Auf das Produkt bezogen:

Die Anlagen rechnen sich nur bei großen Losgrößen und geringen modischen Formumstellungen.

Auf das Material bezogen:

Besonders die Biegeschlaffheit und die Vielfalt der Materialeigenschaften erschweren eine Automatisierung.

Auf die Nähtechnik bezogen:

Beim Doppelsteppstich ist ein manueller Ober- und Unterfadenwechsel erforderlich. Die Arbeitsabläufe müssen visuell überwacht werden.

56 Nennen Sie drei Verfahren, textile Flächen zu verbinden.

Beim **Verbinden textiler Flächen** unterscheidet man:

- Nähen
- Schweißen
- Kleben

57 Beschreiben Sie die Problematik, die sich bei der Nahtverarbeitung von Wetterschutzbekleidung ergibt.

Weil bei der Herstellung von Nähten die wasserabweisende Folie durch die Nadel beschädigt wird, müssen Kanten und Nähte mit einem Nahtabdichtungsband dauerhaft versiegelt werden. Nachträglich wird ein Heißklebeband auf die Verbindungsnähte zum Abdecken aufgeschweißt.

58 Beschreiben Sie drei Arten des Nahtkräuselns und beschreiben Sie deren Ursachen.

Das **Transportkräuseln** ist eine Längenverschiebung zwischen der oberen und der unteren Stofflage. Beim normalen Untertransport wird nur die untere Stofflage durch den Stoffschieber (Transporteur) erfasst, während die obere Nähgutlage vom Stoffdrücker zurückgehalten wird.

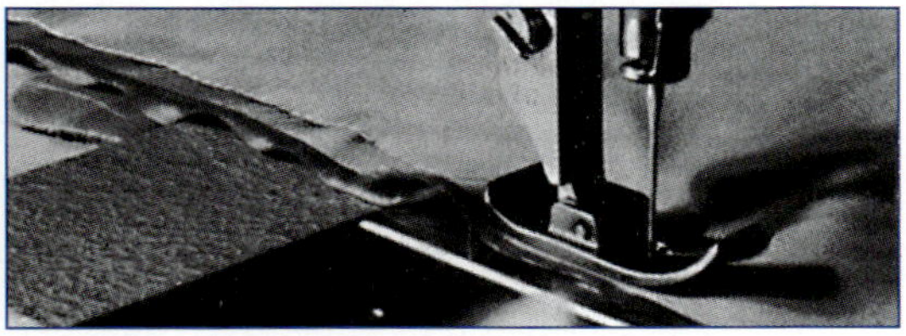

Beim **Verdrängungskräuseln** werden beim Einstich der Nadel in das Nähgut sowie durch das Einbringen des Nähfadens die Kett- und Schussfäden verdrängt. Je dicker die Nadel und der Nähfaden, desto stärker sind die Aufwerfungen im Nahtbereich sichtbar.

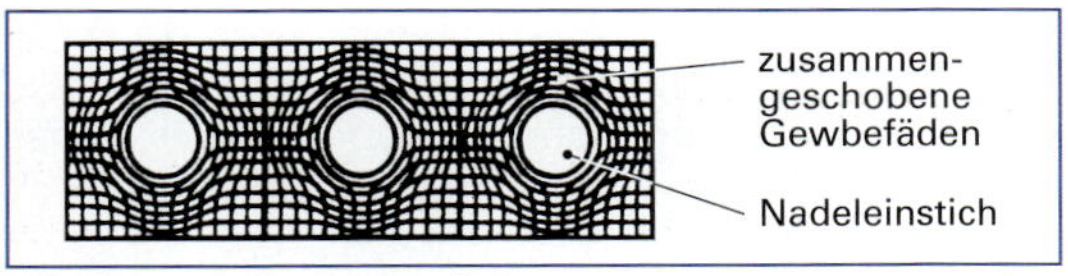

Verdrängung der Gewebefäden

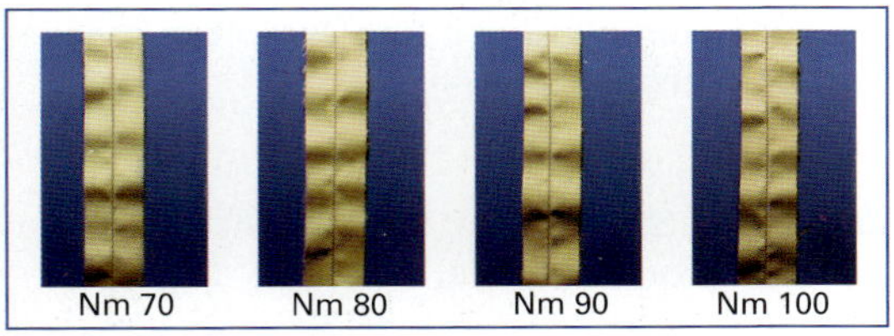

Einfluss der Nadeldicke auf das Verdrängungskräuseln

Spannungskräuseln entsteht durch zu hohe Fadenspannung beim Nähvorgang sowie durch die Neigung von Nähzwirnen, entstandene Spannungen bei deren Herstellung zurückzubilden.

59 Nennen Sie vier Maßnahmen zur Vermeidung von Nähgutbeschädigungen.

- Verbesserung der Nähgutausrüstung
- Einsatz von möglichst dünnen Nadeln
- Auswahl spezieller Nadelspitzenformen
- Nadelkühlung

60 Nennen Sie die Ursachen für
Fadenbruch,
Nadelbruch,
Fehlstiche,
unregelmäßiges Nahtbild,
schlechten Nähguttransport.

Fadenbruch:
Der Faden ist nicht richtig eingefädelt.

Das Garn hat eine zu geringe Festigkeit oder ist für den Nähvorgang nicht geeignet.

Nadelbruch:
Die Spulenkapsel ist nicht richtig eingesetzt.

Die Nadeldicke entspricht nicht der Garndicke.

Fehlstiche:
Falscher Nadelsitz, falsche Nadel.

Unregelmäßiges Nahtbild:
Schlechter Stofftransport.

Unterfaden wurde nicht gleichmäßig aufgespult.

Schlechter Nähguttransport:
Der Nähfußdruck ist zu gering, verstaubte, falsche oder abgenutzte Zahnreihen.

61 Erläutern Sie, wie der Bügeleffekt entsteht.

Durch Einwirkung von Wärme und Druck während einer bestimmten Zeit und eventuell gleichzeitiger Zuführung von Dampf werden die Verbindungen zwischen den Molekülketten im Faserinneren gelockert. Es kann geglättet oder geformt werden.

Durch Abkühlung mit Blasluft oder Absaugung wird das Bügelgut abgekühlt und der neue Zustand gefestigt.

62 Unterscheiden Sie zwei Möglichkeiten der Dampferzeugung.

Dampferzeugung bei normalem Luftdruck:
Im Selbstverdampfungsbügeleisen tropft Wasser auf eine heiße Bügelplatte und verdampft. Der entstehende Dampf kann maximal 100 °C heiß sein, da bei normalem Luftdruck Wasser bei 100 °C siedet und verdampft.

Dampferzeugung bei erhöhtem Luftdruck:
Das Wasser wird unter erhöhtem Druck erhitzt, dadurch wird eine höhere Dampftemperatur erreicht, bei 5 bar – 10 bar z. B. 105 °C bis 170 °C.

63 Erklären Sie die Wirkung des Absaugens auf das Bügelgut.

Die durch Wärmeeinwirkung gelockerten Verbindungen zwischen den Molekülketten im Faserinneren werden durch Absaugen abgekühlt und in der neuen Form schneller gefestigt.

64 Nennen Sie sechs Bügelhilfsmittel.

Bügelhilfsmittel sind z. B.:

- Bügelbrett
- Ärmelbrett
- Bügelbürste
- Nadelspitzendecke
- spezielle Bügelunterlagen
- Kragenholz

65 Erklären Sie die Begriffe Zwischenbügeln und Finishbügeln.

Zwischenbügeln:
Halbfertige Teile werden zwischengebügelt, wenn es die Genauigkeit für die Weiterverarbeitung erfordert, z. B. Nähte vor dem Absteppen, oder ein Glätteeffekt zu einem späteren Zeitpunkt nicht möglich ist, z. B. Manschetten vor dem Absteppen.

Finishbügeln:
Finishbügeln umfasst alle Bügelarbeiten am fertig genähten Produkt. Die Ware wird verkaufsfertig gemacht.

Der Umfang ist abhängig von den Wareneigenschaften und der Versandart (hängend oder verpackt).

66 Beschreiben Sie den Bügelvorgang Dressieren.

Beim **Dressieren** werden Schnittteile geformt. Für Rundungen und Wölbungen werden z. B. Schulter- oder Brustteile gedehnt, überflüssige Weite z. B. am Ärmel oder in der hinteren Mitte wird eingebügelt und anschließend fixiert.

67 Nennen Sie drei Möglichkeiten, den Bügelvorgang zu mechanisieren.

- Formen durch Bügelpressen
- Finishen durch Formfinisher
- Tunnelfinisher.

68 Nennen Sie drei Bügelmaschinen und ihren jeweiligen Einsatzbereich.

Formpresse:
Kragen, Schulterpartien oder Hosenbeine werden dauerhaft geformt.

Formfinisher:
Komplette Kleidungsstücke können über einer Form in einem Arbeitsgang geglättet werden.

Tunnelfinisher:
Komplette Kleindungsstücke werden auf Bügel oder über Rahmen durch eine Dampfkammer geführt und geglättet.

69 Geben Sie Auskunft über die Arbeitsweise eines Formfinishers.

Komplette Kleidungsstücke werden einzeln in einem Arbeitsgang geglättet. Kleinteile z. B. Kragen müssen vorgebügelt werden.

Das Kleidungsstück wird über eine aufblasbare Form gezogen. Durch Aufblasen wird der Stoff gespannt, mit Dampf behandelt und so geglättet.

70 Erklären Sie die Arbeitsweise eines Tunnelfinishers.

Die kompletten Kleidungsstücke werden auf Bügel hängend oder über Rahmen gezogen, kontinuierlich durch eine Dampfkammer geführt, abgekühlt und so geglättet.

Je nach Bügelqualität werden Kleinteile vorgebügelt.

Die Durchlaufzeit richtet sich nach dem Bügelgut.

71 Erklären Sie den Begriff Fixieren.

- Thermoplastische Textilien werden z. B. durch Bügeln oder Pressen dauerhaft geformt (Plisseefalten werden fixiert).
- Oberstoff und Einlage werden miteinander verklebt.

72 Erläutern Sie, worauf bei der Abstimmung zwischen Oberstoff und Fixiereinlage zu achten ist.

Griff, Optik, Wasch- und Reinigungsbeständigkeit des Oberstoffes dürfen durch die Fixiereinlage nicht beeinträchtigt werden. Dementsprechend ist bei der Auswahl der Fixiereinlage auf die Art und Materialbeschaffenheit der textilen Fläche zu achten (Gewebe, Gewirk, Vliesstoff bzw. dick, dünn, weich, steif). Ebenso entscheidend ist die Auswahl der Haftmasse (Haftmassengewicht, Flächenbeschichtung, Punktbeschichtung, Punktgröße, Punktdichte).

73 Erläutern Sie, in welcher Weise die Fixierfaktoren Temperatur, Druck und Zeit Einfluss auf die Qualität der Fixierung haben.

Sind die Fixiertemperatur, der Fixierdruck und die Fixierzeit zu gering gewählt, wird die Haftmasse nur angeschmolzen. Einlage und Oberstoff werden nur unzureichend miteinander verbunden.

Sind die Fixierfaktoren zu hoch eingestellt, wird die Haftmasse zu flüssig, sie schlägt auf die rechte Warenseite durch (sichtbar). Auch hier ist die Verbindung nur unzureichend, da zu wenig Haftmasse zwischen Oberstoff und Einlage verbleibt.

Vor der Weiterverarbeitung muss das Fixiergut vollständig abgekühlt sein.

74 Geben Sie zwei Vorteile an, die für das Fixieren mit modernen Fixierpressen sprechen. Führen Sie zwei Beispiele an, wo der Einsatz eines Bügeleisens zum Fixieren sinnvoller ist.

Vorteile des Fixierens mit einer Fixierpresse:
- Moderne Fixierpressen arbeiten sehr wirtschaftlich und rationell.
- Die Fixierfaktoren wirken sehr gleichmäßig auf das Fixiergut ein.

Beispiele für das Fixieren mit dem Bügeleisen:
- Kanten- und Armlochfixierung
- Fixieren von hitzeempfindlichen Oberstoffen

75 Nennen Sie sechs Bereiche aus dem Gebiet „Sicherheit im Arbeitsumfeld".

Zu diesem Bereich gehören z. B. die Erste Hilfe, der Weg zum Arbeitsplatz, SOS = Sicherheit, Ordnung, Sauberkeit, die Arbeitskleidung und persönliche Schutzausrüstung, der Umgang mit gefährlichen Arbeitsstoffen, der Lärmschutz, der elektrische Strom, Leitern und Tritte.

76 Nennen Sie den Träger der gesetzlichen Unfallversicherung.

Träger der betrieblichen Unfallversicherung sind die Berufsgenossenschaften.

77 Nennen Sie drei Unfallverhütungsmaßnahmen an der Nähmaschine.

Zu den **Unfallverhütungsmaßnahmen** beim Nähen gehören z. B.:

- der Fingerschutz
- der Augenschutz
- die Schutzbrille
- das Haarnetz
- das Zusammenbinden offener Haare

78 Nennen Sie jeweils zwei Verletzungsmöglichkeiten beim Zuschneiden, Nähen und Bügeln.
Geben Sie jeweils eine Unfallverhütungsmaßnahme an.

Verletzungsmöglichkeiten beim Zuschneiden
- Schnittverletzungen:
  Fingerschutz einstellen
- Finger- und Handquetschungen:
  Zweihandschaltungen beachten

Verletzungsmöglichkeiten beim Nähen
- Fingerverletzungen durch Nadel:
  Fingerschutz benutzen
- Augenverletzungen:
  Augenschutz oder Schutzbrille verwenden

Verletzungsmöglichkeiten beim Bügeln
- Verbrennungen durch Dampf:
  Dampfzufuhr nur bei geschlossener Bügelpresse
- Finger- und Handquetschungen:
  Zweihandschaltung beachten

79 Geben Sie in nachstehenden Fertigungsbereichen der Bekleidungsherstellung ein Beispiel zur Unfallverhütung an.

Unfallverhütung beim Legen und Zuschneiden:
Fingerschutz an Stoß-, Band- und Kreismessermaschinen einstellen und beachten.

Unfallverhütung beim Fixieren:
Zweihandbedienung an Pressen einhalten.

Unfallverhütung beim Nähen:
Fingerschutz an Nadel benutzen.

Unfallverhütung beim Bügeln:
Nicht brennbare Abstellmöglichkeiten benutzen.

Unfallverhütung beim Warentransport:
Kopfschutz an Trolleybahnen tragen.

80 Um die Sicherheit am Arbeitsplatz zu erhöhen, sind in Betrieben unterschiedliche Sicherheitskennzeichen angebracht:

Gebotszeichen, Verbotszeichen, Warnzeichen, Rettungszeichen und Gefahrensymbole.

Erläutern Sie, wodurch sich die einzelnen Zeichen in Form und Farbe voneinander unterscheiden.

Gebotszeichen:
weißes Symbol auf blauem Grund in einem Kreis

Verbotszeichen:
schwarzes Symbol auf weißem Grund mit rotem Rand und Querbalken in einem Kreis

Warnzeichen:
schwarzes Symbol auf gelbem Grund mit schwarzem Rand in einem Dreieck

Rettungszeichen:
weißes Symbol auf grünem Grund in einem Quadrat oder Rechteck

Gefahrensymbole:
schwarzes Symbol auf orangefarbenem Grund in einem Quadrat mit Kennbuchstaben und Gefahrenbezeichnung

81 Erklären Sie die folgenden Sicherheitskennzeichen und Gefahrensymbole und geben Sie an, an welchen Stellen sie in einem Bekleidungsbetrieb angebracht sind:

A Feuer, offenes Licht und Rauchen verboten
z.B. in der gesamten Produktion

B Schutzschuhe tragen
z.B. im Warenlager

C Warnung vor gefährlicher elektrischer Spannung
z.B. am Gehäuse eines mit Starkstrom betriebenen Zuschneideautomaten

D Notausgang
z.B. über Ausgängen, deren Türen auch im Notfall geöffnet sein müssen

E Selbstentzündliche Stoffe
z.B. auf einem Chemikalienbehälter am Detachier-Arbeitsplatz

F Augenschutz tragen
z.B. am Detachier-Arbeitsplatz bei der Fleckenentfernung

8 Organisation der Bekleidungsherstellung

1 Vergleichen Sie handwerkliche und industrielle Bekleidungsfertigung.

Handwerkliche Bekleidungsfertigung

- Die Schnitterstellung wird individuell nach den Wünschen und Maßen eines bestimmten Kunden erstellt, dabei werden körperliche Besonderheiten berücksichtigt.
- Durch den hohen Zeitaufwand der Einzelanfertigungen wird die Herstellung teurer.
- Die Verwendung hochwertiger Materialien im Zusammenhang mit handwerklichen Fertigkeiten zeichnen das Produkt aus.

Industrielle Bekleidungsfertigung

- Die Produktion erfolgt für einen anonymen Träger. Die Schnittkonstruktion wird nach Größentabellen für bestimmte Zielgruppen erstellt.
- Die Fertigung erfolgt in Serie und in rationeller Arbeitsteilung und wird dadurch preiswerter.
- Betriebsindividuelle Qualitätssicherung durch Vorschriften und ständiger Überwachung und der Einsatz von Spezialmaschinen kennzeichnet die Produkte.

2 Erklären Sie die Bezeichnungen HAKA, DOB, BESPO.

HAKA: Herren- und Knabenkleidung

DOB: Damenoberbekleidung

BESPO: Berufs- und Sportbekleidung

3 Nennen Sie acht Produktgruppen der Bekleidungstextilien.

Produktgruppen sind z. B.:

HAKA
DOB
Kinderbekleidung
BESPO
Wäsche
Maschenoberbekleidung
Miederwaren und Badeartikel
Accessoires

4 Geben Sie an, welche Gesichtspunkte bei der Wahl der Fertigungsart maßgebend sind.

Maßgebliche Gesichtspunkte bei der Wahl der Fertigungsart sind z. B.:

- Stückzahl
- Art und Vielfalt der Erzeugnisse
- Häufigkeit des Produktionsablaufes (Produktion nach Verkaufsterminen)

5 Unterscheiden Sie Einzelfertigung, Serienfertigung, Massenfertigung.

Einzelfertigung:
Jedes Produkt wird nur einmal gefertigt, z. B. Musterfertigung, Maßschneiderei.

Serienfertigung:
Eine größere, aber begrenzte Stückzahl gleichartiger Produkte wird auf Bestellung oder auf Vorrat hergestellt.

Massenfertigung:
Produkte in hoher Stückzahl und unveränderter Form werden oft mit Hilfe von Automaten, nahezu ohne zeitliche Begrenzung hergestellt.

Einzelfertigung

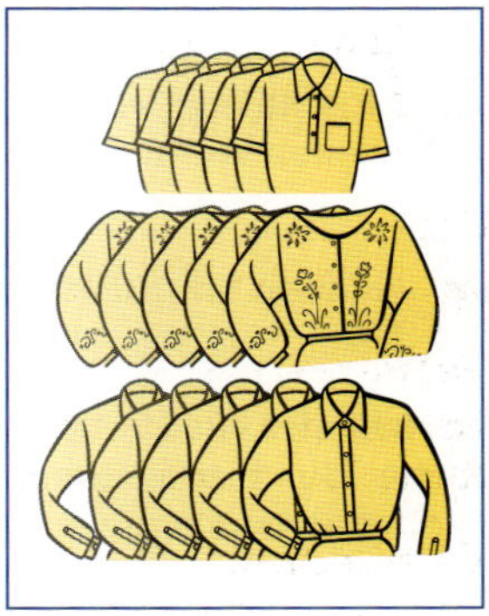

Serienfertigung

Massenfertigung

6 Erklären Sie den Begriff Arbeitsteilung.

Bei der **arbeitsteiligen Fertigung** wird der anfallende Arbeitsaufwand auf mehrere Menschen und Betriebsmittel aufgeteilt.

7 Unterscheiden Sie Mengen und Artteilung.

Bei der **Mengenteilung** wird die Arbeit auf mehrere Personen aufgeteilt, dabei macht jeder das Gleiche.

Bei der **Artteilung** wird eine Arbeit in Teilabläufe geteilt, dabei übernimmt jeder eine andere Teilarbeit.

8 Unterscheiden Sie zwischen Fließfertigung und Gruppenfertigung.

Bei der **Fließfertigung** sind die Arbeitsabläufe in einzelne Arbeitstakte zerlegt und nach dem Arbeitsablauf angeordnet. Hohe Stückzahlen, Arbeitsteilung, aufwändige Organisationsarbeit (der Arbeitstakt ist an die menschliche Leistung gebunden) sind weitere Merkmale.

Bei der **Gruppenfertigung** werden Maschinen und Arbeitskräfte zu Fertigungseinheiten zusammengefasst. Die Anordnung innerhalb der Gruppe erfolgt nach einem zeitlichen Ablauf: Kleinere Auftragszahlen, häufiger Modellwechsel, kurze Lieferzeiten werden so am besten bewältigt.

9 Nennen Sie die Vor- und Nachteile der Fließfertigung.

Vorteile der Fließfertigung:
Kurze Durchlaufzeiten, optimale Nutzung der Produktionsanlagen

Nachteile der Fließfertigung:
Aufwändige Arbeitsvorbereitung, für geringe Stückzahlen nicht geeignet, hohe Kosten bei Modellumstellungen, die menschliche Leistung ist an einen Arbeitstakt gebunden

10 Beschreiben Sie den innerbetrieblichen Materialfluss.

Der **innerbetriebliche Materialfluss** ist das Transportwesen von Rohstoffen, Betriebsmitteln, Halb- und Fertigfabrikaten. Die Verbindung der Fertigungsabteilungen ist entscheidend für einen reibungslosen, kostengünstigen Fertigungsablauf.

11 Erklären Sie den Begriff „Arbeitssystem" anhand von Beispielen.

Ein System ist eine Gesamtheit von Elementen, die einem bestimmten Zweck dienen.

Arbeitssysteme bilden den Betrachtungsgegenstand der Betriebsorganisation und des Arbeitsstudiums. Arbeitssysteme dienen der Erfüllung von Arbeitsaufgaben.

12 Nennen Sie die sieben Systembegriffe (Systemelemente) eines Arbeitssystems.

Arbeitssysteme können mit folgenden sieben Systembegriffen beschrieben werden:

Arbeitsaufgabe, Arbeitsablauf, Eingabe, Mensch, Betriebsmittel, Ausgabe, Umgebungseinflüsse.

13 Nennen Sie zu den folgenden Systembegriffen jeweils ein Beispiel:
Mensch, Betriebsmittel, Eingabe, Ausgabe, Umgebungseinfluss.

Mensch: Mitarbeiterin Frau Müller

Betriebsmittel: Nähmaschine, Tisch

Eingabe: Stoff, Verarbeitungsvorschriften

Ausgabe: Fertige Oberhemden

Umgebungseinflüsse: Raum, Umgebungsverhältnisse z. B. Licht, Luft, Lärm

14 Erklären Sie den Unterschied zwischen Arbeitsaufgabe und Arbeitsablauf.

Die **Arbeitsaufgabe** ist die Aufforderung an Menschen, Tätigkeiten auszuüben, um ein bestimmtes Ziel zu erreichen, z. B. Oberhemden fertigen.

Zur Erfüllung der Arbeitsaufgabe wird das Zusammenwirken von Mensch und Betriebsmittel über den **Arbeitsablauf** beschrieben und gesteuert.

15 Den Arbeitsablauf kann man in Ablaufabschnitte unterschiedlicher Größe unterteilen.
Geben Sie dafür Beispiele an.

Der **Gesamtablauf** ist der ganze Arbeitsablauf zur Herstellung eines Erzeugnisses, z. B. Oberhemden fertigen.

Der **Teilablauf** besteht aus mehreren Ablaufstufen, z. B. Ärmel fertigen, Kragen fertigen.

Eine **Ablaufstufe** besteht aus einer Folge von Vorgängen, die zur Herstellung eines Teils erforderlich sind, z.B. Kragen annähen, Manschetten annähen.

16 Unterscheiden Sie die Begriffe Vorgang, Teilvorgang, Vorgangsstufen und Vorgangselemente anhand von Beispielen.

Ein **Vorgang** ist ein Arbeitsgang bei der Herstellung eines Teils, z.B. Nähen, Bügeln.

Ein **Teilvorgang** besteht aus mehreren Vorgangsstufen, z.B. Besatz annähen, Ärmel einnähen.

Vorgangsstufen sind Abschnitte eines Teilvorgangs, z.B. Nähgut unter Nähfuß ausrichten.

Vorgangselemente sind Teile einer Vorgangsstufe, z.B. Material oder Werkstück greifen.

17 Erklären Sie den Begriff Arbeitsgestaltung.

Arbeitsgestaltung ermöglicht ein optimales Zusammenwirken von arbeitenden Menschen, Betriebsmitteln und Arbeitsgegenständen.

Dabei soll, unter Berücksichtigung der Belange des arbeitenden Menschen, der Wirkungsgrad von Arbeitssystemen erhöht werden.

18 Geben Sie die Aufgabenbereiche der Arbeitsgestaltung an.

Die **Arbeitsgestaltung** befasst sich mit der Verbesserung sowie der Neu- und Weiterentwicklung von

- Arbeitsabläufen (Arbeitsablaufgestaltung)
- Betriebsmitteln (Betriebsmittelgestaltung)
- Produkten (Produktgestaltung)
- Arbeitsplätzen (Arbeitsplatzgestaltung)

19 Nennen Sie die drei Teilbereiche der Arbeitsplatzgestaltung.

Die Teilbereiche der Arbeitsplatzgestaltung sind
die Arbeitsmethode,
das Arbeitsverfahren und
die Arbeitsbedingungen.

20 Unterscheiden Sie Arbeitsmethode, Arbeitsverfahren und Arbeitsbedingungen.

Die **Arbeitsmethode** ist der geplante Arbeitsablauf. Der Bewegungsablauf wird festgelegt.

Unter **Arbeitsverfahren** versteht man die angewandte Technologie zur Durchführung einer Arbeitsaufgabe,
z.B. Naht schließen mit Safetynaht.

Die **Arbeitsbedingungen** ergeben sich aus der Leistungsfähigkeit und Leistungsbereitschaft des Arbeitenden (innere Arbeitsbedingungen) und den Gegebenheiten am Arbeitsplatz (äußere Arbeitsbedingungen).

21 Definieren Sie den Begriff Ergonomie.

Ergonomie ist die Lehre von den Leistungsmöglichkeiten und Leistungsgrenzen des arbeitenden Menschen sowie den optimalen Arbeitsbedingungen.

22 Nennen Sie die grundsätzlichen Anforderungen an Mensch und Betriebsmittel, nach denen ein Näharbeitsplatz ergonomisch gestaltet wird.

Die Näharbeit stellt visuelle Anforderungen (genaues Hinsehen) sowie Anforderungen an Hände und Arme (Stellbewegungen, Haltearbeit) und Bewegungsgenauigkeit der Füße (Geschwindigkeitsregulierung mit dem Fußpedal), deshalb müssen Sitz- und Arbeitfläche, Rückenlehne, Sitzfläche und Fußpedal in Höhe, Neigung und Winkel verstellbar sein.

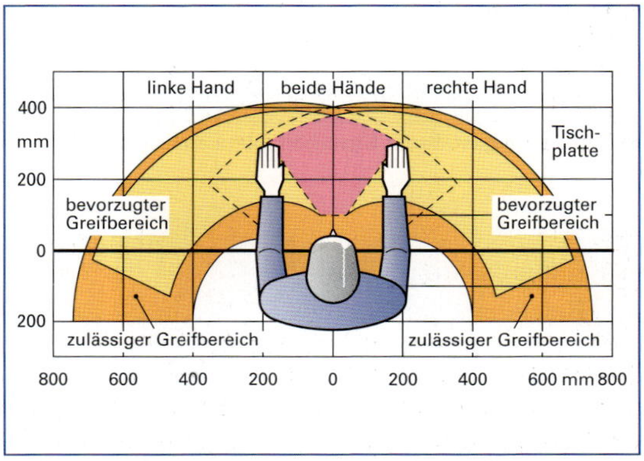

Sitzarbeitsplatz nach arbeitsphysiologischen Gesichtspunkten mit kleinem und großem Greifraum

23 Nennen Sie fünf wichtige Gesichtspunkte bei der ergonomischen Gestaltung eines Arbeitsplatzes.

Ergonomisch gestaltete Arbeitsplätze berücksichtigen z.B. die Belastbarkeit und die Fähigkeit des Menschen mit dem Ziel physische und physiologische Belastungen zu verringern, die Zufriedenheit zu erhöhen, die Arbeitskraft zu erhalten und die Fluktuation zu verringern.

24 Beschreiben Sie drei Gesichtspunkte, die bei der Gestaltung von Bildschirmarbeitsplätzen zu beachten sind.

Bei der **Gestaltung von Bildschirmarbeitsplätzen** ist z.B. zu beachten, dass der Drehstuhl in der Höhe, die Sitzfläche in der Neigung, die Rückenlehne in Höhe und Winkel verstellbar sein sollte.

Die Vorlagenhalter sollten in Höhe, Neigung und Sehabstand einstellbar sein, Reflexionen, Spiegelungen und belastende Hell-Dunkel-Adaptionsvorgänge sind bei der Anordnung der Bildschirme zu vermeiden.

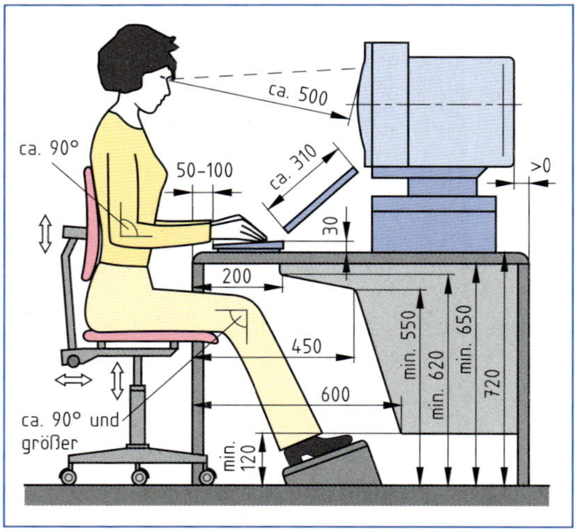

Ergonomisch gestalteter Sitzarbeitsplatz am Bildschirm

25 Erklären Sie die Begriffe
Betriebsorganisation,
Aufbauorganisation,
Ablauforganisation.

Die **Betriebsorganisation** umfasst die Optimierung des gesamten Betriebsgeschehens unter wirtschaftlichen Gesichtspunkten.

Die **Aufbauorganisation** regelt die Zuständigkeiten, die Aufgabengliederung und die Aufgabenverteilung.

Die **Ablauforganisation** legt alle Maßnahmen zum reibungslosen und wirtschaftlichen Ablauf der Fertigung fest. Sie regelt das räumliche und zeitliche Zusammenwirken von Personal und Betriebsmitteln.

26 Nennen Sie die Aufgabenbereiche der Produktionsorganisation.

Die **Produktionsorganisation** umfasst die Bereich Entwicklung, Beschaffung, Fertigung und Qualitätswesen. In einem Produktionsprogramm wird festgelegt, welche Aufträge in welchem Zeitraum in diesen Bereichen durchzuführen sind.

27 Unterscheiden Sie Fertigungsplanung und Fertigungssteuerung.

Die **Fertigungsplanung** umfasst die Planung von Personal, Betriebsmitteln, Werkstoffen, Informationen und Arbeitsabläufen. Das Arbeitsstudium liefert die Daten hierzu.

Die **Fertigungssteuerung** umfasst die Durchführung und Steuerung der Fertigung durch Veranlassen, Überwachen und Sichern.

28 Beschreiben Sie, wie die Aufgaben in einem Betrieb unterteilt werden können und geben Sie Beispiele aus der Bekleidungsherstellung an.

Die **Gesamtaufgabe**, z.B. Bekleidungsherstellung, wird unterteilt in **Hauptaufgaben**, z.B. Entwicklung, diese werden gegliedert in **Teilaufgaben**, z.B. Kollektion planen, diese wiederum werden in **Einzelaufgaben** unterteilt, z.B. Entwerfen. Den Einzelaufgaben werden Stellen und damit einzelne Personen mit ihren Befugnissen an einem Arbeitsplatz zugeordnet, z.B. CAD-Design.

29 Definieren Sie die Begriffe Stelle, Instanz und Arbeitsplatz.

Eine **Stelle** ist die kleinste Organisationseinheit im Betrieb. Diese Arbeitsbereiche sind mit Personen besetzt, denen bestimmte Aufgaben, Kompetenzen und Verantwortung übertragen sind.

Mit **Instanz** bezeichnet man Stellen, denen zur Ausübung einer Tätigkeit noch besondere Befugnisse erteilt werden.

Der **Arbeitsplatz** ist der räumliche Bereich, in dem eine Arbeitsaufgabe erfüllt wird, z. B. der Arbeitsplatz einer Näherin.

30 Welche Aufgaben haben Weisungssysteme?

Weisungssysteme legen Zuständigkeiten (Kompetenzen) fest und regeln so mit Hilfe von Informationen und Anordnungen die Zusammenarbeit der betrieblichen Stellen.

31 Unterscheiden Sie die folgenden Weisungssysteme:
Liniensystem, Stabliniensystem, Funktionssystem.

Beim **Liniensystem** sind die Stellen in einen starren Instanzenweg eingebunden.

Dieser Weg ist einzuhalten, deshalb ist das System sehr unbeweglich und undemokratisch.

Liniensystem

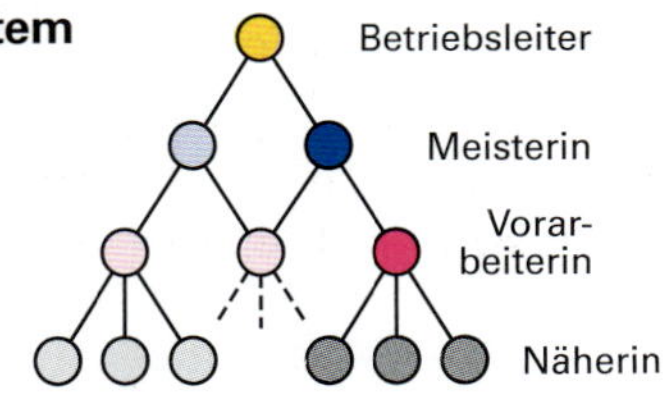

Beim **Stabliniensystem** werden einzelnen Stellen Stabstellen zur Beratung oder Kontrolle zugeordnet.

Diese Berater z. B. Juristen, sind unabhängig und meist ohne Anordnungsbefugnis.

Stabliniensystem

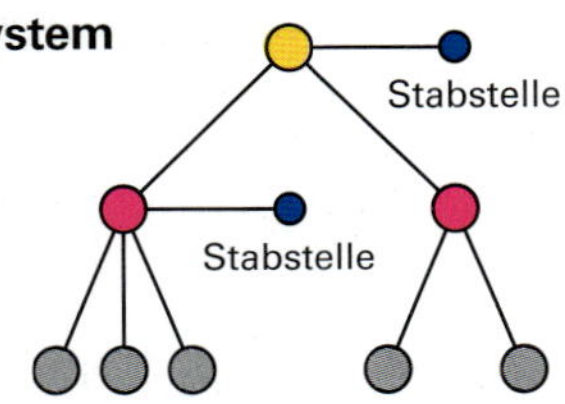

Beim **Funktionssystem** arbeiten Spezialisten für bestimmte Gebiete zusammen, hierbei müssen Zuständigkeiten klar geregelt sein, z. B. Technische Leitung und Modellabteilung.

Funktionssystem

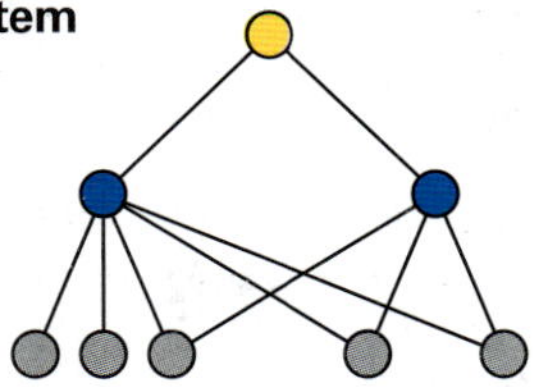

32 Beschreiben Sie die Zusammenarbeit in einem Team.

Ein **Team** erhält eine Arbeitsaufgabe und löst sie selbständig in Zusammenarbeit mit allen anderen betrieblichen Abteilungen.

33 Geben Sie an, was man unter einem Produktionsprogramm und unter einem Kollektionsrahmenplan versteht.

Im **Produktionsprogramm** werden Zielgruppen, Genre und unternehmerische Ziele abgestimmt.

Im **Kollektionsrahmenplan** wird das Produktionsprogramm eines Bekleidungsbetriebes erfasst.

34 Nennen Sie drei wichtige Aufgaben der Ablauforganisation.

Die **Ablauforganisation** regelt das räumliche und zeitliche Zusammenwirken von Personal und Betriebsmittel durch folgende Maßnahmen:

- Festlegung der zeitlichen Reihenfolge von Arbeitsgängen
- Bereitstellung von Material und Betriebsmitteln
- Bereitstellen von Information

35 Unterscheiden Sie Produktion und Fertigung.

Im Bereich **Produktion** werden Entwicklung, Beschaffung, Fertigung und das Qualitätswesen koordiniert.

Der Bereich **Fertigung** ist für die technische Abwicklung eines Auftrages zuständig. Über die AV (Arbeitsvorbereitung) wird geplant und gesteuert.

36 Nennen Sie zehn Fertigungsunterlagen bzw. Formulare, die dem Datenaustausch bei der Produktion dienen.

Fertigungsunterlagen sind z. B.:

- Technische Zeichnungen
- Stücklisten (Materialstücklisten, Materialbedarfslisten, Schnittteillisten)
- Formbeschreibungen
- Verarbeitungsrichtlinien
- Modellkalkulation
- Arbeitspläne
- Arbeitsverteilungspläne
- Schnittanweisungen
- Qualitätsbeschreibungen

37 Nennen Sie drei wichtige Aufgaben von betrieblichen Formularen.

Der Datenaustausch zwischen einzelnen Abteilungen erfolgt über Formulare. Sie liefern Informationen, geben Arbeitsanweisungen und sorgen für einen reibungslosen Ablauf.

38 Beschreiben Sie, welche Angaben im Modellstammblatt enthalten sein können.

Das **Modellstammblatt** enthält alle Erkennungsdaten für ein Modell wie z. B.:

Erzeugnisart, Kollektion, Artikelnummer, Saison, Größenraster, Material, Modellskizze (Vorder- und Rückenansicht), Bearbeiter, Modellbeschreibung und Verarbeitungshinweise für Besonderheiten.

39 Geben Sie an, welche Qualitätsvorschriften in den unterschiedlichen Betriebsabteilungen verfügbar sein sollen.

Der **Einkauf** und die **Arbeitsvorbereitung** erhalten Daten über Materialanforderungen.

Die **Entwicklungsabteilung** erhält Qualitätsrichtlinien bezüglich der Passform und der Verarbeitung.

Die **Schnittabteilung** erhält Konstruktionsrichtlinien.

Die **Fertigung** erhält technische Verarbeitungshinweise und Maßangaben.

40 Beschreiben Sie, wie aus der Materialstückliste und der Materialkartei bzw. Materialdatei die Materialeinzelkosten ermittelt werden.

Der Verbrauch aller für die Herstellung eines Erzeugnisses notwendigen Materialien wird aufgeführt. Aus dem Verbrauch pro Stück und dem jeweiligen Einzelpreis ergeben sich die Materialeinzelkosten.

41 Unterscheiden Sie die Materialstückliste und die Materialbedarfsliste.

In der **Materialstückliste** werden alle Materialien eines Modells aufgelistet und der Bedarf für ein Stück wird festgehalten.

In der **Materialbedarfsliste** wird aus den Daten der Materialstückliste und den Verkaufszahlen der Auftragseingänge der Materialbedarf errechnet.

42 Unterscheiden Sie den Arbeitsplan und den Arbeitsverteilungsplan.

Der **Arbeitsplan** enthält alle Arbeitsvorgänge in entsprechender Reihenfolge, die erforderlichen Betriebsmittel, die jeweiligen Einzelzeiten (Vorgabezeiten) und eventuell die Lohngruppen.

In einem **Arbeitsverteilungsplan** sind allen Arbeitsvorgängen eines Arbeitsplanes bestimmte Arbeitsplätze und Mitarbeiter nach deren Leistungsvermögen zugeordnet.

43 Geben Sie die Ziele des Arbeitsstudiums an.

Das **Arbeitsstudium** bzw. die Ermittlung von Zeitdaten ermöglicht eine Verbesserung der Ablauforganisation, des Arbeitsablaufes, erhöht die Wirtschaftlichkeit und liefert Daten für die Lohnabrechnung und das Kostenrechnen (Kalkulation).

44 Erklären Sie die Begriffe Rüstzeit und Ausführungszeit und geben Sie je ein Beispiel an.

Die **Rüstzeit** ist die Vorbereitungszeit für einen Arbeitsauftrag (Zeit für die Vorbereitung).

Die **Ausführungszeit** ist die Zeit für die reine Ausführungsarbeit an allen Einheiten eines Auftrages.

45 Erklären Sie die Formel $t_e = t_g + t_{er} + t_v$

Die **Vorgabezeit** für eine Einheit t_e setzt sich zusammen aus der Addition von
Grundzeit t_g,
Erholungszeit t_{er} und
Verteilzeit t_v.

46 Beschreiben Sie an einem Beispiel die Berechnung der Sollzeit.

Die bei einer Zeitaufnahme ermittelte Ist-Zeit (3,5 min) wird mit dem beurteilten Leistungsgrad (120 %) verrechnet und auf 100 % Normalleistung bezogen.

Beispiel:

Sollzeit $t = \frac{L \cdot t_i}{100} = \frac{120\,\% \cdot 3{,}5\text{ min}}{100\,\%} = 4{,}2\text{ min}$

47 Erläutern Sie die Begriffe Ist-Zeit, Soll-Zeit und Leistungsgrad.

Die **Ist-Zeit** ist die bei einer Zeitaufnahme ermittelte tatsächlich benötigte Zeit bei einer bestimmten Leistung. Gleichzeitig wird der erzielte Leistungsgrad der Arbeitsperson beurteilt.

Die **Soll-Zeit** ist der auf die Normalleistung (100 %) bezogene Zeitwert.

Der **Leistungsgrad** ist der prozentuale Wert der Leistung, der während der Zeitaufnahme beurteilt wurde. Er drückt das Verhältnis der tatsächlich erbrachten Ist-Leistung zur Soll-Leistung (Normalleistung) in % aus.

48 Geben Sie an, wie Vorgabezeiten nach MTM ermittelt werden.

Das **MTM-Verfahren** beschreibt Arbeitsabläufe auf der Grundlage zeitlich vorbestimmter Grundbewegungen oder Bewegungsfolgen. Der Zeitaufwand wird nicht durch eine Zeitaufnahme ermittelt, sondern durch Addition aller für eine Tätigkeit vorbestimmten Zeitmesseinheiten (TMU).

49 Nennen Sie die drei Hauptaufgaben des Qualitätswesens.

Das **Qualitätswesen** hat die Aufgabe, durch Qualitätsplanung, Qualitätslenkung und Qualitätsprüfung Fehler zu vermeiden und die Kundenanforderungen zu erfüllen.

50 Erläutern Sie die Ziele des Qualitätsmanagements.

Mit **Qualitätsmanagement** bezeichnet man die gesamten unternehmerischen Tätigkeiten, die durch z. B. Produktentwicklung, Produktüberprüfung und Kundenkontakt nicht nur die Qualität, sondern auch Liefertreue, Kundenservice und Kundenwünsche optieren sollen.

51 Geben Sie die betrieblichen Abteilungen an, die in das Qualitätswesen eingebunden sind.

Das **Qualitätswesen** untersteht direkt der Geschäftsleitung, seine Zuständigkeit reicht in alle betrieblichen Abteilungen wie z. B. Designabteilung, Entwicklung und Konstruktion, Einkauf, Verkauf, Wareneingang, Fertigung und Versand.

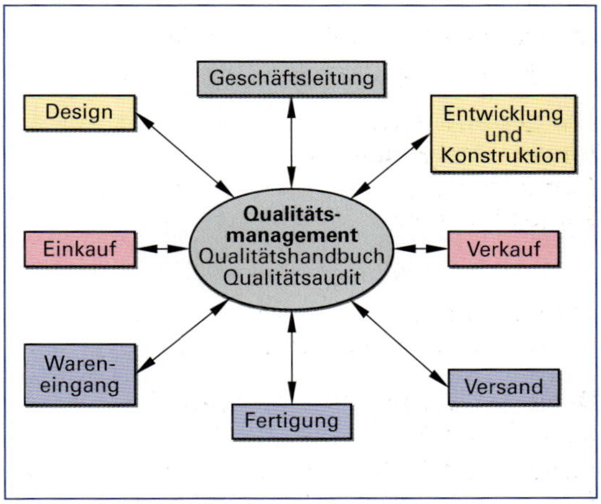

Betriebliche Einbindung des Qualitätswesens

52 Erklären Sie die Begriffe Qualitätsmanagement, Qualitätshandbuch und Qualitätsaudit.

Mit **Qualitätsmanagement** bezeichnet man neben Maßnahmen zur Verbesserung der Produktqualität alle unternehmerischen Tätigkeiten im Bereich Kundenkontakt und Kundenservice.

Im **Qualitätshandbuch** werden Verarbeitungsrichtlinien und Toleranzen dokumentiert, es dient der Qualitätsplanung bei der Fertigung.

Das **Qualitätsaudit** ist eine systematische und unabhängige Untersuchung, um festzustellen, ob die geplanten Anordnungen verwirklicht wurden und geeignet sind, die vorgegebenen Ziele zu erreichen.

53 Nennen Sie Maßnahmen, die geeignet sind, die Qualität in der Phase der Produktentwicklung zu sichern.

Bei der Modellentwicklung werden **Qualitätsanforderungen** festgelegt und in technische Unterlagen übertragen.

Eine **Nullserie** (Vorabproduktion) wird gefertigt.

Die Erfahrungen fließen in die **Qualitätssicherung** ein und werden so bei der Serienproduktion berücksichtigt.

54 Berichten Sie über die Aufgaben der Abteilung Einkauf, um in der Beschaffung einen Qualitätsstandard zu erreichen.

Der **Einkauf** ist zuständig für die Angebotseinholung und die Lieferantenauswahl und damit direkt für die Materialqualität des Endproduktes.

Die Materialien werden auf Eignung bezüglich des geplanten Verwendungszweckes sowie auf Übereinstimmung mit den Lieferantenangaben geprüft.

In Zusammenarbeit mit dem Qualitätswesen erfolgt die Produktionsfreigabe.

55 Geben Sie an, wie die Qualität in der Fertigung sichergestellt wird.

Alle Tätigkeiten, die Einfluss auf die Qualität haben, müssen erfasst, dokumentiert und sofort ausgewertet werden, z. B. Webfehler beim Lagen legen, oder Nähfehler vor Montagearbeiten.

56 Erklären Sie die Abkürzungen CAD und CAM.

CAD: Computer Aided Design (Rechnergestütze Entwicklung und Konstruktion)

CAM: Computer Aided Manufacturing (Rechnergestützte Fertigung)

57 Geben Sie die Teilbereiche von CAD an.

CAD umfasst den kreativen Bereich „Entwurf" und den technischen Bereich „Schnittkonstruktion".

58 Geben Sie die Möglichkeiten einer rechnergestützten Fertigung an.

Rechnergesteuerte Anlagen werden eingesetzt bei der Schnittbilderstellung, beim Zuschneiden über eine CNC gesteuerte Schneidevorrichtung, beim Nähen durch Nähanlagen, beim Bügeln und beim Materialtransport, bei der Verbindung der einzelnen Fertigungsabteilungen.

59 Definieren Sie PPS und beschreiben Sie die Aufgaben.

PPS: Production Planning and Scheduling (Produktionsplanung, Produktionssteuerung und Produktionsüberwachung).

PPS unterstützt folgende betriebliche Aufgaben:

Produktionsprogrammplanung:
Sie ermittelt über das Marketing die Käuferwünsche.

Mengenplanung:
Sie erleichtert über Prognoserechnungen die Materialbeschaffung.

Termin- und Kapazitätsplanung:
Sie organisiert die Abstimmung von Lieferterminen, Durchlaufzeiten und betrieblichen Kapazitäten.

Auftragsveranlassung:
Sie erstellt alle Belege für die Fertigung.

Auftragsüberwachung:
Sie gibt einen ständigen Überblick in den Produktionsablauf.

60 Erklären Sie den Begriff Zielgruppe und führen Sie ihre Merkmale auf.

Zielgruppen sind Verbrauchergruppen mit weitgehend gemeinsamen Merkmalen wie z. B. Einstellung zur Mode, Einkaufsverhalten, Kaufstätten, Markenbekanntheit, Markensympathie und Qualitätsanspruch an die Bekleidung.

61 Stellen Sie mögliche Bezeichnungen von Zielgruppen der DOB zusammen.

Zielgruppe nach Mentalität und Lebensstil:

Bedürfnislose Antimodische, Nonkonformistin, Prestigeorientierte, Verführbare Distanzierte, Sparsam biedere Hausfrau, Gepflegte Konservative, Junge Modebegeisterte.

Zielgruppe nach Modegrad und Anspruchsniveau:

Avantgardistin, Modebewusste, Jeanstyp, Karrierefrau, Moderne Frau, Jugendliche Frau, Kultivierte Dame, Gepflegte Frau, Normalverbraucherin, Billigpreistyp

62 Geben Sie an Beispielen an, wie mögliche Zielgruppen bestimmt werden.

Zielgruppen können nach folgenden Gesichtspunkten bestimmt werden:

- nach **Mentalität und Lebensstil**,
  z.B. prestigeorientiert, orientierungslos, konventionell bieder.
- nach **Modegrad und Anspruchsniveau**,
  z.B. Jeanstyp, Karrierefrau, -mann, Billigpreistyp.

63 Erläutern Sie den Begriff Genre.

Das **Genre** ist die Zuordnung der Produkte eines Herstellers nach bestimmten Merkmalen, z.B. die Qualität der Verarbeitung, des Materials, der Ausstattung und Aufwand der Innenverarbeitung, der Passform sowie die Stückzahl und die modische Aktualität.

64 Zeichen Sie die Pyramide der Genrestufen und benennen Sie die fünf Abstufungen in richtiger Reihenfolge.

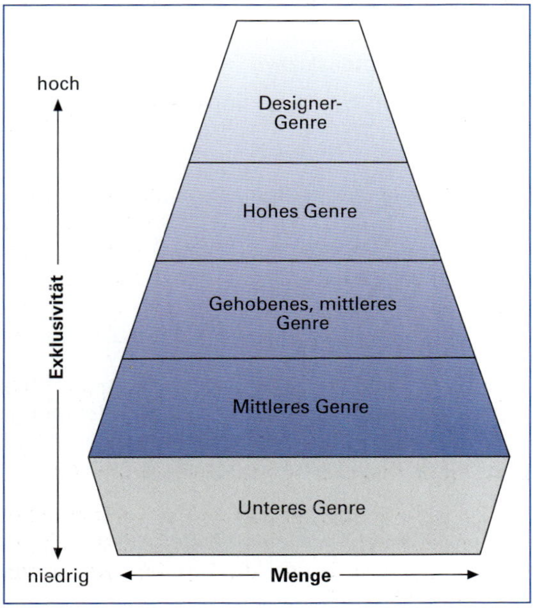

65 Beschreiben Sie die Qualitäten des mittleren Genres.

Die Merkmale des **mittleren Genres** sind:

- marktstarke Preislagen
- entsprechende Stoffqualität und Ausstattung
- umfassendes Größensortiment
- ein eingeschränktes Formenprogramm

66 Vergleichen Sie das hohe Genre und das untere Genre.

Das **hohe Genre** oder Modellgenre ist gekennzeichnet durch sehr aufwändige Verarbeitung, exklusive Ausstattung und Detailverarbeitung, Kleinserien, begrenztes Größensortiment und modische Gestaltung.

Das **untere Genre**, auch Konsum- oder Stapelgenre genannt, hat hohe Stückzahlen. Die Stoffqualität und die Verarbeitung sind den Preislagen angepasst. Der Passform wird weniger Bedeutung beigemessen.

67 Erläutern Sie Inhalt und Zweck eines Kollektionsrahmenplanes.

Der **Kollektionsrahmenplan** enthält Informationen für alle Abteilungen, die mit der Kollektionserstellung beschäftigt sind, z.B. Produktkonzeption, Designkonzept, Marktorientierung, Materialkonzept. Er ist die planerische Grundlage für den zeitlichen Ablauf von der Disposition der Mustermaterialien bis zur Präsentation und zum Verkauf auf Messen.

68 Gliedern Sie eine Kollektion in zwei Lieferthemen ein und ordnen Sie diesen jeweils Formen, Materialien, Farben und einen Liefertermin zu.

Thema	Weekend	Classic
Formen	sportliche Röcke mit Detailausstattung, schmale Hosen mit Schlitz, Kurzarmblusen	Hosenanzüge, kurze Kastenjacken, Volantblusen, schmale lange Röcke
Materialien	Baumwolle, Lyocell, Viskose	Leinenmischungen, Seide, Baumwolle
Farben	lindgrün, apricot	beige, weiß, hellblau
Liefertermin	14.01. – 21.01.	03.02. – 17.02.

69 Erläutern Sie den Begriff Kollektion.

Unter einer **Kollektion** versteht man die Zusammenstellung von Modellen nach modischen Tendenzen und wirtschaftlichen Aspekten. Sie wird inhaltlich, saisonal und zielgruppengerecht auf die Bedürfnisse des Handels abgestimmt.

70 Welche Aufgabe kommt dem Kollektionsrahmenplan zu?

Der **Kollektionsrahmenplan** ist die planerische Grundlage für die zeitliche Umsetzung der Erstellung, Anfertigung und des Vertriebs einer Kollektion.

71 Bei der Erstellung einer marktgerechten Kollektion müssen wichtige Gesichtspunkte beachtet werden. Geben Sie Beispiele hierzu.

Bei der **Kollektionserstellung** sind z.B. zu beachten:

- Erfassung des Modetrends
- Analyse des Käuferverhaltens
- Festlegung der Zielgruppen
- Wirtschaftliche Bedarfsermittlung für das Produkt

72 Nennen Sie Möglichkeiten der Ideenfindung zur Kollektionserstellung.

Der **Ideenfindung** dienen z.B.:

- Berichte der Trend- und Stylingbüros
- Trendschauen (Haute Couture und Prêt-à-porter)
- Textil- und Bekleidungsmessen
- Fachzeitschriften
- Historische Bücher
- Filme

73 Beschreiben Sie stichwortartig den Ablauf einer Kollektionserstellung.

Nach Marktanalysen und Ideenfindung werden Erstmodelle gefertigt und vorkalkuliert.

Diese Prototypen werden technisch und kaufmännisch überprüft, eventuell geändert oder gar verworfen.

Von den aufgenommenen Modellen wird eine Nullserie zur endgültigen Produktionsfreigabe gefertigt.

74 Erklären Sie die Begriffe Prototyp, Nullserie, Kollektionsvervielfältigung.

Prototypen sind die aus Erstschnitten hergestellten Erstmodelle. Sie dienen der Kollektionserstellung.

Die **Nullserie** ist eine Vorabproduktion von drei Größen je Modell. Sie dient der Passformüberprüfung und der anschließenden Produktion als Produktionsvorlage.

Kollektionsvervielfältigung: Für Messen, Vertreter, Öffentlichkeitsarbeit und Ausstellungen wird die Kollektion vervielfältigt.

75 Geben Sie Kriterien an, nach denen ein Prototyp überprüft wird.

Prototypen werden z.B. überprüft hinsichtlich:

- Kollektionsaussage
- Passform und Funktion
- Verarbeitung
- Materialeignung

76 Stellen Sie die weitere Vorgehensweise im Kollektionsablauf dar, wenn der Prototyp den Anforderungen entspricht.

Nach der Abnahme der Prototypen erfolgt z.B.:

- Vorabproduktion von drei unterschiedlichen Größen (Nullserie)
- Erstellung der technischen Modellzeichnung, evtl. von Detailskizzen
- Anfertigung von Funktionsmodellen für die Produktion
- Bearbeitung der Modellbegleitformulare (Stüklisten, Qualitätsvorschriften, Arbeitsplan usw.)

77 Definieren Sie den Begriff „Erstkollektion".

Aus der Vielzahl der Entwürfe wird in einem Beratungsgespräch zwischen Geschäftsleitung, Verkauf, Marketing, Modellabteilung, Einkauf und technischer Leitung eine Erstkollektion zusammengestellt.

Nach den ersten Verkaufsmessen erfolgt meist eine Überarbeitung und Umorientierung je nach Kunden- und Marktanforderungen.

9 Produktgestaltung

1 Erklären Sie das Prinzip des Goldenen Schnittes.

Mit Hilfe des Goldenen Schnittes können harmonische Proportionen bei der Streckenteilung erreicht werden.

Die kleinere Strecke verhält sich zur größeren Strecke wie die größere Strecke zur gesamten Strecke.

2 Definieren Sie die Begriffe Körpermaße, Proportionsmaße, Warenmaße.

Körpermaße werden individuell an vorgegebenen anatomischen Messstrecken ermittelt.

Proportionsmaße werden für die Schnittkonstruktion berechnet.

Warenmaße sind Fertigmaße eines Kleidungsstückes mit Bequemlichkeitszugaben.

3 Benennen Sie die Kennmaße, auf denen das Größensystem der DOB aufgebaut ist.

Die Kennmaße für Damenoberbekleidung sind:

- Körperhöhe
- Hüftumfang
- Brustumfang

4 Nennen Sie mögliche Größenbezeichnungen der DOB.

Die möglichen Größenbezeichnungen für DOB sind:

- Normalgrößen
- Kurze Größen
- Lange Größen
- Schmalhüftige Größen
- Starkhüftige Größen

5 Unterscheiden Sie die Begriffe Normalgröße, kurze Größe, lange Größe.

Normalgrößen basieren auf einer Körperhöhe von 168 cm

Kurze Größen basieren auf 160 cm Körperhöhe

Lange Größen basieren auf 176 cm Körperhöhe

6 Erklären Sie die Größenangaben 22, 048, 525, 38, 88.

22: Kurze Größe, normalhüftig
048: Normale Größe, schmalhüftig
525: Kurze Größe, starkhüftig
38: Normale Größe, normalhüftig
88: Lange Größe, normalhüftig

7 Geben Sie die Kennmaße für Herren- und Knabengrößen an.

Die Kennmaße für Herren- und Knabengrößen sind:

- Brustumfang
- Bundumfang
- Körperhöhe

8 Zählen Sie verschiedene Größenbezeichnungen der HAKA auf.

Größenbezeichnungen der HAKA sind

- Normale Männergrößen
- Untersetzte Größen
- Schlanke Größen
- Starke Größen
- Sportgrößen
- Kurze untersetzte Größen
- Bauchgrößen
- Kurze Bauchgrößen

9 Nennen Sie das Kennmaß für die Größenbezeichnungen von Kinderbekleidung.

Die Größenbezeichnung von Kinderbekleidung erfolgt nach dem Kennmaß Körperhöhe.

10 Nennen Sie die Kennmaße für Miederwaren.

Kennmaße für Miederwaren sind Brustumfang, Unterbrustumfang und Taillenumfang.

11 Erläutern Sie den Begriff Mode.

Im engeren Sinne versteht man unter **Mode** die sich wandelnde Form der Bekleidung. Im weiteren Sinne umschreibt man mit dem Begriff Mode den Ausdruck des vorherrschenden Zeitgeschmacks einer Gesellschaft, z.B. in Bezug auf eine bestimmte Lebensgestaltung, Denkweise, Kunstentwicklung usw.

12 Nennen Sie die Kennzeichen, an denen man die Mode einer Saison erkennt.

Die **Kennzeichen** für eine Modesaison umfassen die Silhouette, Schnittformen und Details, Materialien, Farben und Dessins sowie die Accessoires.

13 Erklären Sie die folgenden Begriffe: Haute Couture, Trend, Konfektion, Avantgarde.

Haute Couture:	Hohe Schneiderkunst
Konfektion:	Serienmäßige Bekleidungsherstellung
Trend:	Richtung, Strömung
Avantgarde:	Vorkämpfer

14 Definieren Sie den Begriff Modezyklus.

Mit **Modezyklus** bezeichnet man das Erscheinen, Durchsetzen und Verschwinden einer Mode.

15 Erklären Sie die nachfolgenden Begriffe: Dessin, Detail, Design, Silhouette, Genre.

Dessin:	Musterung
Detail:	Einzelheit
Design:	Gesamtbild, Entwurf
Silhouette:	Umriss, Schattenriss
Genre:	Art, Gattung, Qualitätsstufe

16 Nennen Sie die wesentlichen Gestaltungselemente bei der Herstellung von Bekleidung.

Gestaltungselemente sind Form (Styling), Ausschmückung, Material, Ausstattung und Verarbeitung.

17 Nennen Sie vier Einzelheiten, mit denen die Form eines Kleidungsstückes gestaltet werden kann.

Formgestaltung erfolgt durch

- Längs- und Querteilungen
- Taillierung
- Längen- und Weitenverhältnisse
- Details, z. B. Ärmel, Kragen

18 Skizzieren Sie sechs Mode-Silhouetten, die nach Buchstaben bezeichnet werden.

Mode-Silhouetten nach Buchstaben:

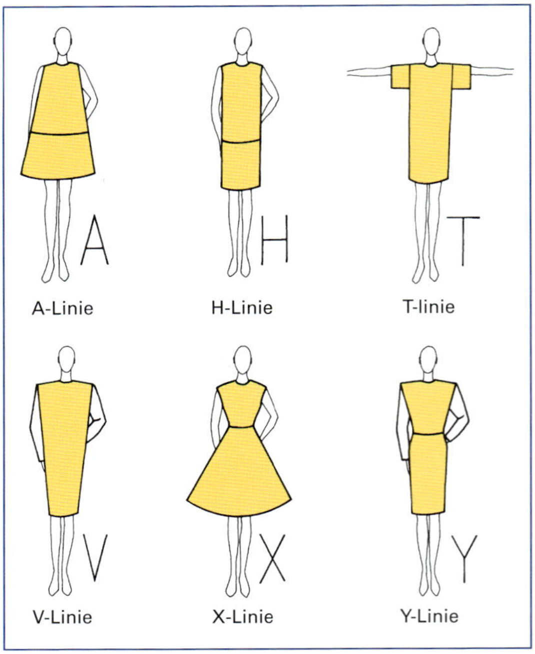

19 Skizzieren Sie folgende Silhouetten: Trapez-Linie, Zelt-Linie, Kuppel-Linie, Ballon-Linie, Empire-Linie, Prinzess-Linie.

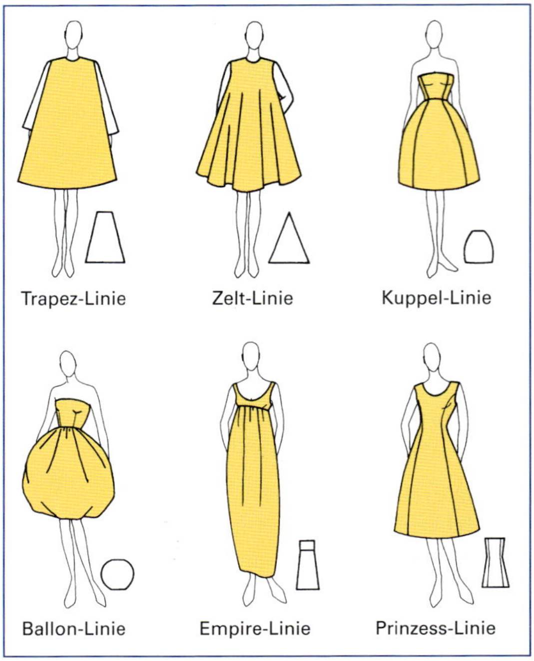

20 Zählen Sie sechs Ausschmückungsmöglichkeiten von Bekleidung auf.

Ausschmückungsmöglichkeiten sind z. B.

- Ziersteppereien
- Falten
- Rüschen, Volants
- Paspelierungen
- Blenden
- Applikationen

21 Geben Sie Gesichtspunkte an, die bei der Materialauswahl für Bekleidung eine Rolle spielen.

Bei der **Materialauswahl** werden z. B. berücksichtigt:

- Optische Gesichtspunkte wie Fall, Farbe, Musterung (Dessin), Oberflächenstruktur
- Trage-, Gebrauchs-, Pflegeeigenschaften

22 Zählen Sie Faktoren auf, die die Gestaltung der Bekleidung beeinflussen.

Einflussfaktoren bei der Gestaltung von Bekleidung sind z. B.

- Mode
- Stilrichtung
- Anlass
- Funktion
- Trägerpersönlichkeit

23 Nennen Sie unterschiedliche Stilrichtungen bei der Ausgestaltung von Bekleidung.

Stilrichtungen sind z. B.

- sportlich
- leger
- klassisch
- konservativ
- feminin
- elegant
- romantisch
- extravagant
- avantgardistisch
- maskulin

24 Geben Sie die deutschen Bezeichnungen für die folgenden Begriffe an: leger, konservativ, extravagant, maskulin, poppig.

leger:	ungezwungen
konservativ:	am Alten, Bewährten festhaltend
extravagant:	überspannt
maskulin:	männlich
poppig:	lustig, bunt, auffallend

25 Nennen Sie fünf mögliche Verschlussarten.

Verschlussarten sind z. B.

- Knopfverschluss
- Reißverschluss
- Schlingenverschluss
- Knebelverschluss
- Druckknopfverschluss

26 Geben Sie vier mögliche Gürtelarten an.

Gürtelarten sind z. B.

- Bindegürtel
- Tunnelgürtel
- Miedergürtel
- Schnallengürtel

27 Definieren Sie den Begriff Blende.

Unter einer **Blende** versteht man einen nach rechts gearbeiteten Besatz, der sich in der Regel durch Farbe oder Material vom Grundstoff abhebt.

Kantenbetonung mit Blenden

28 Nennen Sie mögliche Zutaten für Paspelierungen.

Für **Paspelierungen** verwendet man z. B.

- Bänder
- Tresse
- Schrägstreifen
- Paspelbänder

Kantenbetonung durch Paspelierung

29 Zählen Sie vier Faltenarten auf.

Faltenarten sind z. B.

- Kellerfalten
- Quetschfalten
- Plisseefalten
- Fächerfalten

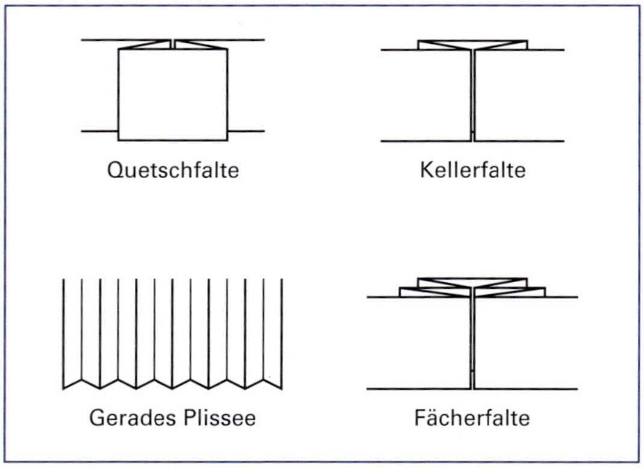

30 Nennen Sie fünf mögliche Ärmelabschlüsse.

Ärmelabschlüsse sind z. B.

- Einfache Manschette
- Umschlagmanschette
- Bündchen
- Aufschlag
- Blende
- Volant
- Geknöpfter Schlitz
- Rüsche

31 Nennen Sie fünf Ärmelformen.

Ärmelformen sind z. B.

- Hemdblusenärmel
- Trompetenärmel
- Keulenärmel
- Puffärmel
- Glockenärmel
- Ballonärmel
- Kimonoärmel
- Raglanärmel

32 Beschreiben Sie den Unterschied zwischen einem Raglanärmel und einem Kimonoärmel.

Beim **Raglanärmel** verläuft die Einsatznaht diagonal vom Halsloch bis unter den Arm. Er bedeckt die Schulterpartie.

Der **Kimonoärmel** wird direkt an das Vorder- und Rückenteil angeschnitten. Ein Fledermauskimono beginnt in Taillenhöhe und verläuft zum Handgelenk enger werdend.

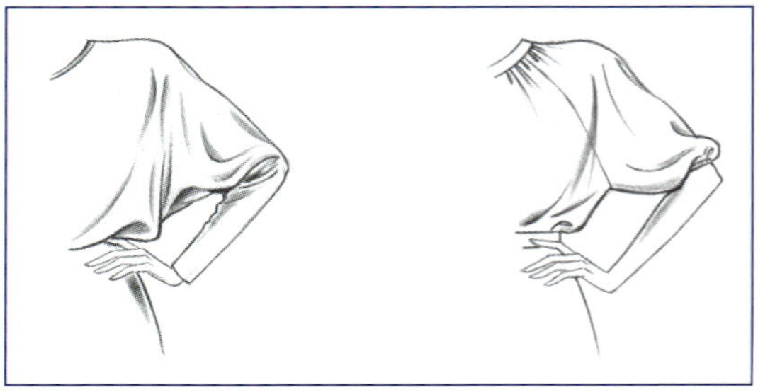

Fledermaus-Kimono **Raglanärmel mit Bündchen**

33 Nennen Sie fünf mögliche Ausschnittlösungen.

Ausschnittlösungen sind z. B.

- V-Ausschnitt
- Rundhalsausschnitt
- Herzausschnitt
- Carmenausschnitt
- Asymmetrischer Ausschnitt
- Neckholder (Nackenträger)
- Römerfalten
- U-Boot-Ausschnitt

34 Geben Sie fünf mögliche Kragenformen an.

Kragenformen sind z. B.:

- Hemdkragen
- Umlegekragen
- Rollkragen
- Stehkragen
- Schluppenkragen
- Flachkragen
- Schalkragen
- Reverskragen

35 Nennen Sie geeignete Kragenformen für Maschenoberbekleidung.

Kragenformen für Maschenoberbekleidung sind z. B.:

- Polokragen (Umlegekragen)
- Rollkragen
- Schildkrötkragen
- Kapuzenkragen

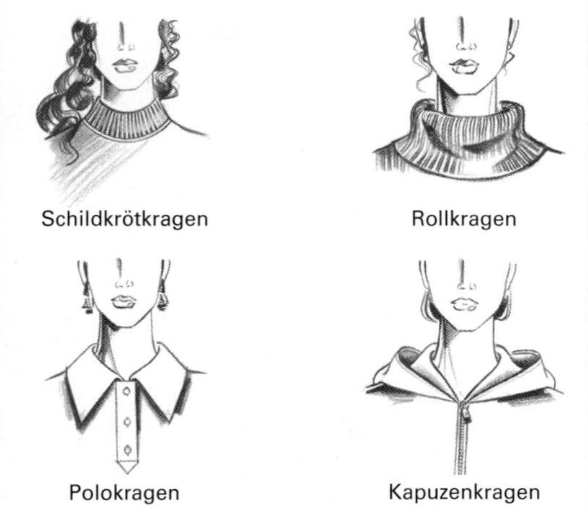

Schildkrötkragen — Rollkragen — Polokragen — Kapuzenkragen

36 Beschreiben Sie den Unterschied zwischen einem steigendem Revers und einem Schalkragenrevers.

Beim **steigenden Revers** verläuft der Umschlag (Revers) von der Crochetecke in einem Winkel zur Spiegelnaht ansteigend nach oben.

Beim **Schalkragenrevers** gehen Revers und Kragen nahtlos ineinander über.

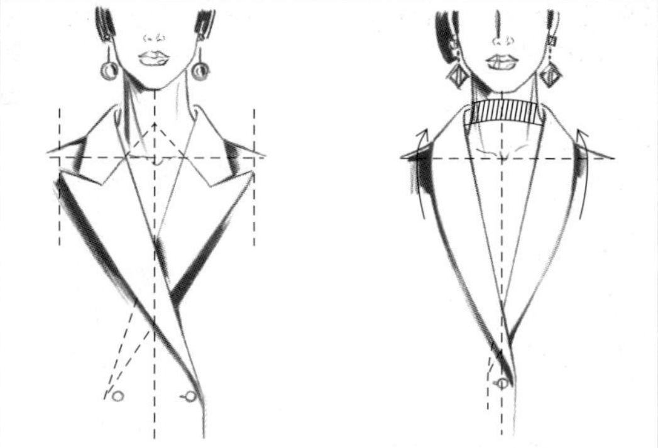

Steigende Revers — Schalkragenrevers

Die Lösungen der Aufgaben 37 bis 43 befinden sich auf Seite 275.

37 Ordnen Sie den abgebildeten Ausschnittformen Ⓐ bis Ⓕ die entsprechende Bezeichnung zu:
Carmenausschnitt, Boot-Ausschnitt, Neckholder, Römerfalten, V-Ausschnitt, Herz-Ausschnitt.

38 Ordnen Sie den abgebildeten Kragenformen Ⓐ bis Ⓕ die nachfolgenden Bezeichnungen zu:
Bubikragen, Wimpelkragen, Matrosenkragen, Kelchkragen, Dachkragen, Schluppenkragen.

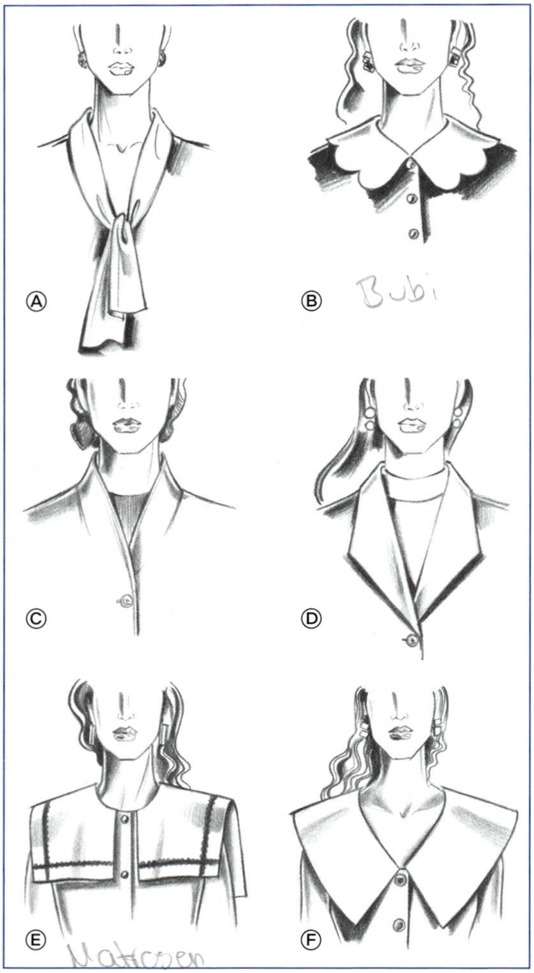

39 Benennen Sie die abgebildeten Taschenarten Ⓐ bis Ⓓ.

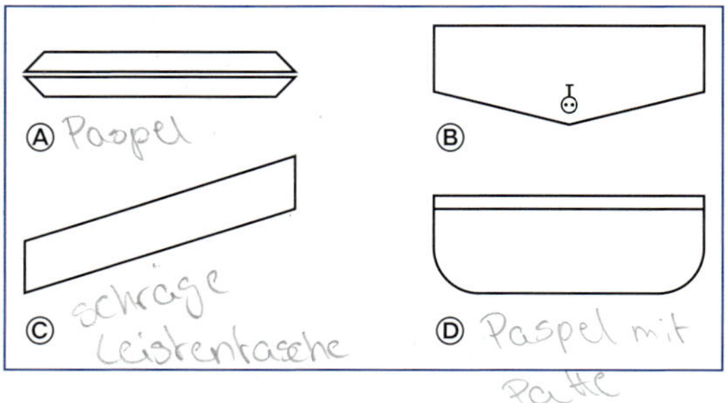

40 Benennen Sie die abgebildeten Gürtelformen Ⓐ bis Ⓓ.

41 Ordnen Sie den Abbildungen Ⓐ bis Ⓓ die Fachbegriffe Jabot, Drapierung, Rüsche, Volant zu.

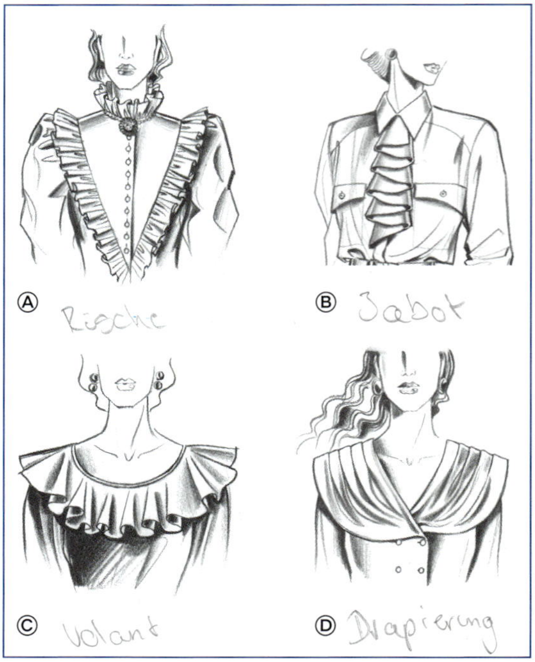

42 Ordnen Sie den abgebildeten Ärmelformen Ⓐ bis Ⓓ die entsprechende Bezeichnung zu.

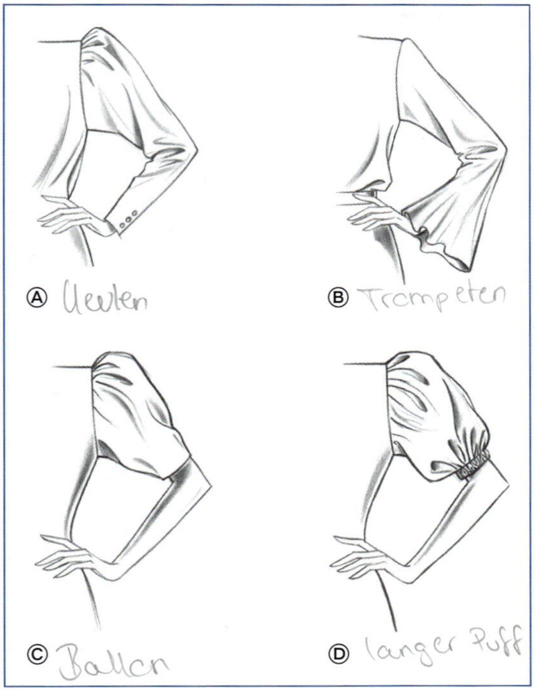

43 Ordnen Sie den abgebildeten Schmucktechniken Ⓐ bis Ⓓ den entsprechenden Fachbegriff zu:
Applikation, Wattestepperei,
Soutacheverzierung,
Perlen- und Paillettenstickerei.

44 Nennen Sie die Grundfarben (Farben 1. Ordnung)

Grundfarben (Farben 1. Ordnung) sind:
Gelb, Rot, Blau.

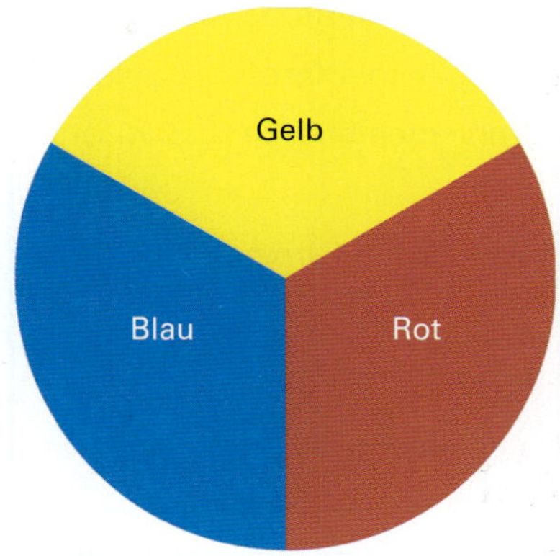

45 Nennen Sie die Farben 2. Ordnung und beschreiben Sie die Entstehung.

Farben 2. Ordnung sind Orange, Grün und Violett.

Sie entstehen durch Mischen zweier benachbarter Grundfarben.

Orange
entsteht durch Mischen von Gelb und Rot.

Grün
entsteht durch Mischen von Gelb und Blau.

Violett
entsteht durch Mischen von Blau und Rot.

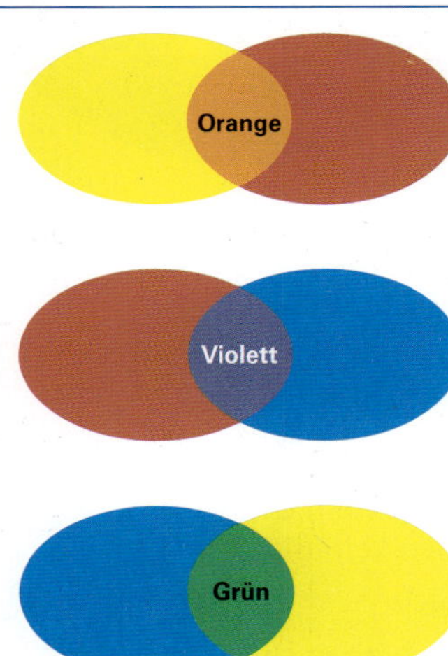

46 Erläutern Sie am Beispiel der Farben des 6-teiligen Farbenkreises den Begriff Komplementärfarben.

Farben, die sich im Farbenkreis gegenüber liegen, nennt man **Komplementärfarben.**

- Die Komplementärfarbe zu Gelb ist Violett.
- Die Komplementärfarbe zu Rot ist Grün.
- Die Komplementärfarbe zu Blau ist Orange.

47 Ordnen Sie den Farben Gelbgrün, Rotorange und Blauviolett die jeweilige Komplementärfarbe im 12-teiligen Farbenkreis zu.

- Die Komplementärfarbe zu Gelbgrün ist Rotviolett.
- Die Komplementärfarbe zu Rotorange ist Blaugrün.
- Die Komplementärfarbe zu Blauviolett ist Gelborange.

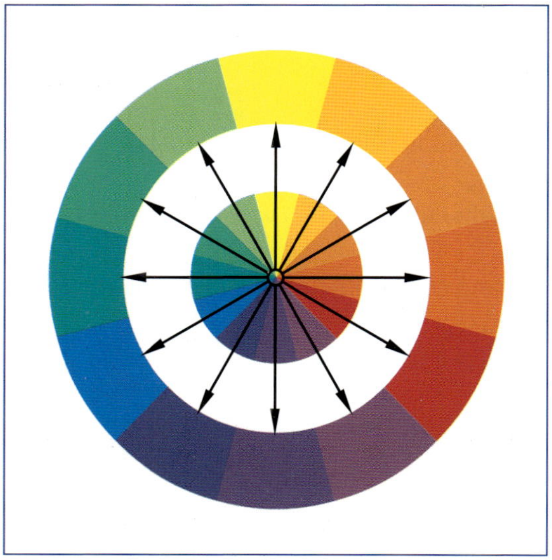

48 Unterscheiden Sie die Begriffe warme Farben und kalte Farben

Warme Farben

haben einen gelben Unterton und enthalten kein Blau.

Kalte Farben

haben einen blauen Unterton und enthalten kein Gelb.

49 Beschreiben Sie die drei Dimensionen, nach denen Farbtöne unterschieden werden.

Farbtöne werden nach folgenden **Dimensionen** unterschieden:

- Buntart (Farbrichtung, Farbton)
- Helligkeit (Tonwert, Dunkelstufe)
- Sättigung (Reinheit, Buntkraft)

50 Nennen Sie die sieben Farbkontraste nach Itten.

Farbekontraste nach Itten sind:

- der Farbe-an-sich-Kontrast
- der Hell-Dunkel-Kontrast
- der Quantitätskontrast
- der Komplementärkontrast
- der Kalt-Warm-Kontrast
- der Simultankontrast
- der Qualitätskontrast

51 Erläutern Sie an einem Beispiel den Farbe-an-sich-Kontrast.

Beim **Farbe-an-sich-Kontrast** werden mindestens drei reine, gesättigte Farben miteinander kombiniert, man erhält eine intensive, bunte, spannungsreiche und eindeutige Farbwirkung.

Beispiel: Rot, Gelb, Blau, eventuell kombiniert mit Schwarz und/oder Weiß.

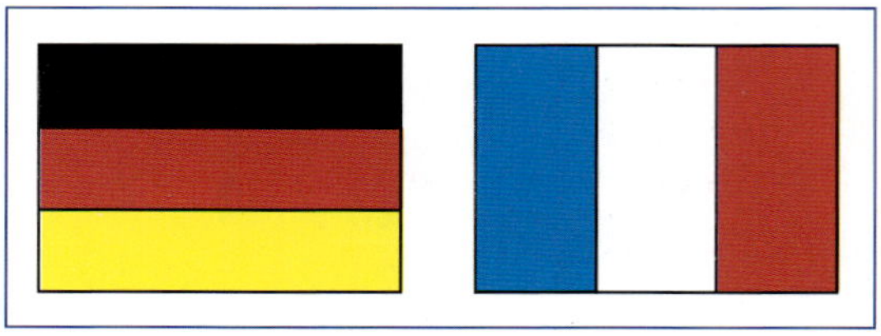

52 Erklären Sie die Wirkung des Hell-Dunkel-Kontrastes.

Werden Farben mit unterschiedlicher Helligkeits- bzw. Dunkelstufe kombiniert, entsteht eine Licht-Schatten-Wirkung.

Wichtige Teile können durch die helle(n) Farbe(n) hervorgehoben, unwichtige Teile durch dunkle Farbe(n) zurückgedrängt werden.

53 Beschreiben Sie die Faktoren, die beim Quantitätskontrast bedeutsam sind.

Zwei Faktoren beeinflussen die Wirkung einer Farbe:
der Helligkeitsgrad sowie die Flächengröße.

Der **Quantitätskontrast** bezieht sich auf das Größenverhältnis der Farbflächen zueinander.
Farben mit hohem Lichtwert benötigen eine kleinere Fläche für ihre Wirksamkeit als Farben mit geringerer Leuchtkraft.

Verhältnis	**Gelb : Violett**
Lichtwerte	**9 : 3 (3 : 1)**
Flächenanteile	**3 : 9 (1 : 3)**

54 Erklären Sie die Wirkungsweise des Simultan-Kontrastes.

Das Auge verlangt zu einer vorhandenen Farbe immer **gleichzeitig (simultan)** die Gegen- bzw. Komplementärfarbe.
Ist diese nicht vorhanden, wird sie produziert, das heißt, die Komplementärfarbe ist nicht real vorhanden, sondern wird nur empfunden.

55 Erläutern Sie das Zustandekommen von Qualitäts-Kontrasten.

Ein **Qualitäts-Kontrast** entsteht, wenn klare und gedämpfte Farben kombiniert werden.

Bei gleichen Farbtonwerten wird eine klare Farbe in der Umgebung gedämpfter Farbe(n) in ihrer Leuchtkraft gesteigert.

Bei unterschiedlichen Farbtonwerten werden die gedämpften Farben aktiviert und lebendiger, die klaren Farben verlieren an Leuchtkraft.

56 Nennen Sie jeweils drei Empfindungen, die man den Farben Rot, Blau, Gelb, Orange, Grün, Violett zuordnet.

Rot empfindet man als anregend, explosiv, feurig, angriffslustig.

Blau empfindet man als klar, kühl, sauber, frisch.

Gelb empfindet man als leicht, hell, freundlich, warnend.

Orange empfindet man als warm, aufreizend, prickelnd.

Grün empfindet man als beruhigend, schützend, harmonierend.

Violett empfindet man als faszinierend, mystisch, erhaben, feierlich.

57 Kennzeichnen Sie Farben, die dem Frühlingstyp zugeordnet werden.

Frühlingsfarben sind warm und klar, zart und leuchtend.
Sie haben einen goldenen Unterton.
Blaue Nuancen haben einen leichten Rotstich.

58 Kennzeichnen Sie Farben, die dem Herbsttyp zugeordnet werden.

Herbstfarben sind satt, warm und gedämpft.
Sie haben einen orangenen oder goldenen Unterton.
Blaue Nuancen haben einen starken Rotstich.

59 Kennzeichnen Sie Farben, die dem Sommertyp zugeordnet werden.

Sommerfarben sind kühl und gedämpft, weich und pudrig.
Sie haben einen blauen Unterton.
Rote Nuancen haben einen Blaustich.

60 Kennzeichnen Sie Farben, die dem Wintertyp zugeordnet werden.

Winterfarben sind kühl und klar, intensiv oder pastellig.
Sie haben einen blauen Unterton.
Rote Nuancen haben einen intensiven Blaustich.

61 Nennen Sie Beispiele für Standardfarben.

Standardfarben sind z.B.

Weiß, Schwarz, Marine, Beige, Grau, Braun.

62 Geben Sie Beispiele für pastellige Farbtöne.

Pastellfarben sind z.B.

Vanille, Rosa, Apricot, Lavendel, Lachs, Schilf.

63 Geben Sie fünf Beispiele für Farbtöne, die sich an
Natur, Wald, Laub, Beeren und Feuer orientieren.

Naturfarben sind z.B.

Gold, Ocker, Oliv, Tanne, Curry, Rost, Henna, Kupfer, Sand.

64 Geben Sie fünf Beispiele für neutrale sachliche, zeitlose Farbtöne.

Neutrale Farbtöne sind z.B.

Beige, Sand, Kitt, Ecru, Taupe, Anthrazit, Schiefer.

65 Nennen Sie fünf Rottöne.

Rottöne sind z.B.

Himbeerrot, Scharlachrot, Kirschrot, Signalrot, Granatrot.

66 Nennen Sie fünf Blautöne.

Blautöne sind z.B.

Königsblau, Ultramarin, Tintenblau, Delfter Blau, Royalblau, Bleu.

67 Nennen Sie fünf Grüntöne.

Grüntöne sind z.B.

Smaragdgrün, Pistaziengrün, Giftgrün, Lodengrün, Tannengrün.

68 Nennen Sie fünf Grautöne.

Grautöne sind z.B.

Steingrau, Schiefer, Blei, Blaugrau, Anthrazit.

69 Nennen Sie fünf Brauntöne.

Brauntöne sind z.B.

Kakaobraun, Tabakbraun, Schokoladenbraun, Goldbraun, Sierra.

10 Produktgruppen

1 Beschreiben Sie die Anforderungen an Unterwäsche.

Anforderungen an **Unterwäsche** sind z. B.

- die Haut vor kratzendem Oberstoff schützen
- einen empfindlichen Oberstoff vor den Ausdünstungen der Haut schützen
- bei kalter Witterung wärmen

2 Geben Sie an, welche Bekleidungsteile man der Unterbekleidung zuordnet.

Zur Unterbekleidung zählen Unterhose (z. B. Slip, Schlüpfer, Leggings, Boxershorts, French Knickers), Unterhemd, Bustier, Hemdrock, Unterkleid, Halbrock, Body (Body-Suit, Long-John).

3 Beschreiben Sie fünf Slipformen.

Hüftslip	Slip mit hüfthoher Schnittform
Taillenslip	Slip mit taillenhoher Schnittform
Rioslip	Slip mit V-förmig vertieftem Bund
Tangaslip	Knapp hüfthoher Slip, seitlich mit schmalen Verbindungsstegen
Jazzpants	Taillenslip mit sehr hohem Beinausschnitt

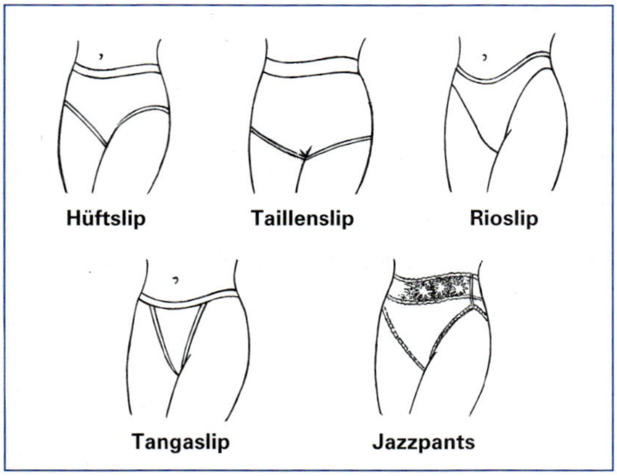

4 Unterscheiden Sie Slip, Schlüpfer, Leggings, Boxershorts, French Knickers.

Slip	Unterhose mit abgeschrägtem Beinausschnitt
Schlüpfer	Taillenhohe Unterhose mit kurzen, halblangen oder langen Beinen
Leggings	Halblange oder lange, eng anliegende Damenschlüpfer, die auch als Oberbekleidung getragen werden.
Boxershorts	Weiter geschnittene, bequeme Unterhosen mit kurzen Beinen
French Knickers	Weite Damenunterhosen aus effektvollem Material

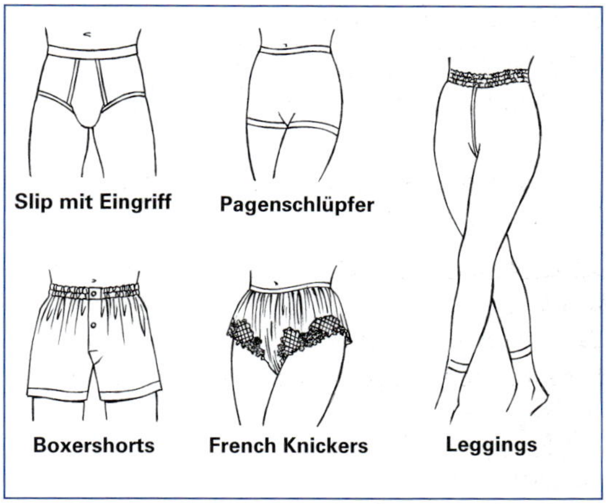

5 Nennen Sie vier Unterhemdformen.

Unterhemdformen sind z. B. Trägerhemd, Achselhemd, Armhemd, BH-Hemd.

6 Erläutern Sie die Begriffe Body und Bustier.

Body
Anliegende, einteilige Kombination von Oberteil und Hose (z.B. der Body-Suit für Damen, der Long-John für Herren)

Bustier
Miederartig anliegendes Damenunterhemd, das nicht ganz bis zur Taille reicht.

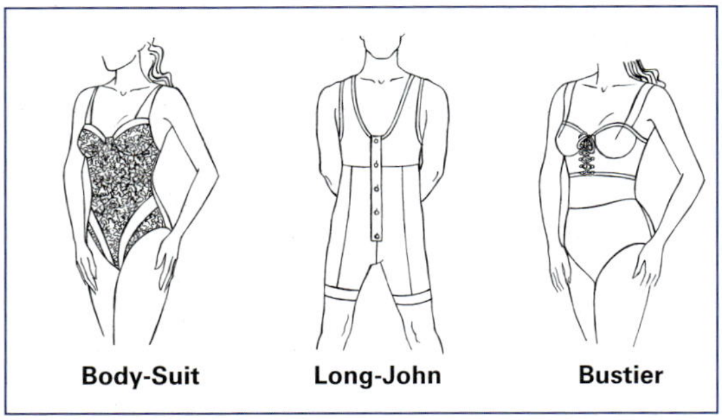

7 Beschreiben Sie drei Bekleidungsformen für Nachtbekleidung bzw. Hausbekleidung.

Nachthemd
Einteilige Nachtbekleidung, durchgehend geschnitten, in unterschiedlicher Länge

Sleep-Shirt
Kurze, jugendlich-flotte Variante des Nachthemdes

Schlafanzug
Zweiteilige Nachtbekleidung, bestehend aus Oberteil und kurzer oder langer Hose

Pyjama
Schlafanzug in klassischer Form: Jackenoberteil mit durchgehender Knopfleiste und Hemd- bzw. Reverskragen

Homedress
Bequeme Hausbekleidung, meist als Kombination von Oberteil und Hose

8 Beschreiben Sie vier Büstenhalter-Formen.

Soft-BH
BH ohne Naht und Einlagen, jedoch mit vorgeformten Büstenschalen

Formbügel-BH
Formbügel unterhalb der Büstenschalen geben der Büste Form und Halt.

Trägerloser BH
Büstenhalter ohne Träger bzw. mit abnehmbaren Trägern

Sport-BH
Die Schalen umschließen die Büste vollständig, die Träger sind verstärkt.

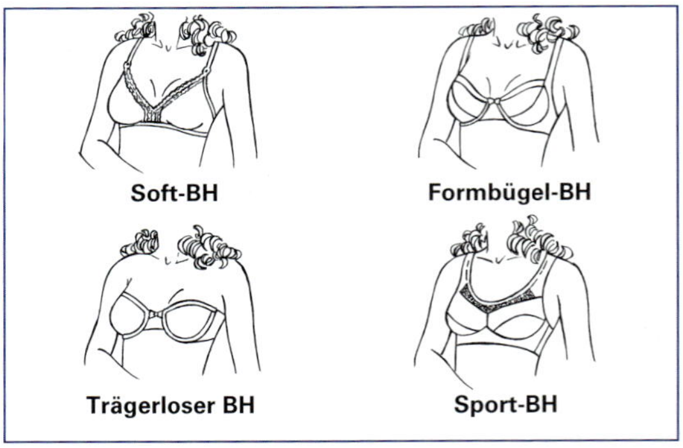

9 Unterscheiden Sie Panty, Hüfthalter, Korsett, Korselett.

Panty
Miederhose, die je nach Elastizität und Schnitt Bauch, Hüfte und Oberschenkel stärker oder leichter formt

Hüfthalter
Hüft- und taillenformende Miederware, eventuell mit Strumpfhaltern versehen

Korsett
Formgebender Einteiler aus Hüfthalter und Büstenhalter

Korselett
Leichtere und schmiegsamere Form des Korsetts

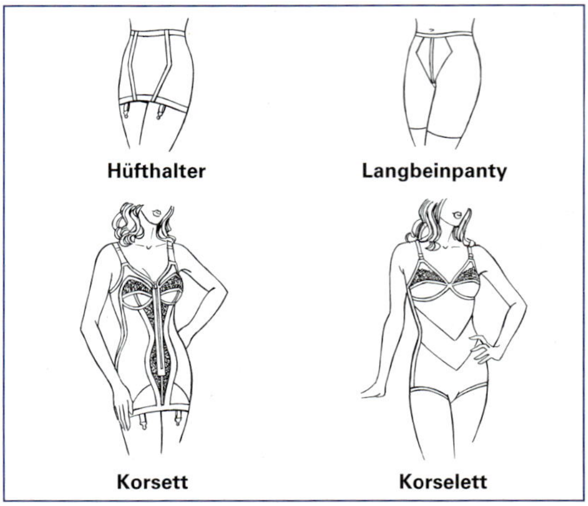

10 Beschreiben Sie die Formen der Badebekleidung für Damen und Herren.

Badeanzug
Einteilige Badebekleidung für Damen aus kräftigerem Material mit hohem Elastananteil

Bikini
Zweiteilige Badebekleidung für Damen, bestehend aus Oberteil und Hose

Badehose
Anliegende Badebekleidung für Herren in kürzerer Form aus Material mit hohem Elastananteil

Badeshorts
Weiter geschnittene Badebekleidung für Herren in längerer Form aus leichterem Material

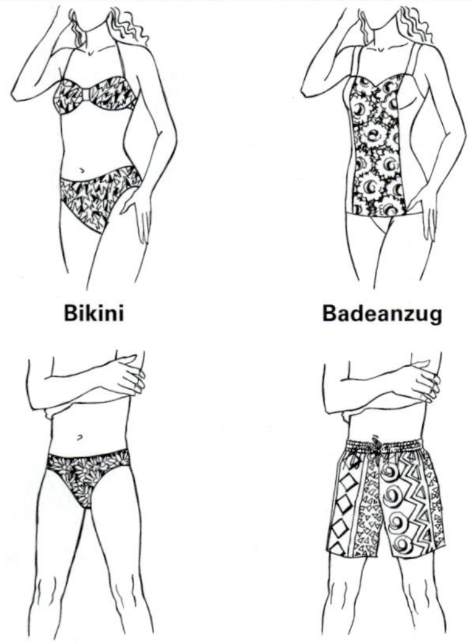

Bikini **Badeanzug** **Badehose** **Badeshorts**

11 Nennen Sie sechs Bekleidungsformen für Säuglinge und Kleinkinder.

Bekleidungsformen für Säuglinge und Kleinkinder sind z. B.:

Flügelhemd, Schlupfhemd, Achselhemd, Windelslip, Strampelanzug, Body.

Flügelhemd **Schlupfhemd** **Achselhemd**

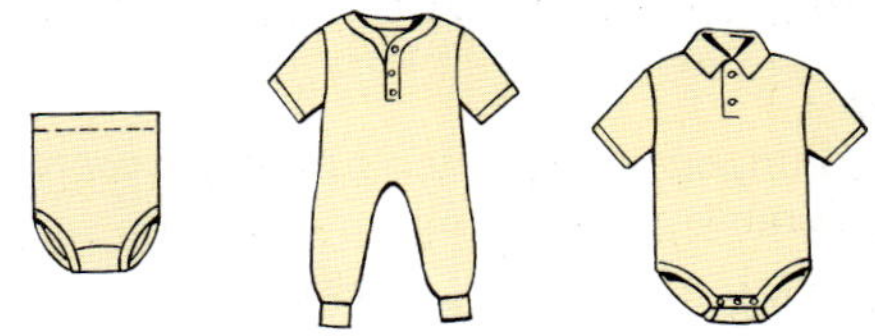

Windelslip **Strampelanzug** **Body**

12 Geben Sie vier Beispiele für die Gestaltung des Vorderteiles an Herrenhemden.

Gestaltungsmöglichkeiten für das Vorderteil an **Herrenhemden** sind z.B.:

Frontleiste, verdeckte Knopfleiste, Falten, Passe.

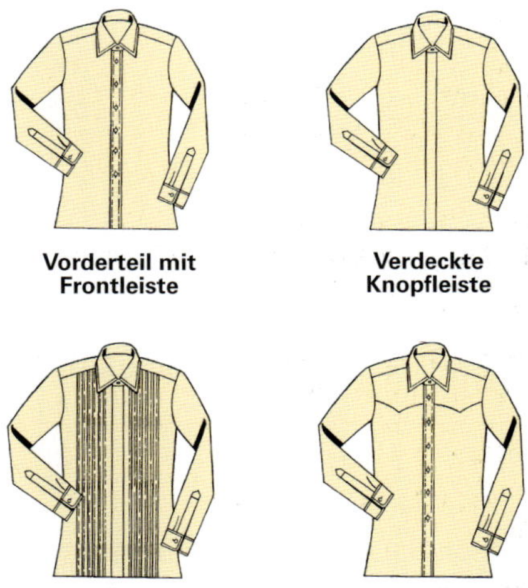

Vorderteil mit Frontleiste **Verdeckte Knopfleiste** **Vorderteil mit Plisseefalten** **Herzpasse oder eckige Passe**

13 Nennen Sie drei Manschettenformen für Herrenhemden.

Manschettenformen für Herrenhemden sind z. B.:

Sportmanschette, Pfeilmanschette, Umschlagmanschette.

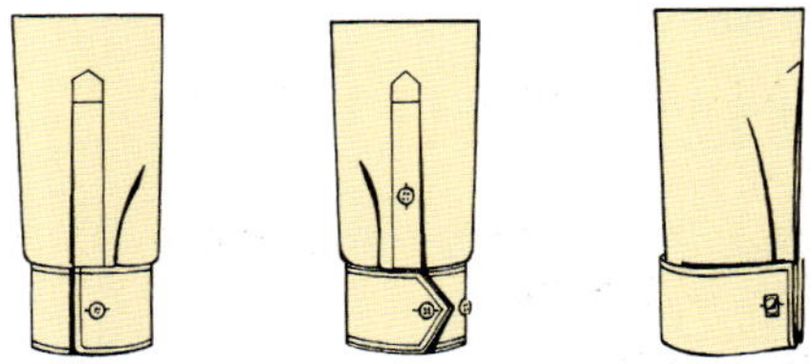

Sportmanschette **Pfeilmanschette** **Umschlagmanschette**

14 Geben Sie vier Beispiele für die Gestaltung des Rückenteiles an Herrenhemden.

Gestaltungsmöglichkeiten für das Rückenteil an Herrenhemden sind z. B.:

Kellerfalte, Quetschfalte, Teilungsnähte, einlegte Falten.

Rücken mit Teilungsnähten

Rücken mit eingelegten Falten

Rücken mit Kellerfalte

Rücken mit Quetschfalte

15 Nennen Sie vier Kragenformen für Herrenhemden.

Kragenformen für Herrenhemden sind z. B.:

Kentkragen, Tab-Kragen, Picadilly-Kragen, Button-down-Kragen, Lido-Kragen, Klappenkragen.

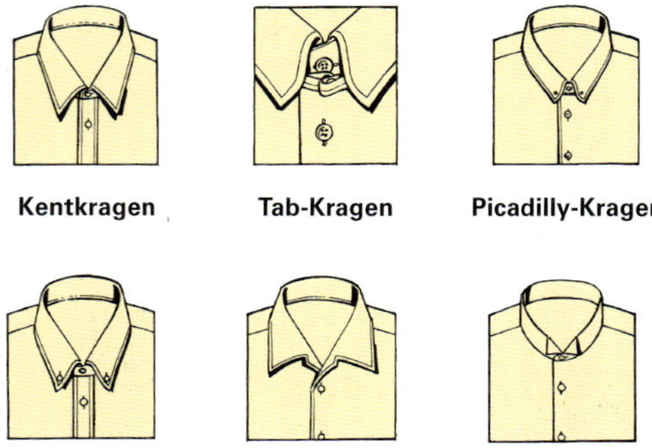

Kentkragen

Tab-Kragen

Picadilly-Kragen

Button-down-Kragen

Lido-Kragen

Klappenkragen

16 Nennen Sie sechs Formen für Berufs- bzw. Arbeitsbekleidung.

Formen der **Berufs- bzw. Arbeitskleidung** sind z. B.:

Arbeitsanzug, Arbeitshose, Berufsmantel, Latzhose, Overall, Arbeitshemd, Arbeitskittel, Kasack, Arbeitsschürze, Schaber, Arbeitsweste.

Sicherheitsanzug mit Latzhose

Arbeitshose mit Werkzeugweste

Overall

Kasack und Berufsmantel

Schaber

17 Nennen Sie geeignete Fasermaterialien und Stoffe für Berufs- bzw. Arbeitsbekleidung.

Geeignete **Fasermaterialien** für Berufs- bzw. Arbeitskleidung sind z. B.:

Baumwolle, Leinen, Polyester, Polyamid bzw. Mischungen dieser Faserstoffe.

Geeignete **Stoffe** sind z. B. Drell, Berufsköper, Cord, Popeline, Gabardine, Kattun, Renforcé.

18 Zählen Sie die acht Bezeichnungen für Rocklängen in richtiger Reihenfolge auf.

Rocklängen in richtiger Reihenfolge:
Supermini – mini – ladymini – mezzo – midi – maxi – fußlang – bodenlang

supermini oberschenkel-lang | **mini** kniefrei | **ladymini** knieumspielt | **mezzo** kniebedeckt | **midi** wadenlang | **maxi** wadenbedeckt | **fußlang** knöchelbedeckt | **bodenlang** schuhbedeckt

19 Geben Sie Rockformen an, die nach einer bestimmten Silhouette benannt sind.

Rockformen, nach ihrer Silhouette benannt, sind z. B.:

- Enger Rock
- Gerader Rock
- Ausgestellter Rock
- Swingrock
- Kastenrock
- Ballonrock
- Weiter Rock
- Glockenrock

Enger Rock | **Gerader Rock** | **Ausgestellter Rock**

Glockenrock | **Ballonrock**

20 Nennen Sie Rockformen, die durch **Längsteilungsnähte** gestaltet werden.

Mit Längsteilungsnähten gestaltete Rockformen sind z. B.:
Bahnenrock, Kastenrock, Swingrock, Godetrock.

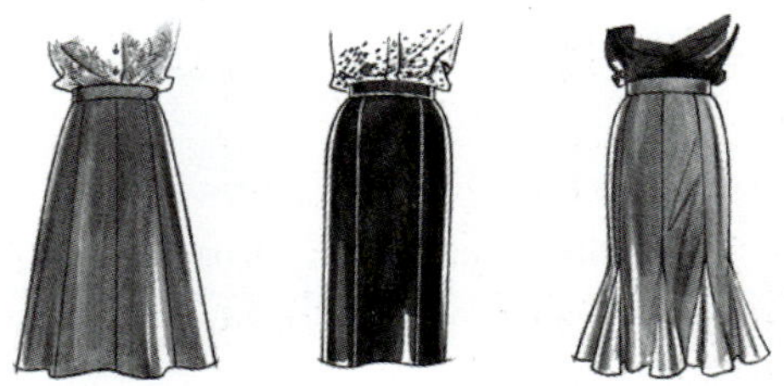

Bahnenrock | **Kastenrock** | **Godetrock**

21 Zählen Sie Rockformen auf, die mit Falten gestaltet werden.

Mit **Falten** gestaltete Rockformen sind z. B.: Rundumfaltenrock, Schirmfaltenrock, Golfrock, Sonnenplisseerock, Schottenrock (Kilt), Rock mit Faltengruppe, Rock mit Faltensaum, Rock mit Kellerfalten.

Rundum-faltenrock | **Rock mit Faltensaum** | **Rock mit Faltengruppe**

22 Geben Sie Rockformen an, bei denen schnitttechnisch eine Querbetonung erreicht wird.

Rockformen mit **schnitttechnischer Querbetonung** sind z. B.:

Stufenrock, Volantrock,
Rock mit Saumrüsche,
Torsorock,
Rock mit Faltensaum,
Sattelrock.

Stufenrock

Volantrock

Sattelrock

Torsorock

23 Nennen Sie Rockformen mit ausschwingender Saumweite.

Rockformen mit **ausschwingender Saumweite** sind z. B.:

Swingrock, Glockenrock,
Godetrock, Sonnenplisseeerock,
Schirmfaltenrock.

Swingrock

Schirmfaltenrock

24 Zählen Sie zwei elegante, zwei sportliche und zwei folkloristische Rockformen auf.

Elegante Rockformen sind z. B.:
Godetrock, Drapierter Rock,
Sonnenplisseerock,
Ballonrock.

Sportliche Rockformen sind z. B.:
Golfrock,
Schottenrock (Kilt),
Sportrock, Hosenrock.

Folkloristische Rockformen sind z. B.:
Stufenrock,
Rock mit Saumrüsche,
Zipfelrock.

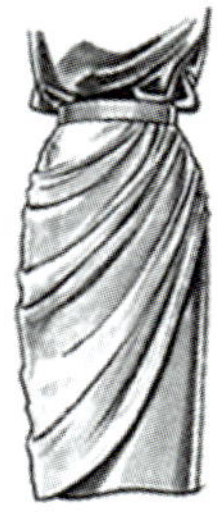
Drapierter Rock

Sonnenplisseerock

Golfrock

Schottenrock
(Kilt)

Rock mit Saumrüsche

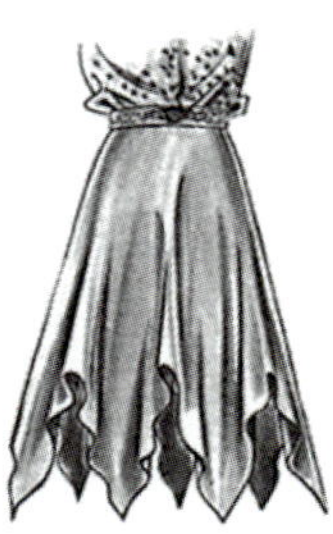
Zipfelrock

25 Ordnen Sie den nachfolgenden Beschreibungen die entsprechende Blusenform zu:

Ⓐ Bluse mit anliegendem Bundabschluss:
Blousonbluse

Ⓑ Bluse mit angeschnittenem oder angesetztem Hüftteil:
Schößchenbluse

Ⓒ Lässiges Schlupf-Oberteil mit Bundabschluss:
Jumper

Ⓓ Lange, gerade Schlupfbluse, evtl. gegürtet:
Kasack

Blouson-Bluse

Schößchenbluse

Jumper

Kasack

26 Nennen Sie elgante Blusenformen.

Elegante Blusenformen sind z. B.:
Schößchenbluse, Schluppenbluse, Reverskragenbluse, Wickelbluse, Schalkragenbluse.

Schluppenbluse

Wickelbluse

27 Zählen Sie sportliche Blusenformen auf.

Sportliche Blusenformen sind z. B. Hemdbluse, Sportbluse, Polobluse, Kasack.

Hemdbluse

Polobluse

Sportbluse

28 Geben Sie die Merkmale an, die den Folklore-Stil kennzeichnen.

Folklore-Bluse

Merkmale für den **Folklorestil** sind z. B.:

- Weite Schnitte
- Eingekräuselte Ärmel und Ausschnitte
- Stickereien
- Bordüren
- Bänderverzierung

29 Geben Sie Möglichkeiten an, eine Bluse romantisch-verspielt auszugestalten.

Romantik-Bluse

Romantisch-verspielt wirken z. B.:

- Rüschen
- Volants
- Fältchen bzw.
- Biesen
- Spitzen
- Stehkragen
- Keulenärmel

30 Erklären Sie den Begriff Top.

Top

Mit **Top** bezeichnet man kleine Oberteile. Meist haben sie angesetzte oder angeschnittene Träger.

31 Beschreiben Sie das Prinzesskleid.

Prinzesskleid

Das **Prinzesskleid** hat Längsteilungsnähte, die das Oberteil körpernah formen und den Rock mehr oder weniger weit ausschwingen lassen.

32 Nennen Sie vier elegante und zwei sportliche Kleidformen.

Elegante Kleidformen sind z. B.: Corsagenkleid, Empirekleid, Prinzesskleid, Etuikleid, Dinnerkleid, Torsokleid.

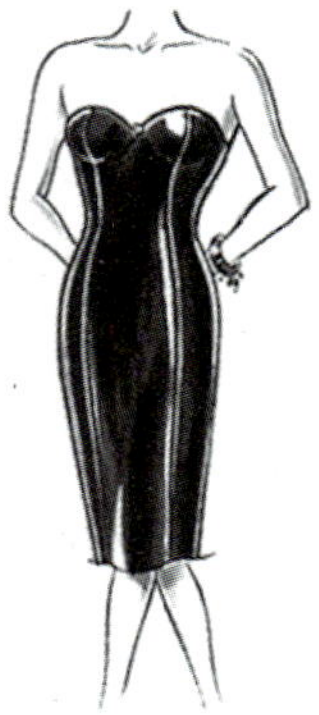
Corsagenkleid

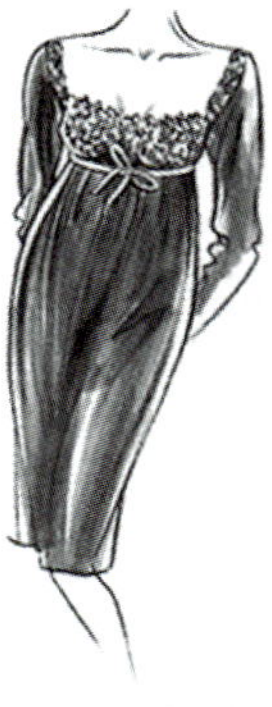
Empirekleid

Dinnerkleid

Torsokleid

Sportliche Kleidformen sind z. B.: Hemdblusenkleid, Mantelkleid.

Hemdblusenkleid

Mantelkleid

33 Geben Sie die Merkmale für ein Dirndl an.

Dirndl

Charakteristische Merkmale eines **Dirndls** sind z. B.:

- Enges Schoßleibchen oder
- Schnürmieder
- Großer Ausschnitt
- Puffärmel
- Weiter Rock
- Schürze
- Rüschenbesatz
- Bandverzierung
- Stickereien

34 Unterscheiden Sie das Shiftkleid von einem Etuikleid.

Während sich das **Etuikleid** figurzeichnend um den Körper schmiegt, ohne ihn einzuengen, weist das **Shiftkleid** einen hemdartigen weiten Schnitt auf und ist ohne Taillierung.

Etui-Kleid

Shiftkleid

35 Nennen Sie drei Formen für ein T-Shirt.

T-Shirt-Formen sind z.B.: T-Shirt mit Rundhals, T-Shirt mit Knopfleiste, Achselshirt, T-Shirt mit überschnittenen Schultern.

T-Shirt mit Rundhals | T-Shirt mit Knopfleiste | T-Shirt mit überschnittenen Schultern

36 Definieren Sie den Begriff Sweatshirt.

Mit **Sweatshirt** bezeichnet man langärmelige wärmende Oberteile mit Bundabschluss. Als Material kommt Futterware (linksseitig geraut oder ungeraut) zum Einsatz. Verschiedenste Kragen- und Ausschnittlösungen sind möglich.

Sweatshirt mit Rundhals | Sweatshirt mit Reißverschluss und Kragen

37 Beschreiben Sie ein Polo-Shirt.

Polo-Schirt

Das **Poloshirt** ist ein Oberteil aus Maschenstoff mit einer halben Knopfleiste, Umlegekragen sowie kurzen oder langen Ärmeln mit Bündchenabschluss.

38 Ordnen Sie den nachstehenden Beschreibungen die entsprechende Benennung zu:

Ⓐ Kombination von Pullover und Strickjacke in klassischer Form für Damen:

Twinset

Ⓑ Ärmelloser Pullover als Ergänzung zur Bluse bzw. zum Hemd:

Pullunder

Twinset | Pullunder mit V-Ausschnitt | Pullunder mit Rundhals

39 Geben Sie verschiedenen Kragen- und Ausschnittvarianten für Pullover, Pullunder und Strickjacken an.

Rollkragen, Umlegekragen, Schalkragen, Stehkragen und Reißverschluss (Troyer), U-Boot-Ausschnitt, V-Ausschnitt, Rundhals.

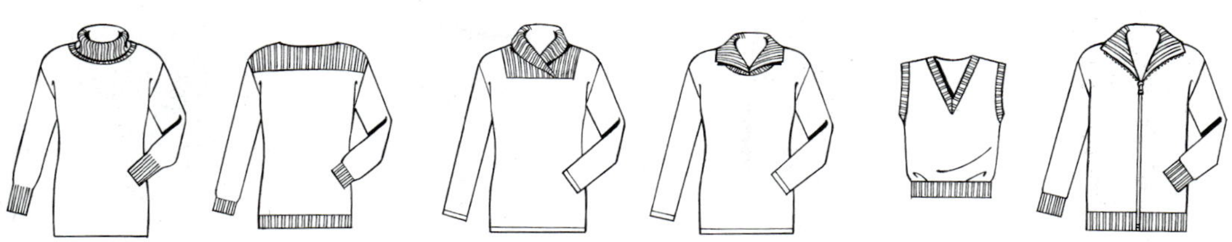

Rollkragenpullover | Pullover mit Bootsausschnitt | Pullover mit Schalkragen | Pullover mit Auslegekragen | Pullunder mit V-Ausschnitt | Troyer-Jacke

40 Nennen Sie sechs Hosen, die ihre Bezeichnung nach ihrer Form erhalten haben.

Hosenformen, nach ihrer Form (Silhouette) benannt, sind z. B.:

Röhrenhose, Gerade Hose,
Ausgestellte Hose (Schlaghose),
Flatterhose, Karottenhose, Keilhose.

Röhrenhose | Gerade Hose | Ausgestellte Hose
Flatterhose | Karottenhose | Keil- oder Steghose

41 Zählen Sie sechs Hosen mit verkürzter Länge auf.

Hosen mit verkürzter Länge sind z. B.:

Shorts, Bermuda-Shorts,
Caprihose (Piratenhose),
Fischerhose (Kulihose),
Gauchohose, Kniebundhose, Knickerbocker.

Shorts | Bermuda-Shorts | Caprihose

Fischerhose | Gauchohose | Knickerbocker

42 Ordnen Sie den nachfolgenden Beschreibungen die entsprechende Benennung zu:

Ⓐ Hose in gesäßweiter Form, deren Hosenbeine sich zum Knöchel hin verengen:

Karottenhose

Ⓑ Enganliegende und knapp kniebedeckende Hose, evtl. mit Seitenschlitzen:

Caprihose (Piratenhose)

43 Beschreiben Sie die nachstehenden Hosenformen.

Ⓐ **Palazzohose (Pluder-, Haremshose):**

- Sie ist sehr weit und lang geschnitten.
- Durch einen engen Beinabschluss wird die Überlänge geschoppt.

Ⓑ **Kniebundhose:**

- Sie hat eine schmale Schnittform.
- Der Bundabschluss an den Hosenbeinen liegt knapp unterhalb der Knie.

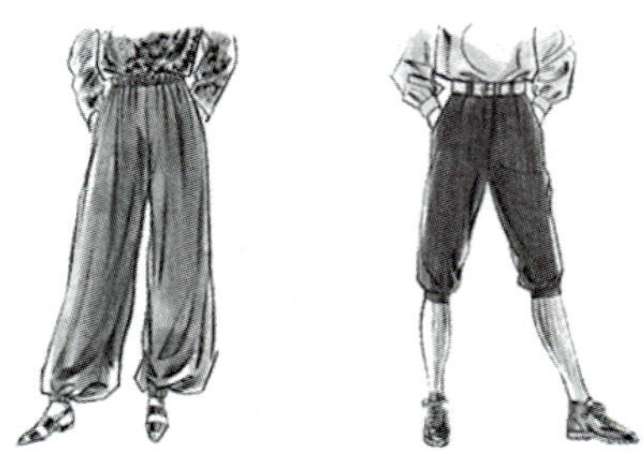

Palazzohose | Kniebundhose

44 Nennen Sie vier sportliche Jackenformen.

Sportliche Jackenformen sind z. B.:

Blouson, Parka, Anorak, Hemdjacke, Safarijacke.

Blouson (Lumber)

Parka

Anorak

Hemdjacke

Safarijacke

45 Ordnen Sie den nachfolgenden Beschreibungen die entsprechende Benennung zu.

Ⓐ Knappes, offenes, taillenkurzes Jäckchen:

Bolero

Ⓑ Kürzere Jacke mit bequemer Weite und Bundabschluss:

Blouson

Ⓒ Glockig ausschwingende Jacke:

Swingerjacke (Zelt-, Windstoßjacke)

Ⓓ Hüftlange Jacke mit kragenlosem, langgezogenem Ausschnitt:

Cardigan-Jacke

Bolero

Zeltjacke

Cardigan-Jacke

46 Definieren Sie den Begriff Chasuble.

Eine lange schmale Damenjacke ohne Ärmel und meistens verschlusslos wird mit **Chasuble** bezeichnet.

Chasuble

Blazer

47 Beschreiben Sie einen Blazer.

Der **Blazer** ist eine sportlich-elegante Jacken- bzw. Sakkoform mit Reverskragen. Er ist antailliert und hat einen ein- oder zweireihigen Knopfverschluss. Die Taschen können aufgesetzt (sportlich) oder eingearbeitet (elegant) sein.

48 Unterscheiden Sie das Gilet von einem Spenzer.

Das ärmellose und meist kragenlose **Gilet** ist eine taillierte Weste in klassischer Form, reicht knapp über die Taille und hat oft einen Futterrükken.

Auch der **Spenzer** ist taillenkurz und hat einen körpernahen Schnitt. Als Jacke hat er jedoch Ärmel und häufig einen Reverskragen.

Weste (Gilet)

Spenzer

49 Geben Sie die Möglichkeiten an, ein Kleidungsstück sportlich auszugestalten.

Sportliche Details sind z. B.:

Markante Steppnähte, Schulterklappen, Ärmelriegel,
aufgesetzte Taschen und Reißverschlüsse.

50 Zählen Sie drei elegante und drei sportliche Mantelformen auf.

Elegante Mantelformen:
Redingote, Cape, Blazermantel, Wickelmantel, Swinger (Zeltmantel), Paletot

Sportliche Mantelformen:
Trenchcoat, Sportcoat, Dufflecoat

Redingote **Zeltmantel** **Cape**

51 Nennen Sie drei Mantelformen für Damen und drei für Herren.

Mantelformen für **Damen:**
Redingote, Swinger (Zeltmantel), Wickelmantel

Mantelformen für **Herren:**
Paletot, Slipon, Ulster

Slipon **Ulster** **Paletot**

52 Ordnen Sie den nachstehenden Merkmalen die entsprechende Mantelform zu:

Ⓐ Taillierte Schnittform, Längsteilungsnähte, ausgestellte bis ausschwingende Saumweite:
Redingote

Ⓑ Lose Schnittform, gegürtet, Reverskragen, Schultersattel, Ärmelriegel, Schulterklappen:
Trenchcoat

Ⓒ Kurze, kastige Schnittform, aufgesetzte Taschen, Kapuze, evtl. Knebelverschluss:
Dufflecoat

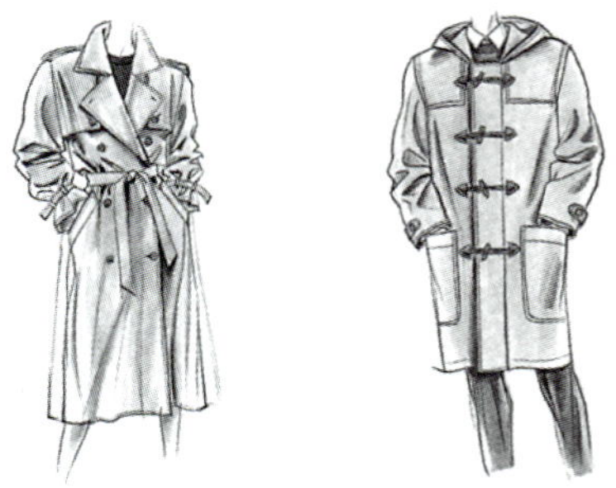

Trenchcoat **Dufflecoat**

53 Ordnen Sie den nachfolgenden Definitionen die entsprechende Mantelform zu:

Ⓐ schwerer, wuchtiger Herrenmantel: **Ulster**

Ⓑ weiter, ärmelloser Umhang: **Cape**

Ⓒ Allwettermantel mit Gürtel: **Trenchcoat**

Ⓓ Loser Damenmantel mit glockiger Saumweite: **Swinger (Zeltmantel)**

Ⓔ antaillierter Herrenmantel mit Reverskragen: **Paletot**

54 Zählen Sie jeweils zwei taillierte, zwei lose und zwei gegürtete Mantelformen auf.

Taillierte Mantelformen:
Redingote, Paletot, Blazermantel

Lose Mantelformen:
Hänger, Ulster, Cape, Dufflecoat

Gegürtete Mantelformen:
Trenchcoat, Wickelmantel

Blazermantel **Hänger** **Wickelmantel**

55 Nennen Sie die Merkmale eines klassischen Schneiderkostüms.

Merkmale des klassischen **Schneiderkostüms** sind:

Schneider-Kostüm

- Strenge, herrenmäßige Verarbeitung
- Jacke in antaillierter Schnittform
- Hochwertiges, zeitloses Material
- Ein- oder zweireihig geknöpft
- Schmaler Rock aus dem gleichen Stoff wie die Jacke
- Reverskragen
- Eingearbeitete Taschen
- Zweinahtärmel

56 Zählen Sie fünf mögliche Bezeichnungen für mehrteilige Kombinationen der Damenmode auf.

Mehrteilige **Kombinationen der DOB** sind z.B.:

- Kostüm
- Hosenanzug
- Jackenkleid
- Ensemble
- Composé
- Deux-Pièces (Zweiteiler)
- Trois-Pièces (Dreiteiler)
- Complet
- Coordinates
- Separates

57 Erläutern Sie die Begriffe Ensemble, Complet und Composé.

Hosen-Ensemble

Mit **Ensemble** bezeichnet man allgemein eine Zusammenstellung von Kleidungsstücken, die in Stil, Farbe und Material aufeinander abgestimmt sind.

Unter einem **Complet** versteht man die Zusammenstellung von Rock, Kleid, Kostüm oder Hosenanzug mit einem Mantel oder einer längeren Jacke.

Bei einem **Composé** bestehen die Einzelteile aus verschiedenen, jedoch aufeinander abgestimmten und evtl. kombinierten Stoffen.

58 Erklären Sie die Fachbegriffe Deux-Pièces, Trois-Pièces und Jackenkleid.

Trois-Pièces

Mit **Deux-Pièces bzw. Zweiteiler** bezeichnet man zweiteilige Kleider, bestehend aus Rock und Oberteil.

Ein **Trois-Pièces** oder **Dreiteiler** ist z.B. die Kombination von Rock oder Hose, Top und Jäckchen aus dem gleichen Material.

Beim **Jackenkleid** wird ein einteiliges Kleid mit einem Jäckchen aus dem gleichen Material kombiniert.

Chanelkostüm

Hosenanzug

Composé

Jackenkleid

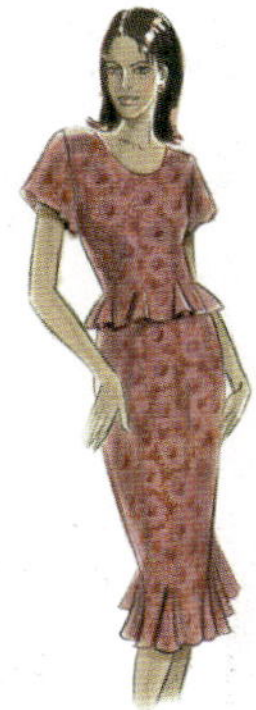

Deux-Pièces

Complet

59 Definieren Sie den Begriff Kombination aus der Sicht der HAKA.

Bei der **Kombination** bzw. dem kombinierten Anzug bestehen die Einzelteile (Hose, Sakko, Weste) aus unterschiedlichem Oberstoff, sind jedoch in Farbe, Dessin, Schnitt- und Detailgestaltung aufeinander abgestimmt.

Sportive Kombination mit Einknopfsakko

Junge Kombination mit Jeans

60 Geben Sie drei schnitttechnische Details an, die zur Unterscheidung einzelner Sakkoformen dienen.

Unterschiedliche schnitttechnische Details bei Sakkoformen sind z. B.:

- Zahl der Verschlussreihen
  (Einreiher, Zweireiher)
- Kantenabstich
  (gerade, gerundet)
- Reversverlauf
  (abfallende Fasson, steigende Fasson)
- Taschenart
  (eingearbeitet, aufgesetzt)
- Zahl der Knöpfe
  (Einknöpfer, Zweiknöpfer, Dreiknöpfer)

61 Nennen Sie vier Anzugformen.

Anzugformen sind z. B.:

Einreiher, Zweireiher,

Blazeranzug, Businessanzug,

Konferenzanzug,

Trachtenanzug, Freizeitanzug.

Einreiher als Zweiknöpfer

Einreiher als Dreiknöpfer

Einreiher als Vierknöpfer

Businessanzug mit Weste

Trachtenanzug mit Weste

Freizeitanzug im Blousonstil

62 Erklären Sie den Begriff Zweireiher.

Beim **Zweireiher** weisen die zwei Verschlussreihen des Sakkos ein, zwei oder drei Knopfpaare auf.

Der Reversverlauf ist meist steigend und gewölbt, der Kantenabstich gerade.

Die Taschen werden eingearbeitet.

Zweireihiger Blazer mit einem Schließknopf

Zweireiher mit zwei Schließknöpfen

Cut (Cutaway) Cut-Kombination Festliche Kombination Brautkleid und Hochzeitsanzug Festlicher Anzug Dinner-Jacket

63 Vergleichen Sie den Cut mit einem Frack.

Beim **Cut** verlaufen die Schöße vom Schließknopf aus bogenförmig nach hinten, während beim **Frack** die rückwärtigen Schöße erst am Vorderteilabnäher beginnen, die Vorderteile nur taillenlang sind und nicht geschlosen werden.

Zum dunklen Cut wird meistens eine hellere, dezent gemusterte Hose getragen. Der Frack besteht aus einheitlichem Material mit seidenbelegten Revers und seitlichen Seidenstreifen (Galons) an der Frackhose.

64 Beschreiben Sie einen Smocking.

Der **Smoking** ist aus einheitlichem Material mit seidenbelegten Revers in Schalkragen- oder Spitzfasson und seitlichen Seidenstreifen (Galons) an der aufschlaglosen Hose.

Man ergänzt ihn mit einem Kummerbund oder einer Schärpenweste und der Smokingschleife.

65 Nennen Sie zwei klassische und zwei moderne Gesellschaftsanzüge bzw. -kombinationen für den Herrn.

Klassische Gesellschaftsanzüge sind z. B.:
Smoking, Frack, Cut(away).

Moderne Gesellschaftsanzüge sind z. B.:
Spenzeranzug, Spenzer-Kombination,
Partyanzug, Party-Kombiation,
Dinner-Jacket.

66 Geben Sie fünf mögliche Bekleidungsformen der DOB für gesellschaftliche Anlässe an.

Damenbekleidung für gesellschaftliche Anlässe sind z. B.:

- Abendkleid
- Partykleid
- Dinnerkleid
- Empirekleid
- Corsagenkleid
- Elegantes Kostüm (z. B. Schößchenkostüm)
- Elegantes Deux-pièces

Smoking Abendkleid Frack

67 Nennen Sie die Anforderungen an eine funktionelle Sport- und Freizeitbekleidung.

Anforderungen an funktionelle **Sport- und Freizeitbekleidung** sind z. B.:

- Bekleidungsphysiologische Eignung
- Hautverträglichkeit
- Formbeständigkeit
- Bequemlichkeit
- Pflegeleichtigkeit
- Geringes Gewicht
- Zweckmäßigkeit, Funktionalität
- Strapazierfähigkeit
- Problemlose Entsorgung

68 Geben Sie geeignete Materialien für Funktionsunterwäsche an.

Geeignete Materialien für **Funktionsunterwäsche** sind z. B.:

- Einflächige Maschenwaren
- Doppelflächige Maschenwaren
- Zweikomponentengewebe
- Maschenwaren aus Hohlfasern
- Hochelastische Maschenwaren

Klima-Funktionswäsche

Thermowäsche

69 Beschreiben Sie die Aufgaben für funktionelle Outdoor-Bekleidung.

Funktionelle **Outdoor-Bekleidung** hat z. B. folgende Aufgaben:

- Gegen Wind und Nässe isolieren
- Nässe von außen abhalten (wasserabweisend sein)
- Feuchtigkeit von innen nach außen abgeben (luft- und wasserdampfdurchlässig sein)
- Strapazierfähig, pflegeleicht und funktionell ausgestattet sein

70 Nennen Sie geeignete Materialien für funktionelle Outdoor-Bekleidung.

Geeignete Materialien für funktionelle Outdoor-Bekleidung sind z. B.:

- Mikroporös beschichtete Mikrofasergewebe
- Hydrophob ausgerüstete Gewebe
- Membran-Systeme
- Imprägnierte Gewebe

71 Nennen Sie Bekleidungsformen für funktionelle Outdoor-Bekleidung.

Bekleidungsformen für funktionelle Outdoor-Bekleidung sind z. B.:

Sweater, Blouson, Anorak, Parka, Kniebundhose, Treckinghose

Sweater

Trecking-Jacke

Wendeweste

Schlupfanorak

Trecking-Parka mit Kevlar-Besätzen

Expeditions-Daunenjacke

72 Erläutern Sie den Begriff Accessoires.

Mit **Accessoires** bezeichnet man das schmückende Beiwerk (Zubehör), das ein modisches Gesamtbild abrundet, ergänzt und vervollständigt.

73 Nennen Sie sechs verschiedene Accessoires.

Accessoires sind z. B.:

- Kopfbedeckungen (Hüte, Kappen, Mützen)
- Tücher, Schals, Krawatten
- Strümpfe und Schuhe
- Handtaschen und Handschuhe
- Ansteckblumen, Gürtel, Schärpen
- Schmuck, Brillen, Uhren

74 Geben Sie sechs verschiedene Materialien für Kopfbedeckungen an.

Geeignete Materialien für Kopfbedeckungen sind z. B.:

- Filz
- Strohgeflecht
- Leder
- Pelz
- Strickware
- Webware

75 Nennen Sie fünf mögliche Garnituren für Kopfbedeckungen.

Mögliche Garnituren für Kopfbedeckungen sind z. B.:

- Bänder
- Federn
- Schleier
- Kordeln
- Blumen
- Rosetten
- Lederstreifen
- Filzstreifen
- Drapierung

Accessoires der Damenmode

Accessoires der Gesellschaftskleidung für den Herrn

76 Ordnen Sie den abgebildeten Hutformen Ⓐ bis Ⓕ die entsprechende Bezeichnung zu.

Ⓐ **Aufschlaghut** Ⓑ **Glocke** Ⓒ **Panama** Ⓓ **Schildmütze** Ⓔ **Baseballmütze** Ⓕ **Ballonmütze**

Die Lösungen der nachfolgenden Aufgaben 77 bis 92 befinden sich auf Seite 275ff.

77 Ordnen Sie den abgebildeten Kleidformen Ⓐ bis Ⓔ die nachfolgenden Silhouetten zu: A-Linie, Y-Linie, H-Linie, X-Linie, I-Linie.

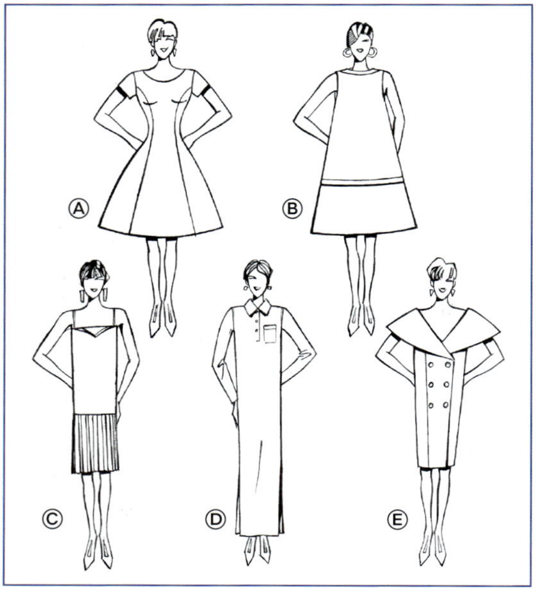

79 Ordnen Sie den abgebildeten Mantelformen Ⓐ bis Ⓔ die nachfolgenden Silhouetten zu: V-Linie. Zelt-Linie, Kasten-Linie, X-Linie, O-Linie.

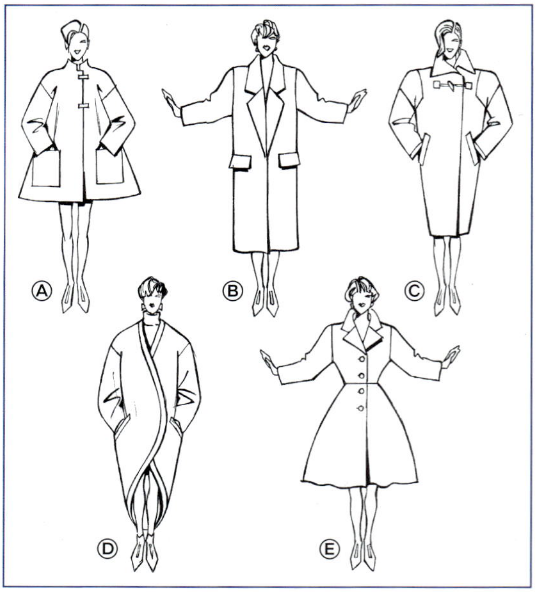

78 Ordnen Sie den abgebildeten Kleidformen Ⓐ bis Ⓔ die nachfolgenden Bezeichnungen zu: Mantelkleid, Etuikleid, Hängerkleid (Shift), Hemdblusenkleid, Prinzesskleid.

80 Ordnen Sie den abgebildeten Blusenformen Ⓐ bis Ⓔ die nachfolgenden Bezeichnungen zu: Hemdbluse, Schluppenbluse, Schößchenbluse, Top, Kasack(-bluse).

81 Ordnen Sie den abgebildeten Rockformen Ⓐ bis Ⓔ die nachfolgenden Bezeichnungen zu:
Sattelrock, Bahnenrock, Kastenrock, Godetrock, Glockenrock.

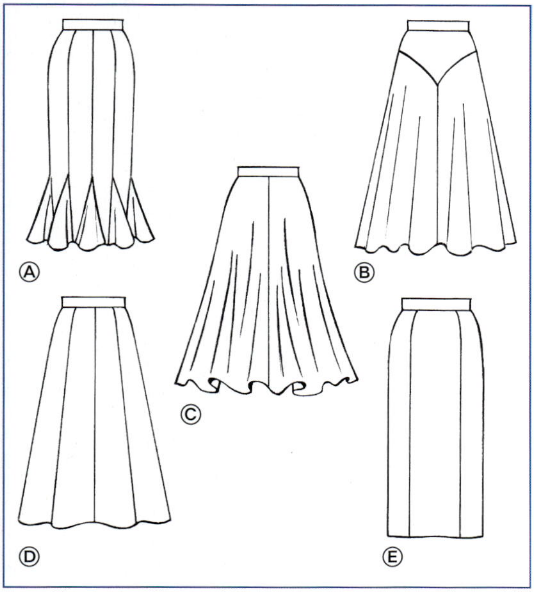

83 Ordnen Sie den abgebilden Hosenformen Ⓐ bis Ⓔ die nachfolgenden Bezeichnungen zu:
Schlaghose, Caprihose, Karottenhose, Bermudas, Flatterhose (Slacks).

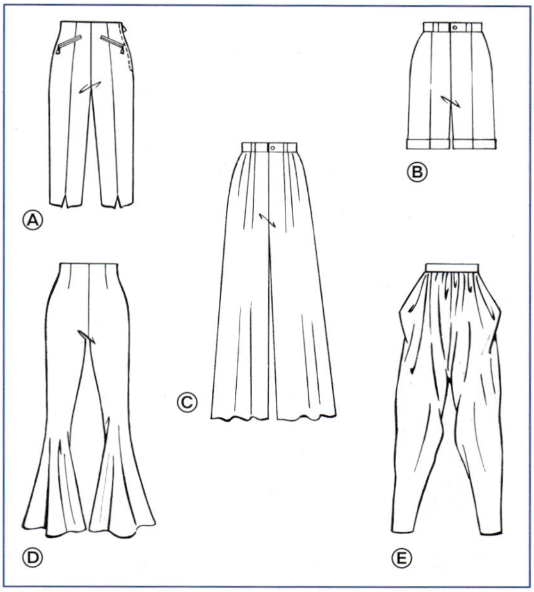

82 Ordnen Sie den abgebildeten Maschenartikeln Ⓐ bis Ⓔ die nachfolgenden Bezeichnungen zu:
Pullunder, Polo-Shirt, Sweat-Shirt, Pullover, T-Shirt.

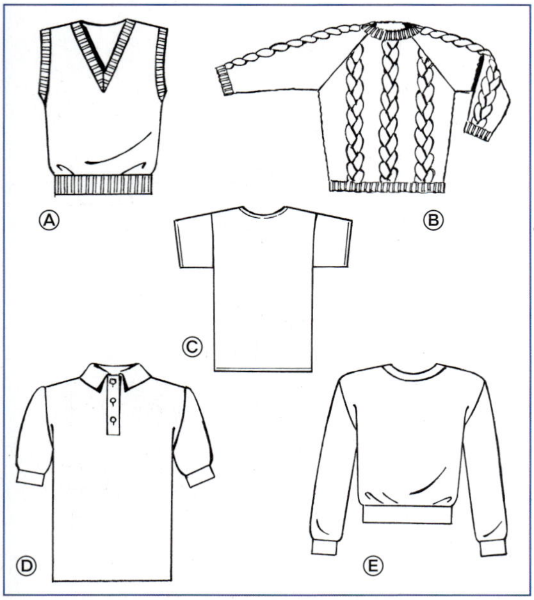

84 Ordnen Sie den abgebildeten Jackenformen Ⓐ bis Ⓔ die nachfolgenden Bezeichnungen zu:
Tailleur-Jacke, Cardigan-Jacke, Bolero, Gilet, Janker.

85 Ordnen Sie den abgebildeten Mantelformen Ⓐ bis Ⓔ die nachfolgenden Fachbegriffe zu:
Trenchcoat, Dufflecoat, Slipon,
Ulster, Paletot.

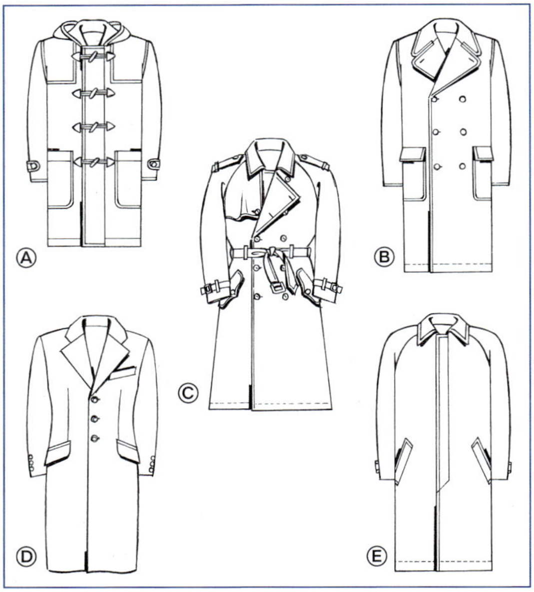

86 Ordnen Sie den abgebildeten Jackenformen Ⓐ bis Ⓔ die nachfolgenden Bezeichnungen zu:
Blouson, Anorak, Parka,
Hemdjacke, Safarijacke

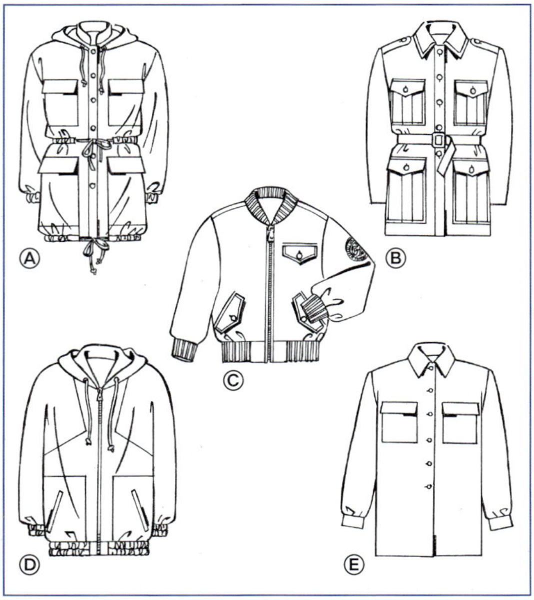

87 Ordnen Sie den abgebildeten Mantelformen Ⓐ bis Ⓔ die nachfolgenden Bezeichnungen zu:
Swinger(-mantel), Cape, Hänger,
Redingote, Caban

88 Ordnen Sie den abgebildeten Bekleidungsformen Ⓐ bis Ⓔ der DOB den entsprechenden Fachbegriff zu:
Composé, Chanelkostüm, Complet,
Schneiderkostüm, Deux-Pièces.

89 Ordnen Sie den abgebildeten Sakkoformen Ⓐ bis Ⓔ die nachfolgenden Bezeichnungen zu:
Blazer, Einreiher, Sportsakko, Zweireiher, Freizeitsakko.

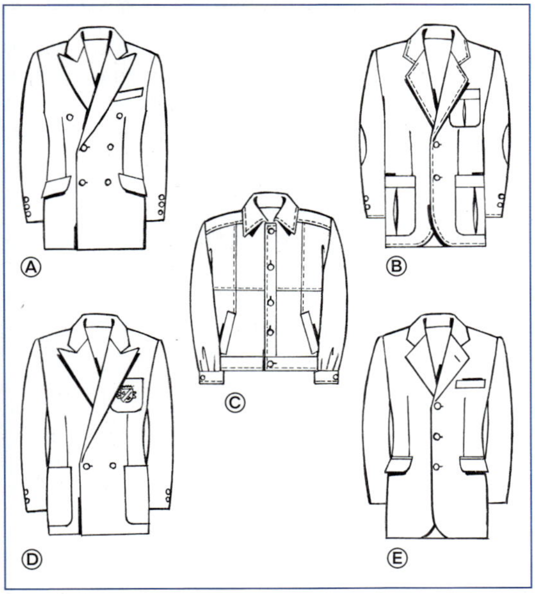

90 Ordnen Sie den abgebildeten Formen der HaKa Ⓐ bis Ⓔ die entsprechenden Fachbegriffe zu:
Frack, Cut(away), Party-Sakko, Smoking, Spenzer-Jacke.

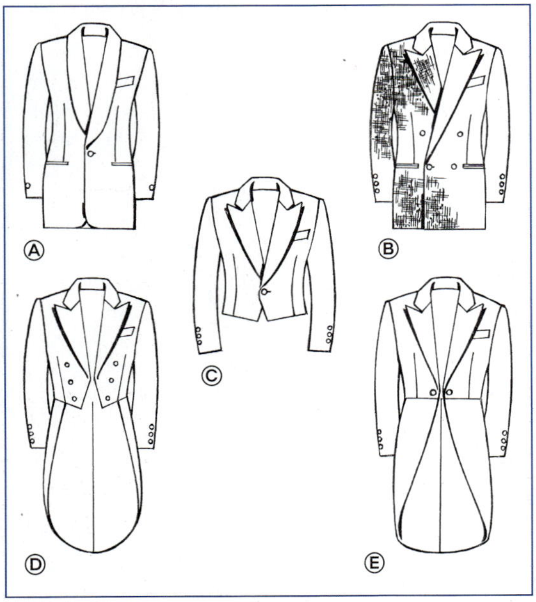

91 Ordnen Sie den abgebildeten Hemdenkragen Ⓐ bis Ⓔ die entsprechenden Fachbegriffe zu:
Klappenkragen, Kentkragen, Button-down-Kragen, Tab-Kragen, Lidokragen.

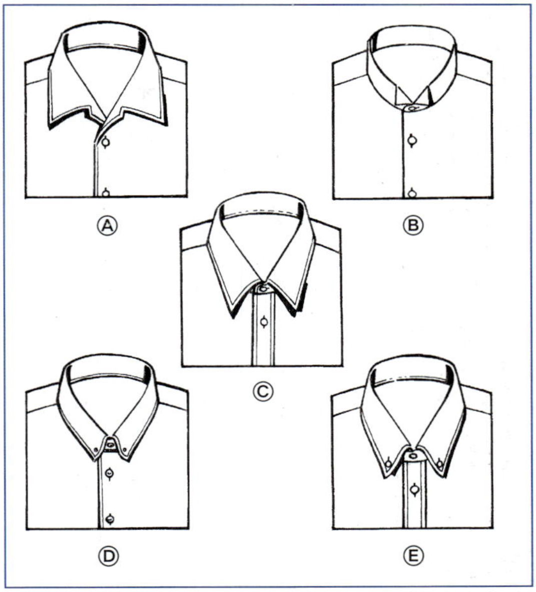

92 Ordnen Sie den abgebildeten Hemdendetails Ⓐ bis Ⓔ die entsprechenden Bezeichnungen zu:
Einsatz, Verdeckte Knopfleiste, Frontleiste, Passe, Plisseefalten.

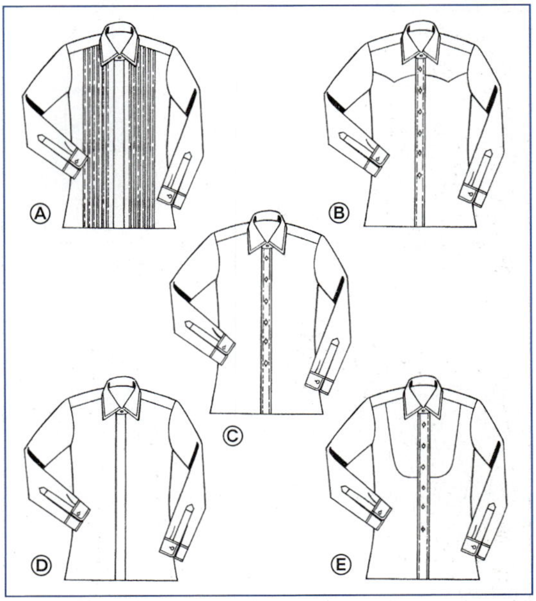

11 Geschichte der Bekleidung

11.1 Ungebundene Aufgaben

1 Geben Sie Stilepochen an, die dem Altertum zugeordnet werden.

Dem **Altertum** zugeordnet werden folgende Stilepochen:

Ägyptisches Altertum, Griechische Antike, Römische Antike, Germanische Vor- und Frühzeit.

2 Ordnen Sie den Stilepochen Romanik, Gotik, Renaissance und Barock die entsprechenden Zeitabschnitte zu.

Romanik	etwa 700 bis 1250
Gotik	etwa 1250 bis 1500
Renaissance	etwa 1500 bis 1640
Barock	etwa 1640 bis 1720

3 Beschreiben Sie das Material der Ägyptischen Tracht.

Material der **ägyptischen Tracht war** feines weißes Leinen.

Die farbig gemusterten oder mit Goldfäden durchsetzte Stoffe waren oft durchsichtig und plissiert.

4 Kennzeichnen Sie die Kalasiris, das Nationalgewand der Ägyptischen Tracht.

Die **Kalasiris** war eine waden- oder knöchellange enge Hülle, mit Schulterband oder Trägern gehalten und mit Ornamenten reich verziert, oder ein Hemdgewand, durchsichtig und fein plissiert, lose oder gegürtet.

5 Erläutern Sie den Begriff Schenti.

Mit **Schenti** bezeichnete man den Lenden- oder Hüftschurz der alten Ägypter.

6 Nennen Sie vier typische Beispiele für das Zubehör zur Ägyptischen Bekleidung.

Zubehör zur Ägyptischen Bekleidung waren beispielsweise:

- Perücke
- Stirnbänder
- Hauben
- Ring- oder Schulterkragen
- Sandalen

Enge Frauenkalasiris und verschiedene Formen des Schenti (Lenden- oder Hüftschurz)

Plissierte Männerkalasiris, über Schenti, enge Frauenkalasiris mit Schulterträger

7 Kennzeichnen Sie die Kleidung zur Zeit der Griechischen Antike.

Die Kleidung zur Zeit der **Griechischen Antike** war luftig und weit und bestand aus kunstvoll um den Körper drapierten Stoffteilen.

Faltenwurf und Gürtung waren individuell, Männer und Frauen trugen gleichartige Kleidung.

8 Beschreiben Sie die Stoffe, aus denen die Kleidung zur Zeit der Griechischen Antike gefertigt wurde.

Die **Stoffe** zur Zeit der Griechischen Antike waren aus Wolle odder Leinen gewebt, später auch aus Baumwolle.

Kräftige Farben und verzierte Kanten waren beliebt.

9 Nennen Sie jeweils drei Gewandformen für Frauen und Männer zur Zeit der Griechischen Antike.

Griechische Gewandformen für **Frauen** waren z.B.:

- Peplos
- Chiton
- Himation

Griechische Gewandformen für **Männer** waren z.B.:

- Chlaina
- Exomis
- Chlamys
- Chiton
- Himation

10 Beschreiben Sie den Peplos.

Der **Peplos** bestand aus einem rechteckigen Wolltuch, das unter den Armen um den Körper gelegt, zu den Schultern hochgezogen und dort mit Spangen, Knoten, Nadeln oder Knöpfen festgehalten wurde.

Den oberen Stoffrand schlug man um, die rechte Seite blieb offen.

Das Gewand wurde lose oder in der Taille gegürtet getragen.

11 Geben Sie die charakteristischen Merkmale des Chitons an.

Charakteristische Merkmale des **Chitons** waren:

- Seitlich durch Nähte geschlossen
- Ärmellos oder mit Scheinärmeln
- Ein- oder mehrfach gegürtet
- Bauschige Faltenüberhänge

12 Unterscheiden Sie die Gewandformen Himation und Chlamys.

Das **Himation,** ein großes Wolltuch in Rechteckform, wurde um den Körper gewickelt.

Die **Chlamys,** ein kürzerer wollener Umhang, wurde über die linke Schulter gelegt und auf der rechten Schulter gehalten.

Männerchiton **Exomis** **Himation** **Himation** **Chlamys**

Gegürteter Pelops

Chiton

13 Kennzeichnen Sie die Kleidurg zur Zeit der Römischen Antike.

Die Kleidung zur Zeit der **Römischen Antike** war aufwändig und repräsentativ, die Frauenkleidung oftmals luxuriös und raffiniert, die Männerkleidung steif und unpersönlich.

Form, Farbe und Verzierungen gaben Aufschluss über Rang und Stand.

14 Nennen Sie jeweils drei Gewandformen für Frauen und Männer zur Zeit der Römischen Antike.

Römische Gewandformen für **Frauen** waren z. B.:
Tunika, Stola, Palla, Paenula.

Römische Gewandformen für **Männer** waren z. B.:
Tunika, Togan, Pallium, Paenula.

15 Beschreiben Sie die Stoffe, aus denen die Kleidung zur Zeit der Römischen Antike gefertigt wurde.

Die **Stoffe** zur Zeit der Römischen Antike waren aus naturfarbener Wolle und hatten farbige Kanten.

Später liebte man sie farbenprächtig und prunkvoll.

Die Frauen bevorzugten leichtere Materialien wie Baumwolle, feines Leinen und die kostbare Seide.

Römerin in Stola und Palla

16 Nennen Sie die Merkmale der Tunika.

Merkmale der **Tunika** sind z. B.:

- Hemdartiger Schnitt
- Kopfschlitz
- Öffnungen für die Arme
- Gelegentlich mit Ärmeln
- Meistens gegürtet

17 Nennen und beschreiben Sie das Staats- und Ehrenkleid des römischen Bürgers.

Das Staats- und Ehrenkleid des römischen Bürgers, die **Toga,** bestand aus einem großen ovalen Wolltuch, das der Länge nach gefaltet und in kunstvollen Falten um den Körper drapiert wurde.

18 Erläutern Sie die Begriffe Stola, Palla und Paenula.

Stola

Obergewand der Römerin im Schnitt der Tunika, aus kostbarem Material und reich verziert.

Palla

Übergewand der Römerin; ein rechteckiges Wolltuch, das um den Körper drapiert wurde.

Paenula

Umhang in Oval- oder Rautenform, ringsum geschlossen oder vorne geschlitzt, oftmals mit Kapuze. Schlechtwettermantel für Männer und Frauen.

Römer in Tunika und Toga

19 Vergleichen Sie die Gewandformen Toga und Pallium.

Die **Toga** wurde in kunstvollen Falten um den Körper drapiert. Die Länge des ovalen Wolltuches entsprach der dreifachen Manneshöhe, die Breite etwa der zweifachen.

Das **Pallium** war praktischer und bequemer. Der rechteckige Umhang wurde um den Körper gewickelt, später nur über die linke Schulter gelegt und auf der rechten Schulter befestigt.

20 Beschreiben Sie die Materialien der Bekleidung zur Zeit der Germanen.

Die Kleidung zur Zeit der **Germanen** war dem kalten nordischen Klima angepasst. Man verwendete Wolle, Leinen und Tierfelle. Webmuster, farbige Kanten und Besätze sowie Fransen dienten als Zierde.

21 Nennen Sie die Bestandteile der Frauenkleidung während der Bronzezeit und während der Eisenzeit.

Die **Frauenkleidung** während der **Bronzezeit** bestand aus Rock, Bluse und Gürtel.

In der **Eisenzeit** kam das Hemdkleid auf, welches man über oder unter einer Ärmelbluse trug. Als Unterbekleidung waren Brust-, Bein- und Schenkelbinden üblich, als Übergewand diente ein großes Tuch.

22 Nennen Sie die Bestandteile der Männerkleidung während der Bronzezeit und während der Eisenzeit.

Als **Männerbekleidung** während der **Bronzezeit** war der Leibrock oder ein Lendenschurz üblich.

In der **Eisenzeit** kam das Beinkleid, die Hose auf, zu der man einen Kittel trug und darunter ein Hemd. Als Übergewand diente ein Mantelumhang.

23 Geben Sie vier typische Beispiele für das Zubehör zur Bekleidung der Germanen.

Typisches **Zubehör** bei den Germanen waren:
Haarnetze, Fell- oder Wollmützen,
Bundschuhe,
prunkvolle Gürtelscheiben und Gewandfibeln.

Germanen zur Bronzezeit

Ⓐ **Bluse**
Ⓑ **Rock**
Ⓒ **Fransengürtel mit Gürtelscheibe**
Ⓓ **Leibrock**
Ⓔ **Mantelumhang**
Ⓕ **Bundschuhe**

Germanen zur Eisenzeit

Ⓐ **Hemduntergewand**
Ⓑ **Ärmelbluse**
Ⓒ **Hemdkleid**
Ⓓ **Hose mit Beinbinden**
Ⓔ **Kittel**

24 Zählen Sie die charakteristischen Merkmale der byzantinischen Herrschertracht auf.

Charakteristische Merkmale der **byzantinischen Herrschertracht** waren schwere bunte Seidenstoffe und Brokate, reich bestickt mit Perlen und Edelsteinen. Rangabzeichen spielten eine große Rolle.

Die prunkvolle steife Tracht umhüllte vollständig den Körper und verdeckte die natürlichen Körperformen.

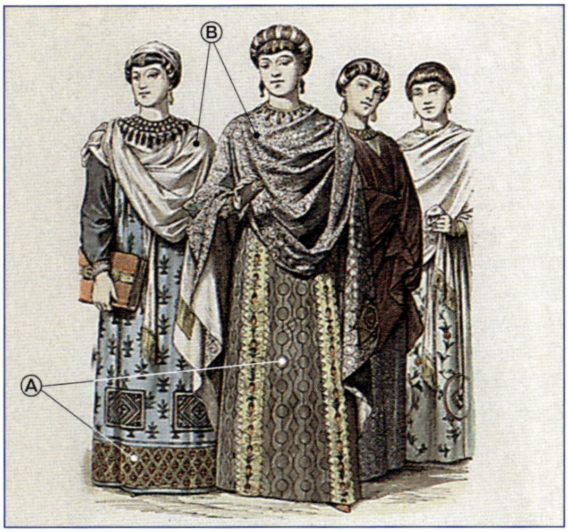

Byzantinische Hoftracht, 6. Jahrhundert, Kaiserin und Gefolge

Ⓐ **Stola** Ⓑ **Paenula**

Vornehme Byzantiner, 6. Jahrhundert

Ⓐ **Tunika** Ⓒ **Schultermantel mit Tablion**
Ⓑ **Stola** Ⓓ **Kasel (Casula)**

25 Nennen Sie Unter-, Ober- und Übergewand der byzantinischen Frauenkleidung.

Die **byzantinische Frauenkleidung** bestand aus einer weißen Tunika als Untergewand und einer kurz- oder langärmeligen Stola als Obergewand.

Übergewänder waren die Paenula, ein geschlossener Umhang sowie der auf der rechten Schulter gefibelte Schultermantel.

26 Erklären Sie die Begriffe Dalmatika, Clavi und Tablion.

Dalmatika
Langes, ungegürtetes Hemdgewand mit weiten Ärmeln, den Herrschern und hohen Würdenträgern als Obergewand vorbehalten.

Clavi
Farbige Längsstreifen, die die Vorder- und Rückteile sowie den Ärmelsaum der Dalmatika als Rangabzeichen zierten.

Tablion
Eine in Brusthöhe auf den Mantelumhang aufgenähte Stoffapplikation, die als Rangabzeichen diente. Beim Herrscher war es in Gold und reich ornamentiert, bei hohen Beamten war es purpurfarben.

27 Geben Sie den Einfluss der Kirche auf die Kleidung der Romanik an.

Die Kleidung der **frühen Romanik** (zur Zeit der Karolinger, etwa 700 bis 1000), wurde stark durch die Kirche beeinflusst, die eine Verhüllung des Körpers forderte.

Die Frauenkleidung war hochgeschlossen, verheiratete Frauen mussten ihre Haare in der Öffentlichkeit bedecken.

28 Beschreiben Sie die Materialien der Bekleidung zur Zeit der Romanik.

Die höfische Kleidung zur Zeit der **Romanik** war farbenfroh, man schätzte feines Leinen, edle Tuche, Samt, Seide und Brokat.

Die Gewandränder zierte man mit kostbaren Borten.

Dem einfachen Volk schreiben jedoch Kleiderverordnungen gröbere Stoffe in dunkleren Farben vor sowie den Verzicht auf Besätze und Schmuck.

29 Erläutern Sie die Entwicklung des Frauenkleides während der Romanik.

In der **Frühromanik** (bis zum 11. Jh.) hatte das Obergewand der Frauen zunächst einen tunikaähnlichen Schnitt, war bodenlang, wurde gegürtet und reich mit Borten verziert.

Allmählich wurde es kürzer und enger, wodurch eine Betonung der weiblichen Formen erreicht wurde. Die Ärmel wurden zum Handgelenk hin stark erweitert.

In der **Spätromanik** (12. Jh.) erhielten Vorder- und Rückenteil einen Formzuschnitt, durch Schnürung passete sich das Oberteil ganz der Körperform an.

Mit eingesetzten Keilen erhielt der Rock eine Saumerweiterung und wurde schleppend. Die vertiefte Taille wurde mit einem Gürtel betont.

Fränkische Hoftracht, 9. Jahrhundert

- Ⓐ **Hemduntergewand**
- Ⓑ **Cotte (Tunika)**
- Ⓒ **Schultermantel**
- Ⓓ **Leibrock**
- Ⓔ **Beinlinge**
- Ⓕ **Bortenverzierung**

30 Erklären Sie die Begriffe Surcot (Suckenie) und Tasselmantel.

Surcot (Suckenie)

Bezeichnung für ein kostbares meist ungegürtetes und ärmelloses Obergewand für Frauen und Männer, oftmals mit Pelzbesatz.

Tasselmantel

Halbkreisförmiger Schultermantel, der vorne mit zwei Schmuckplatten (Tasseln) und einer Kette (Fürspan) geschlossen wurde.

31 Beschreiben Sie die Fränkische Männertracht.

Die **Fränkische Männertracht** bestand aus Hemd, Hose, Leibrock und Mantel.

Der Leibrock war knielang, hatte Ärmel und einen Ausschnitt.

Die Hose bestand aus zwei an einem Leibgurt befestigten Beinlingen, über die an den Unterschenkeln Beinbinden gewickelt wurden.

Den Mantel in Rechteckform legte man um die linke Schulter und fibelte ihn auf der rechten.

32 Nennen Sie die Bestandteile der Männerkleidung zur Ritterzeit.

Die Männerkleidung zur **Ritterzeit** bestand aus der Cotte, einem langärmeligen gegürteten Rock in Hemdform, dem kürzeren und ärmellosen Surcot und dem Schnur- oder Tasselmantel.

Strumpfartige Beinlinge dienten als Unterbekleidung.

Vornehme deutsche Frauen und Bürgerin, 12. Jahrhundert

- Ⓐ **Cotte**
- Ⓑ **Tiefsitzender Gürtel**
- Ⓒ **Tütenärmel**
- Ⓓ **Tasselmantel**
- Ⓔ **Schapel**

33 Zählen Sie typische Kopfbedeckungen zur Zeit der Romanik auf.

Typische **Kopfbedeckungen** zur Zeit der Romanik waren für Frauen Kopftücher und das Gebende, für junge Mädchen und Jünglinge das Schapel, für Männer Kappen, turbanähnliche Mützen und Hüte mit hohem spitzem Kopf.

34 Kennzeichnen Sie die Kleidung zur Zeit der Gotik.

Die Kleidung zur Zeit der **Gotik** war anmutig und elegant, kompliziert und aufwändig und wurde von Gewandschneidern gefertigt.

Gestreckte lange Formen, Taillenbetonung und leuchtende Farben waren kennzeichnend.

Die Männerkleidung verlor die Ähnlichkeit mit dem Gewand der Frau.

35 Geben Sie Beispiele für die Übertreibungen der Burgundischen Mode.

Übertreibungen der **Burgundischen Mode** waren überspitze Kopfbedeckungen und Schuhe, ausgezackte Gewandränder (Zaddeln), Glöckchen- und Schellenzierrat, Wülste und Wattierungen sowie das Mi-parti (z. B. verschiedenfarbige Beinlinge).

36 Beschreiben Sie die Entwicklung des Frauenkleides im 13. und 14. Jahrhundert.

Im **13. Jh.** war das Frauenkleid, die Cotte, durchgehend geschnitten und wurde lose oder gegürtet getragen.

Es hatte einen faltenreichen Rock mit Überlänge, einen breiten Ausschnitt und enganliegende Ärmel oder weite Tütenärmel.

Im **14. Jh.** wurde das Oberteil stark geschnürt, der lang schleppende Rock erweiterte sich erst ab der Hüfte, die man durch einen Gürtel betonte.

Enge Ärmel mit Muffe sowie Hängeärmel kamen in Mode.

Allmählich unterteilte man das Gewand in Rock und Leibchen.

Fürstin und Edeldame, 14. Jahrhundert

Ⓐ **Cotte**
Ⓑ **Hüftgürtel**
Ⓒ **Röhrenärmel mit Zaddeln**
Ⓓ **Muffe**
Ⓔ **Nuschenmantel**
Ⓕ **Zackenkrone**

37 Charakterisieren Sie das Frauenkleid der Spätgotik (Burgundische Mode).

Das **Frauenkleid** zur Zeit der Burgundischen Mode (Spätgotik) erhielt eine überschlanke Silhouette. Das kanppe Oberteil hatte einen tiefen spitzen Ausschnitt und war häufig mit einem Brustlatz und Schalkragen versehen. Der lang schleppende Rock wurde unter der Brust angesetzt. Die hochgerückte Taillennaht wurde mit einem Gürtel bedeckt. Die langen Ärmel erhielten einen trichterförmigen Abschluss (Muffe).

Burgundische Mode, um 1450

38 Nennen Sie beliebte Ärmelformen zur Zeit der Gotik.

Die **Ärmelmode** zur Zeit der Gotik war sehr vielfältig:

- Enge Röhrenärmel mit Muffe
- Bauschige Beutelärmel mit Armschlitzen
- Sehr lange Tüten- und Hängeärmel
- Offene Flügelärmel

39 Zählen Sie die Bestandteile der Männerkleidung während der Gotik auf.

Bestandteile der **Männerkleidung** zur Zeit der Gotik waren Rock bzw. Wams, kurzer Überrock (Schecke), strumpfähnliche Beinlinge sowie längere Obergewänder (Houppelande, Tappert) und ein Mantelumhang.

40 Beschreiben Sie den Überrock der Männer zur Zeit der Gotik.

Der **Überrock** der Männer zur Zeit der Gotik, die **Schecke,** reichte bis zur Hüfte und war stark tailliert, vorne eng anliegend und geknöpft oder tief ausgeschnitten.

Der Rücken und die Schoßteile wurden in Falten gelegt. Brustpartie und Oberärmel waren stark wattiert, der Kragen reichte bis zum Kinn.

Männerkleidung in Frankreich, Ende des 15. Jahrhunderts

Ⓐ **Houppelande**
Ⓑ **Schecke**
Ⓒ **Beutelärmel**
Ⓓ **Tappert**
Ⓔ **Tütenärmel mit Zaddeln**

41 Unterscheiden Sie die Gewandformen Houppelande und Tappert.

Die lange **Houppelande** legte man in der Taille in Falten und gürtete sie. Seitlich war sie geschlitzt, meistens hatte sie einen Stehkragen.

Den ringsum geschlossenen knie- oder knöchellangen **Tappert** trug man meistens ungegürtet.

42 Erläutern Sie die Begriffe Muffe, Zaddeln, Höllenfenster, Mi-parti.

Muffe

Trichterförmige Erweiterung der Ärmel am Handgelenk.

Zaddeln

Ausgeschnittene oder angesetzte Stofflappen an den Gewandrändern.

Höllenfenster

Tiefe Armausschnitte, die meistens bis zur Hüfte reichten und den Blick auf die Taille freigaben.

Mi-parti

Verschiedenfarbige Beinlinge bzw. aus verschiedenfarbigen Stoffen zusammengesetzte Gewandteile.

Höfische Kleidung in England um 1400

Ⓐ **Houppelande**
Ⓑ **Tütenärmel**
Ⓒ **Surcot (Suckenie)**
Ⓓ **Höllenfenster**
Ⓔ **Hängeärmel**
Ⓕ **Pelzverbrämung**
Ⓖ **Hörnerhaube**
Ⓗ **Burgundische Kappe**
Ⓘ **Schecke (Überrock, Schoßwams)**

Burgundische Männerkleidung um 1450

Ⓐ **Schecke**
Ⓑ **Zaddeln**
Ⓒ **Sendelbinde**
Ⓓ **Schnabelschuhe mit Trippen**
Ⓔ **Wams**
Ⓕ **Beinlinge**

43 Kennzeichnen Sie die typischen Kopfbedekkungen zur Zeit der Gotik.

Typische **Kopfbedeckungen** zur Zeit der Gotik waren z. B.:

Für **Frauen**
der Hennin, ein hoher kegelförmiger Hut mit lang flatterndem Schleier, die Hörnerhaube mit ausladenden Wülsten, der Kruseler, die gesteifte Rüschenhaube

Für **junge Mädchen und Jünglinge**
das Schapel, ein Stirn- oder Kopfreifen

Für **Männer**
die Gugel, eine anganliegende Kapuze mit kragenartigem Schulterstück und Schweif, die Sendelbinde, eine Stoffwulst oder flache Kappe mit herabfallenden Stoffstreifen, hohe Filzhüte und Kappen

44 Beschreiben Sie die typische Fußbekleidung des späten Mittelalters.

Die typische **Fußbekleidung** des späten Mittelalters waren Schnabelschuhe mit langen Spitzen, die man außer Haus mit Unterschuhen aus Holz, den sogenannten Trippen trug.

45 Geben Sie die Merkmale der Kleidung der Deutschen Renaissance (Reformationszeit) an.

Die Kleidung zur Zeit der **Deutschen Renaissance (Reformationszeit)** entsprach dem individuellen Geschmack des selbstbewussten und wohlhabenden Bürgertums.

Sie war farbenfroh, aus reich gemusterten kostbaren Stoffen, aufwändig verziert mit Bändern, Borten, Stickereien und Spitzen, sowie mehrfach querbetont durch Puffungen und farbig unterlegte Schlitze.

Deutsche Patrizier, Anfang 16. Jahrh.

46 Beschreiben Sie die Bestandteile der Frauenkleidung zur Zeit der Deutschen Renaissance (Reformationszeit).

Bestandteile der **Frauenkleidung** zur Zeit der **Deutschen Renaissance (Reformationszeit)** waren:

- Enges Leibchen (Mieder), oft geschnürt, mit Brustlatz und breitem Ausschnitt
- Austauschbare, üppige Ärmel
- Weiter, schleppender Oberrock
- Faltenreicher unterer Rock
- Fein gefälteltes Hemd mit Halsrüsche
- Schulterkragen (Goller) aus Samt oder Seide
- Langer weiter Mantel (Schaube) mit Schalkragen und Armschlitzen

Deutsche Patrizier, Anfang 16. Jahrh.

47 Beschreiben Sie die Bestandteile der Männerkleidung zur Zeit der Deutschen Renaissance (Reformationszeit).

Bestandteile der **Männerkleidung** z.Z. der **Deutschen Renaissance (Reformationszeit)** waren:

- Hemd mit gefälteltem Hals- und Ärmelabschluss
- Enganliegendes, hüftlanges Schoßwams
- Knielanger Faltrock mit breit ausladenden Ärmeln
- Weit geschnittene Kniehose
- Pluderhose mit Puffungen und Schlitzen
- Beinlinge, oftmals Mi-parti
- Dekorativer Mantel (Schaube), knie- oder knöchellang, mit weiten Ärmel und Pelzbesatz

48 Nennen Sie die Kennzeichen der Spanischen Mode.

Die **Spanische Mode** drückte die strenge Geisteshaltung der Gegenreformation aus. Farben, Formen und Details waren genauestens vorgeschrieben. Sie war vornehm und prunkvoll, steif und unbequem und oft düster in den Farben.

49 Kennzeichnen Sie die Frauenkleidung zur Zeit der Spanischen Mode.

Kennzeichen der **Frauenkleidung** zur Zeit der **Spanischen Mode** waren:

- Hochgeschlossenes, eng versteiftes Mieder mit Schneppe
- Radförmige Halskrause (Kröse bzw. Mühlsteinkragen) oder Stuartkragen
- Lange, enge Ärmel mit Rüschenabschluss, Puffungen und Wülste am Oberarm, weite Überärmel
- Bodenlanger, kegelförmiger Reif-Unterrock (Vertugado)
- Oberrock ohne Faltenwurf, vorne geöffnet, mit verzierten Kanten und Hüftpolstern
- Mantelähnlich durchgehend geschnittenes Kleid (Ropa)

50 Beschreiben Sie in Stichworten die Männerkleidung zur Zeit der Spanischen Mode.

Kennzeichen der **Männerkleidung** zur Zeit der **Spanischen Mode** waren:

- Kurzer, eng taillierter und wattierter Überrock, hochgeschlossen geknöpft und mit hohem Stehkragen
- Gänsebauch (zugespitztes Bauchpolster am Wams)
- Hohe steife Halskrause (Kröse)
- Lange, wattierte, gepuffte und geschlitzte Ärmel mit Schulterwülsten und Krause am Handgelenk
- Oberschenkelkurze Hose (Kürbishose bzw. Heerpauke), bauschig, stark gepolstert, geschlitzt, mit engem Bundabschluss und wattiertem Latz (Schamkapsel bzw. Braguette)
- Eng anliegende Strumpfhosen oder an Bändern befestigte Beinlinge
- Kurzer, glockig geschnittener Mantel mit hochgestelltem Kragen (Spanisches Mäntelchen)

Spanische Mode in Frankreich, 16. Jahrh.

51 Erläutern Sie die nachstehenden Begriffe: Schneppe, Kröse, Verdugado, Gänsebauch

Schneppe
Spitz zulaufende oder abgerundete Verlängerung der vorderen Taille am Oberteil

Kröse
Radförmige, gesteifte Halskrause

Verdugado
Kegelförmiger Reifrock; Gestell aus biegsamen Gerten unter dem unteren Rock

Gänsebauch
Wattiertes, zugespitztes Bauchpolster am Männerwams

52 Unterscheiden Sie Schuhe und Kopfbedeckungen der Deutschen Renaissance und der Spanischen Mode.

Schuhe

Deutsche Renaissance
Flache Kuhmaulschuhe, weit ausgeschnitten, mit hochgestellten Fersen, vorne rund und übertrieben breit

Spanische Mode
Den Fuß eng umschließende Lederschuhe mit Lochverzierung oder Prägemusterung

Kopfbedeckungen

Deutsche Renaissance
Flaches Barett, reich verziert, oft an einer Kalotte (eng anliegende Kappe) befestigt

Spanische Mode
Toque, kleiner Hut mit schmaler Krempe oder krempenlos; Spanischer Hut, ein hoher Filzhut mit schmalem Rand

53 Kennzeichnen Sie die Französische Mode des Hochbarocks.

Die Französische Mode des **Hochbarocks** (etwa 1670 – 1720) war sehr elegant und luxuriös, die Männerkleidung sogar extravagant und pompös.

Man bevorzugte schwere Stoffe wie Damast, Samt und Brokat und versah die Gewänder überreich mit Garnituren und Stickereien.

Die Spitze wurde zum wichtigsten modischen Attribut.

54 Geben Sie die Merkmale des Frauenkleides zur Zeit der Niederländischen Mode an.

Merkmale des Frauenkleides zur Zeit der **Niederländischen Mode (Frühbarock)**:

- Leibchen mit bequemer Weite, kurz gehalten oder mit geschlitzten Schößen
- Großzügiger Ausschnitt, mit flachem Spitzenkragen umrahmt bzw. bedeckt
- Verkürzte bauschige Ärmel mit Spitzenmanschette
- Schleppender Rock, in weiche Falten gelegt, über mehreren Unterröcken
- Kleine Zierschürze

Niederländische Mode, Mitte 17. Jahrh.

55 Nennen Sie die wesentlichen Details der Männerbekleidung zur Zeit der Niederländischen Mode.

Wesentliche Details der Männerbekleidung zur Zeit der **Niederländischen Mode (Frühbarock)** waren:

- Lockeres, hochgeschlossenes Schoßwams, Ärmel mit offenen Nähten
- Reich verziertes Hemd
- Flacher Spitzenkragen
- Ärmel mit Spitzenmanschetten
- Wadenlange Hosen, zunächst weit und unter dem Knie abgebunden, später nach unten röhrenförmig verengt
- Als Überrock ein Lederkoller, ärmellos oder mit eingenestelten Ärmeln

A

56 Beschreiben Sie die Rheingrafenmode.

Die **Rheingrafenmode** war die barocke Männermode um 1650.

Sie bestand aus einem kurzen, offenen Jäckchen mit knappen Ärmeln sowie einer weiten Rockhose, die nur knapp auf der Hüfte saß, unterhalb der Knie abgebunden und mit Spitzenmanschetten versehen war.

Das bestickte und mit Spitzen verzierte Hemd quoll an Brust, Taille und an den Ärmeln heraus. Alles wurde überreich mit Bandschluppen garniert.

Hoftracht und Rheingrafenmode, Frankreich, Ende 17. Jahrh.

Ⓐ **Manteau mit Schleppe**
Ⓑ **Jupe**
Ⓒ **Dekolleté**
Ⓓ **Kurzes Wams**
Ⓔ **Rockhose**
Ⓕ **Bandschluppen**

57 Erläutern Sie die typischen Merkmale des Mieders am Frauengewand zur Zeit des Hochbarocks (Französische Mode).

Das **Mieder** am Frauengewand zur Zeit des Hochbarocks (Französische Mode) war eng geschnürt und versteift, hatte vorne eine verlängerte Spitze (Schneppe) und wurde über einem reich verzierten Einsatz (Stecker) zusammengehalten.

Der tiefe Ausschnitt (das Dekolleté) wurde mit Borten und Spitzen verziert, die halblangen engen Ärmel hatten mehrfache Spitzenvolants (Engageantes).

58 Beschreiben Sie den Rock am Frauengewand zur Zeit des Hochbarocks (Französische Mode).

Der **Oberrock** am Frauengewand zur Zeit des Hochbarocks (Französische Mode), aus demselben Material wie das Mieder und mit diesem zu einem einheitlichen Obergewand verbunden **(Manteau oder Robe),** war lang schleppend und vorne geöffnet.

Die Kanten wurden umgeschlagen und seitlich weggerafft. Später wurde er hinten hoch genommen und über Gesäßauflagen (Bouffanten) zum sogenannten Französischen Steiß gebauscht.

Der sichtbare **untere Rock (Jupe)** war aus andersfarbigem Material und reich verziert mit Posamenten, Bändern und Stickereien.

59 Erklären Sie den Begriff Manteau bzw. Robe.

Mit **Manteau bzw. Robe** bezeichnete man das höfische Frauenobergewand zur Zeit des Barocks und Rokokos.

Mieder und Oberrock bestanden aus einheitlichem Material.

Hoftracht zur Fontangezeit, um 1800

Ⓐ **Manteau mit Schleppe**
Ⓑ **Französischer Steiß**
Ⓒ **Jupe**
Ⓓ **Engageantes**
Ⓔ **Fontange**

60 Erklären Sie die Begriffe
Justaucorps
und
Culotte.

Justeaucorps

Zur Barockzeit üblicher eleganter Männerrock.

Er war knielang, eng am Körper anliegend, aus Samt, Seide oder Brokat, mit Tressen und Metallknöpfen verziert.

Unter den breiten Ärmelaufschlägen schauten üppige Spitzenmanschetten heraus.

Zur Zeit des Rokokos wurden die Schöße abstehend.

Culotte

Mäßig weite Kniehose

Meistens aus Samt

Mit seitlichen Knopfschlitzen

61 Nennen und beschreiben Sie die typische Kopfbedeckung der Dame zur Zeit des Hochbarocks.

Die typische Kopfbedeckung der Damen zur Zeit des Hochbarocks war die **Fontange.**

Dies war eine Haube mit steifen, gefältelten Spitzenrüschen, die vorne wie Orgelpfeifen in die Höhe standen.

Französische Adelige am Hof Ludwig XIV., Anfang des 18. Jahrhunderts

62 Zeigen Sie die charakteristischen Merkmale der Rokokomode auf.

Die **Rokokomode** war leicht, anmutig, bisweilen frivol.

Die kostbaren Seidenstoffe waren einfarbig, fein gemustert oder aufwändig bestickt und in den typischen Pastelltönen gehalten.

Die Damenroben wurden in verschwenderischer Fülle garniert mit Volants, Rüschen, Schleifen, Spitzen und Kunstblumen.

63 Beschreiben Sie die Entwicklung des Rockes der Damenmode während der Rokokozeit.

Zur Rokokozeit kam für die Damen aller Gesellschaftsschichten der **Reifrock** auf.

Anfangs war er kuppelförmig, die abgestuften Reifen aus Eisen oder Holz waren mit Wachstuch verbunden.

Später flachte man ihn vorne und hinten ab und erreichte so die typische Ellipsenform.

Das nun aus Fischbein hergestellte Gestell, **Panier** genannt, nahm gewaltige Ausmaße an.

Der untere Rock (Jupe) lag glatt über dem Reifrock und wurde überreich garniert.

Der andersfarbige Oberrock war vorne in Dreieckform geöffnet und hatte verzierte Kanten.

Als später die Mode fußfrei wurde, bauschte man ihn über ein Gestell oder Polster zum sogenannten **Cul de Paris.**

Dame im Reifrock, Mitte des 18. Jahrhunderts

Französische Mode um 1780

Ⓐ Justaucorps
Ⓑ Schoßweste
Ⓒ Abstehende Schöße
Ⓓ Culotte
Ⓔ Weiße Kniestrümpfe
Ⓕ Dreispitz
Ⓖ Stecker
Ⓗ Engageantes
Ⓘ Cul de Paris
Ⓙ Fußfreier Rock

64 Nennen Sie die Merkmale des Oberteiles der Damenmode zur Zeit des Rokokos.

Das **Oberteil** am Frauengewand zur Zeit des Rokokos war miederähnlich eng, vorne in spitzer Schneppe auslaufend und am großzügigen Ausschnitt mit Rüschen verziert, auch der Einsatz (Stecker) hatte einen aufwändigem Ausputz. Die ellbogenlangen Ärmel waren mit mehrfachen Volants (Engageantes) und Schleifen versehen. Darunter wurde ein Schnürleibchen getragen, um die begehrte Wespentaille zu erhalten.

65 Erklären Sie die Begriffe Cul de Paris und Contouche.

Cul de Paris
Gesäßbetonung durch Gestell oder Polster, über die der Oberrock drapiert wurde; auch Pariser Steiß, Französischer Steiß oder Tournüre genannt

Contouche
Haus-, Straßen- und Reisekleid zur Zeit des Rokokos, durchgehend geschnitten, mit tiefen Rückenfalten (sog. Watteau-Falten), auch Schlender genannt

„Die Liebeserklärung" von Jean-François de Troy

Ⓐ Knielanger Justaucorps
Ⓑ Lange Schoßweste
Ⓒ Halbweite Culotte
Ⓓ Contouche
Ⓔ Watteau-Falten im Rücken

66 Erläutern Sie die Bestandteile der Herrenmode zur Zeit des Rokokos.

Die **Herrenmode** zur Zeit des Rokokos bestand aus einem eleganten, knielangen Überrock (Justaucorps) mit verzierten Kanten, einer langen Schoßweste mit abstehenden Schößen, einem reich verzierten Hemd mit Spitzenjabots und breiten Spitzenmanschetten sowie einer halbweiten Kniehose (Culotte) aus Samt.

67 Beschreiben Sie den Kopfschmuck der Damen während des Rokokos.

Zur Zeit des Rokokos trugen die Damen auf der kleinen Lockenfrisur ein **Spitzenhäubchen** oder einen kleinen **Kopfschmuck** aus Federn, Blumen und Spitzen.

Später wurden die Haare über hohe Gestelle geführt und reich verziert.

68 Unterscheiden Sie die Männerperücke zur Barockzeit und zur Rokokozeit.

Zur **Barockzeit** trugen die Herren die hoch aufgetürmte, langlockige **Allongeperücke**.

Zur **Zeit des Rokokos** drehten die Herren die Seitenhaare ihrer **weiß gepuderten Perücke** zu Rolllocken, toupierten das Stirnhaar sehr hoch und trugen die Nackenhaare im **Haarbeutel** oder als **Zopf**.

69 Beschreiben Sie die Frauenkleidung zur Zeit der Englischen Mode.

Zur Zeit der **Englischen Mode** trugen die Frauen den langen weiten Rock über Gesäßpolster, dazu ein Miederoberteil oder den Caraco, eine kurze frackähnliche Jacke. Der lange Mantel (Redingote) hatte vorne zurückgeschnittene Rockteile, den Ausschnitt bedeckte man mit einem Brusttuch (Fichu).

70 Nennen Sie das charakteristische Merkmal der Frauenkleidung zur Zeit des Directoires und Empires.

Das charakteristische Merkmal der Frauenkleidung zur Zeit des Directoires und des Empires war die hoch bis **unter die Brust gerückte Taille.**

Englische Mode um 1790

Französische Mode um 1800

Ⓐ Hemdkleid (Chemise)
Ⓑ Erhöhte Taille
Ⓒ Großer Ausschnitt
Ⓓ Kurze Puffärmel
Ⓔ Lange Handschuhe

71 Erläutern Sie die Entwicklung des Frauengewandes zur Zeit des Directoires und Empires.

Directoire

Die Frauenkleidung erhielt antike Elemente. Das durchsichtige, faltenreiche, lang schleppende Hemdkleid (Chemise) mit großem Ausschnitt war ärmellos oder hatte kurze Ärmel und wurde unter der Brust durch einen Zugsaum gehalten. Später kamen Oberkleider in Mode, oftmals in Kniehöhe endend als Tunika.

Empire

Die Kleidung wurde wieder sehr prunkvoll. Die Roben aus Samt und schwerer Seide hatten ein hoch sitzendes Corsagenoberteil, kurze Puffärmel und einen steifen, engen und fußfreien Rock.

Empiremode Anfang des 19. Jahrhunderts

Ⓐ **Enges Leibchen (Corsage)**
Ⓑ **Erhöhte Taille**
Ⓒ **Langer Kaschmirschal**
Ⓓ **Canezou**
Ⓔ **Schleppe**

72 Nennen und beschreiben Sie den Männerrock und die Hose zur Zeit des Empires.

Zur Zeit des Empires erhielt der dunkle Männerrock einen hohen Kragen, breite Schöße und lange enge Ärmel. Allmählich entwickelte er sich zum **Frack,** der zweireihig geknöpft oder offen getragen wurde. Die Taillierung rückte höher. Die langen Beinkleider **(Pantalons),** aus hellen Farben und fußlang, wurden mit Stegen und Hosenträgern straff gehalten. Sie waren sehr eng und hatten eine erhöhte Taille.

Französische Hoftracht und Carrick, Anfang 19. Jahrhundert

Ⓐ **Frack**
Ⓑ **Erhöhte Taille**
Ⓒ **Zweispitz**
Ⓓ **Enge Kniehose**
Ⓔ **Zylinder**
Ⓕ **Carrick**
Ⓖ **Pantalons**
Ⓗ **Stiefel**

73 Erläutern Sie die Begriffe Gilet, Redingote, Carrick, Spenzer.

Gilet
Enge, kurze Weste, ärmellos, oft mit hochgestelltem Kragen

Redingote
Taillierter Mantel mit vollen oder zurückgeschnittenen Schößen, stets zweireihig geknöpft

Carrick
Mantel mit mehreren Schulterkragen in abgestufter Länge

Spenzer
Kurze, taillierte Überjacke mit Revers, ärmellos oder kurzärmelig

74 Zählen Sie typische Kopfbedeckungen für Damen und Herren zur Zeit des Empires auf.

Typische Kopfbedeckungen zur Zeit des Empires waren für die **Damen** Turbane, Spitzenhauben, antike Helme und die Schute; für die **Herren** der Zylinder.

75 Nennen Sie die charakteristischen Merkmale der Damen- und Herrenmode zur Zeit des Biedermeiers.

Die Kleidung zur Zeit des **Biedermeiers** war phantasievoll, farbenfreudig, die Damenmode sehr aufwändig, die Herrenmode eher unauffällig, elegant und zweckmäßig. Charakteristisch waren Streifen, Karos und Blümchenmuster, kombiniert mit weißer Wäsche. Durch starke Korsettierung wurde die modisch schlanke Taille erreicht.

Biedermeiermode um 1830

76 Beschreiben Sie das Biedermeierkleid um 1830.

Kennzeichnend für das **Biedermeierkleid um 1830** waren:

- Enge, durch Korsett geschnürte Taille
- Weiter, fußfreier Rock, gestützt durch mehrere Unterröcke bzw. durch die Krinoline
- In die Breite gehender Ausschnitt mit Berthe
- Riesige Hammelkeulen-, Schinken- oder Elefantenärmel
- Reiche Verzierung mit Bändern, Schleifen, Stickereien, Volants und Kunstblumen

77 Nennen und erklären Sie die typische Silhouette des Biedermeierkleides.

Für das Biedermeierkleid war die **Sanduhr-Silhouette** typisch:

- Verbreiterte Schultern durch vertieft eingesetzte Ärmel
- Bauschige Keulenärmel
- Enge Schneppen-Taille
- Weiter Rock

78 Erklären Sie die Fachbegriffe Krinoline, Pelerine, Mantilla, Rotonde.

Krinoline	Erst mit Rosshaar, später mit Stahlreifen versehener Unterrock
Pelerine	Kragenförmiger Umhang bzw. großer Schulterkragen am Mantel
Mantille	Umhang, meist in Dreieckform, die Schultern und evtl. den Kopf bedekkend
Rotonde	Langer, rundgeschnittener Mantelumhang für Frauen, auch Wickler genannt

79 Beschreiben Sie den Männerrock und die Hose zur Biedermeierzeit.

Zur **Biedermeierzeit** war der Männerrock (Gehrock, Frack) aus dunklen oder farbigen Wolltuchen, Brust und Schultern wurden wattiert, die knielangen glockigen Schöße wurden in der Taille angesetzt.

Die langen Hosen (Pantalons), bevorzugt aus hellen Stoffen, wurden mit Stegen straff gehalten.

80 Unterscheiden Sie zwischen Gehrock und Frack.

Gehrock

Die knielangen Schöße gehen vorne übereinander, er diente als Tagesanzug.

Frack

Die Schöße sind vorne abgerundet oder eckig ausgeschnitten, er diente als Gesellschaftsanzug und vornehmer Straßenanzug.

81 Erläutern Sie Frisur und Kopfbedeckung für Damen und Herren zur Zeit des Biedermeiers.

Damen

Frisur
Kunstvolle Frisuren mit aufgesteckten Zöpfen, Lockentuffs,
Ohrenschnecken,
Schmachtlocken

Kopfbedeckung
Schute, ein haubenähnlicher Hut mit breiter Krempe

Herren

Frisur
Gelocktes Haar und Koteletten

Kopfbedeckung
Zylinder

Mantelmode um 1830

Ⓐ **Zylinder**
Ⓑ **Carrick**
Ⓒ **Rotonde (Wickler)**

82 Kennzeichnen Sie die Damen- und Herrenmode zur Zeit des Historismus.

Die **Damenmode** zur Zeit des Historismus war repräsentativ und aufwändig in Material und Ausputz.

Die **Herrenmode** war sachlich, zeitlos und zweckmäßig in unauffälligen dunklen Farben.

83 Beschreiben Sie die Damenmode während des Zweiten Rokokos.

Kennzeichnend für die **Damenmode des Zweiten Rokokos** (Krinolinenzeit) waren:

- Kuppelförmiger Rock mit gewaltigen Ausmaßen, durch die Krinoline gestützt
- Querbetonung durch Volants, Rüschen, Stikkereien
- Mieder mit Schneppe, bei Tageskleidung hochgeschlossen, vorne durchgeknöpft und mit Spitzenkragen, bei Gesellschaftskleidung ausgeschnitten und reich verziert
- Pagodenärmel (oben eng, unten glockig erweitert)
- Bauschige Unterärmel

84 Zeigen Sie die Entwicklung des Damenkleides während der Gründerjahre auf.

Für das **Damenkleid während der Gründerjahre** war kennzeichnend:

- Oberteil körperbetont bis zu den Hüften, später stark tailliert und längsbetont, schmale Ärmel
- Rock vorne abgeflacht, ab Kniehöhe erweitert, im Rücken faltenreich schleppend
- Oberrock hochgenommen, am Gesäß über ein Gestell gebauscht (Tournüre) und reich garniert
- Tageskleidung mit der Zeit schleppenlos

85 Nennen Sie die Bestandteile der Herrenmode zur Zeit des Historismus.

Die **Herrenmode** zur Zeit des **Historismus** bestand aus dem schwarzen Gehrock bzw. Cutaway mit gestreifter Hose, dem Frack mit weißer Weste, dem Sakko, kombiniert mit gestriefter oder karierter Hose, dem Sakkoanzug aus einheitlichem Material, der Weste, dem Paletot.

Übergewänder zur Krinolinenzeit (Zweites Rokoko)

Besuchskleider 1879 (Gründerjahre)

86 Geben Sie Kopfbedeckungen für Damen und Herren zur Zeit des Historismus an.

Kopfbedeckungen zur Zeit des Historismus waren für die **Damen** das Teller- oder Kapotthütchen, für die **Herren** Zylinder, Melone und Canotier.

Herrenmode 1875 (Gründerjahre)

87 Beschreiben Sie Sakko und Hose zur Zeit der Gründerjahre.

Zur Zeit des Historismus hatte der **Sakko** durchgehend geschnittene Vorder- und Rückenteile, war wenig tailliert und häufig in zweireihiger Fasson, die Kanten wurden betont.

Die weiter geschnittene **Hose** mit erhöhter Taille war gestreift oder kariert, später aus dem gleichen Material wie der Sakko.

88 Erläutern Sie die Entwicklung der Damen- und Herrenbekleidung vor und nach der Jahrhundertwende.

Die Damen- und Herrenbekleidung vor und nach der **Jahrhundertwende** richtete sich in Stoff, Farbe und Schnitt nach Zweck und Gelegenheit. Beruf, Sport und Freizeitgestaltung nahmen Einfluss.

Reform- und Emanzipationsbestrebungen sollten eine körpergerechtere und zweckmäßigere Frauenkleidung bewirken.

89 Kennzeichnen Sie die Damenmode und die Herrenmode vor der Jahrhundertwende (Belle Epoque).

Die **Damenmode** vor der Jahrhundertwende war luxuriös und verschwenderisch in Material, Verarbeitung und Ausputz, jedoch in dezenten Farben.

Für die **Herrenmode** war der englische Stil ausschlaggebend mit sachlich-korrekten Formen und zurückhaltenden Farben und Dessins.

90 Nennen Sie typische Details des Damenkleides vor der Jahrhundertwende.

Typische Details des Frauenkleides vor der Jahrhundertwende (Belle Epoque) waren:

- **Röcke in schlanker Silhouette**: vorne schmal, im Rücken faltig schleppend
- Der in Bahnen geschnittene **Glockenrock,** an den Hüften eng anliegend, ab den Knien faltenreich aufspringend
- Das **Oberteil** lang und spitz auslaufend, bei Tageskleidung stets hochgeschlossen, mit hohem Stehkragen und üppig gebauschten Ärmeln.
- Später **blusige Oberteile** mit verzierten Einsätzen versehen

91 Geben Sie die Kopfbedeckungen für Damen und Herren um die Jahrhundertwende an.

Kopfbedeckungen zur Zeit der Jahrhundertwende waren für die **Damen** riesige und reich garnierte Wagenradhüte.

Für die **Herren** Filzhut, Melone, Zylinder und Canotier.

Damenmode um 1898

Ⓐ **Stehkragen**
Ⓑ **Keulenärmel**
Ⓒ **Enge Taille**
Ⓓ **Glockenrock**

Gesellschaftskleidung um 1910

Ⓐ **Betonte Büste**
Ⓑ **Bolero**
Ⓒ **Paletot**
Ⓓ **Muff**

92 Beschreiben Sie den Einfluss des Jugendstiles auf die Damenmode

Der Einfluss des **Jugendstils** auf die Damenmode bewirkte

- eine körpergerechtere und zweckmäßigere Bekleidung,
- weniger geschnürte Taille,
- vereinfachte Formen,
- lebhafte Farben und neue dekorative Muster.

93 Erklären Sie die Begriffe S-Form, Reformkleid, Humpelrock.

S-Form

Leib und Hüfte wurden mit dem Korsett zu einer geraden Front geschnürt, die Brust wurde betont, sodass der Körper von der Seite aus einer S-Form glich.

Reformkleid

Loses Kleid mit weich fließendem Fall; wurde ohne Korsett getragen.

Humpelrock

Langer, sehr enger Rock, in dem man kaum richtig gehen konnte.

94 Beschreiben Sie den Sakkoanzug um die Jahrhundertwende.

Kennzeichnend für den **Sakkoanzug** um die **Jahrhundertwende** waren:

- Mäßig taillierte und ziemlich hochgeschlossene Form
- Später stärker tailliert und mit längeren Revers
- Knöchellange Hosen, nach unten verjüngend, mit Aufschlägen und Bügelfalten

95 Nennen Sie die Anzugformen für besondere Anlässe zur Zeit der Jahrhundertwende.

Anzugformen für besondere Anlässe zur Zeit der Jahrhundertwende:

- Gehrock und Cutaway für besondere Anlässe am Tage
- Smoking als Gesellschaftsanzug für den Abend
- Frack für große offizielle Abendgesellschaften

96 Zeigen Sie die Veränderungen bei der Frauenkleidung nach dem 1. Weltkrieg auf, und begründen Sie diese Entwicklung.

Veränderungen bei der **Frauenkleidung nach dem 1. Weltkrieg** waren auf Grund der Gleichstellung der Frau im Beruf, im privaten und politischen Bereich sowie durch die zunehmende sportliche Betätigung vereinfachte Schnitte und kurze Röcke.

Man verzichtete auf die Betonung der weiblichen Formen, als modisches Ideal galt der knabenhafte Frauentyp (Garçonne).

97 Beschreiben Sie die Entwicklung der Damenmode während der Zwanziger Jahre.

1920
waren die meist einteiligen Kleider knapp wadenlang, die vertiefte Taille locker umspielt und betont.

1924
reichte der Rock nur noch bis zum Knie.

1927
war der Rock kniefrei. Die verlängerten Oberteile hatten einen geraden Schnitt, Busen und Taille blieben unbetont.

Ende der Zwanziger
Jahre wurde die Kleidung wieder figurbetonter, die Röcke wadenlang.

98 Zeigen Sie die schnitttechnischen Veränderungen beim Sakkoanzug während der Zwanziger Jahre auf.

Während der Zwanziger Jahre erhielt der **Sakkoanzug** folgende schnitttechnischen Veränderungen:

Um **1920**
hatte der meist einreihige Sakko eine versteifte Front, eine hohe Taille und steigende Revers, die Hose hatte eine nach unten enger verlaufende Schnittform.

Um **1925**
waren die Sakkos wenig tailliert, die Hosen hatten eine gleichmäßige Beinweite.

Um **1929**
waren die Sakkos mäßig tailliert, an der Hüfte anliegend, an den Schultern breit gepolstert; die Aufschlaghosen hatten einen weiten, geraden Schnitt.

99 Geben Sie sportliche und formelle Bekleidungsformen der Herrenmode der Zwanziger Jahre an.

Sportliche Bekleidungsformen
für die Herren während der Zwanziger Jahre waren Knickerbocker, Sportsakko und Trenchcoat.

Formelle Bekleidungsformen
waren Cutaway, Smoking, Frack, Stresemann.

Nachmittagskleider 1925

Gesellschaftskleidung 1929

Herrenmode 1925

100 Kennzeichnen Sie die Damenmode und die Herrenmode während der Dreißiger Jahre.

Die **Damenmode**
der Dreißiger Jahre war sehr feminin, die natürlichen Formen wurden betont; später wurde die Mode strenger und erhielt maskuline Details.

Die **Herrenmode**
war konservativ, die Alltagsmode etwas sportlicher.

Gesellschaftskleidung 1932

101 Nennen Sie typische Details des Damenkleides der Dreißiger Jahre.

Typische Details des Damenkleides während der **Dreißiger Jahre** waren:

- Wadenlang
- Taillenbetont
- Hüftschmal
- Glockige Saumweite
- Schulterbetont
- Schrägschnitte
- Drapierungen
- Zipfel- und Wickeleffekte

Kostüm 1939

Nachmittagskleid 1939

102 Zeigen Sie die Veränderungen der Damenmode Ende der Dreißiger Jahre auf.

Die Damenmode **Ende der Dreißiger Jahre** kennzeichnen extrem breit gepolsterte Schultern, knielange Röcke, Mäntel mit 7/8-Länge, Uniformdetails wie Schulterklappen, große aufgesetzte Taschen, breite Revers.

103 Beschreiben Sie die Herrenmode der Dreißiger Jahre.

Die **Herrenmode** der Dreißiger Jahre kennzeichnen:

- Taillierte Sakkos, an der Hüfte anliegend, mit betonten Schultern und kurzen breiten Revers
- Zweireiher für besondere Anlässe am Tage
- Gerade Aufschlaghosen mit bequemer Weite
- Als Sportkombinationen Norfolkjacke mit Knickerbocker bzw. Gürtelhose und Blazer

Sportliche Herrenmode

104 Zeigen Sie die Entwicklung der Kleidermode während der Vierziger Jahre auf.

Während des **Zweiten Weltkrieges** und der **Nachkriegszeit** war wenig Weiterentwicklung der Kleidermode möglich.

Stoffknappheit und angeordnete Einschränkungen machten häufiges Umarbeiten und Zusammenstückeln nötig.

1947 startete die Haute Couture in Paris einen Neubeginn und spielte wieder die dominierende Rolle.

Christian Dior stieg mit seinem **„New Look"** zum Modekönig auf.

Damenmode der frühen Vierziger Jahre

105 Kennzeichnen Sie die Damenmode der frühen Vierziger Jahre.

Die Damenmode während der **frühen Vierziger Jahre** war einfach und zweckentsprechend, aber dennoch kleidsam.

Schmale Formen mit betonten Schultern und kniekurzen Röcken waren kennzeichnend.

Kleider waren taillenbetont, Jacken und Mäntel hatten Uniformdetails.

106 Beschreiben Sie die Damenmode Ende der Vierziger Jahre.

Ende der Vierziger Jahre brachte der **New Look** wadenlange weite Glockenröcke und figurbetonende Oberteile mit runden Schultern.

Kennzeichen der **Engen Linie** bzw. **Bleistifllinie** waren lange schmale Röcke und eng taillierte Oberteile.

Damenmode 1949:
Kostüm im New Look — Enge Linie

107 Nennen Sie die Details der Herrenmode zur Nachkriegszeit.

In der **Nachkriegszeit** wurden die Sakkos länger, an den Schultern stark verbreitert, an den Hüften schmal gehalten.

Die Hosen erhielten einen weiten Schnitt und Aufschläge.

Der Dufflecoat kam auf.

Herrenmode

1955: Tulpen-, Kuppel-, Linie   1957: Trapez-, A-, H-, Sacklinie   1958: Tonnenlinie

Modelinien der Fünfziger Jahre

108 Zählen Sie Modelinien der Fünfziger Jahre auf.

Modelinien der Fünfziger Jahre waren z. B.:

Tulpen-, Trapez-, Kuppel-,
Ballon-, Tonnen-, Sacklinie,
A-, H-, V-, Y-, X-, I-Linie

109 Kennzeichnen Sie die Kuppellinie, H-Linie, Befreite Linie.

Kuppellinie
Wippende Röcke und Petticoats

H-Linie
Umspielte Taille, Hüftbetonung, blusige Oberteile

Befreite Linie
Sackähnliche Schnitte, körperunbetont

110 Beschreiben Sie die Herrenmode der Fünfziger Jahre.

Während der **Fünfziger Jahre** hatten die Sakkos und Mäntel zunächst einen weiten Schnitt ohne Taillierung und breit gepolsterte Schultern.

Die Hosen hatten oben bequeme Weite und verengten sich nach unten.

Ab 1955 wurden die Sakkos figurbetonter und erhielten rundere Schultern. Einreiher hatten kurze breite Revers.

Mäntel in X- und V-Linie, 1951

Blousonkostüm, 1959

Schneiderkostüm und Zweireiher

Einreiher, 1954

111 Kennzeichnen Sie die Bekleidungsweise der Sechziger Jahre.

Für die Bekleidungsweise der **Sechziger Jahre** waren kennzeichnend:

- Befreiung von Zwängen und Tabus
- Unkonventioneller Kleidstil
- Jugendlichkeit
- Einfluss der Raumfahrt und der abstrakten Kunst (Op-Art)
- Antimoden (Hippiemode, Gammler-Look)

112 Beschreiben Sie die Damenmode der frühen Sechziger Jahre.

Merkmale der Damenmode der **frühen Sechziger Jahre:**

- Feminine, figurbetonende Linie: Prinzesskleid, Etuikleid
- Sportlich-lässiger Stil: Jumperkleid, Shiftkleid, Blousons, lange Westen, Trägerrock, Hemdblusenkleid
- Minirock und Damenhose setzten sich durch.

113 Geben Sie Beispiele für futuristische und ausgefallene Modevarianten der Damenmode während der Sechziger Jahre.

Futuristische und ausgefallene Modevarianten der **Sechziger Jahre** waren:

- Op-Art und Weltraum-Look
- Geometrische Dessins und Schnittformen
- Kunststofffolie, Lackstoffe
- Maximode
- Transparent-Look
- Hot Pants
- Hosen mit extremer Fußweite (Schlaghosen)

114 Zeigen Sie die Entwicklung der Herrenmode in den Sechziger Jahren auf.

In den **frühen Sechziger Jahren** hatten Sakkos und Mäntel einen geraden und bequemen Schnitt.

Ab 1965 wurde die Silhouette figurbetonter, die Sakkos waren teilweise stark tailliert. Bevorzugt wurden schmale aufschlaglose Hosen und kniekurze Mäntel getragen.

Damenmode der frühen sechziger Jahre:
Prinzesskleid Hemdblusenkleid

Courrèges-Stil

Maximantel und Hosenkombination

Freitzeitanzug, 1964

Einreiher, 1964

115 Erläutern Sie die Merkmale der Kleidermode in den Siebziger Jahren.

Kennzeichnend für die **Siebziger Jahre** waren der individuelle Kleidstil, das Kombinieren von Einzelteilen sowie der Material- und Mustermix.

Bei der **Damenmode** pendelte sich die Rocklänge auf midi ein.

In der **Herrenmode** entwickelte sich neben der konservativen und formellen Kleidung die abwechslungsreiche Freizeit- bzw. Legerkleidung.

Die **Jugend** bevorzugte den Jeans-Stil; Disco-Mode und Punker-Look kamen auf.

Blazermode, 1972

T-Linie, 1979

116 Kennzeichnen Sie Stil- und Trendrichtungen der Damenmode in den Siebziger Jahren.

Stil- und Trendrichtungen der Damenmode in den **Siebziger Jahren** waren:

- Nostalgiemode
- Folklore-Look
- Romantik-Look
- Midilänge
- T-Linie (sachlicher Stil)
- Oversized-Schnitte (lässige Mode)

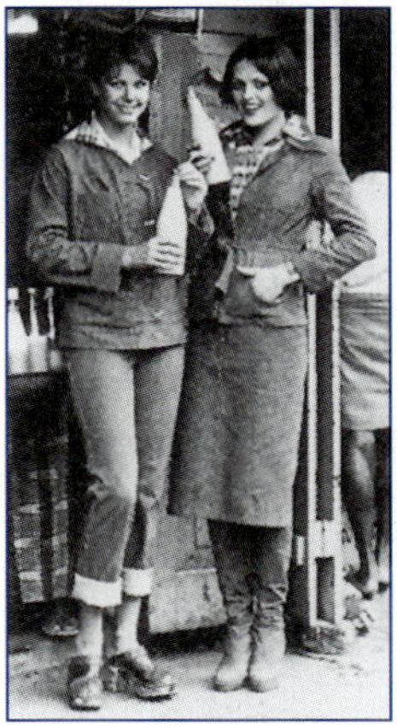

Jeansmode, 1972

Nostalgiemode, 1979

117 Beschreiben Sie die Herrenmode der Siebziger Jahre.

Die **Herrenmode** der Siebziger Jahre war zunächst geprägt durch

- stark taillierte Sakkos mit schmalen Schultern und breiten Revers,
- gesäßenge Hosen mit großer Fußweite.

Später setzte sich eine Linie durch, die optisch schlank und dennoch bequem war:

- Breitere Schultern,
- langgezogene Revers und schmale Hosen waren kennzeichnend.

Partymode, 1975

Ein- und Zweireiher, 1972

118 Charakterisieren Sie die Kleidermode der Achtziger Jahre.

Charakteristisch für die Kleidermode der **Achtziger** Jahre waren eine große Formenvielfalt, anspruchsvolle Stoffe, aufwändige Verarbeitung und dekorative Details.

Bei der **Herrenmode** galt:
noble Eleganz, klassischer Schnitt und dennoch Bequemlichkeit.

Kennzeichnend für die **Legerkleidung** waren leichte Materialien, lässiger Schnitt und aufwändige funktionelle Details.

In der **Damenmode** war sowohl der klassisch-elegante Stil als auch der sportlich-funktionelle Stil aktuell. Auch eine betont feminine bzw, extravagante Mode, nostalgische Einflüsse, Stil-Mix sowie variierende Rocklängen waren typisch.

Die **Jugend** bevorzugte einen gepflegten und originellen Kleidstil.

119 Zeigen Sie die Kennzeichen der Herrenmode während der Achtziger Jahre auf.

Kennzeichen der Herrenmode während der **Achtziger Jahre** waren:

- GemäßigteTaillierung, Schulterbetonung und Reversbreiten
- Bundfaltenhosen
- Stepp- und leichte Hüllenmäntel
- Vielfältige Partymode

120 Nennen Sie Stilrichtungen der Damenmode in den Achtziger Jahren.

Stilrichtungen der Damenmode während der Achtziger Jahre waren:

- Klassisch-elegant
- Feminine Eleganz
- Sportlich-funktionell, lässig
- Nostalgische Einflüsse
- Stilmix
- Sportlich-eleganter Citystil
- Hüllenlook mit Überweite (Oversize)

121 Geben Sie Beispiele für typische Details der Damenmode während der Achtziger Jahre.

Typische Details der Damenmode während der **Achtziger Jahren** waren:

- Einfache, bequeme Schnitte
- Körperumspielende schlanke Silhouette
- Maskuline Formen und Details (City-Mode)
- Voluminös mit extremer Überweite (Hüllenlook)
- Betonte Schulterpartie
- Großzügige Ärmelschnitte
- Neue Proportionen durch extrem unterschiedliche Längen und Weiten

Kostüm in neuer Proportion

Feminine Mode

City-Stil

122 Charakterisieren Sie in Stichworten die Mode der Neunziger Jahre.

Kennzeichnend für die Mode der **Neunziger Jahre** waren z. B.:

- **Ökowelle**
  bzw. der Trend zu Naturfasern
- **Technowelle**
  bzw. das Comeback der synthetischen Chemiefasern
- Funktionelle und bequeme **Outdoor-Mode**
- Erotische **Bodyfashion**
- **Purismus** bzw. **Minimalimus**
  (klassische, schlichte Mode)
- **Retro-Look**
  (femininer Stil der Dreißiger, Vierziger und Fünfziger Jahre)
- **Young-Fashion**
  in Anlehnung an die Sechziger und Siebziger Jahre
- **Lagen-Look**
  (aus Grunge bzw. dem Arme-Leute-Look oder der Second-Hand-Mode entwickelt)
- **Casual-Wear**
  mit Oversized-Schnitten
- **Casual-Eleganz,**
  die Chic mit Komfort verbindet.

123 Beschreiben Sie die Entwicklung der Herrenmode in den Neunziger Jahren

Kennzeichnend für die **Herrenmode** der Neunziger Jahre waren z. B.:

- Bequemer, lässiger **Casual-Look**
- Unkomplizierter, maskuliner **Business-Stil**
- **Broken-Suit**
  - Sakko, Hose und Weste sind farblich genau aufeinander abgestimmt,
  - Muster bzw. Gewebestruktur sind jedoch abweichend.
- **High-Tech-Materialien**
  für Mäntel

Natur-Look

Transparent-Look

Erotische Mode

Purismus

Casual-Look

Broken-Suit

124 Zeigen Sie den Trend der Damenmode zur Jahrtausendwende auf.

Für den Trend der Damenmode zur **Jahrtausendwende** sind z. B. kennzeichnend:

- Anspruchsvolle Eleganz mit Betonung des Femininen
- Phantasievolle Romantik
- Strenge City-Mode
- Elemente aus der Sport-Wear
- Mode aus interessanten Stoffen, jedoch komfortabel, funktionell und business-like
- Spiel mit Kontrasten und Materialien

A-Linie

Hose mit Überlänge

125 Erläutern Sie die nachfolgen Begriffe: Bodyfashion, Broken-Suit, Cross Dresing, Lagenlook, Livestyle, Purismus, Wellness.

Fachbegriff	*Erläuterung*
Bodyfashion	Enge, provozierende, erotische Mode
Broken-Suit	Sakko, Hose und Weste sind farblich genau aufeinander abgestimmt, Muster bzw. Gewebestruktur sind jedoch abweichend.
Crossdressing	Mix von Kleidungsstücken, die traditionell nicht zueinander gehören
Lagenlook	Bekleidungsteile mit abgestuften Längen werden übereinander getragen.
Lifestyle	Altersunabhängige Identifizierung mit bestimmten Lebensformen und Erlebniswelten
Purismus	Klassische Mode mit schlichten Schnitten, geraden Formen, Unifarbigkeit, jedoch in hochwertigen Materialien und perfekter Verarbeitung (auch: Minimalismus)
Wellness	Wohlfühlen

Lagenlook

Empire-Linie

Jacke mit „Innenleben“

Casual Look

126 Ordnen Sie jeweils Gewandformen der Griechischen und Römischen Antike zu, und geben Sie an, ob sie von Frauen, Männern oder von beiden Geschlechtern getragen wurden.

Gewandformen	Frauen	Männer	Frauen und Männer
Griechische Antike	Peplos	Chlaina Exomis	Chiton Himation
Römische Antike	Stola Palla	Toga Pallium	Tunika Paenula

127 Erklären Sie den Begriff Schneppe, und nennen Sie Stilepochen, in denen eine Schneppe üblich war.

Mit **Schneppe** bezeichnet man die spitz zulaufende oder abgerundete Verlängerung der vorderen Taille an Vorderteilen von Frauenkleidern.

Sie war in folgenden Stilepochen üblich:

- Spanische Mode
- Barock
- Rokoko
- Biedermeier
- Gründerjahre
- Jahrhundertwende

128 Zählen Sie Stilepochen auf, in denen das Frauenkleid eine Schleppe hatte.

In folgenden Stilepochen hatte das Frauenkleid eine **Schleppe**:

Gotik, Barock, Directoire, Empire, Gründerjahre.

129 Nennen Sie Stilepochen, in denen der Rock des Frauenkleides eine Stütze erhielt, und geben Sie den Fachbegriff für diese Stütze an.

In folgenden Stilepochen hatte der **Rock** des Frauengewandes eine **Stütze**:

Spanische Mode	Verdugado
Barock	Tournüre, Cul de Paris
Rokoko	Panier, Tournüre, Cul de Paris
Biedermeier	Krinoline
Zweites Rokoko	Krinoline
Gründerjahre	Tournüre, Cul de Paris

130 Zeichnen Sie die Silhouette des Frauengewandes zur Zeit der Burgundischen Mode, der Spanischen Mode, des Rokokos, des Empires, des Biedermeiers und der Jahrhundertwende.

Silhouetten des Frauengewandes:

Burgundische Mode **Spanische Mode**

Rokoko **Empire**

Biedermeier **Jahrhundertwende**

131 Vergleichen Sie die Ärmel am Frauengewand zur Zeit
der Gotik, der Deutschen Renaissance,
des Barocks, des Biedemeiers und
der Gründerjahre.

Ärmel zur Zeit der **Gotik:**

Anliegende Röhrenärmel mit trichterförmiger Erweiterung (Muffe), kurze Ärmel mit am Rückenteil lang herab hängenden Stoffstreifen (Hängeärmel), Tütenärmel mit sehr großer Weite am Handgelenk, bauschige Beutelärmel mit Armschlitzen, offene Flügelärmel

Ärmel zur Zeit der **deutschen Renaissance:**

Üppige Ärmel, die eingenestelt wurden und austauschbar waren, mehrfache Unterteilungen und Puffungen durch Abschnürungen und Zwischenstreifen, Schlitze mit andersfarbigem Stoff unterlegt, Manschetten- und Rüschenabschluss.

Ärmel zur Zeit des **Barocks:**

Halblange enge Ärmel mit mehrfachen Spitzenvolants (Engageantes)

Ärmel zur Zeit des **Biedermeiers:**

Riesige Hammelkeulen-, Schinken- oder Elefantenärmel, mit Fischbeingestellen gestützt, vertieft eingesetzt, vom Ellbogen bis zum Handgelenk eng; später am Ansatz eng und unten gebauscht

Ärmel zur Zeit der **Gründerjahre:**

Keulenärmel, üppig gebauscht am Einsatz, am Handgelenk eng

132 Zählen Sie für vier Stilepochen Mantelformen auf.

Romanik
Tasselmantel, Schnurmantel

Gotik
Nuschenmantel

Deutsche Renaissance
Schaube

Empire
Redingote, Carrick

Biedermeier
Rotonde (Wickler), Carrick, Redingote

133 Ordnen Sie den nachstehenden Fachbegriffen die entsprechende(n) Stilepoche(n) zu
und geben Sie jeweils eine kurze Beschreibung:
Pluderhose,
Heerpauke,
Culotte,
Pantalons.

Pluderhose

Stilepoche

Deutsche Renaissance

Beschreibung

Knielang,
mit Puffungen und Schlitzen versehen

Heerpauke (Kürbishose)

Stilepoche

Spanische Mode

Beschreibung

Oberschenkellang,
bauschig und gepolstert,
manchmal geschlitzt,
mit engem Bundabschluss

Culotte

Stilepochen

Barock, Rokoko

Beschreibung

Mäßig weite Kniehose aus Samt mit seitlichem Verschluss

Pantalons

Stilepochen

Empire, Biedermeier

Beschreibung

Helle, lange Beinkleider,
mit Stegen und Hosenträgern straff gehalten, erhöhte Taille

134 Nennen Sie zu den nachstehenden Fachbegriffen die entsprechende Stilepoche und bringen Sie sie zeitlich in die richtige Reihenfolge: Robe, Reformkleid, Kalasiris, Chemise, Cotte, Peplos.

Fachbegriff	*Stilepoche*
Kalasiris	Ägyptisches Altertum
Peplos	Griechische Antike
Cotte	Romanik, Gotik
Robe	Barock, Rokoko
Chemise	Directoire, Empire
Reformkleid	Jugendstil

135 Definieren Sie die nachstehenden Fachbegriffe und nennen Sie die dazugehörige(n) Stilepoche(n):
Engageantes, Gänsebauch,
Goller, Petticoat, Stecker.

Engageantes

Definition

Ärmelabschluss in Form von mehrfachen Spitzenvolants oder Rüschen

Stilepochen

Barock, Rokoko

Gänsebauch

Definition

Nach unten spitz verlaufende Verlängerung der Brustwattierung am Wams

Stilepoche

Spanische Mode

Goller

Definition

Breiter Schulterkragen zum ausgeschnittenen Leibchen

Stilepoche

Deutsche Renaissance (Reformationszeit)

Petticoat

Definition

Steifer, kuppelförmiger Unterrock, meistens gestuft und verziert

Stilepoche

Fünfziger Jahre

Stecker

Definition

Verzierter Einsatz am Miedervorderteil in Dreieckform

Stilepochen

Barock, Rokoko

136 Erläutern Sie die folgenden Fachbegriffe der Herrenmode, und geben Sie die dazugehörige(n) Stilepoche(n) an: Schecke, Surcot, Faltrock, Justaucorps, Spenzer.

Schecke

Erklärung

Kurzer, stark taillierter Oberrock für jüngere Männer

Stilepochen

Gotik, Burgundische Mode

Surcot

Erklärung

Obergewand, meist ärmellos und ungegürtet, oft pelzverbrämt

Stilepochen

Romanik, Gotik

Faltrock

Erklärung

Knielanger Männerrock mit in Falten gelegten Schößen

Stilepoche

Deutsche Renaissance (Reformationszeit)

Justaucorps

Erklärung

Eleganter, knielanger, eng am Körper anliegender Männerrock aus Samt oder Brokat und Tressenverzierung

Stilepochen

Barock, Rokoko

Spenzer

Erklärung

Kurze, taillierte Überjacke mit Revers, ärmellos oder kurzärmelig

Stilepoche

Empire

137 Stellen Sie in einer Tabelle für nachstehende Stilepochen die typischen Kopfbedekkungen für Frauen und Männer zusammen.

Zeitalter	Frauen	Männer
Romanik	Kopftuch, Gebende, Schapel	Kappen, Spitzhut, Mützen, Schapel
Gotik	Hennin, Hörnerhaube, Kruseler, Schapel	Burgundische Kappe, Gugel, Turban, Sendelbinde Schapel
Deutsche Renaissance	Barett	Barett
Spanische Mode	Toque	Spanischer Hut
Barock	Fontange	Allongeperücke und Dreispitz
Rokoko	Spitzenhäubchen	Dreispitz
Empire	Turban, Spitzenhauben, Helme, Schute	Zylinder
Biedermeier	Schute	Zylinder
Gründerjahre	Teller- bzw. Kapotthütchen	Zylinder, Melone, Canotier
Jahrhundertwende, Jugendstil	Wagenradhut	Zylinder, Melone, Canotier
Zwanziger Jahre	Topfhut, Turban	Filzhut, Homburg, Mützen, Kappen

138 Ordnen Sie den nachstehenden Moderichtungen das entsprechende Jahrzehnt zu und geben Sie eine kurze Erklärung:
Op Art, Nostalgiemode,
Mode à la garçonne, New Look.

Op Art

Jahrzehnt

Sechziger Jahre

Erklärung

Futuristische Mode, geometrisch-abstrakte Muster, Optische Kunst

Nostalgiemode

Jahrzehnt

Siebziger Jahre

Erklärung

Femininer Stil in Anlehnung an die Dreißiger Jahre

Mode à la garçonne

Jahrzehnt

Zwanziger Jahre

Erklärung

Knabenhafter Frauentyp als modisches Ideal

New Look

Jahrzehnt

Vierziger Jahre

Erklärung

Neue, betont feminine Damenmode nach dem 2. Weltkrieg von Christian Dior

139 Zählen Sie Stilepochen auf, in denen das Frauengewand hochgeschlossen war, sowie Stilepochen, in denen es ein Dekolleté hatte.

Hochgeschlossene Frauengewänder waren z.B. üblich zur Zeit der Romanik, der Spanischen Mode und die Tageskleidung zur Zeit des Biedermeiers und der Gründerjahre.

Ein **Dekolleté** hatte das Frauengewand zur Zeit des Barocks, des Rokokos, des Empires.

140 Erläutern Sie die nachfolgenden Fachbegriffe für historische Kopfbedeckungen und nennen Sie die entsprechende(n) Stilepoche(n).

Schapel

Erklärung

Stirn- oder Kopfreifen aus Metall oder Blumen

Stilepochen

Romantik, Gotik

Gebende

Erklärung

Um Stirn und Kopf geschlungenes Leinenband, ergänzt mit einem Schapel

Stilepoche

Romantik

Hennin

Erklärung

Hoher, kegelförmiger Hut mit lang flatterndem Schleier

Stilepoche

Gotik

Barett

Erklärung

Flache Kopfbedeckung, mit Federn und Schnüren reich garniert

Stilepoche

Deutsche Renaissance

Fontange

Erklärung

Haube mit steifen, gefälteten Spitzenrüschen, die vorne wie Orgelpfeifen in die Höhe stehen

Stilepoche

Barock

Schute

Erklärung

Haubenähnlicher Hut mit breiter Krempe und reich verziert, mit Bindebändern unter dem Kinn gehalten

Stilepochen

Empire, Biedermeier, Zweites Rokoko

141 Ordnen Sie die nachstehenden Fußbekleidungen den entsprechenden Stilepochen zu: Sandalen, Schnabelschuhe, Kuhmaulschuhe, Stöckelschuhe, Kreuzbandschuhe, Stiefeletten, Pumps.

Fußbekleidung	*Stilepochen*
Sandalen	Ägyptisches Altertum, Griechische Antike, Römische Antike
Schnabelschuhe	Gotik, Burgundische Mode
Kuhmaulschuhe	Deutsche Renaissance (Reformationszeit)
Stöckelschuhe	Barock, Rokoko
Kreuzbandschuhe	Directoire, Empire, Biedermeier
Stiefeletten	Biedermeier, Gründerjahre Zweites Rokoko,
Pumps	Jahrhundertwende, Jugendstil

142 Zeigen Sie an zwei Beispielen Parallelen zwischen Baustil und Bekleidung auf.

Gotik (Burgundische Mode)

Baustil

Betonung der Vertikalen, starke senkrechte Untergliederung, hochragende Türme, Spitzbogen

Bekleidung

Überschlanke Silhouette: hochgerückte Taille, knappes Oberteil und lang schleppender Rock, Schalkragen; hochragende Kopfbedeckung (Hennin) mit flatterndem Schleier, Schnabelschuhe mit langen Spitzen

Deutsche Renaissance (Reformationszeit)

Baustil

Betonung der Horizontalen, starke waagerechte Untergliederung, Säulen- und Bogenkonstruktionen

Bekleidung

In die Breite gehende Ausschnitte, tief eingenestelte üppige Ärmel, die durch Abschnürungen, Zwischenstreifen und Puffungen mehrfach unterteilt waren, Querbetonung der Kanten durch breite Borten und Blenden; flaches Barett als Kopfbedeckung, breite Kuhmaulschuhe

143 Stellen Sie an zwei Beispielen dar, wie der Zeitgeist die Bekleidung beeinflusst.

Stilepoche Spanische Mode

Zeitgeist

Die strenge Geisteshaltung der Gegenreformation schrieb Farben, Formen und Details genauestens vor.

Die Haut musste immer bedeckt sein, die weiblichen Formen wurden negiert.

Bekleidung

Die Kleidung war steif, unbequem und oft düster in den Farben.

Das Mieder war immer hochgeschlossen und wurde stark versteift, um den Oberkörper flach zu pressen.

Die steifen Halskrausen und der abstehende Reifrock (Verdugado) sorgten für geziemende Distanz.

Hohe Stelzenschuhe (Chopinen) verhinderten einen Blick auf die Beine.

Stilepoche Rokoko

Zeitgeist

Die Lebensformen der höfischen Gesellschaft lockerten und verfeinerten sich, in der Haltung und in den Gebärden zeigte sich eine heitere, bisweilen frivole, leicht gekünstelte Wesensart.

Die charakteristische überladene Prunkfülle mit spielerisch wucherndem Dekor zeigte sich auch bei der Bekleidungsweise.

Bekleidung

Das Dékolleté der Damenroben wurde sehr groß, durch die enge Schnürung wurden die weiblichen Formen betont.

Der weit ausladende Reifrock (Panier) sowie die abstehenden Schößе des Männerrocks (Justaucorps), die verschwenderische Fülle von Garnierungen und die extreme Perückenmode waren typisch für den übermütigen Lebensstil dieser Zeit.

Die Lösungen der nachfolgenden Aufgaben befinden sich auf Seite 276.

144 Ordnen Sie den Fachbegriffen
Schapel,
Cotte,
Gebende,
Tasselmantel,
Surcot (Suckenie)
den entsprechenden Buchstaben zu.

Deutscher Fürst und deutsche Frauen, 13. Jh.

145 Ordnen Sie den Fachbegriffen
Muffe,
Schecke,
Mi-parti,
Zaddeln,
Hennin
den entsprechenden Buchstaben zu.

Burgundische Hoftracht um 1450

146 Ordnen Sie den Fachbegriffen
Barett
und
Schaube
den entsprechenden Buchstaben zu.

Deutsche Patrizier, Anfang 16. Jh.

147 Ordnen Sie den Fachbegriffen
Gänsebauch,
Schneppe,
Kröse,
Heerpauke
den entsprechenden Buchstaben zu.

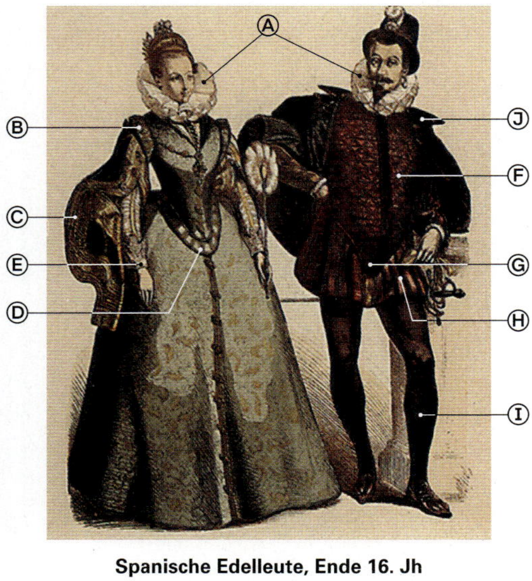

Spanische Edelleute, Ende 16. Jh

148 Ordnen Sie den Fachbegriffen
Justaucorps,
Allonge,
Engageantes,
Stecker,
Culotte
den entsprechenden Buchstaben zu.

Französische Adelige am Hof Ludwig XIV., Anfang 18. Jh

149 Ordnen Sie den Fachbegriffen
Manteau,
Jupe (über Panier),
Schneppe,
Dékolleté
den entsprechenden Buchstaben zu.

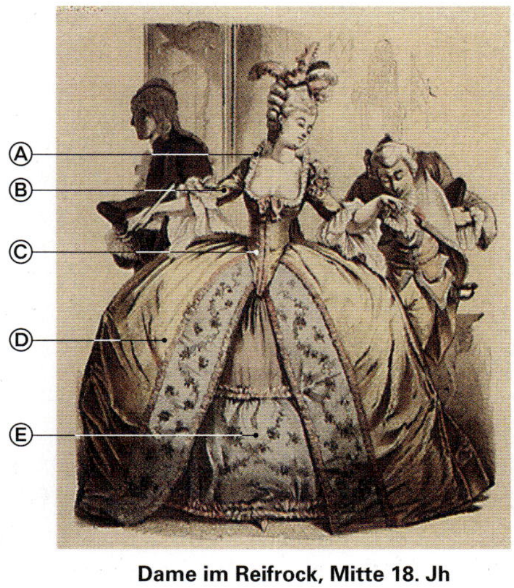

Dame im Reifrock, Mitte 18. Jh

150 Ordnen Sie den Fachbegriffen
Tunika,
Spenzer,
Pantalons
den entsprechenden Buchstaben zu.

Deutsche Empiremode um 1800

151 Ordnen Sie den Fachbegriffen
Berthe,
Schute,
Pantalons
den entsprechenden Buchstaben zu.

Biedermeiermode um 1830

152 Welche Bezeichnung für die mit © gekennzeichnete Ärmelform ist üblich?
Sackärmel,
Tütenärmel,
Pagodenärmel,
Schinkenärmel,
Hängeärmel.

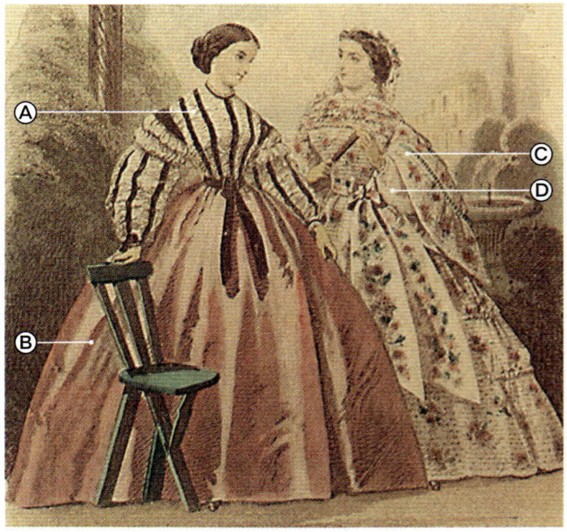

Krinolinenmode (Zweites Rokoko) 1860

153 Welche Bezeichnung ist für die mit © gekennzeichneten Gesäßbetonung üblich?
Contouche,
Jupe,
Krinoline,
Tournüre,
Schneppe

Gesellschaftskleider 1882

154 Ordnen Sie den Fachbegriffen
Paletot,
Cutaway,
Melone
den entsprechenden Buchstaben zu.

Herrenmode 1875

155 Mit welchem Begriff wird die mit © gekennzeichnete Körperbetonung umschrieben?
Schlanke Linie,
S-Form,
Sanduhr-Silhouette,
Cul de Paris.

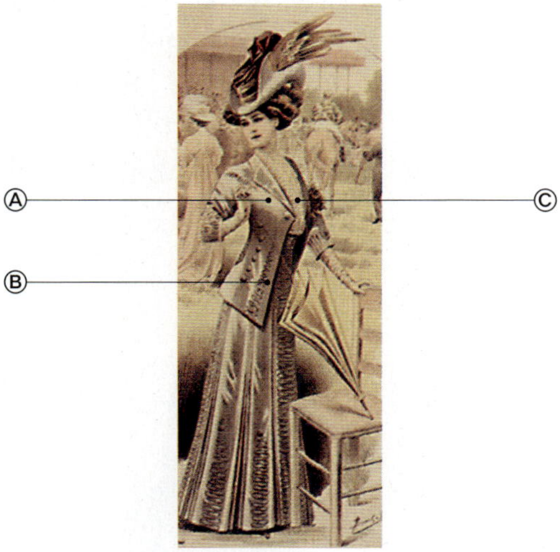

Damenmode um die Jahrhundertwende

156 Ordnen Sie der mit © gekennzeichneten Rockform den entsprechenden Fachbegriff zu:
Krinoline,
Jupe,
Tunika,
Tournüre,
Humpelrock.

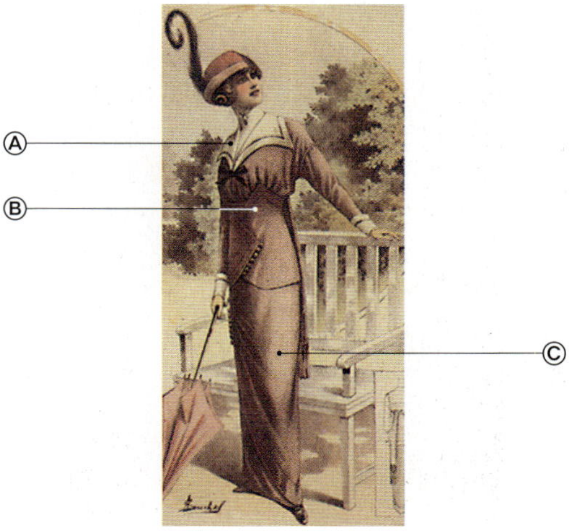

Damenmode Anfang des 20. Jh.

157 Ordnen Sie der mit Ⓑ gekennzeichneten Hutform den entsprechenden Fachbegriff zu:
Toque, Schute, Wagenrad, Kapotte, Kalotte.

Gesellschaftskleidung 1910

158 Ordnen Sie dem mit Ⓖ gekennzeichneten Oberteil den entsprechenden Fachbegriff zu:
Shirt, Jumper, Hänger, Blouson, Kasack.

Sportliche Damen- und Herrenmode 1926

159 Ordnen Sie den nachfolgend aufgeführten Baustilen die entsprechende Abbildung von Ⓐ bis Ⓕ zu und bringen Sie sie in die richtige zeitliche Reihenfolge:
Baustil des Barocks, des Klassizismus, der Renaissance, Griechischer Baustil, Gotischer Baustil, Romanischer Baustil.

Ⓐ

Ⓑ

Ⓒ

Ⓓ

Ⓔ

Ⓕ

160 Ordnen Sie den nachfolgenden Silhouetten Ⓐ bis Ⓕ die entsprechende Modeepoche zu und bringen Sie sie in die richtige zeitliche Reihenfolge:

Empire, Gotik, Biedermeier, Rokoko, Jahrhundertwende, Spanische Mode.

161 Ordnen Sie den nachfolgenden Silhouetten Ⓐ bis Ⓕ die entsprechende Modeepoche zu und bringen Sie sie in die richtige zeitliche Reihenfolge:

Spanische Mode, Biedermeier, Barock,Gotik, Romanik, Deutsche Renaissance.

11.2 Gebundene (multiple choice) Aufgaben

Die Lösungen der nachfolgenden Aufgaben 1 bis 50 befinden sich auf Seite 277.

1 Wie nannte man das Nationalgewand der Ägypter/-innen im Altertum?

Ⓐ Chiton
Ⓑ Cotte
Ⓒ Kalasiris
Ⓓ Tunika
Ⓔ Robe

2 Welcher der nachfolgenden Begriffe kennzeichnet keine Gewandform der Griechischen Antike?

Ⓐ Chiton
Ⓑ Himation
Ⓒ Chlamys
Ⓓ Pallium
Ⓔ Peplos

3 Welcher der nachstehenden Begriffe kennzeichnet keine Gewandform der Römischen Antike?

Ⓐ Palla
Ⓑ Tunika
Ⓒ Peplos
Ⓓ Toga
Ⓔ Pallium

4 Wie nannte man das Staats- und Ehrenkleid des römischen Bürgers im antiken Rom?

Ⓐ Toque
Ⓑ Toga
Ⓒ Exomis
Ⓓ Talar
Ⓔ Robe

5 Welcher der nachfolgend aufgeführten Begriffe für Frauengewänder war üblich zur Zeit der Griechischen Antike?

Ⓐ Tunika
Ⓑ Peplos
Ⓒ Cotte
Ⓓ Kalasiris
Ⓔ Robe

6 Welcher der nachfolgend aufgeführten Begriffe für Frauengewänder war üblich zur Zeit der Römischen Antike?

Ⓐ Tunika
Ⓑ Peplos
Ⓒ Kalasiris
Ⓓ Cotte
Ⓔ Chemise

7 Welche Bezeichnung gebrauchte man im Mittelalter für verschiedenfarbige Beinlinge?

Ⓐ Clavi
Ⓑ Engageantes
Ⓒ Mi-parti
Ⓓ Zaddeln
Ⓔ Trippen

8 In welcher Modeepoche hatten die Gewandränder ausgeschnittene oder angesetzte Stofflappen?

Ⓐ Romanik
Ⓑ Barock
Ⓒ Gotik
Ⓓ Renaissance
Ⓔ Empire

9 Welche der nachstehenden Gewandformen war nicht zur Zeit der Romanik üblich?

Ⓐ Tasselmantel
Ⓑ Cotte
Ⓒ Surcot
Ⓓ Culotte
Ⓔ Suckenie

10 Zu welcher Zeit erreichte man durch die Korsettierung bei der Damenmode eine S-Form?

Ⓐ um 1810
Ⓑ um 1830
Ⓒ um 1850
Ⓓ um 1870
Ⓔ um 1900

11 Welche Ärmelform war typisch für das Biedermeierkleid?

Ⓐ Röhrenärmel
Ⓑ Schinkenärmel
Ⓒ Tütenärmel
Ⓓ Sackärmel
Ⓔ Volantärmel

12 Welche der nachstehenden Männerhosen war zur Zeit der Spanischen Mode üblich?

Ⓐ Pantalons
Ⓑ Pluderhose
Ⓒ Kürbishose
Ⓓ Culotte
Ⓔ Rheingrafenhose

13 Welche der nachstehenden Männerhosen war zur Barock- und Rokokozeit üblich?

Ⓐ Pantalons
Ⓑ Kürbishose
Ⓒ Heerpauke
Ⓓ Pluderhose
Ⓔ Culotte

14 Welche der nachstehenden Männerhosen war üblich zur Zeit des Empires und Biedermeiers?

Ⓐ Pantalons
Ⓑ Heerpauke
Ⓒ Pluderhose
Ⓓ Culotte
Ⓔ Kürbishose

15 Wie nannte man den Mantel zur Zeit der Deutschen Reformation?

Ⓐ Carrick
Ⓑ Schaube
Ⓒ Paletot
Ⓓ Tasselmantel
Ⓔ Rotonde

16 Welche Bezeichnung war für die verlängerte Spitze des Oberteiles beim Damenkleid üblich?

Ⓐ Stecker
Ⓑ Schneppe
Ⓒ Muffe
Ⓓ Kröse
Ⓔ Engageantes

17 In welcher Modeepoche wurde das Oberteil des Frauenkleides mit einem Stecker (Einsatz) versehen?

Ⓐ Romanik
Ⓑ Empire
Ⓒ Rokoko
Ⓓ Biedermeier
Ⓔ Spanische Mode

18 Welche Bezeichnung gebrauchte man zur Zeit der Spanischen Mode für die großen gesteiften Halskrausen?

Ⓐ Muffe
Ⓑ Schneppe
Ⓒ Kröse
Ⓓ Engageantes
Ⓔ Stecker

19 Wie nannte man die trichterförmige Erweiterung des Ärmels am Handgelenk zur Zeit der Gotik?

Ⓐ Muffe
Ⓑ Schneppe
Ⓒ Kröse
Ⓓ Stecker
Ⓔ Engageantes

20 Wie nannte man den Mantel mit mehreren Schulterkragen zur Zeit des Empires und Biedermeiers?

Ⓐ Schaube
Ⓑ Tasselmantel
Ⓒ Paletot
Ⓓ Carrick
Ⓔ Rotonde

A

21 In welcher Modeepoche wurde ein Reifrock getragen?

- Ⓐ Rokoko
- Ⓑ Empire
- Ⓒ Romanik
- Ⓓ Jugendstil
- Ⓔ Gotik

22 In welcher Modeepoche erhielt das Frauenkleid eine Gesäßbetonung?

- Ⓐ Barock
- Ⓑ Spanische Mode
- Ⓒ Burgundische Mode
- Ⓓ Biedermeier
- Ⓔ Empire

23 Wie nannte man die Stütze des Rockes zur Zeit des Biedermeiers?

- Ⓐ Panier
- Ⓑ Verdugado
- Ⓒ Krinoline
- Ⓓ Cul de Paris
- Ⓔ Tournüre

24 Wie nannte man den Reifrock zur Zeit der Spanischen Mode?

- Ⓐ Panier
- Ⓑ Verdugado
- Ⓒ Krinoline
- Ⓓ Cul de Paris
- Ⓔ Tournüre

25 Wie nannte man den Reifrock zur Zeit des Rokokos?

- Ⓐ Panier
- Ⓑ Verdugado
- Ⓒ Krinoline
- Ⓓ Cul de Paris
- Ⓔ Tournüre

26 Welche Bezeichnung war zur Zeit der Romanik für das Frauenkleid üblich?

- Ⓐ Chemise
- Ⓑ Cotte
- Ⓒ Manteau
- Ⓓ Ropa
- Ⓔ Contouche

27 Welche Kopfbedeckung war bei den Damen zur Zeit des Biedermeiers beliebt?

- Ⓐ Barett
- Ⓑ Hennin
- Ⓒ Schute
- Ⓓ Topfhut
- Ⓔ Toque

28 Welche der nachstehenden Gewandformen wurde in der Griechischen Antike nicht von Männern getragen?

- Ⓐ Chiton
- Ⓑ Exomis
- Ⓒ Chlamys
- Ⓓ Peplos
- Ⓔ Himation

29 Welche der nachstehenden Gewandformen wurde in der Antike nicht von Frauen getragen?

- Ⓐ Peplos
- Ⓑ Stola
- Ⓒ Toga
- Ⓓ Chiton
- Ⓔ Himation

30 Welche der nachstehenden Gewandformen wurde in der Römischen Antike nicht von Männern getragen?

- Ⓐ Toga
- Ⓑ Tunika
- Ⓒ Pallium
- Ⓓ Palla
- Ⓔ Paenula

A

31 Welcher der nachstehenden Begriffe kennzeichnet keine historische Mantelform?

Ⓐ Himation
Ⓑ Carrick
Ⓒ Manteau
Ⓓ Schaube
Ⓔ Rotonde

32 In welcher Epoche bezeichnete man den Männerrock mit Schecke?

Ⓐ Romanik
Ⓑ Gotik
Ⓒ Barock
Ⓓ Spanische Mode
Ⓔ Empire

33 Welche Bezeichnung für das Frauenkleid war zur Zeit des Barocks üblich?

Ⓐ Robe
Ⓑ Ropa
Ⓒ Jupe
Ⓓ Rotonde
Ⓔ Cotte

34 In welcher Zeit kam für die Damenmode der Humpelrock auf?

Ⓐ um 1830
Ⓑ um 1850
Ⓒ um 1890
Ⓓ um 1910
Ⓔ um 1925

35 In welcher Zeit galt als modisches Ideal für die Damenmode die „Garçonne"?

Ⓐ zur Zeit des Empires
Ⓑ in den 50er Jahren
Ⓒ in den 70er Jahren
Ⓓ zur Zeit des Jugendstiles
Ⓔ in den 20erJahren

36 In welcher der nachstehend aufgeführten Modeepochen war das Frauenkleid **nicht** hochgeschlossen?

Ⓐ Gründerjahre
Ⓑ Spanische Mode
Ⓒ Rokoko
Ⓓ Romanik
Ⓔ Jahrhundertwende

37 In welcher der nachstehend aufgeführten Modeepochen wurde das Frauenkleid hochgeschlossen getragen?

Ⓐ Rokoko
Ⓑ Barock
Ⓒ Empire
Ⓓ Spanische Mode
Ⓔ Directoire

38 In welcher der nachstehenden Modeepochen wurde die Taille der Frau an der natürlichen Stelle betont?

Ⓐ Zwanziger Jahre
Ⓑ Empire
Ⓒ Burgundische Mode
Ⓓ Directoire
Ⓔ Biedermeier

39 In welcher der nachstehenden Modeepoche wurde die Taille der Frau **nicht** an der natürlichen Stelle betont?

Ⓐ Burgundische Mode
Ⓑ Rokoko
Ⓒ Spanische Mode
Ⓓ Biedermeier
Ⓔ Gründerjahre

40 In welcher der nachstehenden Modeepoche hatte das Frauenkleid **keine** Schleppe?

Ⓐ Burgundische Mode
Ⓑ Spanische Mode
Ⓒ Barock
Ⓓ Empire
Ⓔ Gründerjahre

41 Wie bezeichnet man eine am Boden aufliegende Verlängerung des Hinterrockes am Frauenkleid?

Ⓐ Schneppe
Ⓑ Stecker
Ⓒ Berthe
Ⓓ Schleppe ☒
Ⓔ Krinoline

42 Welcher der nachstehenden Begriffe gehört **nicht** zur Biedermeiermode?

Ⓐ Berthe
Ⓑ Schute
Ⓒ Krinoline
Ⓓ Muffe ☒
Ⓔ Pelerine

43 Welcher der nachstehenden Begriffe gehört **nicht** zur Burgundischen Mode?

Ⓐ Hennin
Ⓑ Schnabelschuhe
Ⓒ Schleppe
Ⓓ Schneppe
Ⓔ Brustlatz

44 Welcher der nachstehenden Begriffe gehört **nicht** zur Kleidung der Deutschen Renaissance (Reformationszeit)?

Ⓐ Schaube
Ⓑ Goller
Ⓒ Schneppe
Ⓓ Barett
Ⓔ Kalotte

45 Welche Bezeichnung gebrauchte man im Mittelalter für ausgezackte Gewandränder?

Ⓐ Clavi
Ⓑ Engageantes
Ⓒ Mi-parti
Ⓓ Zaddeln
Ⓔ Braguette

46 Welche der nachstehenden Kopfbedeckungen wurde **nicht** zur Zeit der Burgundischen Mode getragen?

Ⓐ Barett
Ⓑ Gugel
Ⓒ Hennin
Ⓓ Hörnerhaube
Ⓔ Kruseler

47 Wie bezeichnet man den Männerrock zur Zeit des Barocks und Rokokos?

Ⓐ Wams
Ⓑ Faltrock
Ⓒ Justaucorps
Ⓓ Schecke
Ⓔ Spenzer

48 Wie bezeichnet man den kurzen Männerüberrock zur Zeit der Burgundischen Mode?

Ⓐ Schecke
Ⓑ Justaucorps
Ⓒ Spenzer
Ⓓ Faltrock
Ⓔ Wams

49 Welche Ärmelform war **nicht** zur Zeit der Burgundischen Mode üblich?

Ⓐ Hängeärmel
Ⓑ Röhrenärmel
Ⓒ Sackärmel
Ⓓ Schinkenärmel
Ⓔ Tütenärmel

50 Welcher der nachstehenden Begriffe kennzeichnet **keinen** Bestandteil der Barockmode?

Ⓐ Französischer Steiß
Ⓑ Stecker
Ⓒ Dekolleté
Ⓓ Puffärmel
Ⓔ Engageantes

Teil B: Projektaufgaben und Lösungsvorschläge

Projekt 1 Grafische Darstellung

In einer Frauenumfrage zum Thema Modeinteresse wurden die im Kreisdiagramm dargestellten Ergebnisse ermittelt.

Beantworten Sie hierzu folgende Fragen:

1. Wie viel Prozent der Frauen kann man als modeinteressiert bezeichnen?
2. Wie viel Prozent der Frauen hält sich in Sachen Mode wenigstens auf dem Laufenden?
3. Wie viel Prozent der Frauen hat ein geringes Interesse an der Mode?
4. Welche Auswirkungen hat diese Umfrage auf modeerzeugende Betriebe?
5. Nennen Sie Gründe, weshalb es relativ viele Frauen gibt, die sich wenig oder kaum für Mode und Bekleidung interessieren.
6. Durch welche Maßnahmen könnte erreicht werden, dass sich noch mehr Frauen für Mode interessieren?

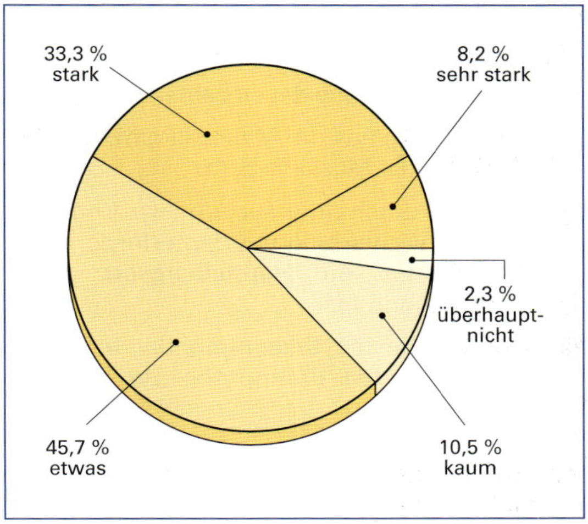

Interesse von Frauen an Mode

Lösungsvorschlag

1. 8,2% aller Frauen sind sehr stark an der aktuellen Mode interessiert. Rechnet man noch 33,3% stark an Mode interessierte Frauen dazu, kommt man auf 41,5% modeinteressierte Frauen.

2. Ein sehr großerTeil der Frauen, nämlich 45,7%, interessieren sich etwas für die Mode.

3. 10,5% der Frauen interessiert es kaum und 2,3% der Frauen überhaupt nicht, wie dieTrends in der Mode liegen.

   Rechnet man diese beiden Gruppen zusammen, so kommt man auf einen Prozentsatz von 12,8 % nicht an Mode interessierter Frauen.

4. Es ist im Interesse der modeerzeugenden Betriebe, den Prozentsatz an modeinteressierten Frauen zu erhöhen, um die Umsätze zu steigern. Da jedoch nur 2,3% aller Frauen überhaupt nicht an Mode interessiert sind, besteht kein Grund zur Sorge.

5.
   - Diese Frauen haben einen eigenen individuellen Geschmack.
   - Viele Frauen können sich die neue Mode nicht leisten.
   - Die aktuelle Mode trifft den Geschmack der Frauen nicht.

6.
   - Neue Marketingstrategien.
   - Mode, bei der für jeden Geschmack etwas dabei ist.
   - Ein gutes Preis-Leistungs-Verhältnis.

Projekt 2 Fasermischung/Flächenbezogene Masse

Suchen Sie aus einer Stoffkollektion ein **Beispiel** für eine Fasermischung mit **drei** Faserstoffen aus.

1. Ermitteln Sie aus den Prozentangaben das **Mischungsverhältnis.**
2. Geben Sie die nach dem TKG möglichen **Rohstoffgehaltsangaben** an und belegen Sie diese durch Angabe der einzelnen Paragrafen.
3. Errechnen Sie aus der Masse in g/m^2 und der Stoffbreite die **Masse in g/m.**
4. Stellen Sie durch Untersuchung von Kette und Schuss in Verbindung mit den erforderlichen Prüfmethoden die **Herstellungsart** dieser Fasermischung fest.
5. Erläutern Sie die **Erkennung** der einzelnen Faserstoffe mittels Brennprobe bzw. sonstiger Prüfmethoden.
6. Beschreiben Sie den **Warencharakter** (Griff, Fall, Oberflächenstruktur, Glanz, Porenvolumen).
7. Geben Sie mögliche **Einsatzgebiete** an.
8. Suchen Sie aus Abbildungen ein geeignetes Modell aus und erstellen Sie hierzu eine **Technische Zeichnung** (Vorder- und Rückenansicht).

   Ergänzen Sie diese mit einer **Modellbeschreibung.**
9. Ordnen Sie diesem Modell ein **Material- und Pflegeetikett** mit den entsprechenden Symbolen zu.
10. **Dokumentieren** Sie die einzelnen Aufgabenteile in einer ansprechenden Form.

Lösungsvorschlag

1 Berechnung des Mischungsverhältnisses

Gegebene Daten:

Beispiel für Fasermischung
64% Polyester (PES)
32% Wolle (WO)
4% Elastan (EL)

Gesuchte Daten:

Mischungsverhältnis

Lösung in Tabellenform:

Sorten	Anteile in %	Kürzungszahl	Anteile
PES	64	4	**16**
WO	32	4	**8**
EL	4	4	**1**

⇒ **Mischungsverhältnis PES : WO : EL = 16 : 8 : 1**

2 Mögliche Rohstoffgehaltsangaben:

§ 5 (1) **64 % Polyester**
32 % Wolle
4 % Elastan

§ 5 (2.2) **64 % Polyester**
32 % Wolle
Elastan

3 Berechnung der flächenbezogenen Masse

Gegebene Daten:

Masse/m^2 200 g
Stoffbreite 1,50 m

Gesuchte Daten:

Masse/m

Lösung:

Länge	Breite	Fläche	Masse
1 m	1 m	1 m^2	200 g
1 m	1,50 m	1,5 m^2	x

$$x = \frac{200\ g \cdot 1{,}50\ m^2}{1\ m^2} = 300\ g$$

⇒ **Masse/m = 300 g**

4 Herstellungsart der Fasermischung:

In Kette und Schuss Spinnfasergarne in Polyester/Wollfasermischung sowie vereinzelt Filamentgarne aus Elastan.

5 Fasererkennung:

	Brennprobe	*Weitere Prüfmethode*
Polyester	schmilzt in der Nähe der Flamme, Schmelze ist fadenziehend, Rückstand unzerreibbar, glänzend	ist **hitzebeständiger** als Polyamid, welches sich bei der Brennprobe gleich verhält
Wolle	brodelt mit kleiner Flamme, Geruch nach verbranntem Horn, zerreibbare Schlacke	ist **weniger glänzend** als Seide, welche sich bei der Brennprobe gleich verhält
Elastan	schrumpft, schmilzt, unzerreibbarer Rückstand	ist **hochelastisch**

6 Warencharakter:

Der ***Bi-Stretch-Tropical***

- ist dehnfähig und elastisch in beide Richtungen
- ist knitterarm und pflegeleicht
- hat einen körnigen Griff und eine leinenähnliche Oberflächenstruktur
- hat ein geringes Porenvolumen

7 Einsatzgebiete:

- Röcke
- Hosen
- Blazer
- Westen

8 Technische Zeichnung

(Technische Modellskizze)

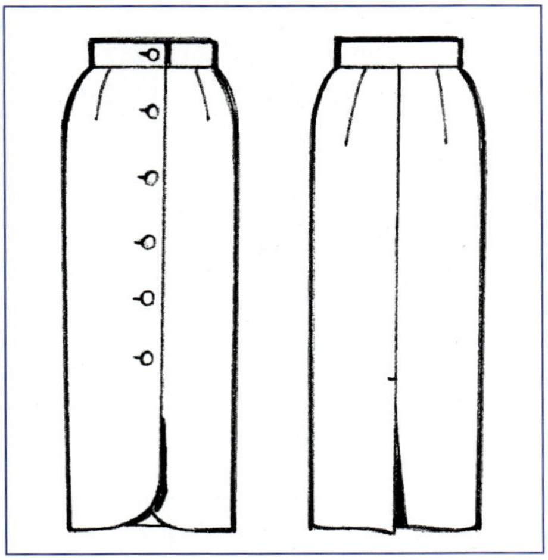

Modellbeschreibung:

- gerade Schnittform
- mit Taillenabnähern
- in der vorderen Mitte durchgeknöpft
- die Verschlusskanten sind abgerundet
- in der hinteren Mitte mit Naht und
- einseitigem Gehschlitz
- Bund mit Knopf

9 Material- und Pflegeetikett

Oberstoff:	64 %	Polyester
	32 %	Wolle
	4 %	Elastan
Futter:	100 %	Polyamid

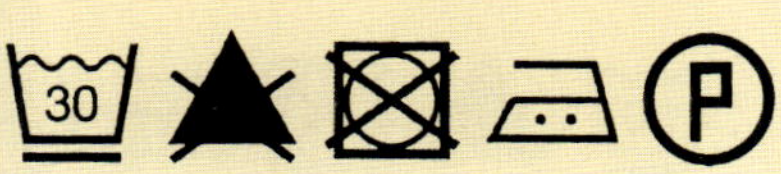

Projekt 3 Garne

Bei einer Hosenverarbeitung kommen folgende Garne zum Einsatz:

Bauschgarn	Polyester	Nm 120/3
Pikiergarn	Polyester	Nm 120/2
Knopflochgarn	Polyester	Nm 30 (3)
Obergarn	Polyester	Nm 100/3

1. Beschreiben Sie die verschiedenen Garne.
2. Erläutern Sie die einzelnen Garnnummern.
3. Erklären Sie, wie sich bei tex und Nm Garnnummer und Garnfeinheit zueinander entwickeln.
4. Zählen Sie Anforderungen an Nähgarne auf.
5. Wählen Sie eine Hosenform aus, fertigen Sie eine technische Zeichnung an (Vorder- und Rückenansicht) und ergänzen Sie diese mit einer Modellbeschreibung.
6. Ordnen Sie den aufgeführten Garnarten die einzelnen Näharbeitsgänge zu.
7. Wählen Sie einen Oberstoff aus und erstellen Sie ein Material- und Pflegeetikett.

Lösungsvorschlag

1 Garnbeschreibung

Bauschgarn	Zwirn aus texturierten Filamentgarnen; voluminös, hochelastisch
Pikiergarn	Zwirn aus glatten Filamentgarnen; dünn, dicht
Knopflochgarn	Zwirn aus glatten Filamentgarnen oder aus schappegesponnenen Spinnfasergarnen; dick, glatt, fest
Obergarn	Zwirn aus Spinnfasergarnen; gleichmäßig, stabil

2 Erläuterung der Garnnummern

Nm 120/3	Einzelgarnfeinheit: 120 m Länge auf 1 g Masse; Fachung des Zwirnes: 3
Nm 120/2	Einzelgarnfeinheit: 120 m Länge auf 1 g Masse; Fachung des Zwirnes: 2
Nm 30(3)	„Theoretische“ Zwirnfeinheit: 30 m Länge auf 1 g Masse; Fachung des Zwirnes: 3
Nm 100/3	Einzelgarnfeinheit: 100 m Länge auf 1 g Masse; Fachung des Zwirnes: 3

3 Zusammenhang zwischen Garnnummer und Feinheit:

tex: Je niedriger die Nummer, desto höher ist die Feinheit.

Nm: Je höher die Nummer, desto höher ist die Feinheit.

5 Technische Zeichnung (Technische Modellskizze)

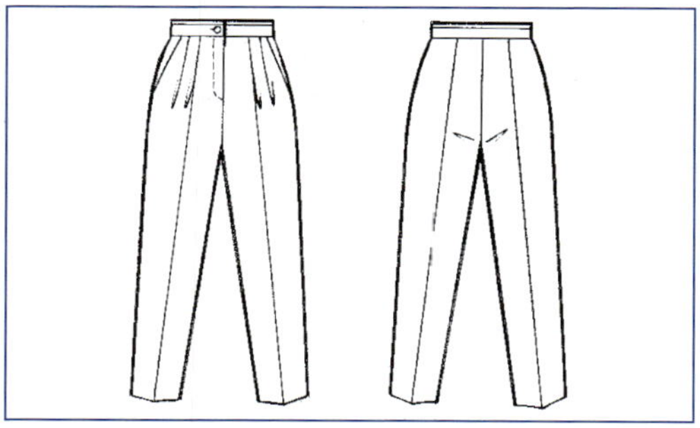

Modellbeschreibung:
Bundfaltenhose mit seitlichen Eingriffstaschen, Vorderreißverschluss, Bund mit Knopf. Die Beinweite wird zum Knöchel hin schmaler.

4 Anforderungen an Nähgarne:

- Gleichmäßigkeit
- Festigkeit
- Härte
- Elastizität

6

Garnart	Näharbeitsgang
Bauschgarn	Kantenversäuberung
Pikiergarn	Blindstichsäume
Knopflochgarn	Knopflöcher
Obergarn	Schließnähte, Taschen-, Bundverarbeitung, RV, Annähen von Knöpfen

7 Oberstoff: ***Crêpe aus Mikrofasergewebe***

Etikett:

62 % Polyester
38 % Cupro

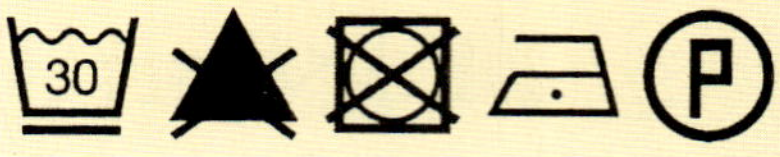

Projekt 4 Nähtechnik

Sie arbeiten einen ungefütterten engen Rock.

1. Zählen Sie alle maschinellen Näharbeitsgänge auf und ordnen Sie den Stichtyp zu, mit dem Sie die Naht arbeiten.
2. Zeichnen Sie für jeden Stichtyp das Nahtsymbol.
3. Schätzen Sie die einzelnen Nahtlängen und ermitteln Sie den Nähgarnbedarf (benützen Sie hierzu die Tabelle).
4. Zählen Sie Gestaltungsmöglichkeiten für einen engen Rock auf.
5. Fertigen Sie eine technische Zeichnung an.
6. Wählen Sie einen Oberstoff aus.
7. Listen Sie alle Zutaten für den Rock auf.
8. Erstellen Sie ein Materialetikett mit Angabe der Pflegesymbole.

DIN 61400	Stichtyp	Stichbild	Nahtbild	Garnbedarf pro 1 m Naht
101	Einfach-kettenstich	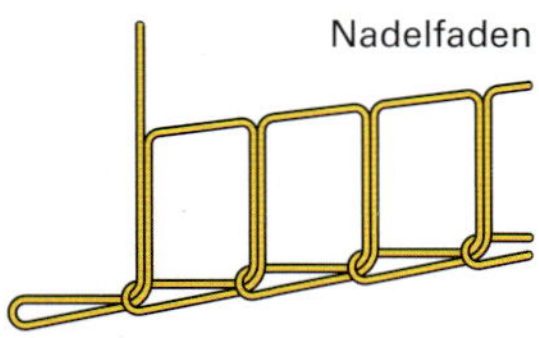		3,80 m
301	Doppel-steppstich	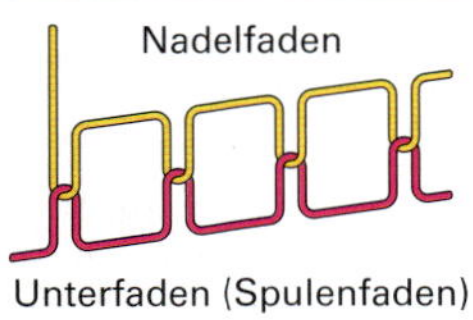		2,80 m
401	Doppel-kettenstich	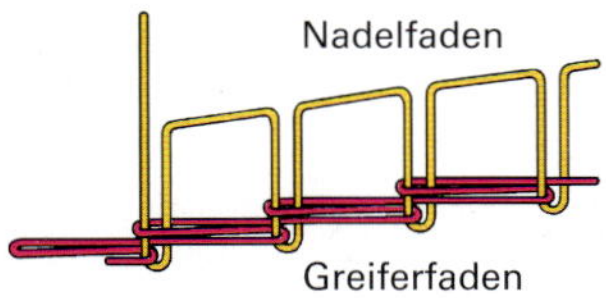		4,80 m
406	Zweinadel-Doppel-kettenstich	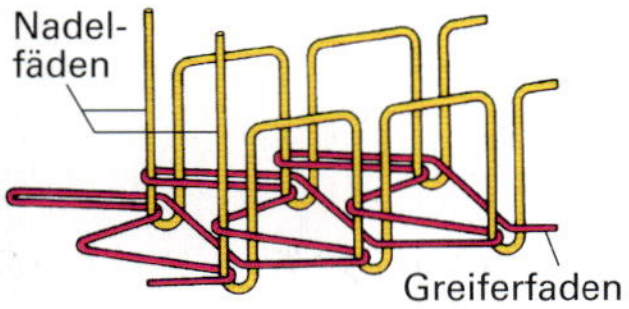		11,40 m
504	Dreifaden-Über-wendlich-stich	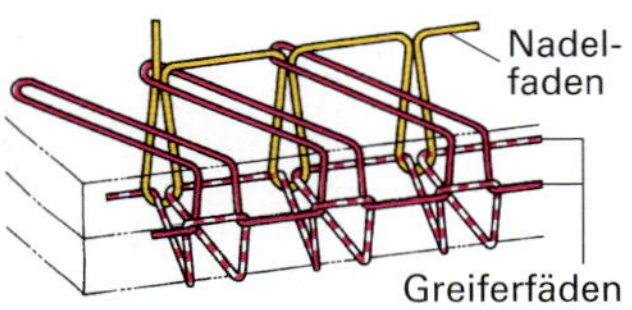		13,80 m
602	Zweinadel-Überdeck-kettenstich mit Legefaden	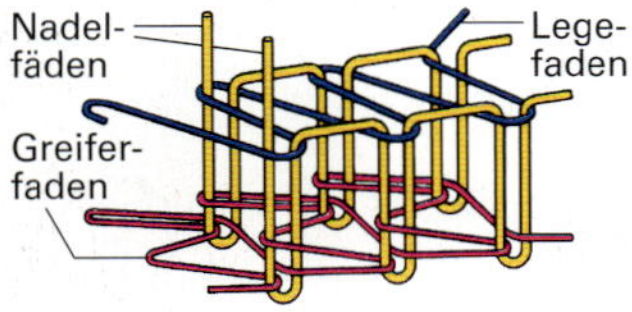		18,60 m

Lösungsvorschlag

1 Näharbeitsgang	Stichtyp	2 Nahtsymbol
Schnittkanten versäubern	Überwendlichstich, dreifädig	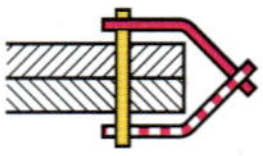
Seitennähte schließen Hintere Mittelnaht schließen Abnäher schließen Bund aufsetzen Reißverschluss einnähen	Doppelsteppstich Doppelsteppstich Doppelsteppstich Doppelsteppstich Doppelsteppstich	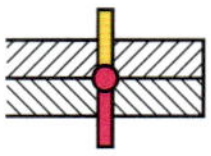
Saum nähen	Blind-Einfachkettenstich	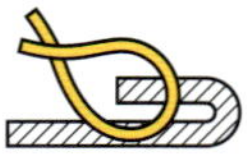
Knopfloch nähen	Doppelsteppstich	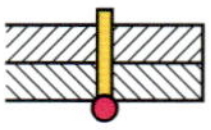
Knopf annähen	Einfachkettenstich	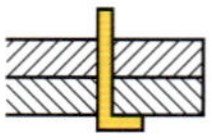

Stichtyp	Nahtlänge	Garnbedarf pro 1 m Naht	3 Garnbedarf$_{gesamt}$
Doppelsteppstich	4,00 m	2,80 m	**11,20 m**
Überwendlichstich	5,00 m	13,80 m	**69,00 m**
Blind-Einfachkettenstich	1,00 m	4,50 m	**4,50 m**
DSS für Knopfloch	0,05 m	2,80 m	**0,14 m**
EKS für Knopfannähnaht	0,02 m	3,80 m	**0,08 m**

4 Gestaltungsmöglichkeiten

- Schlitze
- Teilungsnähte
- Bundfalten
- Einzelfalten
- Knopfleiste
- Wickeleffekt

6 Oberstoff: ***Gabardine***

7 Zutaten:

- Bundeinlage
- Aufhängerband
- 1 Reißverschluss
- 1 Knopf
- Nähgarn
- Überwendlichgarn

5 Technische Zeichnung (Technische Modellskizze)

8 Materialetikett:

100% Baumwolle

Projekt 5 Kleinteile

Eine Tischdecke erhält eine Kantenverzierung durch Applikationen in Form von Dreiecken. Die Basis (Grundseite) und die Höhe der Dreiecke betragen jeweils 5 cm. Es werden insgesamt 54 Dreiecke benötigt. Der zur Verfügung stehende Stoff liegt in einer Breite von 60 cm vor.

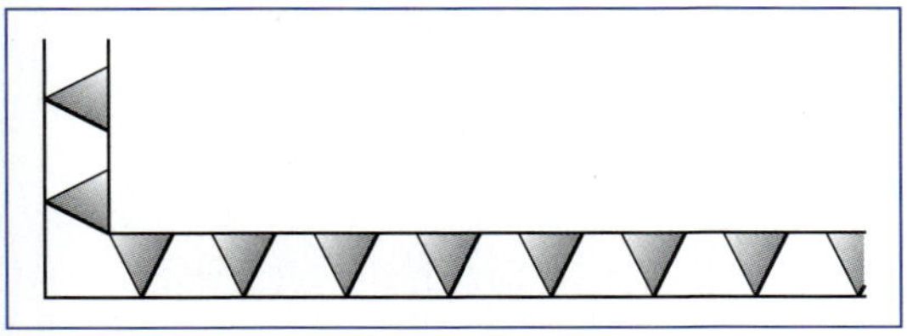

1. Ermitteln Sie den **Stoffbedarf,** wenn die Dreiecke nur in *einer* Richtung zugeschnitten werden können. (Höhe = Kettrichtung)
2. Ermitteln Sie den **Stoffbedarf** für die Dreiecke wenn **zwei** Zuschneiderichtungen möglich sind.
3. Veranschaulichen Sie die Ergebnisse von 1. und 2. durch einen **Zuschneideplan** im Maßstab 1 : 5.
4. **Konstruieren** Sie ein Dreieck in Originalgröße und **bemaßen** Sie es.
5. Erläutern Sie den Begriff **Applikation.**
6. Nennen Sie verschiedene Befestigungstechniken für Applikationen.

Lösungsvorschlag

Ermittlung des Stoffbedarfs

Gegebene Daten:

$\text{Länge}_{\text{Teil}}$	LT	5 cm
$\text{Breite}_{\text{Teil}}$	BT	5 cm
$\text{Zahl der Teile}_{\text{gesamt}}$	ZT_{ges}	54
Stoffbreite	StB	60 cm

Gesuchte Daten:

1. Zuschnitt in *einer* Richtung:
   Stofflänge_1 StL_1
2. Zuschnitt in *zwei* Richtungen:
   Stofflänge_2 StL_2

Lösung

1 Zuschnitt in *einer* Richtung

$\text{Zahl der Teile}_{\text{Stoffbreite}}$
= Stoffbreite : $\text{Länge}_{\text{Teil}}$
= 60 cm : 5 cm
= 12

$\text{Zahl der Teile}_{\text{Stofflänge}}$
= $\text{Zahl der Teile}_{\text{gesamt}}$: $\text{Zahl der Teile}_{\text{Stoffbreite}}$
= 54 : 12
= 4,5 $\Rightarrow$ 5

Stofflänge 1
= $\text{Zahl der Teile}_{\text{Stofflänge}} \cdot \text{Breite}_{\text{Teil}}$
= 5 · 5 cm
= **25 cm**

2 Zuschnitt in *zwei* Richtungen

$\text{Zahl der Teile}_{\text{Stoffbreite}}/1$
= Stoffbreite : $\text{Länge}_{\text{Teil}}$
= 60 cm : 5 cm
= 12

$\text{Zahl der Teile}_{\text{Stofflänge}}/2$
= $\text{Zahl der Teile}_{\text{Stoffbreite}}/1 - 1$
= 12 – 1
= 11

$\text{Zahl der Teile}_{\text{Stoffbreite}}/\text{gesamt}$
= $\text{Zahl der Teile}_{\text{Stoffbreite}}/1$ +
$\text{Zahl der Teile}_{\text{Stoffbreite}}/2$
= 12 + 11
= 23

$\text{Zahl der Teile}_{\text{Stoffläge}}$
= $\text{Zahl der Teile}_{\text{gesamt}}$:
$\text{Zahl der Teile}_{\text{Stoffbreite}}/\text{gesamt}$
= 54 : 12
≈ 2,3 $\Rightarrow$ 3

Stofflänge 2
= $\text{Zahl der Teile}_{\text{Stofflänge}} \cdot \text{Breite}_{\text{Teil}}$
= 3 · 5 cm
= **15 cm**

3 Zuschneidepläne M 1:5

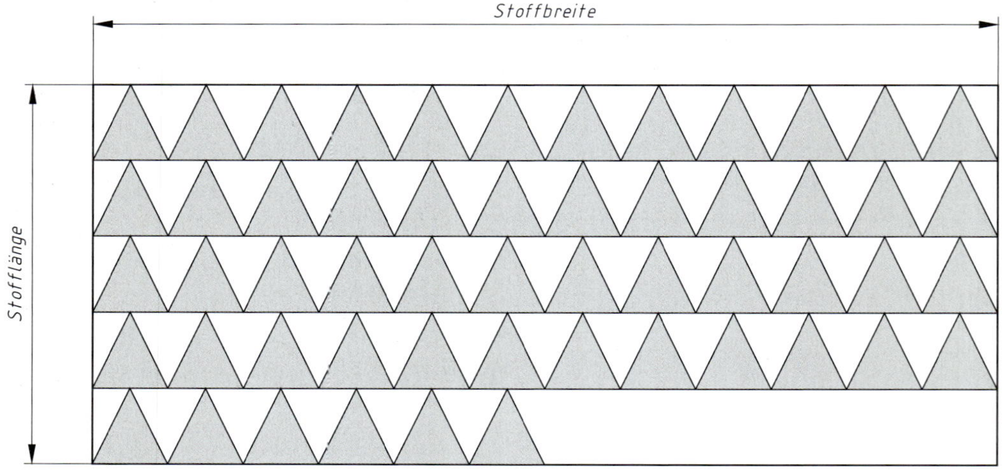

Zuschnitt in **eine** Richtung

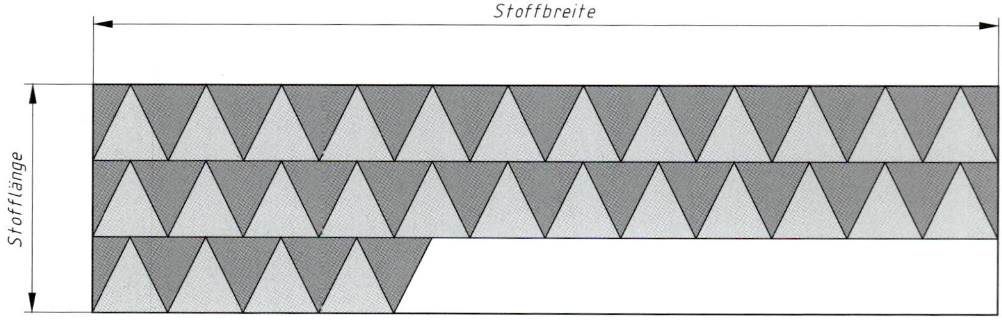

Zuschnitt in **zwei** Richtungen

4 Konstruktion mit Bemaßung M 1:1

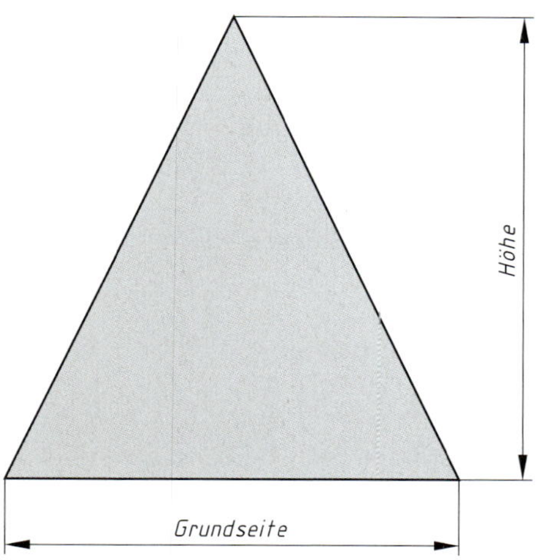

5 Definition

Bei der Applikationstechnik wird eine Verzierung auf einen Grundstoff aufgearbeitet, wobei sich der Besatzstoff in Farbe bzw. Material abhebt.

6 Befestigungstechniken

- maschinell,
  z.B. mit Zickzackstich,
  mit Steppstich
- von Hand,
  z.B. mit Knopflochstich,
  mit Festonstich
- mit Fixiervlies usw.

Projekt 6 Verschlüsse (1)

Ein Rock in schmaler Schnittform erhält eine seitliche Knopfleiste mit waagerechten Knopflöchern.

Das oberste Knopfloch wird 3 cm von der Taillennaht entfernt, das unterste Knopfloch 33 cm von der Saumkante entfernt eingearbeitet.

Die Rocklänge beträgt 73 cm, die Knopflochlänge 2 cm. Als Knopflochabstand sind ungefähr 9 cm vorgesehen.

1. **Berechnen** Sie die Zahl der Knopflöcher sowie den genauen Knopflochabstand.
2. Fertigen Sie eine **Entwurfsskizze** und ergänzen Sie den Rock mit einem passenden Oberteil.
3. Erstellen Sie aus dem Grundschnitt im Maßstab 1 : 5 die **Schnittteile** für den Vorderrock. Zeichnen Sie die Knopflöcher sowie den Knopfsitz ein.
   Der Abstand der Verschlusskante zur vorderen Mitte beträgt 12 cm. Für Über- und Untertritt sind jeweils 2 cm, für den angeschnittenen Beleg jeweils 5,5 cm zu berücksichtigen.
4. Wählen Sie einen **Oberstoff,** das **Futter** und die sonstigen **Zutaten** aus.
5. Erstellen Sie ein **Materialetikett** mit Angabe der Pflegesymbole.

B

Lösungsvorschlag

1 Berechnung

Gegebene Daten:

Kantenabstand oben	3 cm
Kantenabstand unten	33 cm
Verschlusslänge	73 cm
Knopflochabstand	etwa 9 cm
(Knopflochlänge	2 cm)

Gesuchte Daten:

- Zahl der Knöpfe
- Genauer Knopflochabstand

Lösung in Teilschritten

Aufzuteilende Strecke
= Verschlusslänge – Kantenabstand oben – Kantenabstand unten
= 73 cm – 3 cm – 33 cm
= 37 cm

Zahl der Abstände
= Aufzuteilende Strecke : Knopflochabstand
= 37 cm : 9 cm
$\approx$ 4,1 $\Rightarrow$ 4

Zahl der Knopflöcher
= Zahl der Abstände + 1
= 4 + 1
= **5**

Knopflochabstand
= Aufzuteilende Strecke : Zahl der Abstände
= 37 cm : 4
= **9,25 cm**

2 Entwurf

3 Schnittteile für den Vorderrock M 1:5

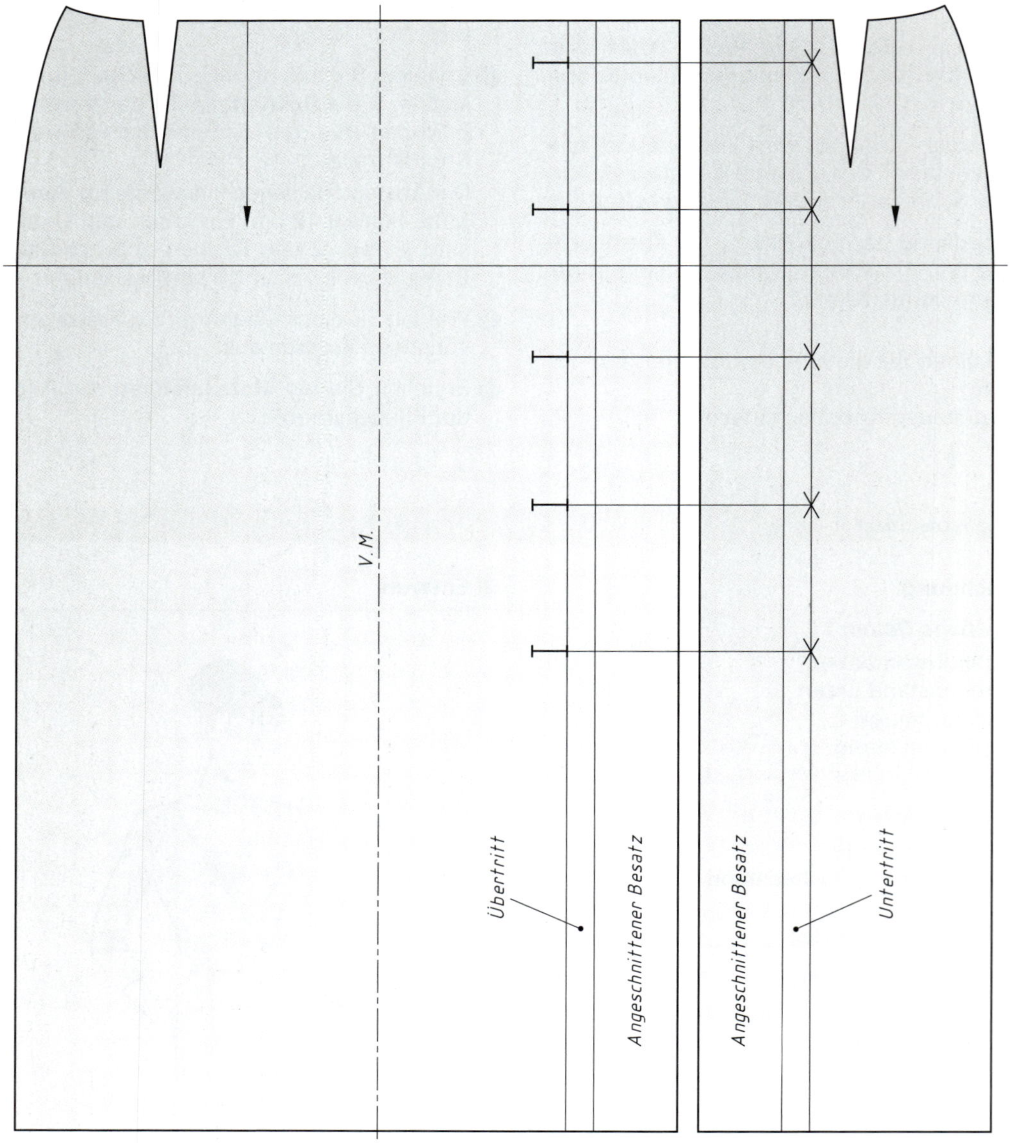

4 Oberstoff: ***Sandkrepp***
Futter: ***Taft***

Zutaten:

- Einlage zur Verstärkung der Verschlusskanten
- Bundeinlage
- Obergarn
- Versäuberungsgarn
- Knopflochgarn
- Aufhängerband
- 5 Knöpfe
- 1 Bundverschluss

5 Materialetikett mit Pflegesymbolen

Oberstoff:	**55 %**	**Schurwolle**
	45 %	**Polyester**
Futter:	**100 %**	**Acetat**

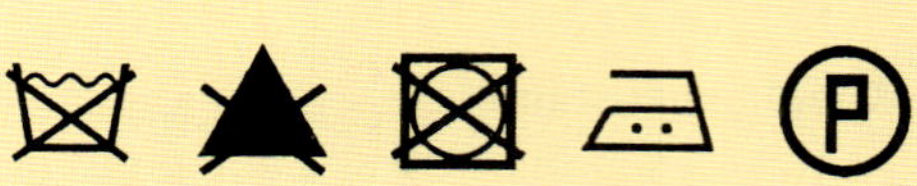

Projekt 7 Verschlüsse (2)

Eine ungefütterte Blusenjacke mit Rundhalsausschnitt erhält an beiden Verschlusskanten 6 cm breite Blenden mit Längsknopflöchern (Knopfsitz am oberen Knopflochende) und aufgesetzte Seitentaschen.

Die Verschlusslänge beträgt 67 cm, die Länge der vier Knopflöcher jeweils 2 cm. Das oberste Knopfloch soll 3 cm vom Halsloch entfernt beginnen, das unterste Knopfloch 20 cm von der Saumkante entfernt enden.

1. Fertigen Sie eine **technische Zeichnung** (Liegedarstellung) an.
2. **Konstruieren** Sie die beiden Verschlusskanten im Maßstab 1:4. Zeichnen Sie die Knopflöcher und den Knopfsitz ein. **Bemaßen** Sie die Kanten normgerecht.
3. **Berechnen** Sie den Knopflochabstand.
4. **Berechnen** Sie den Knopfabstand.
5. Wählen Sie einen geeigneten **Oberstoff** aus und begründen Sie die Wahl.
6. Erstellen Sie das **Materialetikett** mit Angabe der Pflegekennzeichen.
7. Listen Sie die erforderlichen **Näharbeitsgänge** auf und ordnen Sie die entsprechenden Maschinen zu.

Lösungsvorschlag

1 Technische Zeichnung

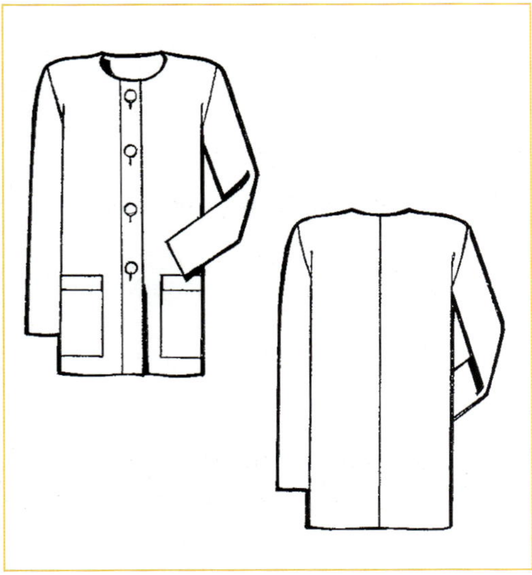

2 Konstruktion und Bemaßung der Verschlusskanten M 1:4

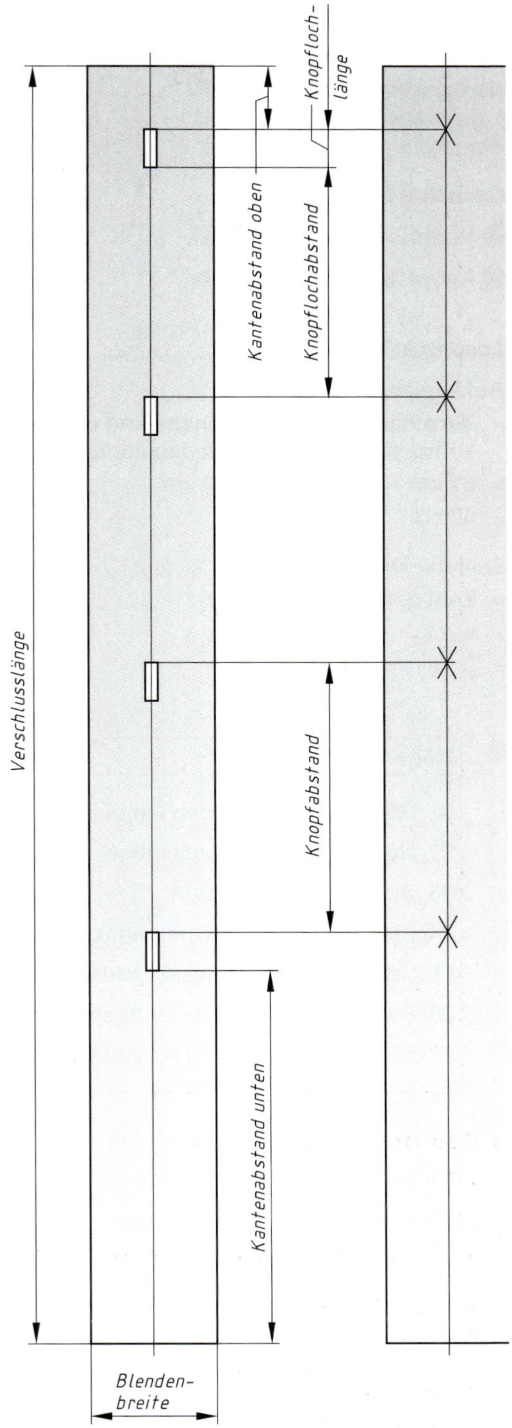

Berechnung

Gegebene Daten

Verschlusslänge	VL	67 cm
Zahl der Knopflöcher	ZKnl	4
Knopflochlänge	KnlL	2 cm
Kantenabstand oben	KAO	3 cm
Kantenabstand unten	KAU	20 cm
Blendenbreite	BIB	6 cm

Gesuchte Daten

3	Knopflochabstand	KnlA
4	Knopfabstand	KnA

Lösung in Teilschritten

Aufzuteilende Strecke
= Verschlusslänge – Kantenabstand oben – Knopflochlänge – Kantenabstand unten
= 67 cm – 3 cm – 2 cm – 20 cm
= 42 cm

Zahl der Rapporte
= Zahl der Knopflöcher – 1
= 4 – 1
= 3

Rapport
= aufzuteilende Strecke : Zahl der Rapporte
= 42 cm : 3
= 14 cm

3 **Knopflochabstand**
= Rapport – Knopflochlänge
= 14 cm – 2 cm
= **12 cm**

4 **Knopfabstand**
≙ Rapport
= **14 cm**

5 **Oberstoff: *Webstrickware***

Begründung:
Der Stoff ist weich, dehnfähig und kann ungefüttert verarbeitet werden.

6 **Materialetikett und Pflegekennzeichnung**

Oberstoff: 100 % Schurwolle

7

Näharbeitsgang	Betriebsmittel
01 Schnittkanten an allen Teilen versäubern	Überwendlichstichmaschine (ÜWM)
02 Hintere Mittelnaht schließen	Doppelsteppstichmaschine (DSSM)
03 Brustabnäher steppen	DSSM
04 Brust-, Schulter-, Ärmelnähte schließen	DSSM
05 Schulternähte an Besatz schließen	DSSM
06 Besatz an Innenkante Doppelblende annähen	DSSM
07 Blende ansetzen und Halsloch verstürzen	DSSM
08 Ärmel einnähen	DSSM
09 Ärmeleinsatznaht versäubern	ÜWM
10 Saumkante an Blende verstürzen	DSSM
11 Ärmelsäume und Jackensaum fertigen	Blindstichmaschine (BIM)
12 Blende an Tascheneingriff steppen	DSSM
13 Taschenblende seitlich verstürzen	DSSM
14 Taschen aufsteppen	DSSM
15 Knopflöcher einarbeiten	Knopflochautomat (KnlM)
16 Knöpfe annähen	Knopfannähautomat (KnM)
17 Schulterpolster einnähen	Riegelautomat (RiM)

Projekt 8 Verschlüsse (3)

Eine taillierte Kostümjacke mit V-Ausschnitt und abgerundeten Verschlusskanten erhält einen Schlingenverschluss mit 12 Knöpfen.

Der oberste Knopf sitzt am Ausschnittende, der unterste Knopf auf Taillenhöhe.

Die Entfernung vom ersten bis zum letzten Knopf beträgt 22 cm.

Als Schlingenbasis sind 1,5 cm vorgesehen.

1. Fertigen Sie eine **Entwurfszeichnung** für das Kostüm.
2. Geben Sie verschiedene **Taillierungsmöglichkeiten** an.
3. Ordnen Sie diesem Modell die entsprechende **Stilrichtung** sowie eine **Zielgruppe** zu.
4. Wählen Sie drei geeignete **Oberstoffe** aus und beschreiben Sie diese.
5. Nennen Sie geeignete **Knopfmaterialien** bzw. Knopfarten.
6. Nennen Sie **Materialien,** aus denen die Schlingen gearbeitet werden könnten.
7. **Berechnen** Sie den Knopfabstand.
8. Berechnen Sie den Schlingenabstand.
9. Die Schlingen sollen aus Schrägstreifen gefertigt werden. Erläutern Sie die einzelnen **Arbeitsschritte.**
10. Sammeln Sie **Modebilder** zu Schlingenverschlüssen.

B

Lösungsvorschlag

1 Entwurfszeichnung

2 Taillierungsmöglichkeiten:

- Teilungsnähte vom Armloch (Wiener Nähte), von der Schulter
- Taillenabnäher, Brustabnäher
- Seitliche Taillierung

3 Stilrichtung: elegant

Zielgruppe: anspruchsvolle Damenmode

4 Oberstoffe:

- ***Cloqué:***
  Doppelgewebe mit reliefartiger, blasiger Oberseite und einem Kreppuntergewebe
- ***Matelassé:***
  Doppelgewebe mit einer gemusterten und durch Füllschüsse aufgepolsterten rechten Warenseite
- ***Jacquard:***
  Gewebe mit formenreicher Musterung, erreicht durch Wechsel von Kett- und Schussatlas

5 Knöpfe:

- Halbkugeln,
- Kugeln aus Kunststoff bzw. mit Stoff überzogen

6 Materialien für Schlingen:

- Soutache
- Kordel
- Hutgummi
- Schrägstreifen

Berechnung

Gegebene Daten

Zahl der Knöpfe	ZKn	12
Aufzuteilende Strecke	AS	22 cm
Schlingenbasis	SchBa	1,5 cm

Gesuchte Daten

7 Knopfabstand KnA

8 Schlingenabstand SchA

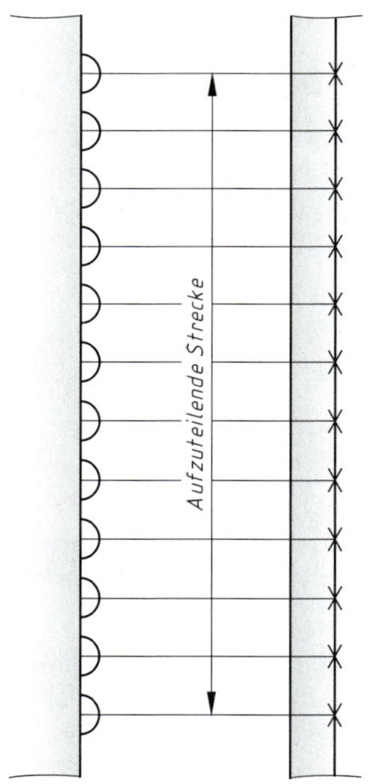

Lösung in Teilschritten

Zahl der Abstände
= Zahl der Knöpfe – 1
= 12 – 1
= 11

7 Knopfabstand
= Aufzuteilende Strecke : Zahl der Abstände
= 22 cm : 11
= **2 cm**

Summe der Schlingenabstände
= Aufzuteilende Strecke – (Zahl der Knöpfe – 1) · Schlingenbasis
= 22 cm – (12 – 1) · 1,5 cm
= 5,5 cm

8 Schlingenabstand
= Summe der Schlingenabstände : Zahl der Abstände
= 5,5 cm : 11
= **0,5 cm**

9 Arbeitsschritte:

- Stoffecke so einschlagen, dass Kettrichtung auf Schussrichtung zu liegen kommt
- Schrägstreifenbreite parallel zum diagonalen Anschnitt abmessen
- erforderliche Streifenanzahl zuschneiden
- Streifen ggf. im Geradfadenlauf zusammensetzen
- Streifen in Längsrichtung rechts auf rechts legen und zusammennähen, dabei das Nahtende trichterförmig aussteppen
- Naht beschneiden
- den Schlauch wenden und die Naht an die innere Kante legen
- entsprechende Streifenlängen für die Schlingen abschneiden

10 Modebilder

Projekt 9 Blenden (1)

1. Erläutern Sie die Begriffe **Einfache Blende** und **Doppelblende.**

2. Zeichnen Sie den **Querschnitt** einer einfachen Blende und einer Doppelblende. (Blendenbreite 3 cm, Nahtzugabe 1 cm/Kante)

3. Für eine Blendenverzierung steht ein Stoffstück von 90 cm Breite und 20 cm Länge zur Verfügung. Es werden insgesamt 4,20 m einfache Blende in einer Breite von 2,5 cm benötigt. Als Nahtzugabe sind 0,5 cm je Kante zu berücksichtigen.
   Berechnen Sie, ob das Stoffstück für diesen Blendenbesatz ausreicht sowie die eventuelle Reststreifenbreite.

4. Zeichnen Sie einen **Zuschneideplan** im Maßstab 1:10 und bemaßen Sie ihn normgerecht.

5. Sammeln Sie **Modebilder** aus Katalogen, Modezeitschriften, Kollektionen usw. zum Thema Blendenverarbeitung.

Lösungsvorschlag

1. Eine ***einfache Blende*** wird verstürzt auf einen Grundstoff aufgenäht.
   Die ***Doppelblende*** wird an eine Kante angesetzt.

2. **Querschnitt$_{\text{Einfache Blende}}$**

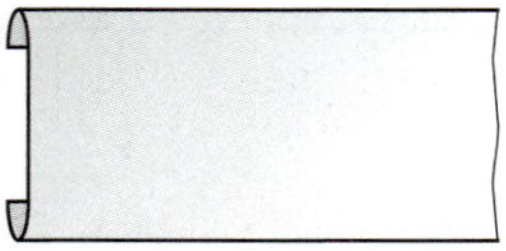

Querschnitt$_{\text{Doppelblende}}$

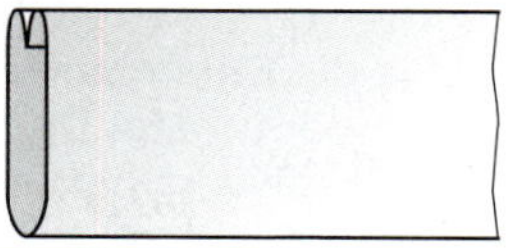

3. **Berechnung**

Gegebene Daten

Blendenart: *Einfache Blende*

Stoffbreite	StB	90 cm
Stofflänge$_{\text{vorhanden}}$	StL_{vorh}	20 cm
Blendenlänge	BlL	420 cm
Blendenbreite	BlB	2,5 cm
Nahtzugabe/Kante	NZG	0,5 cm

Gesuchte Daten

- Stofflänge$_{\text{benötigt}}$ StL_{ben}
- Reststreifenbreite RStrB

Lösungsvorschlag in Teilschritten

Zahl der Streifen
= Blendenlänge : (Stoffbreite – 2 · Nahtzugabe)
= 420 cm : (90 cm – 2 · 0,5 cm) ≈ 4,7 ⇒ 5

Streifenbreite
= Blendenbreite + 2 · Nahtzugabe
= 2,5 cm + (2 · 0,5 cm) = 3,5 cm

Stofflänge benötigt
= Zahl der Streifen · Streifenbreite
= 5 · 3,5 cm = 17,5 cm

Stofflänge vorhanden
= 20 cm ⇒ **Das Stoffstück reicht aus**

Reststreifenbreite
= Stofflänge vorhanden – Stofflänge benötigt
= 20 cm – 17,5 cm = **2,5 cm**

4. **Zuschneideplan M 1 : 10**

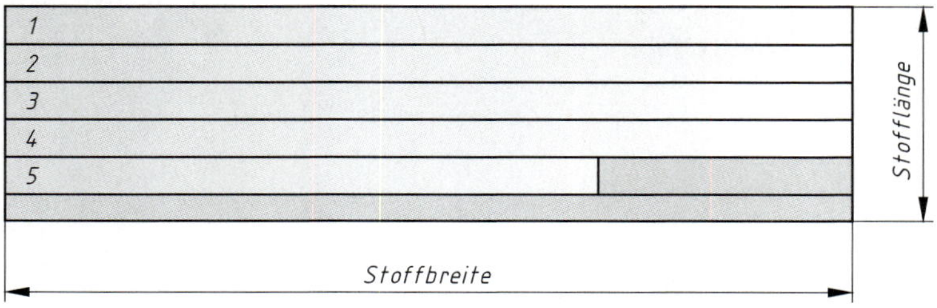

5. **Modebilder**

Projekt 10 Blenden (2)

❶ Berechnen Sie die **Streifenbreite** für eine einfache Blende und für eine Doppelblende bei einer Blendenbreite von 3 cm und einer Nahtzugabe von 0,5 cm je Kante.

❷ Schneiden Sie aus kariertem Papier Streifen der errechneten Streifenbreite und falzen Sie die **Papierstreifen** zur fertigen Blende.

❸ Bilden Sie bei den gefalzten Papierstreifen jeweils eine **Briefecke** (90°-Winkel) und markieren Sie die Nahtlinien.

❹ **Konstruieren** Sie den Schnitt für eine aufgesetzte Tasche mit angeschnittenem Besatz am Tascheneingriff nach folgenden Maßen und bemaßen Sie ihn.

- Schnittbreite 17 cm
- Schnitthöhe 22 cm

(Besatzbreite 3 cm, Nahtzugabe 1 cm/Kante).

❺ **Entwerfen** Sie eine Jacke, deren Seitentaschen eine solche Blendenverzierung aufweist.

❻ Die aufgesetzte Tasche soll an drei Kanten mit einer 3 cm breiten Blende verziert werden.

Ermitteln Sie die **Gesamtlänge** für eine aufgesetzte einfache Blende bzw. für eine angesetzte Doppelblende durch Messen und durch Berechnung.

❼ Berechnen Sie die jeweiligen Maße der genähten Tasche **(Fertigmaße).**

Lösungsvorschlag

1 Berechnung der Streifenbreite

Einfache Blende

Streifenbreite

= Blendenbreite + 2 · Nahtzugabe

= 3 cm + 2 · 0,5 cm

= **4 cm**

Doppelblende

StrB

= 2 · BIB + 2 · NZG

= 2 · 3 cm + 2 · 0,5 cm

= **7 cm**

2 Papierstreifen mit

3 Briefecke

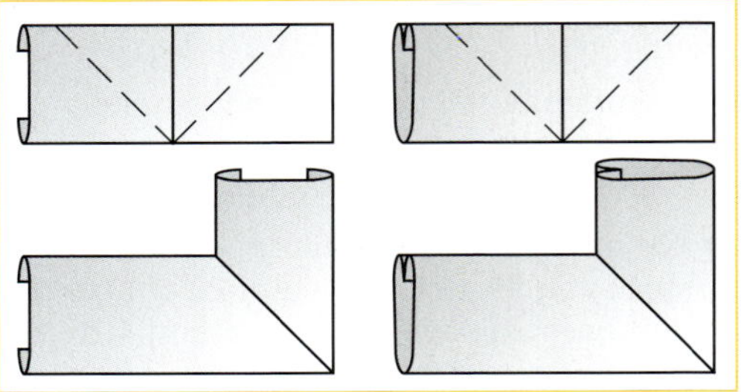

4 Konstruktion M 1:3

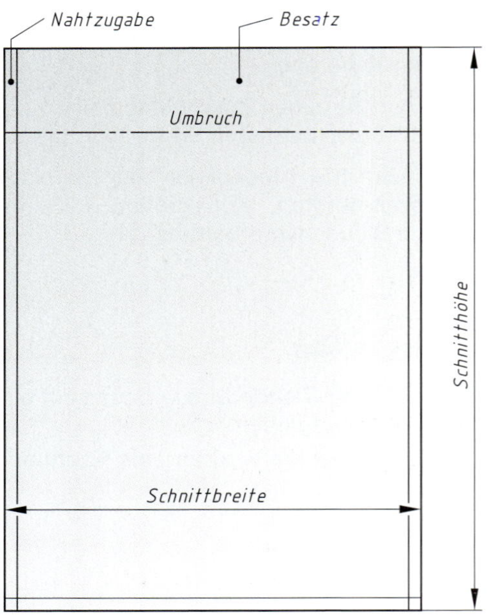

5 Entwurf

Einfache Blende (aufgesetzte Blende)

6 Blendenlänge gesamt

Umfang
= 2 · Höhe + Breite
= 2 · (22 cm – 3 cm – 1 cm) + (17 cm – 2 · 1 cm)
= 51 cm

Blendenlänge gesamt
= Umfang + 2 · Nahtzugabe
= 51 cm + 2 · 1 cm
= **53 cm**

7 Fertigmaße der Tasche

Höhe
= Schnitthöhe – Besatzbreite – Nahtzugabe
= 22 cm – 3 cm – 1 cm
= **18 cm**

Breite
= Schnittbreite – 2 · Nahtzugabe
= 17 cm – 2 · 1 cm
= **15 cm**

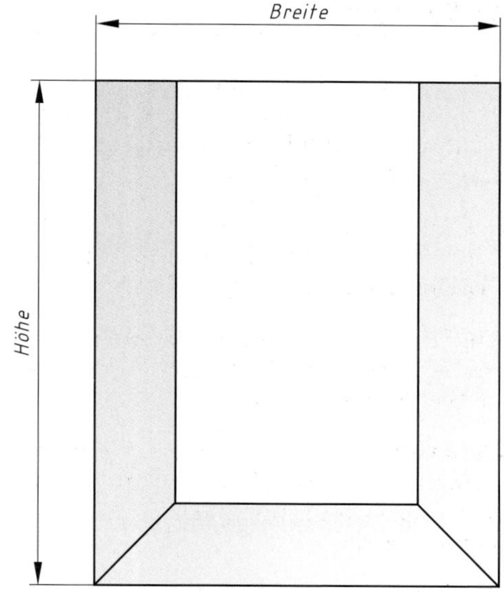

Fertige Tasche M 1:3

Doppelblende (angesetzte Blende)

6 Blendenlänge gesamt

Umfang
= 2 · Höhe + Breite
= 2 · (22 cm – 3 cm – 1 cm) + (17 cm – 2 · 1 cm)
= 51 cm

Blendenlänge gesamt
= Umfang + 2 · Eckenzugabe + 2 · Nahtzugabe
= 51 cm + 2 · 2 · 3 cm + 2 · 1 cm
= **65 cm**

7 Fertigmaße der Tasche

Höhe
= Schnitthöhe – Besatzbreite – Nahtzugabe + Blendenbreite
= 22 cm – 3 cm – 1 cm + 3 cm
= **21 cm**

Breite
= Schnittbreite – 2 · Nahtzugabe + 2 · Blendenbreite
= 17 cm – 2 · 1 cm + 2 · 3 cm
= **21 cm**

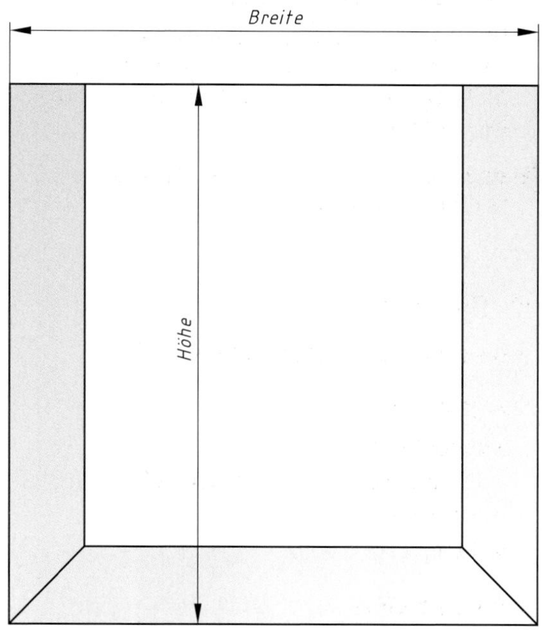

Fertige Tasche M 1:3

B

Projekt 11 Rüschen

1 **Skizzieren** Sie verschiedene Rüschenarten.

2 Nennen Sie zu jeder Rüschenart die **Verarbeitungsmöglichkeiten.**

3 Geben Sie fünf Beispiele für **Rüschenverzierung.**

4 **Entwerfen** Sie eine Bluse mit Rüschenbesatz an der Verschlusskante und/oder am Kragen und an den Manschetten.

5 Schätzen Sie die Rüschenbreite
sowie
die gesamte **Rüschenlänge** für die entworfene Bluse.

6 Geben Sie die Rüschenart an und stellen Sie die Verarbeitung an einem **Querschnitt** dar.

7 **Berechnen** Sie den Stoffbedarf für die Rüsche

bei Stoffbreite 90 cm,
Nahtzugabe von 1 cm je Kante
und einem Kräuselfaktor von 2,5.

8 Zeichnen Sie den **Zuschneideplan** für den Rüschenbesatz im Maßstab 1 : 10.

Lösungsvorschlag

1 Rüschenarten

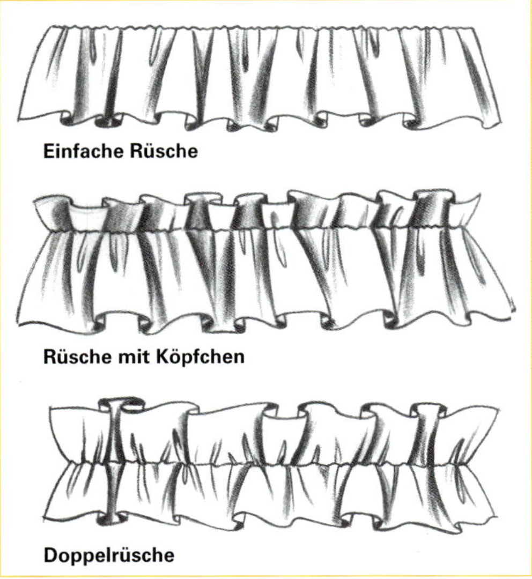

2 Verarbeitungsmöglichkeiten

Einfache Rüsche

- aus einfachem Stoff mit Saum
- aus doppeltem Stoff
- aus einfachem Stoff, gekurbelt

Rüsche mit Köpfchen

- aus einfachem Stoff mit Saum, Köpfchen aus doppeltem Stoff
- aus einfachem Stoff, gekurbelt; Köpfchen aus einfachem Stoff, gekurbelt

Doppelrüsche

- aus doppeltem Stoff
- aus einfachem Stoff, gekurbelt

3 Möglichkeiten der Rüschenverzierung

- Kantenverzierung an Rocksäumen, Kragen, Ärmelabschlüssen, Verschlusskanten, Passen, Ausschnitten bei Blusen und Folklorekleidern
- Kantenverzierung an Kissenhüllen, Gardinen.

4 Entwurf

5 Geschätzte Maße

Geschlossene Weite$_{\text{Vordere Kanten}}$	GW_{VK}	je 52 cm
Geschlossene Weite$_{\text{Manschette}}$	GW_{Man}	je 28 cm
Rüschenbreite	RüB	4 cm

6 Rüschenart

Einfache Rüsche aus doppeltem Stoff

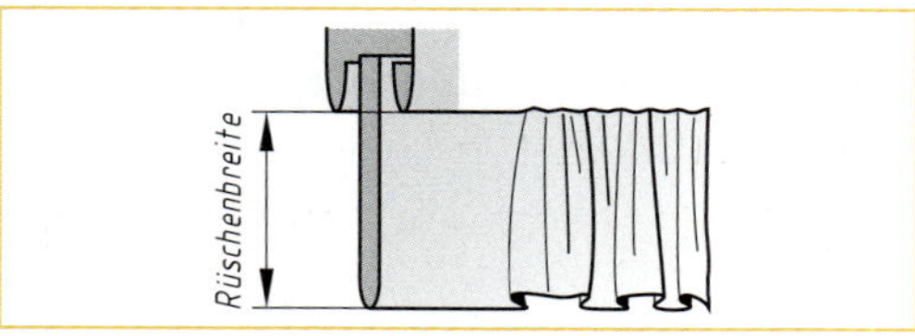

7 Berechnung der Stofflänge StL

Gegebene Daten

Stoffbreite	StB	90 cm
Nahtzugabe/Kante	NZG	1 cm
Kräuselfaktor	KF	2,5

Lösung in Teilschritten

Geschlossene Weite$_{\text{gesamt}}$

= 2 · Geschlossene Weite$_{\text{vordere Kanten}}$
+ 2 · Geschlossene Weite$_{\text{Manschetten}}$
= 2 · 52 cm + 2 · 28 cm
= 160 cm

Offene Weite
= Geschlossene Weite$_{\text{gesamt}}$ · Kräuselfaktor
= 160 cm · 2,5
= 400 cm

Streifenbreite
= 2 · Rüschenbreite + 2 · Nahtzugabe
= 2 · 4 cm + 2 · 1 cm
= 10 cm

Zahl der Streifen
= Offene Weite : (Stoffbreite – 2 · Nahtzugabe)
= 400 cm : (90 cm – 2 · 1 cm)
≈ 4,6 ⇒ 5

Stofflänge
= Zahl der Streifen · Streifenbreite
= 5 · 10 cm
= 50 cm = **0,50 m**

8 Zuschneideplan M 1: 10

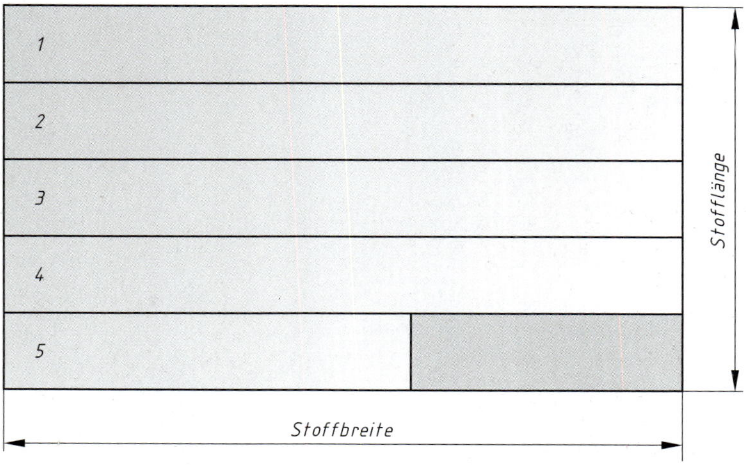

Projekt 12 Falten (1)

1 Erläutern Sie die Begriffe **Normalfalten** und **Sparfalten.**

2 Schneiden Sie einen 3 cm breiten und 30 cm langen Streifen aus kariertem Papier und **falzen** Sie ihn nach folgenden Angaben zu einseitig gelegten Falten: Faltenabstand 2 cm, Faltentiefe 1,5 cm.

3 Benennen Sie die **Faltenart** die entstanden ist und ermitteln Sie durch **Zählen** bzw. **Messen** und durch **Berechnung**: Falteninhalt, Zahl der Falten, Geschlossene Weite.

4 Falzen Sie einen weiteren Streifen mit den gleichen Maßen zu **Normalfalten** mit 2 cm Faltenabstand und ermitteln Sie durch Zählen bzw. Messen sowie durch Berechnung: Falteninhalt, Geschlossene Weite, Zahl der Falten.

5 **Definieren** Sie die Begriffe Faltenabstand, Faltentiefe und Geschlossene Weite und kennzeichnen Sie diese an einer Skizze.

6 **Dokumentieren** Sie Ihre Lösungen schriftlich und kleben Sie die Papiermodelle auf.

Lösungsvorschlag

1 Bei **Normalfalten** entspricht die Faltentiefe dem Faltenabstand, bei **Sparfalten** ist die Faltentiefe kleiner als der Faltenabstand.

2

3 Faltenart: **Sparfalten**

Falteninhalt

= 2 · Faltentiefe

= 2 · 1,5 cm

= **3 cm**

Zahl der Falten

= Offene Weite : (Faltenabstand + Falteninhalt)

= 30 cm : (2 cm + 3 cm)

= **6**

Geschlossene Weite

= Zahl der Falten · Faltenabstand

= 6 · 2 cm

= **12 cm**

4 Faltenart: **Normalfalten**

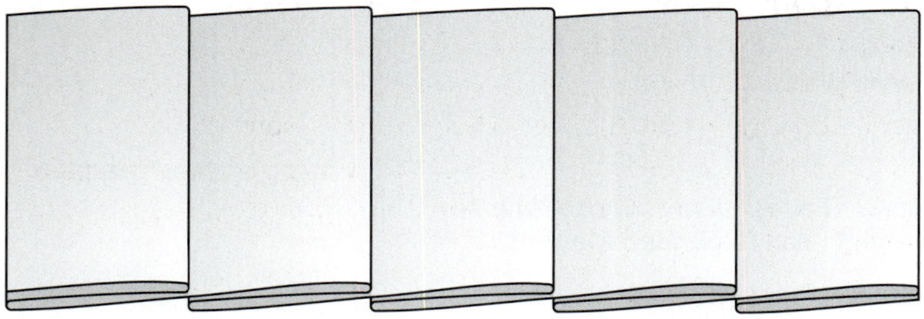

Falteninhalt

= 2 · Faltentiefe (bzw. Faltenabstand)

= 2 · 2 cm

= **4 cm**

Geschlossene Weite

= Offene Weite : 3

= 30 cm : 3 cm

= **10 cm**

Zahl der Falten

= Geschlossene Weite : Faltenabstand

= 10 cm : 2 cm

= **5**

5 **Faltenabstand:**
Abstand von Faltenaußenbruch zu Faltenaußenbruch bei der geschlossenen Falte

Faltentiefe:
Abstand von Faltenaußenbruch zu Falteninnenbruch

Geschlossene Weite:
Gesamte Länge der aneinander gereihten Falten

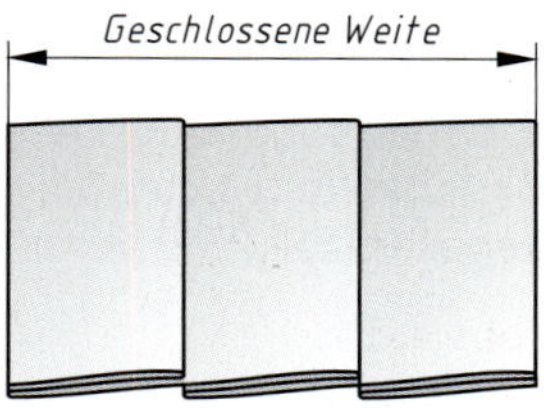

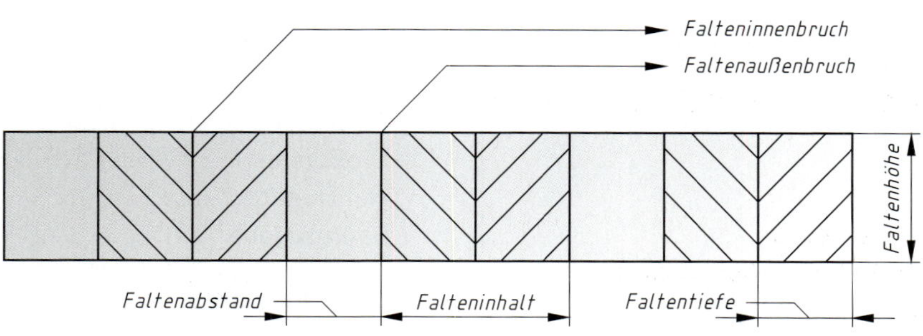

Projekt 13 Falten (2)

1 Skizzieren Sie ein Faltenteil mit **einseitig gelegten** Normalfalten nach folgenden Maßen:

- Zahl der Falten 6 cm
- Geschlossene Weite 15 cm
- Faltenhöhe 4 cm

2 Skizzieren Sie ein Faltenteil mit **zweiseitig gelegten** Sparfalten nach folgenden Maßen:

- Faltenabstand 3 cm
- Geschlossene Weite 12 cm
- Faltenhöhe 5 cm
- Faltentiefe 1 cm

3 **Entwerfen** Sie einen Rock mit einem angesetzten Faltenteil aus einseitig gelegten Falten.

4 Das Faltenteil soll mit Sparfalten gearbeitet werden. Geben Sie die erforderlichen Maße für das Teil an und berechnen Sie den **Stoffbedarf** bei einer Stoffbreite von 140 cm, einer Nahtzugabe von 1 cm je Kante und einer Saumzugabe von 3 cm.

5 Zeichnen Sie einen **Zuschneideplan** für das Teil im Maßstab 1 : 10 und bemaßen Sie ihn normgerecht.

6 Berechnen Sie den **Materialpreis** für den gesamten Rock, wenn für das obere Rockteil 40 cm Oberstoff benötigt werden (Meterpreis 19,50 €) und für die Zutaten einschließlich Futter insgesamt 10,20 € veranschlagt werden.

Lösungsvorschlag

1 Einseitig gelegte Normalfalten

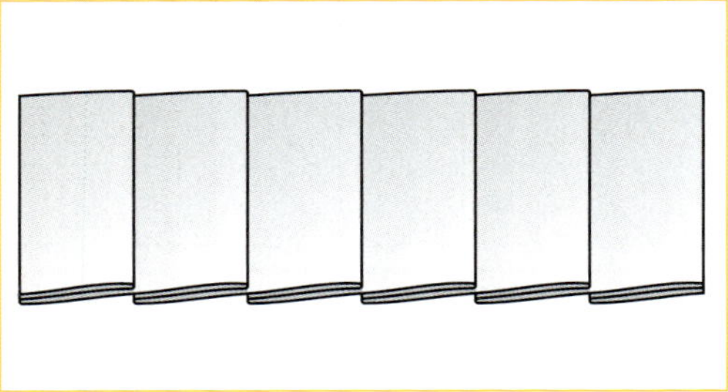

2 Zweiseitig gelegte Sparfalten

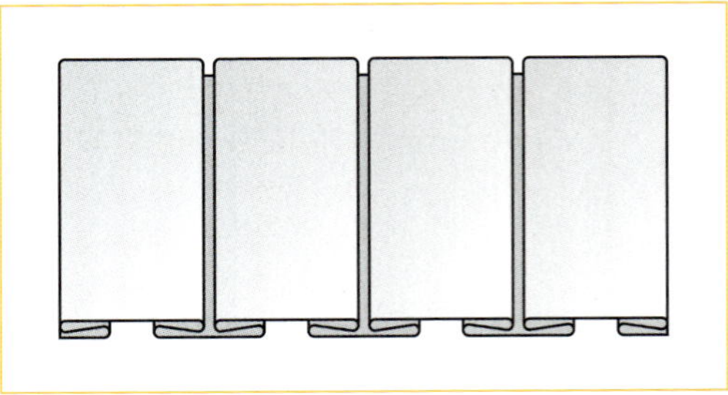

3 Entwurf

4 Berechnung des Stoffbedarfs

Gegebene Daten

Geschlossene Weite	GW	98 cm
Zahl der Falten	ZF	28
Faltentiefe	FT	3 cm
Faltenhöhe	FH	16 cm
Stoffbreite	StB	140 cm
Nahtzugabe/Kante	NZG	1 cm
Saumzugabe	SZG	3 cm

Gesuchte Daten

Stofflänge	StL

Lösung in Teilschritten

Offene Weite

= Geschlossene Weite
+ (Zahl der Falten · Falteninhalt)

= Geschlossene Weite
+ (Zahl der Falten · 2 · Faltentiefe)

= 98 cm + (28 · 2 · 3 cm)

= 266 cm

Zahl der Streifen

= Offene Weite : (Stoffbreite – 2 · Nahtzugabe)

= 266 cm : (140 cm – 2 · 1 cm)

≈ 1,93 ⇒ 2

Streifenbreite

= Faltenhöhe + Nahtzugabe + Saumzugabe

= 16 cm + 1 cm + 3 cm

= 20 cm

Stofflänge

= Zahl der Streifen · Streifenbreite

= 2 · 20 cm

= 40 cm = **0,40 m**

6 Berechnung des Materialpreises

Gegebene Daten

$\text{Stofflänge}_{\text{Oberes Rockteil}}$	StL_{ObRt}	0,40 m
$\text{Stofflänge}_{\text{Faltenteil}}$	StL^{FT}	0,40 m
Meterpreis	Pr/m	19,50 €/m
$\text{Preis}_{\text{Zutaten}}$	Pr_{Zt}	10,20 €/m

Gesuchte Daten

Gesamtpreis	Pr_{ges}

Lösung in Teilschritten

$\text{Stofflänge}_{\text{gesamt}}$

= $\text{Stofflänge}_{\text{Oberes Rockteil}}$ + $\text{Stofflänge}_{\text{Faltenteil}}$

= 0,40 m + 0,40 m

= 0,80 m

$\text{Preis}_{\text{Stück}}$

= Stofflänge · Meterpreis

= 0,80 m · 19,50 €/m

= 15,60 €

$\text{Preis}_{\text{gesamt}}$

= $\text{Preis}_{\text{Stück}}$ + $\text{Preis}_{\text{Zutaten}}$

= 15,60 € + 10,20 €

= **25,80 €**

5 Zuschneideplan

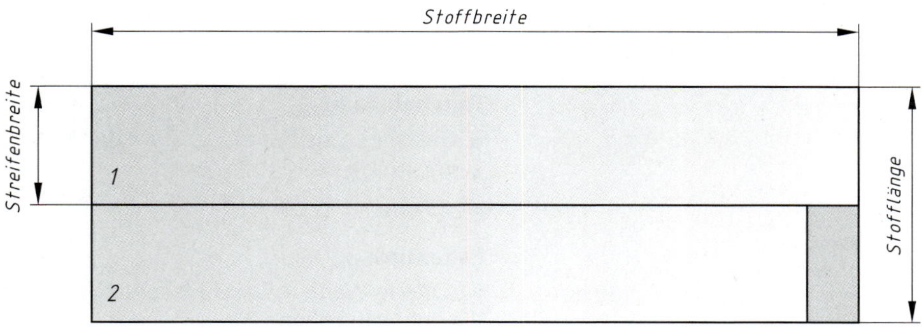

Projekt 14 Falten (3)

Für einen Faltenrock stehen 1,80 m Stoff in einer Breite von 1,30 m zur Verfügung. Die Hüftweite soll 110 cm, die Taillenweite 86 cm betragen. Es sind 20 Falten vorgesehen, als Nahtzugabe sind 1,5 cm je Kante zu berücksichtigen. Die geschnittene Rocklänge beträgt 80 cm (einschließlich der Zugaben für Saum und Bundnaht). Für den Bund wird ein Streifen mit 10 cm Breite benötigt.

1. **Berechnen** Sie: Faltenabstand und Faltentiefe an der Hüfte, Faltenabstand und Faltentiefe an der Taille sowie den Reststoff.
2. Erstellen Sie zur Aufgabe 14.1 einen **Zuschneideplan** im Maßstab 1 : 25.
3. **Berechnen** Sie den Stoffbedarf, wenn der Rock an der Hüfte in Normalfalten gelegt wird.
4. Erstellen Sie zur Aufgabe 14.3 einen **Zuschneideplan** im Maßstab 1:25.
5. Fertigen Sie eine **technische Zeichnung** für den Rock an.
6. Wählen Sie den Oberstoff und das Futter für den Rock aus. Beschreiben Sie diese Materialien und begründen Sie die **Materialauswahl.**
7. Entwickeln Sie ein **Materialetikett** für diesen Rock mit den entsprechenden **Pflegesymbolen.**
8. Erfassen Sie die erforderlichen Zutaten in einer **Materialbedarfsliste.**
9. Ordnen Sie den einzelnen **Näharbeitsgängen** für diesen Rock die entsprechenden Maschinen zu.

Lösungsvorschlag

1 Berechnung

Gegebene Daten

$\text{Stofflänge}_{\text{gesamt}}$	StL_{ges}	180 cm
Stoffbreite	StB	130 cm
$\text{Geschlossene Weite}_{\text{Hüfte}}$	GWH	110 cm
$\text{Geschlossene Weite}_{\text{Taille}}$	GWT	86 cm
Zahl der Falten	ZF	20
Nahtzugabe/Kante	NZG	1,5 cm
Streifenbreite	StrB	80 cm
$\text{Stofflänge}_{\text{Bund}}$	Stl_{Bu}	10 cm

Gesuchte Daten

- $\text{Faltenabstand}_{\text{Hüfte}}$ FAH
- $\text{Faltentiefe}_{\text{Hüfte}}$ FTH
- $\text{Faltenabstand}_{\text{Taille}}$ FAT
- $\text{Faltentiefe}_{\text{Taille}}$ FTT
- $\text{Stofflänge}_{\text{Rest}}$ StL_{Re}

Lösung in Teilschritten

$\text{Stofflänge}_{\text{Rock}}$
= $\text{Stofflänge}_{\text{gesamt}}$ – $\text{Stofflänge}_{\text{Bund}}$
= 180 cm – 10 cm
= 170 cm

Zahl der Streifen
= $\text{Stofflänge}_{\text{Rock}}$: Streifenbreite
= 170 cm : 80 cm
= 2,125 ⇒ 2

Offene Weite
= Zahl der Streifen · (Stoffbreite – 2 · Nahtzugabe)
= 2 · (130 cm – 2 · 1,5 cm)
= 254 cm

$\text{Faltenabstand}_{\text{Hüfte}}$
= $\text{Geschlossene Weite}_{\text{Hüfte}}$: Zahl der Falten
= 110 cm : 20
= **5,5 cm**

$\text{Faltentiefe}_{\text{Hüfte}}$
= (Offene Weite – Geschlossene Weite Hüfte) : Zahl der Falten : 2
= (254 cm – 110 cm) : 20 : 2
= **3,6 cm**

$\text{Faltenabstand}_{\text{Taille}}$
= $\text{Geschlossene Weite}_{\text{Taille}}$: Zahl der Falten
= 86 cm : 20
= **4,3 cm**

$\text{Faltentiefe}_{\text{Taille}}$
= (Offene Weite – Geschlossene Weite Taille) : Zahl der Falten : 2
= (254 cm – 86 cm) : 20 : 2
= **4,2 cm**

$\text{Stofflänge}_{\text{Rest}}$
= $\text{Stofflänge}_{\text{Rock}}$ – Zahl der Streifen · Streifenbreite
= 170 cm – 2 · 80 cm
= 10 cm = **0,10 m**

2 Zuschneideplan M 1 : 25

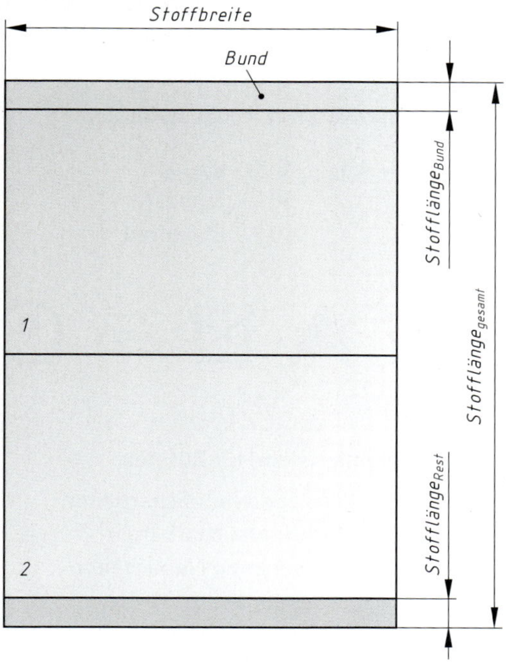

3 Berechnung des Stoffbedarfs

Gegebene Daten

Faltenart: *Normalfalten an der Hüfte*

Geschlossene Weite$_{Hüfte}$	GWH	110 cm
Stoffbreite	StB	130 cm
Nahtzugabe/Kante	NZG	1,5 cm
Streifenbreite	StrB	80 cm
Stofflänge$_{Bund}$	Stl$_{Bu}$	10 cm

Gesuchte Daten

Stofflänge StL

Lösung in Teilschritten

Offene Weite
= 3 · Geschlossene Weite Hüfte
= 3 · 110 cm
= 330 cm

Zahl der Streifen
= Offene Weite : (Stoffbreite – 2 · Nahtzugabe)
= 330 cm : (130 cm – 2 · 1,5 cm)
≈ 2,6 ⇒ 3

Stofflänge$_{Rock}$
= Zahl der Streifen · Streifenbreite
= 3 · 80 cm
= 240 cm

Stofflänge$_{gesamt}$
= Stofflänge$_{Rock}$ + Stofflänge$_{Bund}$
= 240 cm + 10 cm
= 250 cm = **2,50 m**

B

4 Zuschneideplan M 1:25

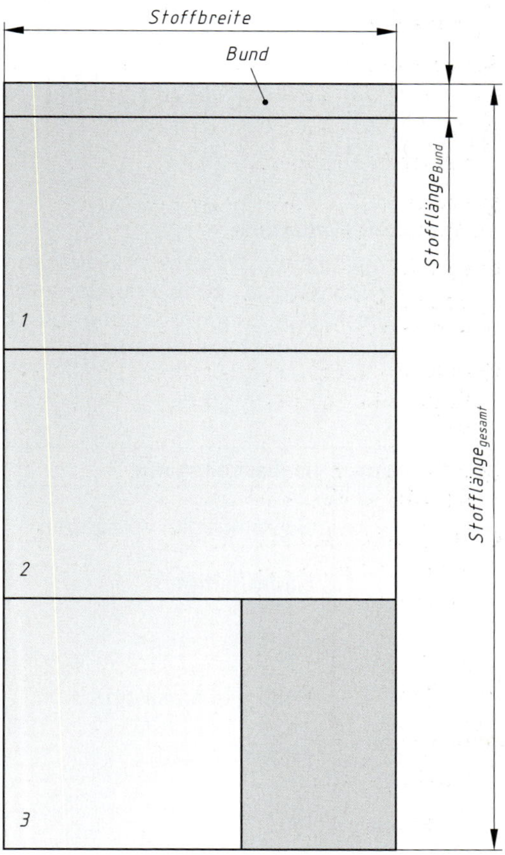

5 Technische Zeichnung (Technische Modellskizze)

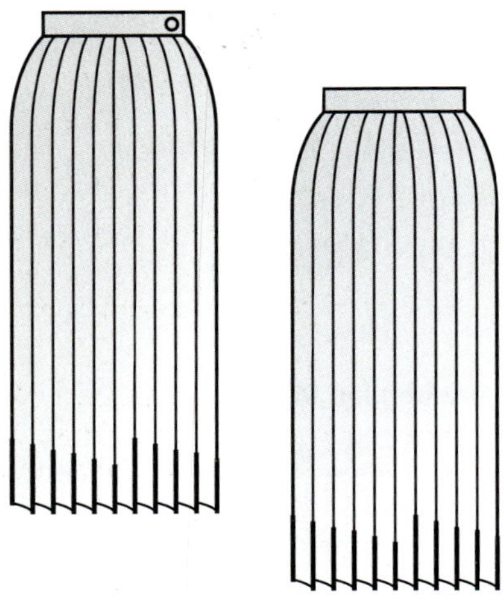

6 Oberstoff: *Gabardine*

Sportlich-elegantes Gewebe mit ausgeprägtem Steilkörpergrat, dicht, strapazierfähig, glatte Oberfläche; in der Mischung mit Polyester waschbar und faltenbeständig.

Futter: ***Charmeuse***

Glatte Kettenwirkware in Tuch-Trikotlegung; längs formstabil, jedoch querelastisch.

7 Materialetikett mit Pflegesymbolen

Obermaterial:	**50 %**	**Wolle**
	50 %	**Polyester**
Futter:	**100 %**	**Polyamid**

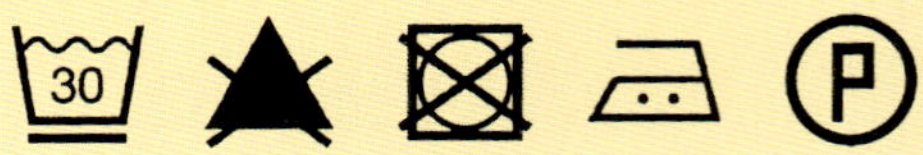

8 Materialbedarfsliste für Zutaten

- Nähgarn für Überwendlicharbeiten
- Nähgarn für Blindsticharbeiten
- Nähgarn für sonstige Näharbeiten
- 90 cm Bundeinlage
- Aufhängerband
- 1 Reißverschluss, 20 cm
- 1 Knopf
- 1 Materialetikett
- 1 Größenetikett

9

Position	Näharbeitsgang	Betriebsmittel
1	Schnittkanten versäubern	Überwendlichstichmaschine
2	Saum fertigen	Blindstichmaschine
3	Nähte schließen	Doppelsteppstichmaschine
4	Reißverschluss einnähen	Doppelsteppstichmaschine
5	Futter fertigen	Doppelsteppstichmaschine
6	Bund aufsetzen	Doppelsteppstichmaschine
7	Knopfloch einnähen	Knopflochautomat
8	Knopf annähen	Knopfannähautomat

Projekt 15 Glockenrock

Ein echter Glockenrock aus einem Vollkreisring wird in der vorderen Mitte mit einer Verschlussleiste mit waagerechten Knopflöchern, in der hinteren Mitte mit einer Naht gearbeitet nach folgenden Maßen:

Rocklänge	78 cm
Nahtzugabe/Kante	1 cm
Taillenweite	72 cm
Saumzugabe	1 cm
Stoffbreite	110 cm
Übertritt/Untertritt	2 cm
Knopflochlänge	2,2 cm
Angeschnittener Besatz	5,5 cm

1. Fertigen Sie eine **Entwurfszeichnung** für den Rock.
2. Der Rock wird mit 5 Knöpfen geschlossen. Der oberste Knopf soll 2 cm von der Taillennaht, der unterste Knopf 26 cm von der Saumkante entfernt sein. Berechnen Sie den **Knopfabstand.**
3. Schlagen Sie drei passende **Oberteile** vor und begründen Sie die Wahl.
4. Skizzieren Sie einen **Zuschneideplan.**
5. Ermitteln Sie die erforderliche **Stofflänge.**
6. Berechnen Sie die Breite des **Reststreifens.**
7. Konstruieren Sie die **Schnitt-Teile** für den halben Rock im Maßstab 1 : 10 und zeichnen Sie den Knopfsitz bzw. die waagerechten Knopflöcher ein.
8. Wählen Sie drei Oberstoffe für diesen Rock aus sowie jeweils einen geeigneten Futterstoff, beschreiben Sie diese und entwickeln Sie jeweils ein Materialetikett mit Angabe der Pflegesymbole.
9. Schlagen Sie drei Knopfmaterialien vor und beschreiben Sie diese.

Lösungsvorschlag

1 Entwurfszeichnung

2 Berechnung des Knopfabstandes

Gegebene Daten

Verschlusslänge	VL	78 cm
Zahl der Knöpfe	ZKn	5
$\text{Kantenabstand}_{\text{oben}}$	KAO	2 cm
$\text{Kantenabstand}_{\text{unten}}$	KAU	26 cm

Gesuchte Daten

Knopfabstand KnA

Lösung in Teilschritten

Aufzuteilende Strecke
= Verschlusslänge – Kantenabstand oben – Kantenabstand unten
= 78 cm – 2 cm – 26 cm
= 50 cm

Zahl der Abstände
= Zahl der Knöpfe – 1
= 5 – 1
= 4

Knopfabstand
= Aufzuteilende Strecke : Zahl der Abstände
= 50 cm : 4
= **12,5 cm**

3 Oberteile

Hemdbluse

Sie passt zum sportlichen Charakter des Rockes.

Shirt-Bluse

Das sportlich-legere Oberteil aus Maschenstoff ist bequem.

Oberteil in Westenform

Das taillierte Oberteil reicht knapp über die Taille und passt dadurch zu einem Glockenrock.

4 Zuschneideplan

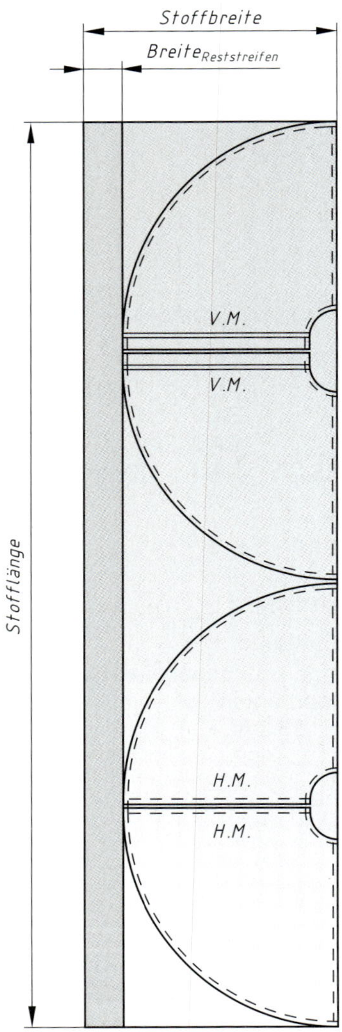

Berechnung der Stofflänge und der Reststreifenbreite

Gegebene Daten

Rocklänge	RL	78 cm
Nahtzugabe/Kante	NZG	1 cm
Taillenweite	TW	72 cm
Saumzugabe	SZG	1 cm
Stoffbreite	StB	110 cm
Übertritt/Untertritt	$B_{Üb}$	2 cm
Besatzbreite	B_{Bes}	5,5 cm

Gesuchte Daten

5 **Stofflänge StL**

6 **$\text{Breite}_{\text{Reststreifen}}$ BRStr**

Lösung

$\text{Radius}_{\text{Taillenweite}}$

$$r = \frac{U}{2 \cdot \pi}$$

$$r_{TW} = \frac{TW}{2 \cdot \pi} = \frac{72\ \text{cm}}{2 \cdot \pi} \approx 11{,}5\ \text{cm}$$

$\text{Radius}_{\text{Saumweite}}$

$$r_{SW} = r_{TW} + RL = 11{,}5\ \text{cm} + 78\ \text{cm} = 89{,}5\ \text{cm}$$

Stofflänge

$= 4 \cdot (r_{SW} + \text{Saumzugabe}) + 2 \cdot \text{Breite}_{\text{Besatz}} + 2 \cdot \text{Breite}_{\text{Über-/Untertritt}} + 2 \cdot \text{Nahtzugabe})$

$= 4 \cdot (89{,}5\ \text{cm} + 1\ \text{cm}) + 2 \cdot 5{,}5\ \text{cm} + 2 \cdot 2\ \text{cm} + 2 \cdot 1\ \text{cm}$

$= 379\ \text{cm} = \mathbf{3{,}79\ m}$

$\text{Breite}_{\text{Reststreifen}}$

$= \text{Stoffbreite} - (r_{SW} + \text{Nahtzugabe} + \text{Saumzugabe})$

$= 110\ \text{cm} - (89{,}5\ \text{cm} + 1\ \text{cm} + 1\ \text{cm})$

$= \mathbf{18{,}5\ cm}$

7 Schnitt-Teile M 1 : 10 (ohne Naht- und Saumzugabe)

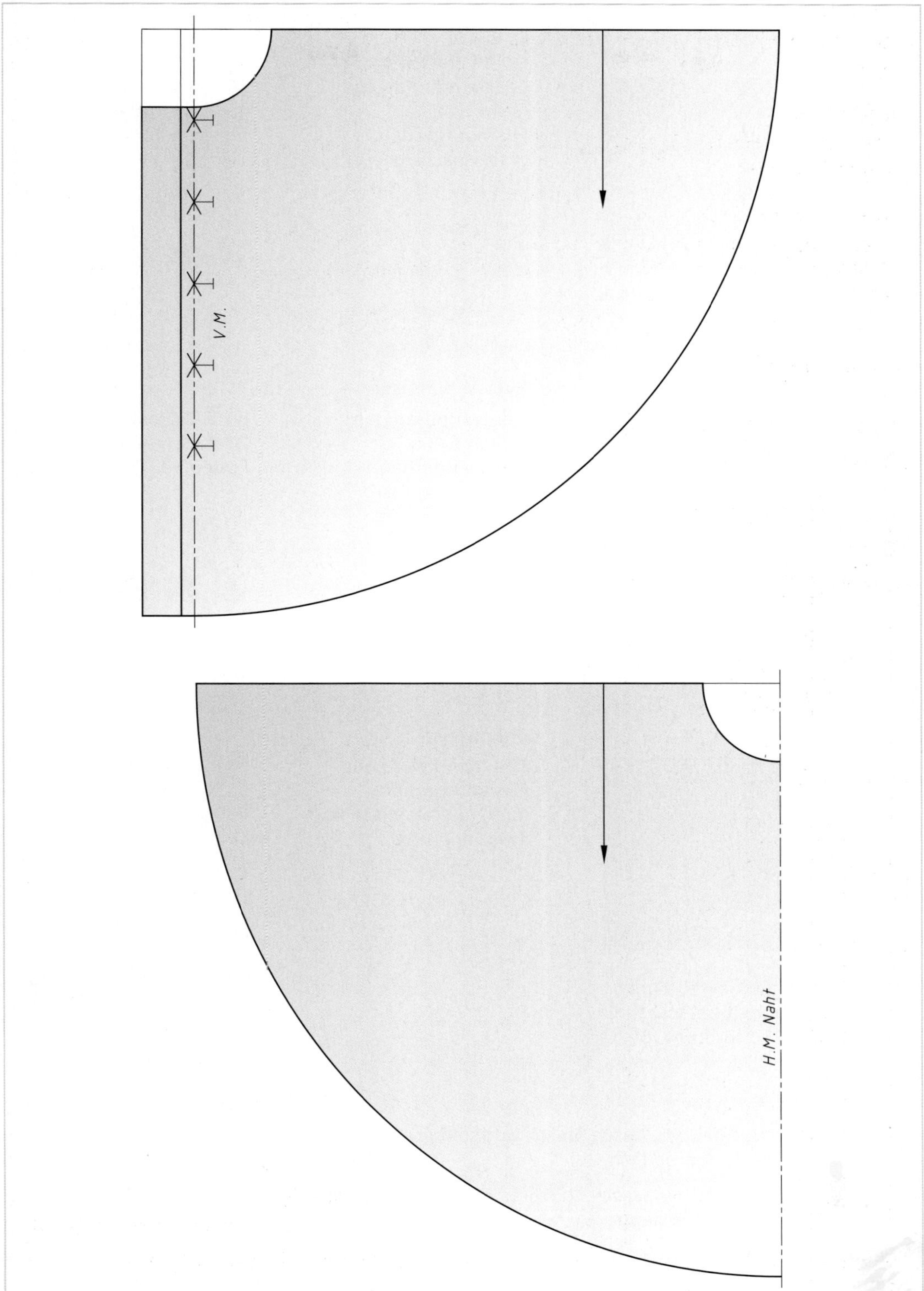

8 Mögliche Oberstoffe, Futterstoffe und Etiketten

Oberstoff	Futterstoff	Material- und Pflegeetikett
Popeline  Leinwandbindiges Gewebe mit Querrippenoptik, dicht, fester Griff, klares Oberflächenbild	**Leicht-Taft** Leinwandbindiges Gewebe aus Filamentgarnen, glatt, geschmeidig	55 % Polyester 45 % Schurwolle Futter: 100 % Viskose 
Gabardine  Dichtes, festes Gewebe mit ausgeprägtem Steilköpergrat, klares Oberflächenbild	**Taft** Leinwandbindiges Gewebe aus Filamentgarnen, dicht, etwas steif, leicht querrippig	80 % Viskose 20 % Polyester Futter: 100 % Polyamid 
Veloursleder-Imitat  Schmiegsames Gewebe mit samtähnllicher Oberfläche; kurzer Rauflor, stumpfe Optik	**Charmeuse** Kettenwirkware aus Filamentgarnen, glatt, querelastisch und maschinenfest	50 % Baumwolle 50 % Polyester Futter: 100 % Polyester 

9 Polyesterknopf: haltbar, wasch-, hitze- und reinigungsbeständig, z.B. als Perlmutt- oder Hornimitat erhältlich

Metallknopf: haltbar, wasch-, hitze- und reinigungsbeständig, unterstreicht z.B. die sportliche Stilrichtung

Perlmuttknopf: effektvoll, glänzend und schillernd, unterstreicht die elegante Stilrichtung

Projekt 16 Volants

1 Ein Oberteil wird mit einem Volant versehen, der aus zwei Kreisringen gearbeitet werden soll.

Ansatzweite	70,0 cm
Volantbreite	10,0 cm
Saumzugabe	0,5 cm

Berechnen Sie den **Stoffverbrauch.**

2 Am Saum soll der Volant mit einer Litze besetzt werden. Berechnen Sie den **Litzenbedarf** (auf volle 10 cm runden).

3 Fertigen Sie eine **Entwurfszeichnung** für ein solches Oberteil mit Volantbesatz.

4 Zeichnen Sie einen **Zuschneideplan** im Maßstab 1 : 5 und bemaßen Sie ihn.

5 Ermitteln Sie den Verschnitt in Prozent. Berücksichtigen Sie herbei den unter 1 ermittelten Stoffverbrauch sowie für die Taillennaht eine Nahtzugabe von 1 cm.

6 Wählen Sie einen geeigneten **Stoff** für das Oberteil aus und begründen Sie Ihre Wahl.

Lösungsvorschlag

Berechnung des Stoffverbrauchs und des Litzenbedarfs

Gegebene Daten

Ansatzweite	AW	70 cm
Volantbreite	VB	10 cm
Saumzugabe	SZG	0,5 cm

Gesuchte Daten

1 • **Stofflänge** **StL**
• **Stoffbreite** **StB**

2 • **Bortenlänge** **BoL**

Lösung in Teilschritten

$\text{Radius}_{\text{Ansatzweite}}$

$$r = \frac{U_i}{2 \cdot \pi}$$

$$r_{AW} = \frac{AW}{2 \cdot 2 \cdot \pi} = \frac{70\ \text{cm}}{2 \cdot 2 \cdot \pi} \approx 5{,}6\ \text{cm}$$

$\text{Radius}_{\text{Saumweite}}$

$$r_{SW} = r_{AW} + VB = 5{,}6\ \text{cm} + 10\ \text{cm} = 15{,}6\ \text{cm}$$

Stofflänge

$= 2 \cdot (r_{SW} + \text{Saumzugabe})$
$= 2 \cdot (15{,}6\ \text{cm} + 0{,}5\ \text{cm})$
$= \mathbf{32{,}2\ cm}$

Stoffbreite

$= 4 \cdot (r_{SW} + \text{Saumzugabe})$
$= 4 \cdot (15{,}6\ \text{cm} + 0{,}5\ \text{cm})$
$= \mathbf{64{,}4\ cm}$

Saumweite

$= 2 \cdot U_{\text{außen}}$
$= 2 \cdot 2 \cdot r_{SW} \cdot \pi$
$\approx 196\ \text{cm}$

Bortenlänge

$\widehat{=}$ Saumweite
$= 196\ \text{cm} \Rightarrow$ **2,00 m**

3 Entwurfszeichnung

4 Zuschneideplan M 1:5

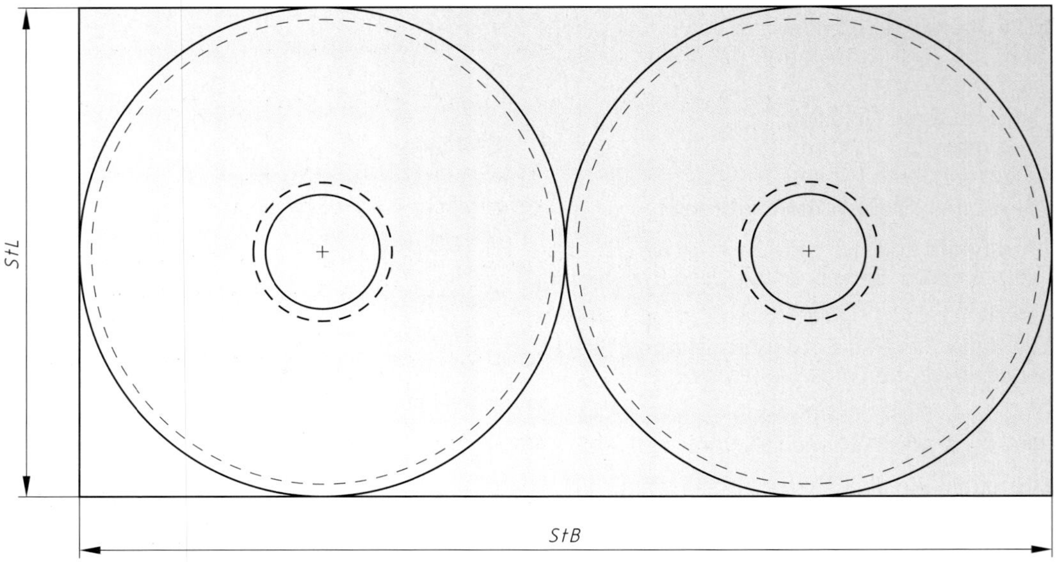

5 Berechnung des Verschnitts

Radius$_{außen}$ (r_a) = Radius$_{SW}$ + Saumzugabe = 15,6 cm + 0,5 cm = 16,1 cm

Radius$_{innen}$ (r_i) = Radius$_{AW}$ – Nahtzugabe = 5,6 cm – 1 cm = 4,6 cm

Fläche$_{Quadrat}$ (A_{Qu}) = Stofflänge · Stoffbreite = 32,2 cm · 64,4 cm = 2073,68 cm²

Fläche$_{Kreis\ innen}$ (A_{Ki}) = $\pi \cdot r_i^2$ = $\pi \cdot (4{,}6\ \text{cm})^2 \approx 66{,}44\ \text{cm}^2$

Fläche $_{Kreis\ außen}$ (A_{Ka}) = $\pi \cdot r_a^2$ = $\pi \cdot (16{,}1\ \text{cm})^2 \approx 813{,}92\ \text{cm}^2$

Fläche$_{Volant}$ (A_V) = $A_{Ka} - A_{Ki}$ = $813{,}92\ \text{cm}^2 - 66{,}44\ \text{cm}^2 = 747{,}48\ \text{cm}^2$

Fläche$_{Verschnitt}$ (A_{VS}) = $A_{Qu} - 2 \cdot A_V$ = $2073{,}68\ \text{cm}^2 - 2 \cdot 747{,}48\ \text{cm}^2 = 578{,}72\ \text{cm}^2$

Verschnitt in % $= \dfrac{100 \cdot A_{VS}}{A_{Qu}} = \dfrac{100\ \% \cdot 578{,}72\ \text{cm}^2}{2073{,}68\ \text{cm}^2} \approx$ **27,91 %**

6 Stoff: *Crêpe georgette*

Das fließende, leicht transparente Material ist gut geeignet für eine Bluse mit Volantbesatz.

Teil C: Beispiele für Abschlussprüfungen der Modenäher

1 Prüfungsstruktur

Die Abschlussprüfung der Modenäher (nach zweijähriger Ausbildung) gliedert sich in fachliche und allgemein bildende Prüfungsteile:

- Technologie
- Technische Mathematik
- Gestaltung und Konstruktion
- Wirtschafts- und Sozialkunde

Die Aufgaben der einzelnen Fächer sind jeweils unterteilt in ungebundene, d.h. frei formulierbare Aufgabenstellungen und gebundene (sog. multiple choice) Aufgaben. Von den vorgegebenen fünf Auswahlantworten ist nur eine Antwort richtig.

In der Tabelle sind alle wichtigen Details sowie die Schwerpunktthemen der fachlichen Prüfungsteile aufgeführt.

Prüfungsaufgabenstruktur schriftliche Prüfung Modenäher

Prüfungsfach	Aufgabenanzahl		Zeit	Gewichtung
	gebunden	ungebunden	in min	in %
Technologie Teil 1 und Teil 2	60 (65)	3	120	75 : 25
Technische Mathematik	12	3	75	67 : 33
Gestaltung und Konstruktion, Teil 1 und Teil 2	10	2	90	50 : 50

Gliederung der schriftlichen Prüfung Modenäher

	Technologie	gebunden	ungebunden
1	Werk-, Hilfsstoffe, Zubehör	23	
2	Spezialmaschinen	10	1
3	Wärmebehandlungsmaschinen	12	1
4	Zuschneidemaschinen	8	1
5	Aufbau- und Ablauforganisation	2	
6	Betriebsorganisation	4	
7	Arbeitssicherheit	6	

	Technische Mathematik	gebunden	ungebunden
1	Fachspezifische Kenndaten	4	1
2	Produkt	4	1
3	Leistung	4	1

	Gestaltung und Konstruktion	gebunden	ungebunden
1	Schablonen	4	1
2	Technische Zeichnungen: Kleinteile	4	1
3	Technische Zeichnungen: Nahtbilder	2	

C

2 Technologie

Die Lösungen der Aufgaben 1 bis 3 befinden sich auf den Seiten 277 und 278.

Ungebundene Aufgaben

1 Ⓐ Benennen Sie die Maschinen in den beiden nachfolgenden Bildern hinsichtlich der Stichart.
Ⓑ Geben Sie jeweils 2 Nahteigenschaften an.
Ⓒ Nennen Sie jeweils 2 Einsatzgebiete.

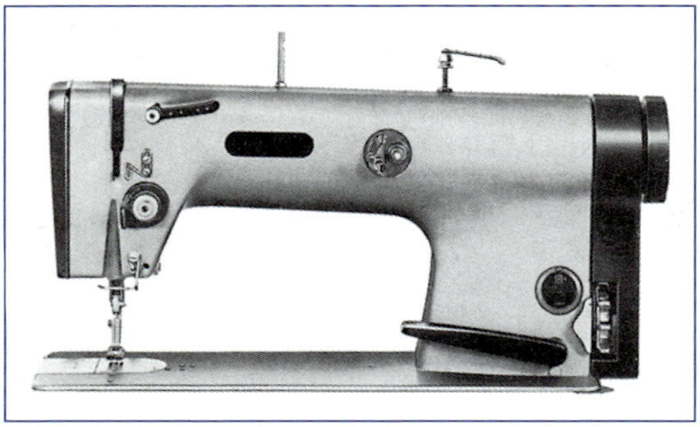

Bild 1

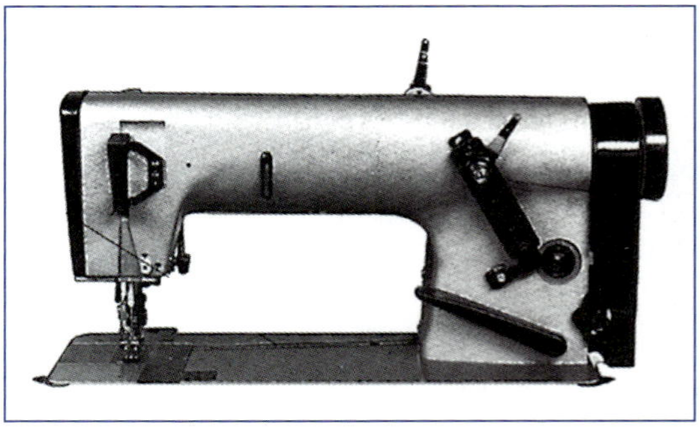

Bild 2

Aufgabenlösung

Bild 1

A Doppelsteppstich

B Dehnbarkeit ist gering

C bei Verbindungsnähten und

Bild 2

A

B

C

2 Ⓐ Nennen Sie die Legeverfahren der Maschinen in den Bildern 1 und 2.

Ⓑ Nennen Sie jeweils typische Einsatzgebiete des Legeverfahrens.

Ⓒ Beschreiben Sie kurz den Legevorgang.

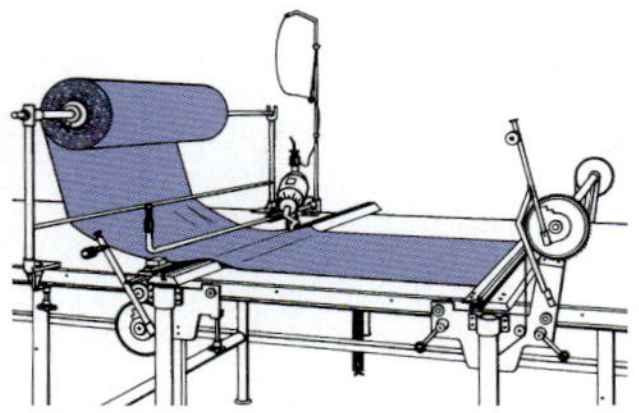

Bild 1

Bild 2

Aufgabenlösung

Bild 1

A

B

C

Bild 2

A

B

C

3 Ⓐ Benennen Sie die Bügelunterlage im Bild 3 fachgerecht.

Ⓑ Nennen Sie textile Oberflächen, die vorwiegend mit dieser Bügelhilfe bearbeitet werden.

Ⓒ Begründen Sie den Einsatz.

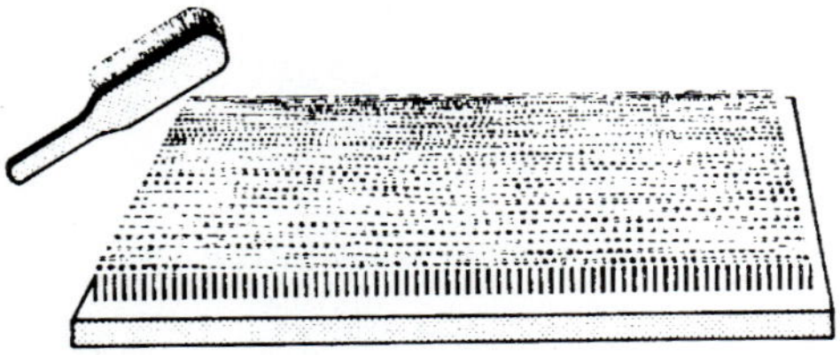

Bild 3

Aufgabenlösung

Bild 3

A Nadelbrett

B Samtstoffe

C Der Flor wird sonst platt gebügelt und ist nicht wieder herstellbar

Die Lösungen der Aufgaben 1 bis 65 befinden sich auf Seite 278.

Gebundene Aufgaben (multiple choice)

1 Bezeichnen Sie den Stoff in nachfolgendem Bild fachgerecht.

Ⓐ Spitzköper
Ⓑ Mehrgratköper
Ⓒ Fischgratköper
Ⓓ Kreuzköper
Ⓔ Steilgratköper

2 Das abgebildete Gütezeichen kennzeichnet den Stoff in vorhergehendem Bild.
Welche Eigenschaft trifft auf diesen Stoff zu?

WOOLMARK®

Ⓐ Sehr gute Scheuerfestigkeit
Ⓑ Geringes Wärmerückhaltevermögen
Ⓒ Geringe Feuchtigkeitsaufnahme
Ⓓ Geringer Knitterwiderstand
Ⓔ Gute Formbarkeit

3 Wie heißt die Bindungsbezeichnung für den Stoff in folgendem Bild?

Ⓐ Kreuzköper
Ⓑ Fischgratköper
Ⓒ Steilgratköper
Ⓓ Mehrgratköper
Ⓔ Zickzackköper

4 Wodurch entsteht bei dem in folgendem Bild abgebildeten Changeant der schillernde Effekt?

Ⓐ Durch unterschiedlich dicke Filamentgarne in Kette und Schuss
Ⓑ Durch den Einsatz von Viskosefasern
Ⓒ Durch den Einsatz von Filamentgarnen
Ⓓ Durch den Einsatz einer farbigen Kette und eines andersfarbigen Schusses
Ⓔ Durch den gleichmäßigen Wechsel von verschiedenen Kett- und Schussfäden

5 Wie wurde die nachfolgend dargestellte Einlage hergestellt?

Ⓐ Durch Kulierwirken
Ⓑ Durch Bondieren
Ⓒ Durch Kettenwirken
Ⓓ Durch Verkleben
Ⓔ Durch Weben.

6 Wodurch entsteht die florale Musterung des in folgendem Bild dargestellten Damastes?

Ⓐ Durch Einsatz der Leinwandbindung

Ⓑ Durch Einprägen der Musterung

Ⓒ Durch Einsatz von Köpergraten in Z-Richtung

Ⓓ Durch Aufdrucken der Musterung

Ⓔ Durch mustermäßigen Wechsel von Kett- und Schussatlas

7 Welche Handelsbezeichnung trifft auf den Stoff in folgendem Bild zu?

Ⓐ Atlas

Ⓑ Charmeuse

Ⓒ Satin

Ⓓ Façonné

Ⓔ Damast

8 Welche Eigenschaft erhält man durch den Einsatz des in nachfolgendem Bild dargestellten Plaid-Futterstoffes?

Ⓐ Er klebt nicht auf der Haut.

Ⓑ Er ist sehr saugfähig.

Ⓒ Er hat ein sehr gutes Wärmerückhaltevermögen.

Ⓓ Er ist sehr elastisch.

Ⓔ Er ist glatt und glänzend.

9 Welche der genannten Fasern ist kochfest?

Ⓐ Baumwolle

Ⓑ Viskose

Ⓒ Seide

Ⓓ Acetat

Ⓔ Polyacryl

10 Welche Wolle wird mit Mohairwolle bezeichnet?

Ⓐ Die Wolle von Schafen, die zum ersten Mal geschoren werden.

Ⓑ Die Wolle von weiblichen Schafen

Ⓒ Die Haare der Angora-Ziege

Ⓓ Die Haare des Angora-Kaninchens

Ⓔ Die Wolle von Schultern und Seiten der Schafe

11 Welche der genannten Eigenschaften trifft auf Leinen zu?

Ⓐ Große Temperaturempfindlichkeit

Ⓑ Großes Feuchtigkeitsaufnahmevermögen

Ⓒ Große Dehnbarkeit

Ⓓ Großer Knitterwiderstand

Ⓔ Großes Wärmerückhaltevermögen

12 Welche der genannten Chemiefasern besteht nicht aus synthetischen Polymeren?

Ⓐ Viskose

Ⓑ Polyester

Ⓒ Polyurethan

Ⓓ Polyacryl

Ⓔ Polyamid

13 Welcher textile Faserstoff hat die geringste Feuchtigkeitsaufnahme?

Ⓐ Baumwolle

Ⓑ Wolle

Ⓒ Seide

Ⓓ Polyacryl

Ⓔ Flachs (Leinen)

14 Was wird mit dem Begriff „tex" bezeichnet?

Ⓐ Eine Maßeinheit für die Angabe der Reißfestigkeit von Garnen

Ⓑ Ein natürlicher Rohstoff

Ⓒ Ein System zur Feinheitsbezeichnung von Garnen

Ⓓ Ein Pflegekennzeichen

Ⓔ Ein texturiertes Garn

15 Welche der nachstehenden Bilder zeigen einstufige Zwirne?

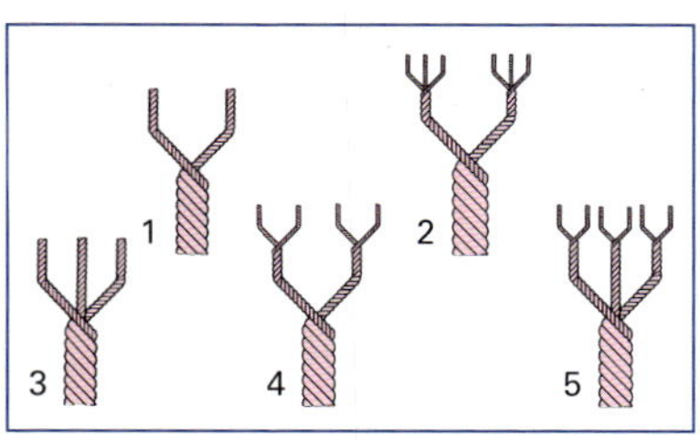

Ⓐ Bilder 3 und 5

Ⓑ Bilder 3 und 4

Ⓒ Bilder 2 und 4

Ⓓ Bilder 1 und 2

Ⓔ Bilder 1 und 3

16 Welche Aussage über den Zwirn Nm 120/3 ist richtig?

Ⓐ 100 m des aufgewickelten Zwirns wiegen 120 Gramm mal 3.

Ⓑ 100 m des dreifachen Zwirns wiegen 120 Gramm.

Ⓒ 120 m des einzelnen Garns eines dreifachen Zwirns wiegen 1 Gramm.

Ⓓ 1000 m des einzelnen Garns eines dreifachen Zwirns wiegen 120 Gramm.

Ⓔ 120 m des einzelnen Garnes eines dreifachen Zwirns wiegen 3 Gramm.

17 Woran erkennt man Schusssamt?

Ⓐ Die Florfäden haben keine bestimmte Lage.

Ⓑ Die Florfäden hängen an den Schussfäden.

Ⓒ Die Florfäden hängen an den Kettfäden.

Ⓓ Die Webkante ist verstärkt.

Ⓔ Das Gewebe ist aufgeraut.

18 Welches Bindungskurzzeichen ist für die nachstehende Patronenzeichnung richtig?

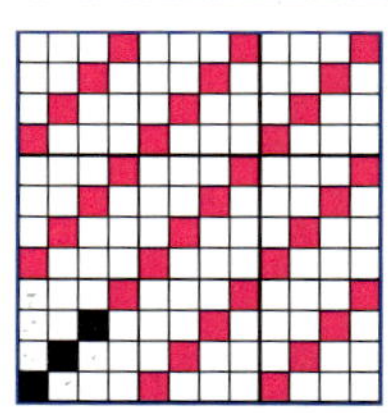

Ⓐ 20–05 01–01–01

Ⓑ 20–01 03–01–01

Ⓒ 20–01 05–01–05

Ⓓ 20–02 01–01–01

Ⓔ 20–01 01–01–01

19 Was versteht man unter Maschenreihe?

Ⓐ Rechte Maschen
Ⓑ Nebeneinanderliegende Maschen
Ⓒ Eine Bindungstechnik
Ⓓ Übereinanderliegende Maschen
Ⓔ Einen farbig eingestrickten Faden

20 Was wird durch die Ausrüstung „Scotchgard" erreicht?

Ⓐ Waschechter Prägeeffekt
Ⓑ Beständig fixierter Glanz
Ⓒ Fleckschutz
Ⓓ Dauerhafte Appretur
Ⓔ Samtähnliches Aussehen.

21 Welche Legung der Kettengewirke ist in dem Bindungsbild dargestellt?

Ⓐ Einmaschige Franse
Ⓑ Trikotlegung
Ⓒ Zweimaschige Franse
Ⓓ Tuchlegung
Ⓔ Atlaslegung

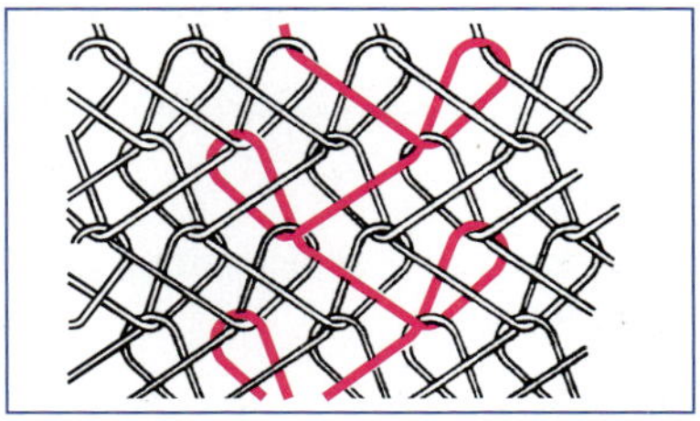

22 Welche der abgebildeten Knöpfe (Bilder Ⓐ bis Ⓔ) bezeichnet man als Perlmuttknöpfe?

Ⓐ Ⓑ Ⓒ Ⓓ Ⓔ

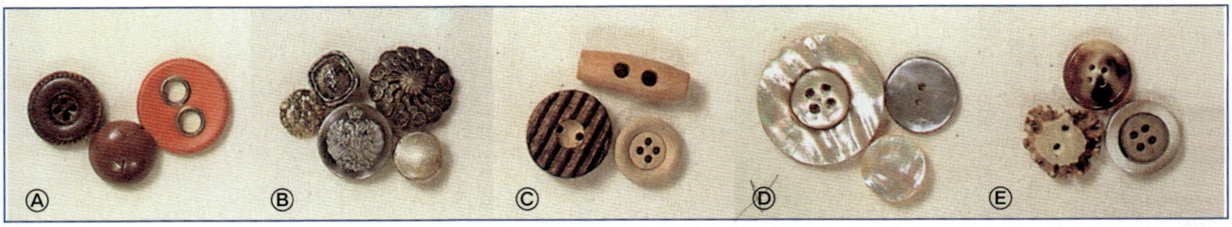

23 Welcher Arbeitsgang kann mit der abgebildeten Vorrichtung ausgeführt werden?

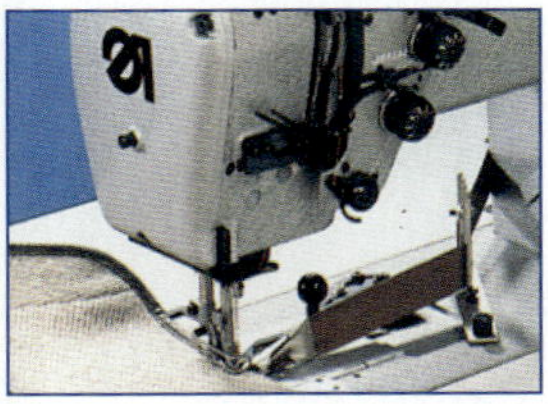

Ⓐ Zuführen eines Reißverschlusses
Ⓑ Aufnähen von Applikationen
Ⓒ Biesen nähen
Ⓓ Einfassen von Kanten
Ⓔ Steppen von Kanten

24 Für welche der nachfolgend aufgeführten Aufgaben ist der abgebildete Nähfuß besonders geeignet?

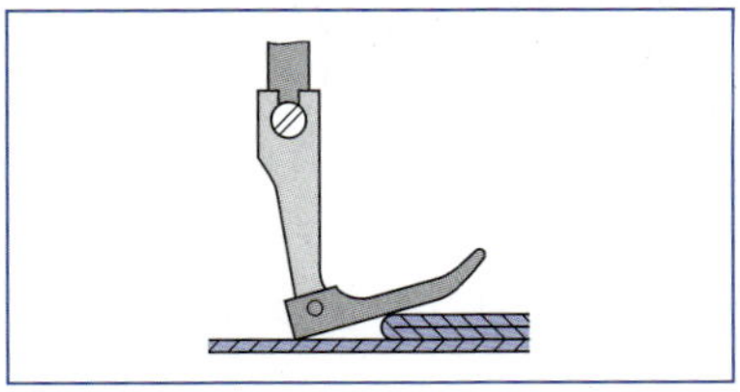

Ⓐ Sichere Stichbildung bei Übergängen
Ⓑ Nähen von gebogenen Schließnähten
Ⓒ Schnelles Nähen langer Nähte
Ⓓ Einnähen von Ärmeln
Ⓔ Verstürzen von Kragen

25 Wozu dient die hinter der Nadel arbeitende zusätzliche Transporteinrichtung?

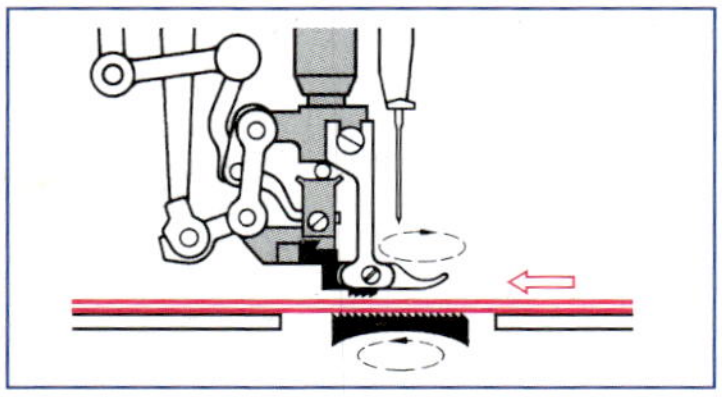

Ⓐ Zum Erreichen besonders glatter Nähte

Ⓑ Zum Einhalten von Mehrweite der oberen Stofflage

Ⓒ Zum Sichern von Nahtanfang und Nahtende

Ⓓ Zum Stofftransport und gleichzeitigen Kantenabschneiden

Ⓔ Zum Einhalten von Mehrweite der unteren Stofflage

26 Für welche Näharbeit ist die abgebildete Nähgutführung zweckmäßig?

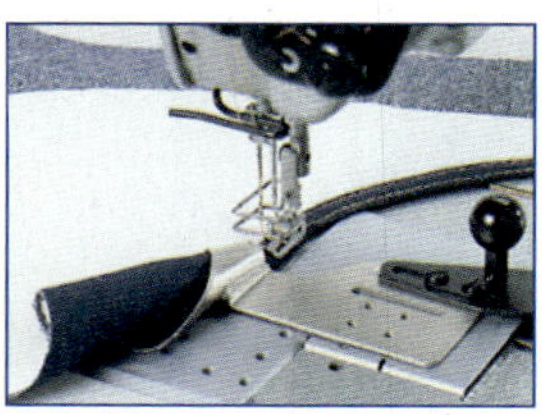

Ⓐ Annähen von Stoßband

Ⓑ Aufsetzen von Applikationen

Ⓒ Einriegeln von Schulterpolstern

Ⓓ Verarbeitung von Saumkanten

Ⓔ Einsetzen von Ärmeln

27 Welcher Stichtyp ist für das Versäubern von Schnittkanten geeignet?

Ⓐ Doppelkettenstich

Ⓑ Doppelsteppstich

Ⓒ Überwendlichkettenstich

Ⓓ Einfachkettenstich

Ⓔ Blindstich

28 Für welches Material ist der mit Teflon beschichtete Nähfuß besonders geeignet?

Ⓐ Baumwolle

Ⓑ Lederimitat

Ⓒ Wolle

Ⓓ Seide

Ⓔ Rips

29 Wie heißt der mit ⑤ gekennzeichnete Teil der Nähmaschinennadel?

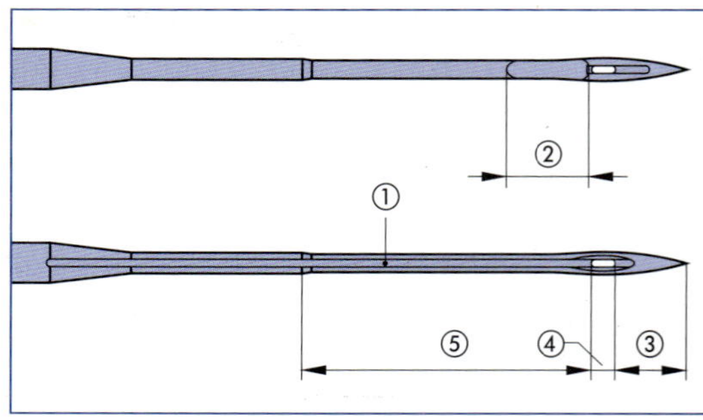

Ⓐ Spitze

Ⓑ Hohlkehle

Ⓒ Öhr

Ⓓ Lange Rinne

Ⓔ Schaft

30 Welche Ursache kann für den dargestellten Kräuseleffekt verantwortlich sein?

Ⓐ Die Fadenspannung ist zu groß.

Ⓑ Die Fadenspannung ist zu klein.

Ⓒ Die Nadel ist zu dünn.

Ⓓ Der Nähfußdruck ist zu groß.

Ⓔ Die Maschine läuft zu schnell.

31 Wonach richtet sich die Bügeltemperatur?

Ⓐ Nach der Stromart und der Stromstärke
Ⓑ Nach der Art des Bügeleisens
Ⓒ Nach der Schnelligkeit der Büglerin
Ⓓ Nach der Verarbeitung des Bügelgutes
Ⓔ Nach dem Rohstoff und der Ausrüstung des Bügelgutes

32 Welchen Zweck erfüllt das Absaugen von Dampf aus der Bügelfläche?

Ⓐ Um dem Bügler unnötige Wärmeeinwirkungen zu ersparen.
Ⓑ Um auf dem Bügelgut eine Glanzbildung zu erzeugen.
Ⓒ Um den Dampf aus Wirtschaftlichkeitsgründen wieder verwenden zu können.
Ⓓ Um eine Glanzbildung auf dem Bügelgut zu verhindern.
Ⓔ Um ein schnelles Erkalten des Bügelgutes zu erreichen und die Form zu festigen.

33 Wie bezeichnet man das Formen von Bekleidungsstellen durch Bügeln?

Ⓐ Filzen
Ⓑ Dressieren
Ⓒ Drapieren
Ⓓ Dehnen
Ⓔ Doppeln

34 Welche Aussage über den Einsatz von Formfinishern ist richtig?

Ⓐ Es wird rationell geglättet.
Ⓑ Es wird gekühlt.
Ⓒ Es wird auf die Auflage gepresst.
Ⓓ Es wird zwischen Ober- und Unterplatte gelegt.
Ⓔ Es wird angefeuchtet.

35 Welche Beschichtungsart ergibt den weichsten Griff?

Ⓐ Beschichtung mit großen Punkten in kleinem Abstand
Ⓑ Beschichtung mit feinen Punkten in großem Abstand
Ⓒ Beschichtung mit großen Punkten ohne Abstand
Ⓓ Beschichtung der Fläche
Ⓔ Beschichtung mit kleinen, dichten Punkten

36 Welches der nachfolgend aufgeführten Materialien ist nicht fixierfreundlich?

Ⓐ Lamé
Ⓑ Beschichteter Baumwollstoff
Ⓒ Samt
Ⓓ Imprägnierter Baumwollstoff
Ⓔ Streichgarnstoff

37 Welche Legeart zeigt das nachstehende Bild?

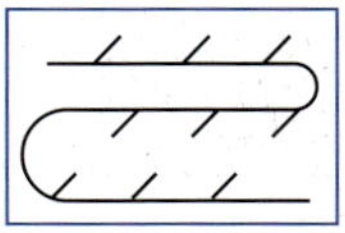

Ⓐ Links auf Rechts gelegt
Ⓑ Paariglegung
Ⓒ Strichlegung
Ⓓ Zickzacklegung
Ⓔ Strichlegung doubliert

38 Welchen Nachteil hat der Einsatz eines Heißbohrmarkiergerätes bei Stoffen aus synthetischen Fasern?

Ⓐ Synthetische Fasern benötigen keine Markierungen.
Ⓑ Stofflagen kleben zusammen.
Ⓒ Durch das leichte Verschieben des Materials können falsche Markierungspunkte nicht korrigiert werden.
Ⓓ Die Markierungspunkte werden zu ungenau.
Ⓔ Die Markierungslöcher werden zu klein.

39 Welche Zuschneidemaschine wird vorzugsweise für Feinausschnitte verwendet?

Ⓐ Bandmesser
Ⓑ Peilmesser
Ⓒ Rundmesser
Ⓓ Elektrohandschere
Ⓔ Handschere

40 Unter welchen Bedingungen ist der Einsatz von Stanzen im Zuschnitt sinnvoll?

Ⓐ Nur für Kleinteile.
Ⓑ Nur für Damenoberbekleidung.
Ⓒ Nur für beschichtete Ware.
Ⓓ Nur für große Schnittteile.
Ⓔ Für gleiche Modellschnitte und große Stückzahlen über einen längeren Zeitraum.

41 Warum wird beim Arbeiten mit einem Bohrmarkiergerät eine Aluminium-Gegenplatte verwendet?

Ⓐ Ein sicheres Durchbohren der untersten Stofflage soll gewährleistet werden.
Ⓑ Der Lagenstapel kann auf Sichthöhe angehoben werden.
Ⓒ Die Bohrnadel soll vor Beschädigung am Zuschneidetisch geschützt werden.
Ⓓ Die Bohrnadel muss bei Berührung der Platte neu angeschliffen werden.
Ⓔ Die Platte ist mit einem Signalgeber verbunden, der das Beschädigen des Zuschneidetisches verhindert.

42 Welche Stoffe werden beim Zuschneiden genadelt?

Ⓐ Broché, Lancé
Ⓑ Filz, Vliesstoff
Ⓒ Samt, Cord
Ⓓ Kulierware, Kettenwirkware
Ⓔ Streifen, Karos

43 Mit welcher Technik werden beim Zuschneideautomaten die einzelnen Schnittteile nicht ausgeschnitten?

Ⓐ Mit einem Kreismesser.
Ⓑ Mit einem Plasmastrahl.
Ⓒ Mit einem Wasserstrahl.
Ⓓ Mit einem Laser.
Ⓔ Mit einem Vertikalmesser.

44 Welches der abgebildeten Schnittbilder (Bilder Ⓐ bis Ⓓ) zeigt ein Halbbild?

Ⓐ Ⓑ Ⓒ Ⓓ

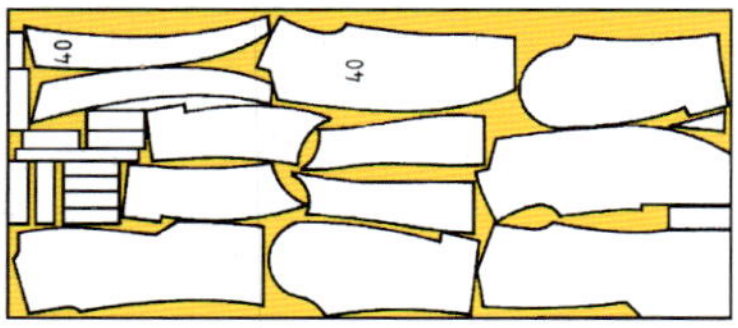
Ⓐ

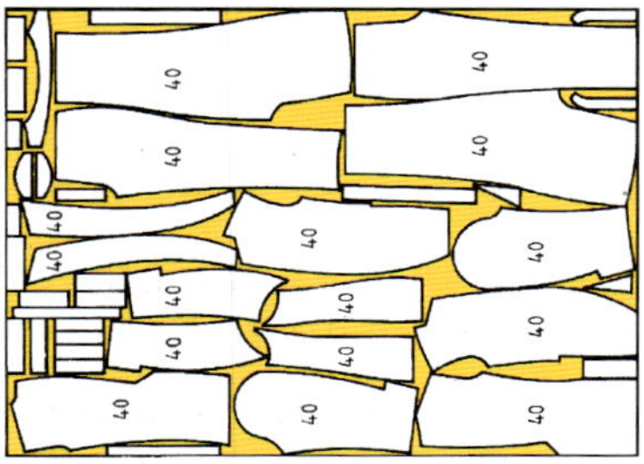
Ⓑ

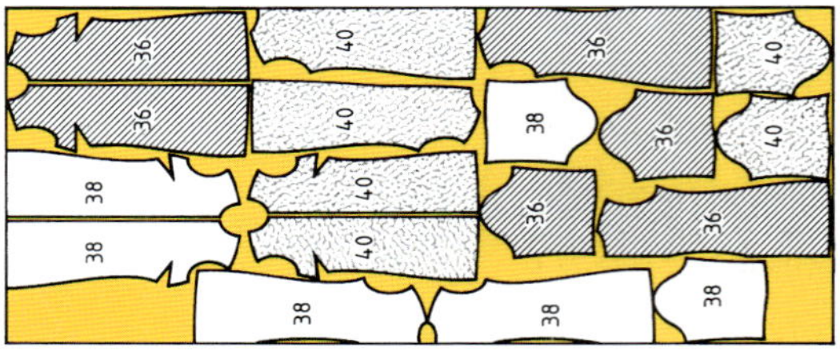
Ⓒ

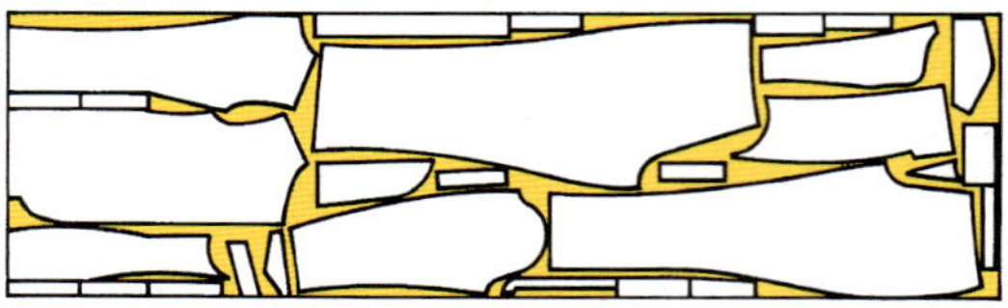
Ⓓ

45 Was versteht man unter der Auftragszeit?

Ⓐ Zeit, die für einen Arbeitsgang an einer Maschine benötigt wird.

Ⓑ Ausfallzeit, z.B. für Pausen, Reparaturen.

Ⓒ Zeit, die für die Durchführung einer Arbeitsaufgabe benötigt wurde.

Ⓓ Zeit, die für die Durchführung einer Arbeitsaufgabe vorgegeben ist.

Ⓔ Zeit, die für das Einrichten der Maschine vorgeben ist.

46 Welche betriebliche Planungsunterlage zeigt das auszugsweise abgebildete Formular?

Shirtmaker GmbH
76543 Dingsdorf

Erzeugnis	Herrenhemd
Kollektion	Amerika
Modell	New York
Artikel Nr.	123
Saison	F/S 2008
Bearbeiter	Renner
Datum	12.08.2007
Schnitt Nr. 2310	

Pos.	Bezeichnung	Betriebsmittel	Zeit t_e (min)
10	Kragen pressen und fixieren	Fixierpresse	0,67
20	Fixierter Kragensteg 6 mm steppen	DSSM	1,01
30	Kragen beschneiden und wenden	Schere	0,25

Ⓐ Arbeitsplan

Ⓑ Produktionsplan

Ⓒ Fertigungsplan

Ⓓ Arbeitsverteilungsplan

Ⓔ Betriebsmittelplan

47 Markieren Sie die korrekte Reihenfolge des Fertigungsablaufes in einem Bekleidungsbetrieb.

Ⓐ Fertigwarenlager – Materiallager – Zuschneiderei – Näherei – Bügelei

Ⓑ Zuschneiderei – Näherei – Materiallager – Bügelei – Fertigwarenlager

Ⓒ Materiallager – Zuschneiderei – Näherei – Bügelei – Fertigwarenlager

Ⓓ Zuschneiderei – Materiallager – Näherei – Fertigwarenlager – Bügelei

Ⓔ Materiallager – Zuschneiderei – Fertigwarenlager – Näherei – Bügelei

48 Welche Definition einer „betrieblichen Stelle" ist richtig?

Ⓐ Jeder Stelle werden Aufgaben-, Kompetenz- und Verantwortungsbereiche zugeordnet.

Ⓑ Stabstellen sind übergeordnete Stellen.

Ⓒ Stabstellen verfügen grundsätzlich über eine Weisungs- und Anforderungsbefugnis.

Ⓓ Stellen bezeichnen die räumliche Abgrenzung eines Arbeitsplatzes.

Ⓔ Instanzen werden Führungsstellen zur Beratung und Unterstützung zugeordnet.

49 Welchen Vorteil hat die Serienfertigung gegenüber der Einzelfertigung?

Ⓐ Höherer Materialverbrauch

Ⓑ Verringerte Stück-Kosten

Ⓒ Längere Fertigungszeit

Ⓓ Längere Durchlaufzeiten

Ⓔ Verringerter Betriebsmittelbedarf.

50 Wie nennt man das Verfahren zur Ermittlung der Vorgabezeit durch Messen und Auswerten der Ist-Zeiten?

Ⓐ Zeitaufnahme

Ⓑ Arbeitszeiterfassung

Ⓒ Leistungsbewertung

Ⓓ Arbeitsbewertung

Ⓔ Anwesenheitskontrolle

51 Welche der genannten Tätigkeiten wird nicht als Verteilzeit gerechnet?

Ⓐ Nach Nadelbruch Nadel austauschen.

Ⓑ Nach Fadenbruch Faden einfädeln.

Ⓒ Herabgefallene Teile aufheben.

Ⓓ Maschine einfädeln.

Ⓔ Fertigteile kontrollieren.

52 Welche Tätigkeit fällt unter die Rüstzeit?

Ⓐ Fachgespräch mit einer Kollegin

Ⓑ Teile zusammennähen

Ⓒ Maschinennadel auswechseln

Ⓓ Auftrag entgegennehmen

Ⓔ Arbeitsplatz einrichten

53 Wie lautet die Definition der Vorgabezeit?

Ⓐ Zeit, die für einen Arbeitsgang vorgegeben wird.

Ⓑ Soll-Zeit, die für das Einrichten der Maschine vorgegeben ist.

Ⓒ Ausfallzeit, z.B. für Pausen, Reparaturen.

Ⓓ Ist-Zeit, die für die Durchführung einer Arbeitsaufgabe verbraucht wurde.

Ⓔ Rüstzeit, die für das Einrichten der Maschine vorgegeben ist.

54 Wie können Augenverletzungen beim Arbeiten an einer Nähmaschine verhindert werden?

Ⓐ Der Augenschutz muss funktionsgerecht eingestellt sein.

Ⓑ Der Augenschutz muss angebracht werden können.

Ⓒ Der Fingerschutz muss funktionsgerecht angebracht sein.

Ⓓ Die Maschine muss beim Reinigen eingeschaltet werden.

Ⓔ Die Maschine muss beim Einfädeln nähbereit sein.

55 An welchen Teilen einer Nähmaschine muss eine Schutzabdeckung vorhanden sein?

Ⓐ Fadengeber und Keilriemen

Ⓑ Fadengeber und Nadelstange

Ⓒ Keilriemen und Stichsteller

Ⓓ Stichloch und Transporteur

Ⓔ Fadengeber und Fadenspannung

56 Begründen Sie, warum eine Stanze beidhändig bedient werden muss.

Ⓐ Weil dadurch weniger Handkraft aufgewendet werden muss.

Ⓑ Weil dadurch der Arbeitsrhythmus gleichmäßiger wird.

Ⓒ Weil dadurch schneller gearbeitet werden kann.

Ⓓ Weil dadurch die Unfallgefahr herabgesetzt wird.

Ⓔ Weil dies Vorteile für den menschlichen Organismus hat.

57 Welche Institution ist verantwortlich für die Unfallverhütungsvorschriften?

Ⓐ Technischer Überwachungsverein

Ⓑ Arbeitgeberverband

Ⓒ Gewerkschaften

Ⓓ Gewerbeaufsichtsamt und Rentenversicherung

Ⓔ Berufsgenossenschaft

58 Worauf muss beim Nadelwechsel geachtet werden, damit Verletzungen vermieden werden?

Ⓐ Der Nadeltyp muss auf die Maschine abgestimmt sein.

Ⓑ Die Nadelstärke muss dem Nähgut angepasst sein.

Ⓒ Der Maschinenmotor muss ausgeschaltet sein.

Ⓓ Die Maschine muss zum Stillstand gekommen sein.

Ⓔ Die Maschine muss ausgeschaltet und zum Stillstand gekommen sein.

59 Welche Pflicht hat ein Arbeitnehmer, wenn er Mängel an elektrischen Geräten erkennt?

Ⓐ Die Mängel gleich notdürftig beheben.

Ⓑ Die Fachkraft für Arbeitssicherheit umgehend verständigen.

Ⓒ Bei der Weiterbenutzung äußerste Vorsicht walten lassen.

Ⓓ Die elektrischen Geräte unverzüglich stilllegen und dem Vorgesetzten melden.

Ⓔ Den Betriebsrat verständigen.

60 Was bedeutet das GS-Zeichen an Bekleidungsmaschinen?

Ⓐ Es müssen noch die Schutzeinrichtungen angebracht werden.

Ⓑ Die Maschine darf nicht in Betrieb genommen werden.

Ⓒ Die Firma GS hat die Maschine hergestellt und haftet dafür.

Ⓓ Die Maschine ist auf die geltende Sicherheitstechnik geprüft.

Ⓔ „Go Slow", d.h. nicht sofort auf voller Leistung laufen lassen.

61 Welchen Zweck erfüllt ein Arbeitsplan?

Ⓐ Er gibt die Arbeitsgänge zur Herstellung eines Produktes an.

Ⓑ Er gibt Ablaufschnitte gleichen zeitlichen Umfangs an.

Ⓒ Er bezieht sich immer nur auf ein Arbeitssystem.

Ⓓ Er untergliedert den Gesamtablauf in Bewegungselemente.

Ⓔ Er ordnet die Arbeitsgänge der für die Herstellung eines Produktes geeigneten Maschinentyps an.

C

62 Welche Eigenschaft wird durch unterschiedliche Faserprofile bei synthetischen Chemiefasern beeinflusst?

Ⓐ Glanz, Griff
Ⓑ Bügelfestigkeit
Ⓒ Faserlänge
Ⓓ Faserfarbe
Ⓔ Faserfeinheit

63 Welche der unten aufgeführten Stoffarten hat die größte Elastizität?

Ⓐ Feinripp
Ⓑ Single Jersey
Ⓒ Batist
Ⓓ Popeline
Ⓔ Satin

64 Welche Ausrüstungsarbeit lässt Webwaren glatter erscheinen?

Ⓐ Waschen
Ⓑ Scheren
Ⓒ Eulanisieren
Ⓓ Kalandern
Ⓔ Sanforisieren

65 Welchen Vorteil bietet die druckarme Erwärmung für die Qualität der Fixierung?

Ⓐ Die Gefahr des Verlaufens zu stark erhitzter Klebepunkte im Oberstoff ist gering.
Ⓑ Der erweichte Klebepunkt wird nicht in den Oberstoff gedrückt.
Ⓒ Die Klebepunkte werden nicht flach gedrückt.
Ⓓ Die Klebepunkte werden auf der Oberseite des Stoffes sichtbar.
Ⓔ Die Verbindung kann lösbar ausgeführt werden.

3 Technische Mathematik

Die Lösungen der Aufgaben 1 bis 15 befinden sich auf den Seiten 278 und 279.

Vorgabezeit: 75 Minuten; *Hilfsmittel:* Netzunabhängiger Taschenrechner

Gebundene Aufgaben (multiple choice)

1 Acht Modenäherinnen fertigen in 15 Stunden 40 Bekleidungsstücke.

Wie viele Bekleidungsstücke fertigen unter gleichen Bedingungen 6 Näherinnen in 18 Stunden?

Ⓐ 25 Stück

Ⓑ 36 Stück

Ⓒ 44 Stück

Ⓓ 64 Stück

Ⓔ 92 Stück

2 Firma Maier verlangt für ein Sortiment Knöpfe 296,42 Euro. Auf den Listenpreis gewährt sie 5% Rabatt und 3% Skonto.

Firma Müller bietet das gleiche Sortiment für 270,82 Euro, jedoch ohne jeden Abzug an.

Um welchen Betrag liefert eine der beiden Firmen das Sortiment günstiger an?

Ⓐ 1,87 Euro

Ⓑ 2,33 Euro

Ⓒ 3,20 Euro

Ⓓ 4,85 Euro

Ⓔ 8,64 Euro

3 Für ein Rüschenteil sind folgende Maße gegeben:

Geschlossene Weite:	2,40 m
Offene Weite:	4,75 m
Rüschenbreite:	6 cm
Stoffbreite:	90 cm
Naht- und Saumzugabe je Kante	1 cm

Wie groß ist die benötigte Stofflänge?

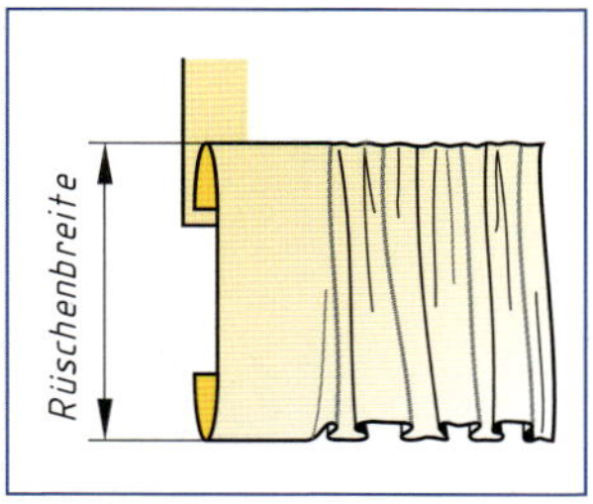

Ⓐ 35 cm

Ⓑ 40 cm

Ⓒ 42 cm

Ⓓ 48 cm

Ⓔ 64 cm

4 Aus einem 90 cm breiten Stoff sollen quadratische Teile mit der Kantenlänge von 18 cm ausgeschnitten werden.

Welche Stofflänge in Metern ist für 420 Teile erforderlich?

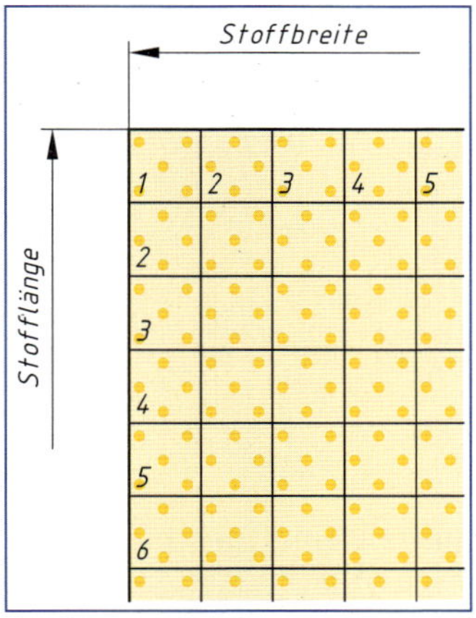

Ⓐ 15,12 m

Ⓑ 16,20 m

Ⓒ 16,80 m

Ⓓ 21,00 m

Ⓔ 23,33 m

5 Der Stundenlohn einer Modenäherin beträgt 8,08 Euro. Für Überstunden wird ein Aufschlag von 25% bezahlt. Die wöchentliche Arbeitszeit beträgt 38 Stunden, dazu macht sie noch 3,5 Überstunden.

Wie hoch ist der Bruttolohn in dieser Woche?

Ⓐ 330,27 Euro

Ⓑ 340,98 Euro

Ⓒ 342,39 Euro

Ⓓ 383,80 Euro

Ⓔ 419,15 Euro

6 Eine 8 cm hohe Manschette soll mit drei Knöpfen geschlossen werden.
Der Kantenabstand des obersten und untersten Knopfloches soll jeweils 1 cm betragen.
Wie groß ist der Knopflochabstand?

Ⓐ 2,0 cm ☒
Ⓑ 2,3 cm
Ⓒ 2,7 cm
Ⓓ 3,0 cm
Ⓔ 4,0 cm

8 Ein Rock soll einen Blendenbesatz erhalten.
Die Rockweite beträgt 1,60 m.
Die Blenden sollen 4 cm breit sein.
Die Nahtzugabe beträgt 1 cm pro Kante.
Welche Stofflänge ist bei einer Stoffbreite von 140 cm erforderlich?

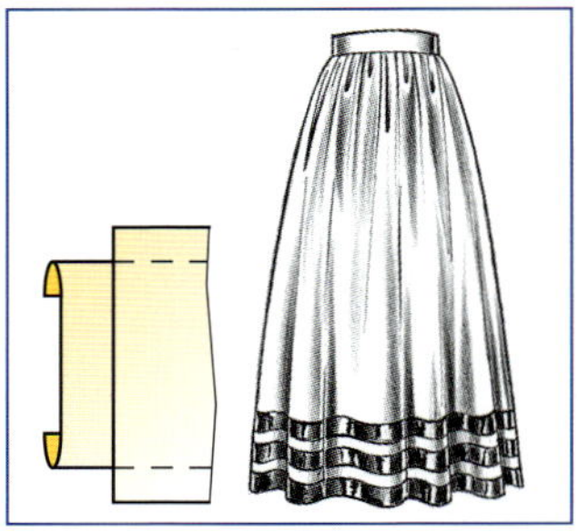

Ⓐ 15,0 cm
Ⓑ 16,0 cm
Ⓒ 18,0 cm
Ⓓ 20,0 cm
Ⓔ 24,0 cm

7 Auf einer 242 cm langen Strecke sollen 4 cm breite Motive bei einem Zwischenraum von 2,5 cm aufgestickt werden.
Der Abstand des ersten und letzten Motivs von der Kante beträgt jeweils 2 cm.
Wie viele Motive sind erforderlich?

Ⓐ 35 Motive
Ⓑ 36 Motive
Ⓒ 37 Motive
Ⓓ 42 Motive
Ⓔ 60 Motive

9 Eine quadratische Decke mit einer Kantenlänge von 80 cm soll 3 cm von der Kante entfernt eine aufgesetzte Borte erhalten.
Wie groß ist die Bortenlänge bei einer Bortenbreite von 4 cm? (Nahtzugaben bleiben unberücksichtigt).

Ⓐ 2,54 m
Ⓑ 2,80 m
Ⓒ 2,96 m
Ⓓ 3,02 m
Ⓔ 3,24 m

10 Für ein Faltenteil mit einer geschlossenen Weite von 2,32 m steht ein 5,22 m langer Stoffstreifen zur Verfügung.
Wie groß ist die Faltentiefe bei 4 cm Faltenabstand?

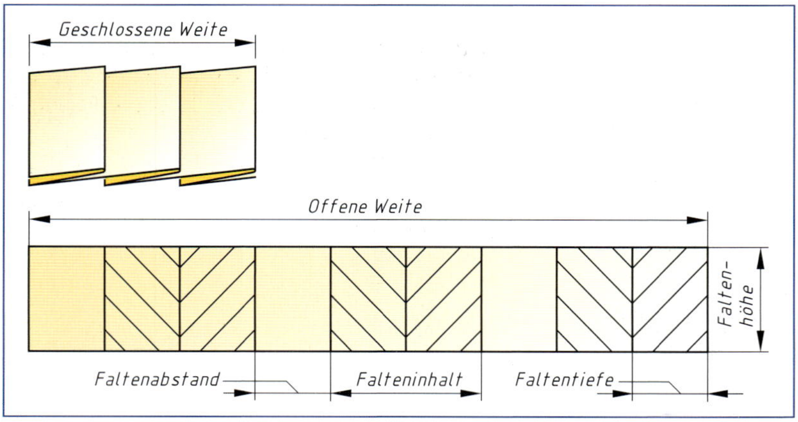

Ⓐ 5,0 cm
Ⓑ 4,0 cm ☒
Ⓒ 3,5 cm
Ⓓ 2,5 cm
Ⓔ 2,0 cm

11 An einem Rockbund sollen 6 Gürtelschlaufen angebracht werden. Sie werden in der Bundnaht mitgefasst und an der Bundoberkante kantig aufgesteppt.

Bundbreite: 3,5 cm;
Gürteldurchzugsweite: 4,5 cm;
Nahtzugabe je Kante: 1 cm

Wie groß ist die gesamte Schlaufenlänge?

Ⓐ 21 cm

Ⓑ 39 cm

Ⓒ 27 cm

Ⓓ 45 cm

Ⓔ 33 cm

12 Eine Näherin möchte in der Stunde einen Lohn von 9,80 Euro erreichen.

Die Arbeitszeit beträgt 8 Stunden pro Trag.

Wie viele Teile muss sie täglich nähen, wenn Sie für 100 Stück 14,00 Euro erhält?

Ⓐ 178 Stück

Ⓑ 560 Stück

Ⓒ 875 Stück

Ⓓ 1.098 Stück

Ⓔ 1.143 Stück

Ungebundene Aufgaben

13 Berechnen Sie den Garnverbrauch in m für eine 0,96 m lange Doppelkettenstichnaht bei 1,2 mm Nähgutdicke und 3 mm Stichlänge.

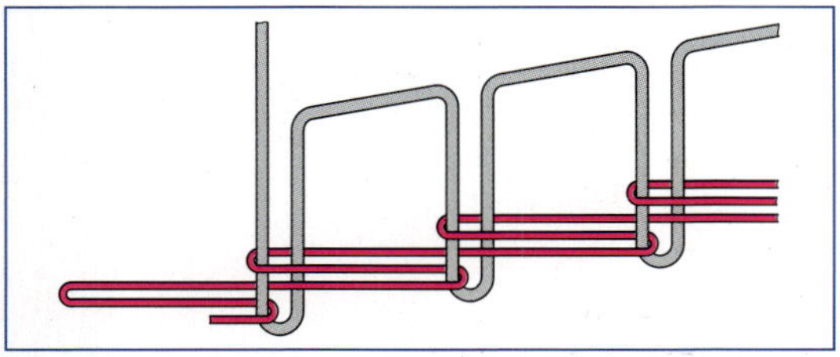

14 Die Vorgabezeit für das Einnähen eines Reißverschlusses beträgt 2,40 min/Stück.

Die Näherin arbeitet 8,25 Stunden und näht 227 Reißverschlüsse ein.

Berechnen Sie den Akkordlohn für diesen Arbeitsgang, wenn der Minutenfaktor 0,18 Euro beträgt.

Zuschnitt im Querformat

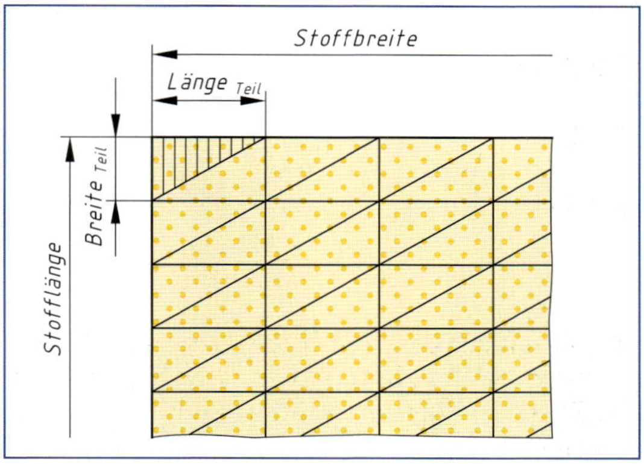

Zuschnitt im Hochformat

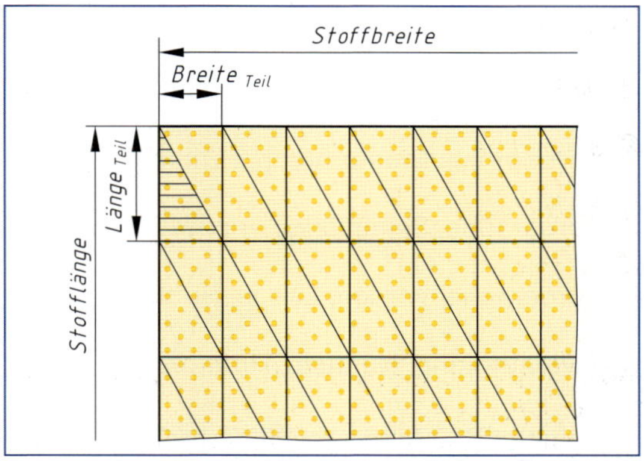

15 Aus 30 m eines 1,40 m breiten Vlies-Einlagestoffes sollen die schraffierten Teile mit 10 cm Länge und 8 cm Breite herausgeschnitten werden.

Wie viele Teile können maximal, d.h. bei Verwendung der günstigsten Schnittlage, zugeschnitten werden?

4 Gestaltung und Konstruktion

Die Lösungen der Aufgaben 1 bis 12 befinden sich auf Seite 279ff.

Gebundene Aufgaben (multiple choice)

1 Welches Bild zeigt einen Goderock?

Ⓐ ☐ Ⓑ ☐ Ⓒ ☐ Ⓓ ☐ Ⓔ ☒

2 Welche Maße sind in der DOB für die Konstruktion eines Rockgrundschnittes notwendig?

Ⓐ Körperhöhe, Brustumfang, Hüftumfang ☐

Ⓑ Körperhöhe, Seitenlänge, innere Beinlänge ☐

Ⓒ Körperhöhe, vordere Länge, Hüfttiefe ☐

Ⓓ Taillenumfang, Hüfttiefe, Hüftumfang ☒

Ⓔ Taillenumfang, Brustumfang, Körperhöhe ☐

3 Die Schnittschablonen für einen engen Rock sollen von Größe 40 auf Größe 38 verkleinert werden.
Welche Maße müssen verändert werden?

Ⓐ Rocklänge und Taillenumfang ☐

Ⓑ Abnäherlänge und Rocklänge ☐

Ⓒ Seitenlänge und Lage der Abnäher ☐

Ⓓ Taillenumfang und Hüftumfang ☒

Ⓔ Hüftumfang und Rocklänge ☐

4 Welche der abgebildeten Rockformen ist der des Rockgrundschnittes am ähnlichsten?

Ⓐ Ⓑ Ⓒ Ⓓ Ⓔ

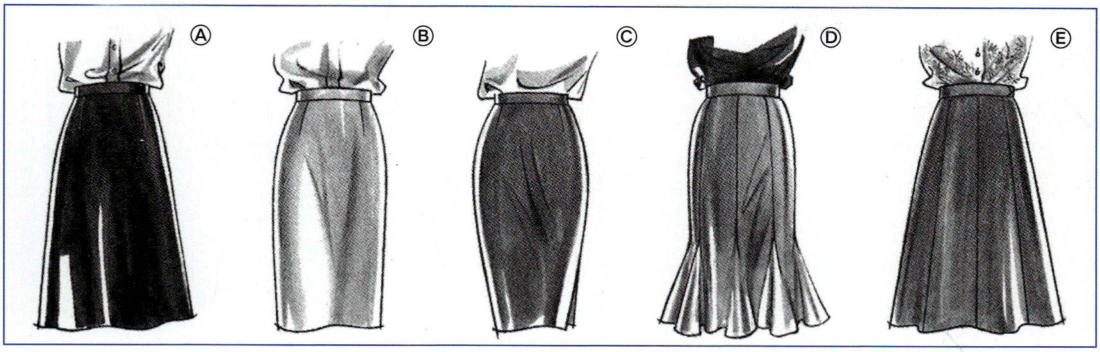

5 Welche der dargestellten Ärmelformen zeigt einen Ballonärmel?

Ⓐ Ⓑ Ⓒ Ⓓ Ⓔ

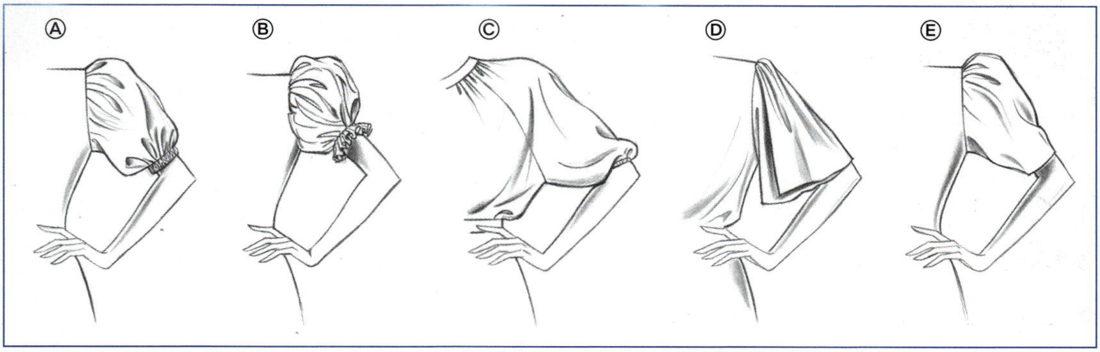

6 Welche der abgebildeten Kragenformen kann mit der nebenstehenden Schnittkonstruktion bearbeitet werden?

Ⓐ Ⓑ Ⓒ Ⓓ Ⓔ

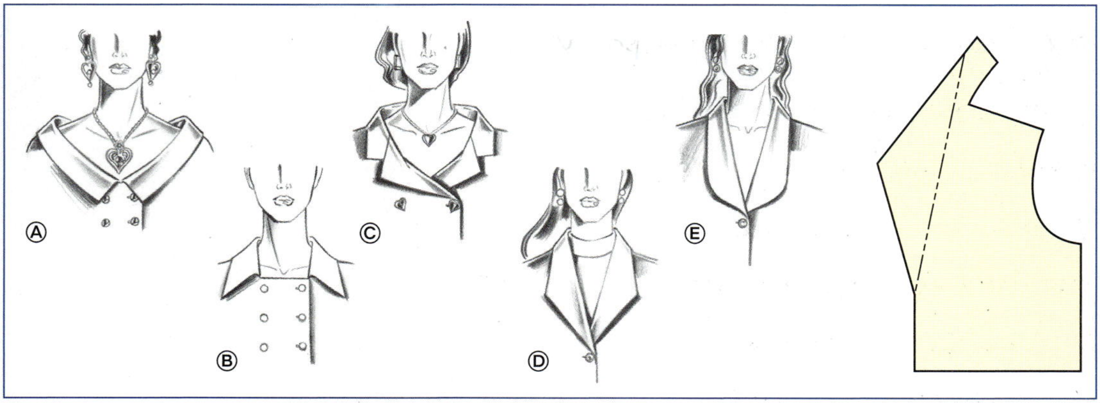

7 Welche Aufgabe erfüllt die abgebildete Naht?

Ⓐ Dauerhafte Schließnähte vor allem für Wäscheartikel.
Ⓑ Besonders belastbare Schließnähte für Berufs- und Sportbekleidung.
Ⓒ Versäuberungsnaht.
Ⓓ Dauerhafte, nicht auftragende Verbindung offenkantiger Nähgutteile.
Ⓔ Nahtkanten einfassen.

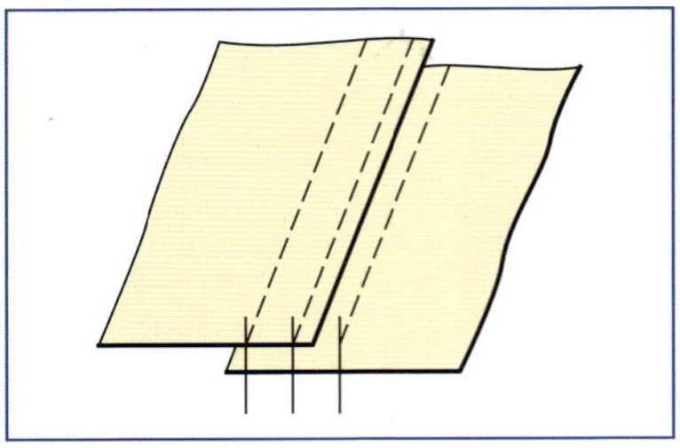

8 Welches Bild zeigt eine Einfach-Kappnaht?

Ⓐ Ⓑ Ⓒ Ⓓ Ⓔ

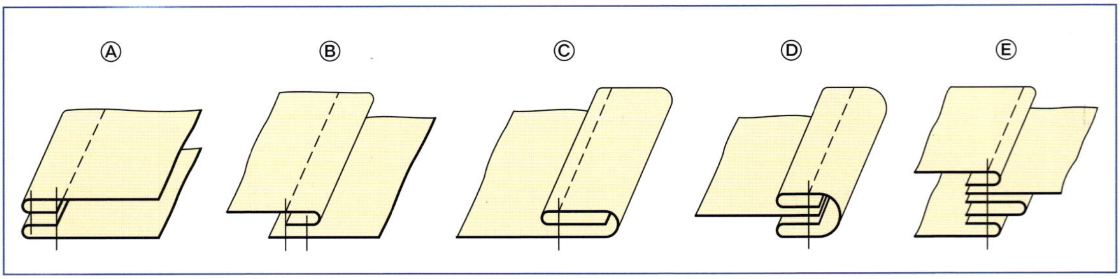

9 Wie wird die nebenstehend skizzierte Falte bezeichnet?

Ⓐ Quetschfalte
Ⓑ Kellerfalte
Ⓒ Sparfalte
Ⓓ Plisseefalte
Ⓔ Watteaufalte

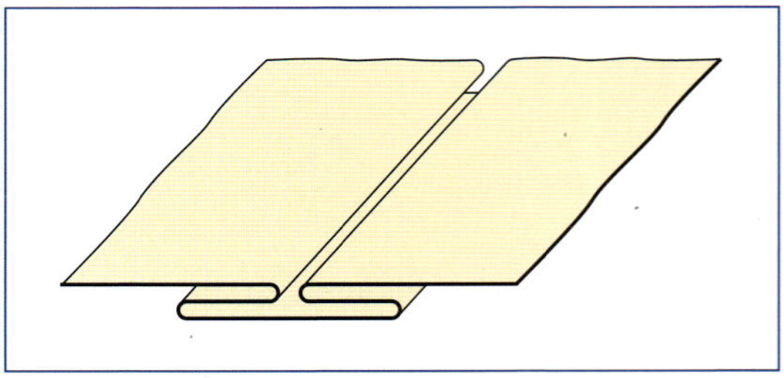

10 Welche der abgebildeten Silhouetten trägt eine falsche Bezeichnung?

Ⓐ Ⓑ Ⓒ Ⓓ Ⓔ

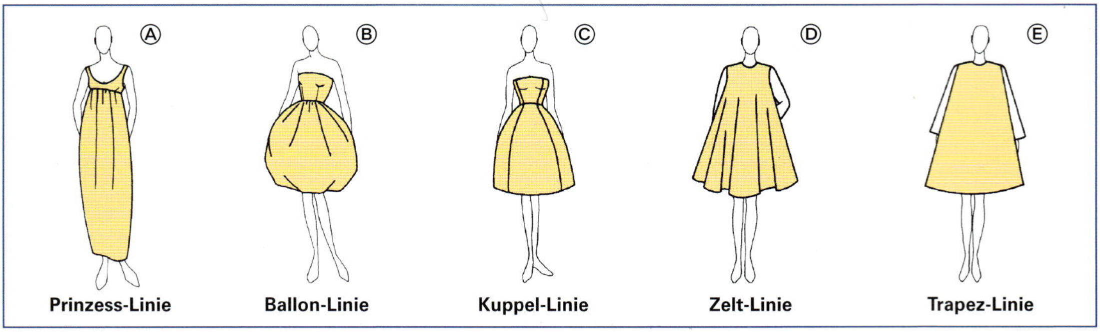

Ungebundene Aufgaben

11 Die Zuschneideschablonen für den Schnitt der Brusttasche des abgebildeten Herrenhemdes sollen konstruiert werden.

Die Brusttasche besteht aus einer aufgesetzten Tasche und einer im Bruch gebügelten, seitlich verstürzten Patte.

In die Tasche sind zwei jeweils nach außen aufspringende Sparfalten eingearbeitet, die mit einer Steppnaht am oberen Taschenrand fixiert werden.

Konstruieren Sie im Maßstab 1 : 1 die Zuschneideschablonen der Brusttasche.

Geben Sie alle für die Umsetzung des Schnittes erforderlichen Markierungen wie Bruch, Fadenlauf und Knipse an.

(Alle Maße in cm)

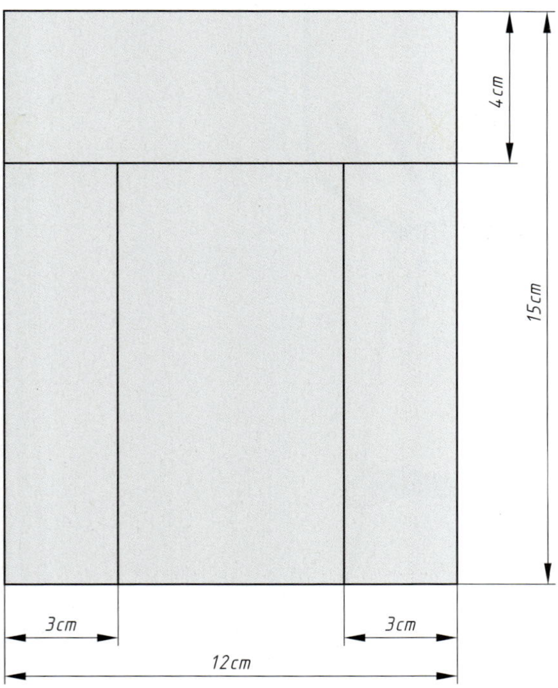

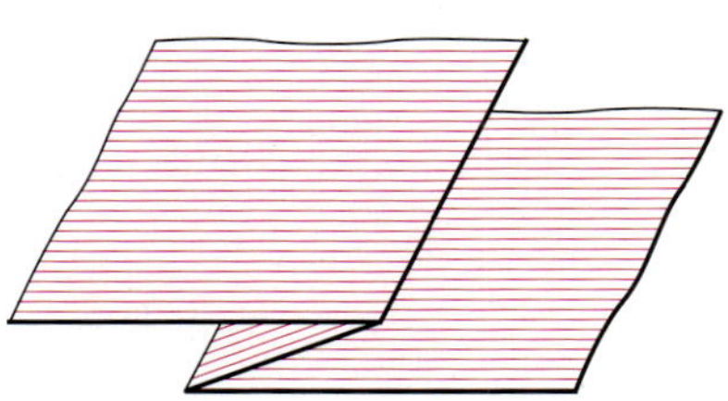

Technische Angaben

Stoff:	Längsgestreifte Ware
Faltentiefe:	1 cm
Nahtzugabe:	1 cm, am oberen Tascheneingriff 2 cm Saumzugabe

12 Für die abgebildete, im Bruch gearbeitete Manschette einer Damenbluse soll eine Schnittschablone konstruiert werden.

Zeichnen Sie dazu im Maßstab 1 : 1 die Manschette nach der Zeichnung und den untenstehenden technischen Angaben und konstruieren Sie den Schablonenschnitt.

Zeichnen Sie alle für die Umsetzung des Schnittes erforderlichen Markierungen wie Bruch, Fadenlauf, Knipse, Lage der Knöpfe und der Knopflöcher ein.

Technische Angaben

Stoff:	Seide uni
Handgelenkweite:	20 cm
Über- und Untertritt:	1 cm
Fertige Manschettenbreite:	8 cm
Knopf- und Knopflochpositionen:	der erste und letzte Knopf sitzen jeweils 1 cm vom Manschettenrand entfernt. Die übrigen Knöpfe werden gleichmäßig aufgeteilt.
Knopfgröße:	1 cm
Nahtzugabe:	1 cm

Teil D: Beispiele für Abschlussprüfungen der Modeschneider

1 Prüfungsstruktur

Die Abschlussprüfung der Modeschneider (nach dreijähriger Ausbildung) gliedert sich in fachliche und allgemein bildende Prüfungsteile:

- Technologie
- Technische Mathematik
- Gestaltung und Konstruktion
- Wirtschafts- und Sozialkunde

Die Aufgaben der einzelnen Fächer sind jeweils unterteilt in ungebundene, d.h. frei formulierbare Aufgabenstellungen und gebundene (sog. multiple choice) Aufgaben. Von den vorgegebenen fünf Auswahlantworten ist nur eine Antwort richtig.

In der Tabelle sind alle wichtigen Details sowie die Schwerpunktthemen der fachlichen Prüfungsteile aufgeführt.

Prüfungsaufgabenstruktur schriftliche Prüfung Modeschneider

Prüfungsfach	Aufgabenanzahl gebunden	Aufgabenanzahl ungebunden	Zeit in min	Gewichtung in %
Technologie Teil 1 und Teil 2	60 (65)	5	120	75 : 25
Technische Mathematik	12	3	75	67 : 33
Gestaltung und Konstruktion, Teil 1 und Teil 2	10	3 – 5	90	33 : 67

Gliederung der schriftlichen Prüfung Modeschneider

	Technologie	gebunden	ungebunden
1	Material, Bearbeitung und Verwendung	12	1
2	Qualitätssicherung	9	1
3	Fertigungsplanung und -steuerung	10	1
4	Schnittbilderstellung	6	
5	Arbeitssicherheit, Umweltschutz, rationelle Energieverwendung	6	
6	Produktgestaltung und Mode	11	1
7	Stilepochen und Produktpaletten	11	1

	Technische Mathematik	gebunden	ungebunden
1	Fertigungszeit und Fertigungslohn	4	1
2	Materialbedarf	4	1
3	Kosten	4	1

	Gestaltung und Konstruktion	gebunden	unbebunden
1	Grundschnittabwandlungen und Gradierung	3	1
2	Schnittanalyse	3	1
3	Interpretation und Darstellung modischer Tendenzen	4	1

2 Technologie

Die Lösungen der Aufgaben 1 bis 65 befinden sich auf Seite 282.

Gebundene (multiple choice) Aufgaben

Von den 65 Aufgaben müssen 60 bearbeitet werden.
Vorgabezeit: 120 Minuten für gebundene und ungebundene Aufgaben

1 Aus welcher Zeit stammt die abgebildete Bekleidung?

Ⓐ Zwanziger Jahre ☐
Ⓑ Zweites Rokoko ☐
Ⓒ Empire ☐
Ⓓ Biedermeier ☒
Ⓔ Jahrhundertwende ☐

2 Benennen Sie den mantelartigen, offenen Oberrock, den der Mann in der Reformationszeit trug.

Ⓐ Justaucorps ☐
Ⓑ Schaube ☒
Ⓒ Jupe ☐
Ⓓ Kolbe ☐
Ⓔ Barett ☐

3 In welchem Zeitabschnitt wurde das Gesellschaftskleid mit „Wagenrad-Hut" getragen?

Ⓐ Romantik ☐
Ⓑ Rokoko ☐
Ⓒ Gotik ☐
Ⓓ Barok ☐
Ⓔ Jugendstil ☒

4 Nennen Sie die Stilepoche, mit der die Neuzeit eingeleitet wurde.

Ⓐ Vierziger Jahre
Ⓑ Renaissance
Ⓒ Zweites Rokoko
Ⓓ Zwanziger Jahre
Ⓔ Gründerzeit

5 In welcher Zeit wurde die abgebildete sportliche Bekleidung getragen?

Ⓐ Gründerzeit
Ⓑ Jahrhundertwende
Ⓒ Zweites Rokoko
Ⓓ Vierziger Jahre
Ⓔ Zwanziger Jahre

6 In welcher Epoche wurden aufwändig bestickte Stoffe bevorzugt?

Ⓐ Gründerjahre
Ⓑ Reformzeit
Ⓒ 20er Jahre
Ⓓ Gotik
Ⓔ Rokoko

7 Welches Bild zeigt ein Prinzesskleid?

Ⓐ Ⓑ Ⓒ Ⓓ Ⓔ

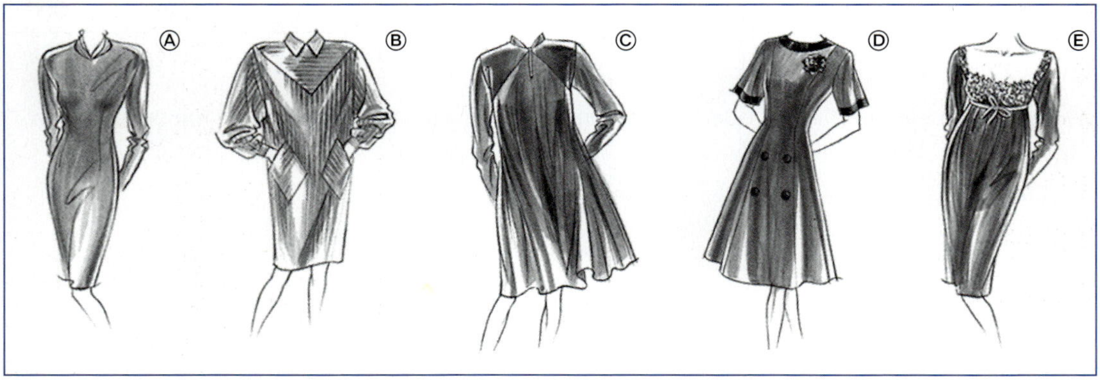

D

8 Welches Bild zeigt einen Spenzer?

Ⓐ ☐ Ⓑ ☐ Ⓒ ☐ Ⓓ ☒ Ⓔ ☐

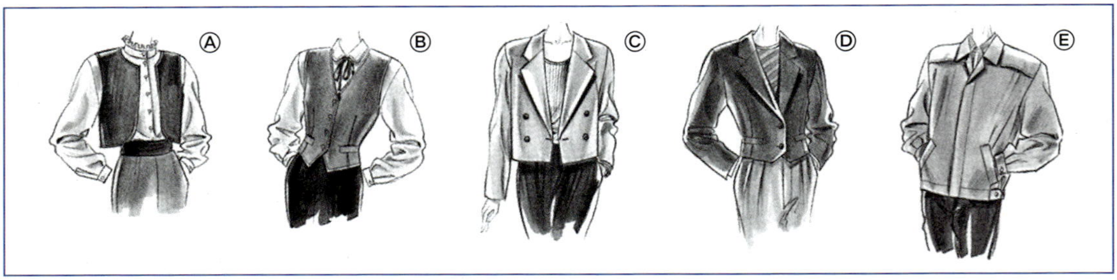

9 Welches Bild zeigt eine Kasack-Bluse?

Ⓐ ☐ Ⓑ ☐ Ⓒ ☒ Ⓓ ☐ Ⓔ ☐

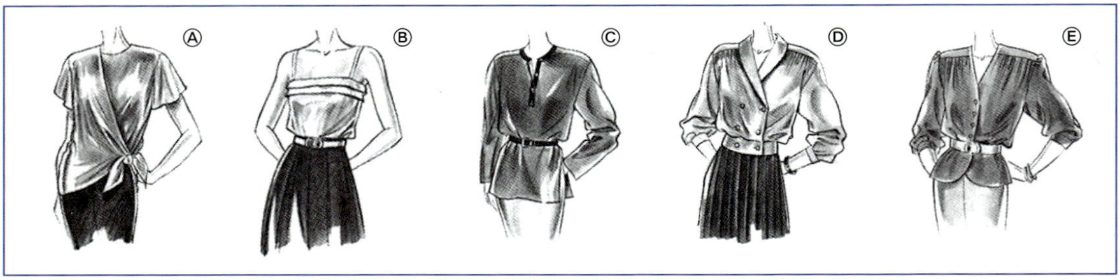

10 Welche der abgebildeten Silhouetten kennzeichnet die Charleston-Linie?

Ⓐ ☐ Ⓑ ☐ Ⓒ ☐ Ⓓ ☒ Ⓔ ☐

11 Benennen Sie den Jacken- oder Mantelumschlag, der mit einer Spiegelnaht mit dem Kragen verbunden ist.

Ⓐ Oberkragen ☐
Ⓑ Passe ☐
Ⓒ Revers ☒
Ⓓ Stehkragen ☐
Ⓔ Raglan ☐

12 Wie heißt die Komplementärfarbe von Blau?

Ⓐ Orange
Ⓑ Gelb
Ⓒ Grün
Ⓓ Rot
Ⓔ Blau

13 Welche Eigenschaften verbindet man mit der Farbe Rot?

Ⓐ Bodenständigkeit, Eigensinn, Realität, Verlässlichkeit
Ⓑ Natur, Hoffnung, Jugend, Ruhe
Ⓒ Temperament, Leidenschaft, Erregung, Kampf
Ⓓ Einfachheit, Frieden, Reinheit, Sterilität
Ⓔ Niederlage, Tod, Trauer

14 Welche Information bestimmt die Grundlagen des Marketing?

Ⓐ Betriebsmittelpläne
Ⓑ Vorgabezeitermittlung
Ⓒ Gesetzliche Vorschriften
Ⓓ Arbeitspläne
Ⓔ Marktforschung

15 Benennen Sie das abgebildete Bekleidungsstück.

Ⓐ Jeanshose
Ⓑ Bundhose
Ⓒ Gürtelhose
Ⓓ Bundfaltenhose
Ⓔ Bermuda

16 Benennen Sie den abgebildeten Kragen.

Ⓐ Kentkragen
Ⓑ Tab-Kragen
Ⓒ Button-down-Kragen
Ⓓ Klappen-Kragen
Ⓔ Lido-Kragen

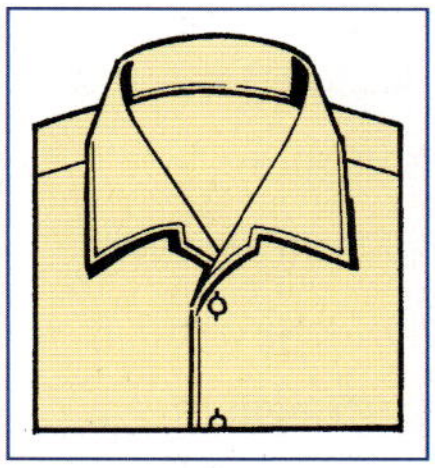

17 Benennen Sie das abgebildete Bekleidungsstück.

Ⓐ Blazerkostüm
Ⓑ Complet
Ⓒ Chanelkostüm
Ⓓ Coordinates
Ⓔ Klassisches Kostüm

18 Welche der abgebildeten Silhouette kennzeichnet die Y-Linie?

Ⓐ Ⓑ Ⓒ Ⓓ Ⓔ

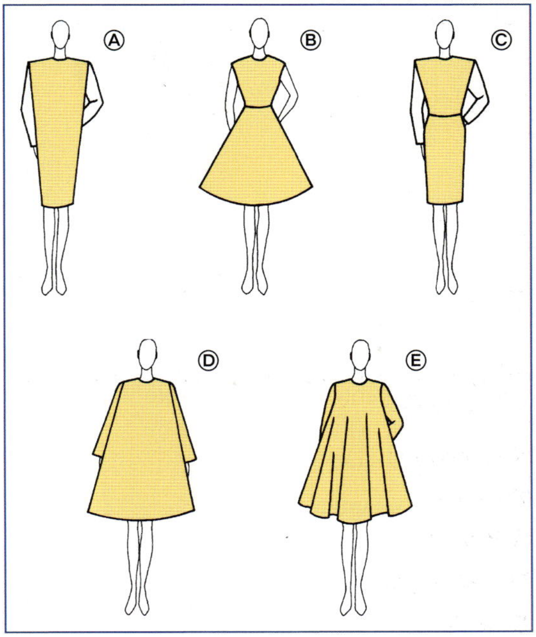

D

19 Wie bezeichnet man den seitlichen Streifen bei einer Smoking- oder Frackhose?

Ⓐ Spiegel
Ⓑ Galon
Ⓒ Schrägband
Ⓓ Lisierband
Ⓔ Tresse

20 Wer stellte zum ersten Mal „Hot-pants" her?

Ⓐ Burbery
Ⓑ Christian Dior
Ⓒ Lewi Strauss
Ⓓ Coco Chanel
Ⓔ Mary Quandt

21 Benennen Sie das abgebildete Bekleidungsstück.

Ⓐ Smoking
Ⓑ Frack
Ⓒ Bonner Anzug
Ⓓ Einreiher
Ⓔ Blouson

22 Für das Schließen der Gesäßnaht wird die Doppelkettenstichnaht einer Doppelsteppstichnaht vorgezogen.

Wie lautet die korrekte Begründung?

Ⓐ Die Naht kann leichter aufgetrennt werden.
Ⓑ Die Naht kräuselt nicht.
Ⓒ Es muss gespult werden.
Ⓓ Es wird eine höhere Elastizität erreicht.
Ⓔ Die Naht kann auseinandergebügelt werden.

23 Welche Eigenschaft der Wolle ist bei der Herstellung von Oberbekleidung besonders günstig?

Ⓐ Elektrostatische Aufladung
Ⓑ Dehnbarkeit, Laugenempfindlichkeit
Ⓒ Knitterwiederstand, Wärmerückhaltevermögen
Ⓓ Elastizität, Schuppenoberfläche
Ⓔ Feuchtigkeitsaufnahme, Waschfestigkeit

24 Welche synthetische Faser kann bis zum Siebenfachen der ursprünglichen Länge gedehnt werden?

Ⓐ Polychlorid
Ⓑ Polyacryl
Ⓒ Elasthan
Ⓓ Polyamid
Ⓔ Polyester

25 Welche Voraussetzungen muss ein Oberstoff erfüllen, wenn das Kleidungsstück bei niedrigen Temperaturen getragen wird?

Ⓐ Flammenfeste Ausrüstung
Ⓑ Glatt und durchsichtig
Ⓒ Leicht und durchlässig
Ⓓ Imprägniert und beschichtet
Ⓔ Großes Wärmerückhaltevermögen

26 Welche Vorteil bietet der Einsatz von Mikrofasern bei der Sportbekleidung?

Ⓐ Mikrofasern können mit jeder Maschinennadel verarbeitet werden.
Ⓑ Der Feuchtigkeitstransport von innen nach außen ist gut.
Ⓒ Bügeln bei hohen Temperaturen ist möglich.
D Die Trageeigenschaften sind durch gute Winddurchlässigkeit angenehm.
Ⓔ Eine chemische Reinigung ist erforderlich.

27 Bei welchem Gewebe kommt der Oberflächenflor nicht durch Aufschneiden zustande?

Ⓐ Schuss-Samt
Ⓑ Kettsamt
Ⓒ Cordsamt
Ⓓ Doppelsamt
Ⓔ Flocksamt

28 Welchen Zweck erfüllt ein Einlagestoff, der für Kragen, Patten, Blenden und Gürtel verwendet werden soll?

Ⓐ Form erhalten
Ⓑ Versteifen
Ⓒ Gleitfähigkeit verbessern
Ⓓ Füllen und Polstern
Ⓔ Biege- und Sprungelastizität verbessern

29 Bei welcher Fixierarbeit wird eine bi-elastische Einlagen benützt?

Ⓐ Rockbund
Ⓑ Maschenware
Ⓒ Frontfixierung
Ⓓ Saumkante
Ⓔ Nahtsicherung

30 Welche typische Einlage wird bei der Mantelherstellung verwendet, um guten Sitz und Formstabilität zu erreichen?

Ⓐ Kragenfutter
Ⓑ Vlieseinlage
Ⓒ Kettenwirkeinlage
Ⓓ Rosshaareinlage
Ⓔ Bougrameinlage

31 Welche Ursache hat die Zwirbelbildung im Nähfaden?

Ⓐ Die Keilriemenspannung ist zu klein.
Ⓑ Der Motor läuft zu schnell.
Ⓒ Die Sticheinstellung ist zu klein.
Ⓓ Die Nadelfadenrolle ist verkehrt aufgesteckt.
Ⓔ Der Nähfußdruck ist zu klein.

32 Welcher Fehler ist im Bild dargestellt?

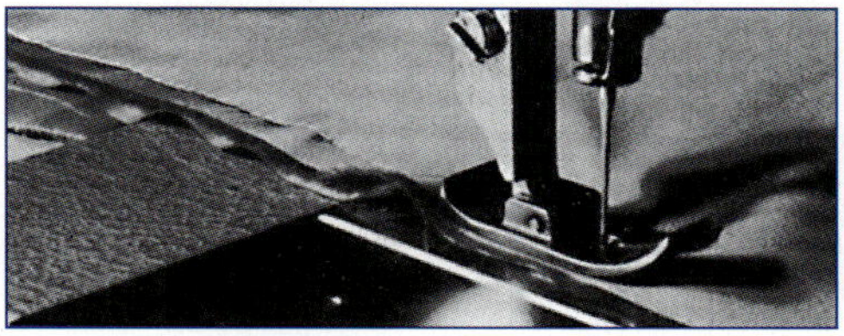

Ⓐ Fadenkräuseln
Ⓑ Verschiebungskräuseln
Ⓒ Spannungskräuseln
Ⓓ Transportkräuseln
Ⓔ Verdrängungskräuseln

33 Welche der nachfolgenden Aussagen gehört zur Wareneingangskontrolle?

Ⓐ Der Umfang des Warenlagers wird verringert.
Ⓑ Die Lieferbedingungen werden überprüft.
Ⓒ Die Leistungsfähigkeit eines Lieferanten wird untersucht.
Ⓓ Die Verarbeitungs- und Gebrauchseigenschaften werden überprüft.
Ⓔ Das fertige Produkt wird überprüft.

D

34 Welchen Zweck hat die Qualitätssicherung für einen Bekleidungsbetrieb nicht?

Ⓐ Verbindliche Qualitätsanforderungen einhalten
Ⓑ Gehobene Qualität ausliefern
Ⓒ Positives Firmenimage pflegen
Ⓓ Hochwertige Qualität produzieren
Ⓔ Kontinuierliche Produktion gewährleisten

35 Nach welchen Kriterien werden die Prototypen *nicht* überprüft?

Ⓐ Passform
Ⓑ Durchlaufzeit in der Fertigung
Ⓒ Kollektionsaussage
Ⓓ Verarbeitung
Ⓔ Materialeignung

36 Definieren Sie den Begriff der Toleranzen in der Qualitätssicherung.

Ⓐ Zulässige Abweichungen
Ⓑ Durchgeführte Stichproben
Ⓒ Festgelegte Arbeitsweise
Ⓓ Aufgeführte Fehler
Ⓔ Festgelegte Kontrollen

37 Welche nachfolgende Informationsquelle wird für die Entwicklung neuer Modelle *nicht* benötigt?

Ⓐ Marktanalysen
Ⓑ Fachzeitschriften
Ⓒ Messebesuche
Ⓓ Verkaufszahlen der abgeschlossenen Saison
Ⓔ Betriebsmittelkarteien

38 Welche Angabe ist in einer Materialbedarfsliste *nicht* notwendig?

Ⓐ Materialbezeichnung
Ⓑ Materialbeschaffenheit
Ⓒ Materialmenge
Ⓓ Materialpreise
Ⓔ Materialaufmachung

39 Welches Systemelement ist von der Arbeitsgestaltung betroffen?

Ⓐ Arbeitsbeginn und Arbeitsende
Ⓑ Materialdisposition
Ⓒ Qualitätskontrolle und Terminierung
Ⓓ Lohn und Gehalt
Ⓔ Mensch und Betriebsmittel

40 Was versteht man unter „Durchlaufzeit"?

Ⓐ Tätigkeitszeit, Wartezeit, Verteilzeit
Ⓑ Herstellungszeit eines Produktes
Ⓒ Ausführungszeit, Rüstzeit, Grundzeit
Ⓓ Arbeitszeit, Anwesenheitszeit, Transportzeit
Ⓔ Herstellungszeit, Entwicklungszeit, Erholungszeit

41 Welche Aussage über die Ermittlung der Soll-Zeit ist richtig?

Die Soll-Zeit wird ermittelt:

Ⓐ Durch Anwendung von Berechnungsformeln.
Ⓑ Durch sorgfältiges Messen und Auswerten.
Ⓒ Durch Verwendung elektronischer Messgeräte.
Ⓓ Durch Beurteilen des Leistungsgrades und dessen Anwendung bei der Umrechnung der Ist-Zeiten in Soll-Zeiten.
Ⓔ Durch wiederholtes Messen und Mittelwertbildung.

42 Welchen Vorteil hat ein verzahntes Mehrgrößenmodell?

Ⓐ Größerer Sollanschnitt
Ⓑ Materialersparnis
Ⓒ Leichteres Zuschneiden
Ⓓ Leichtes Aufzeichnen der Stofflagen
Ⓔ Bessere Nutzung der Zuschneidemaschine

43 Für welche Materialart trifft das untenstehende Schnittlagenbild zu?

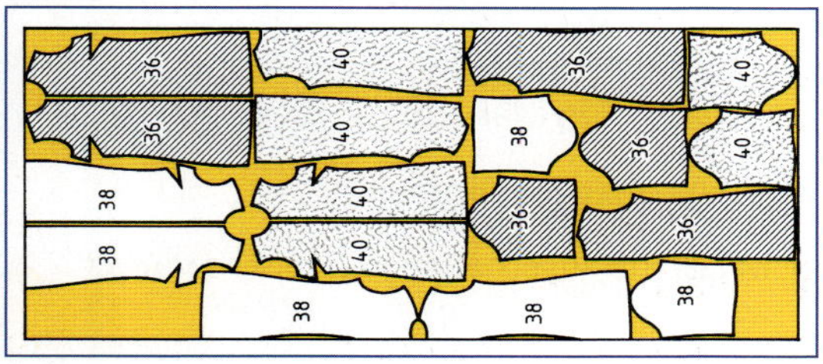

Ⓐ Florgewebe
Ⓑ Webware mit asymmetrischen Muster
Ⓒ Kopfgemusterte Ware
Ⓓ Strichware
Ⓔ Rechts/Links gleiche Ware oder neutrale Ware

44 Welche Arbeitsbereiche werden von CAM-Systemen gesteuert?

Ⓐ Schnittkonstruktion
Ⓑ Steuerung von Stofflege- und Zuschneideautomaten
Ⓒ Gradieren
Ⓓ Schnittbilderstellung
Ⓔ Modellentwurf

45 Welche Aussage über die Leistungsgradbeurteilung ist richtig?

Ⓐ Sie erfolgt mit der Stoppuhr.
Ⓑ Sie kann nur von der Produktionsleitung vorgenommen werden.
Ⓒ Sie ist die Basis für die Arbeitszeit.
Ⓓ Sie muss täglich durchgeführt werden.
Ⓔ Sie wird bei jeder Zeitmessung vorgenommen.

46 Welchen Zweck hat die Arbeitsgestaltung?

Ⓐ Verbesserung des Arbeitsablaufes
Ⓑ Längere Durchlaufzeiten
Ⓒ Qualitätsverlust
Ⓓ Höhere Fertigungskosten
Ⓔ Motivations- und Leistungsminderung

47 Welche Bedingung muss bei der Schnittbilderstellung *nicht* erfüllt werden?

Ⓐ Spezielle Vorgaben bei der Verarbeitung
Ⓑ Beachtung der Richtung
Ⓒ Einhaltung der konstanten Längenvorgabe
Ⓓ Geringster Materialverbrauch
Ⓔ Berücksichtigung des Musters

48 Wie wird der mit Ziffer 1 gekennzeichnete Bereich des untenstehenden Schnittbildes bezeichnet?

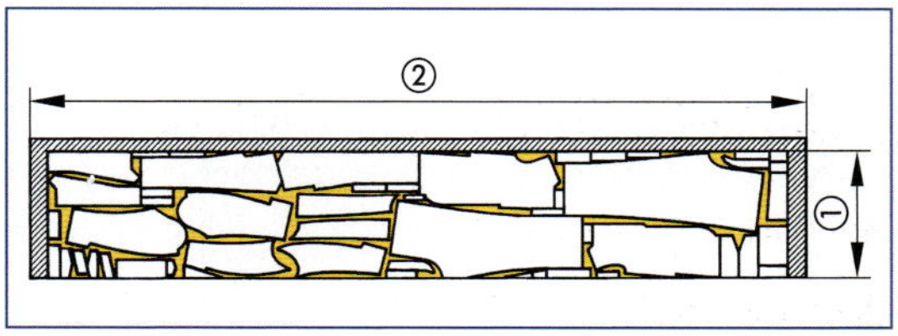

Ⓐ Anschnitt
Ⓑ Schnittbildlänge
Ⓒ Ausschnittverlust
Ⓓ Nutzbreite
Ⓔ Randabfall

49 Wie wird der mit Ziffer 2 gekennzeichnete Bereich des obenstehenden Schnittbildes bezeichnet?

Ⓐ Vorgabelänge
Ⓑ Anschnitt
Ⓒ Randabfall
Ⓓ Ausschnittverlust
Ⓔ Nutzbreite

50 Welche Arbeitsregel ist beim Zuschnitt von Samt im Allgemeinen zu beachten?

Ⓐ Schräg ausschneiden

Ⓑ Gegen den Strich schneiden

Ⓒ Mit dem Strich schneiden

Ⓓ Webkanten fallen immer weg.

Ⓔ Lagen werden zickzackförmig gelegt.

51 Welche Schutzbestimmung gilt für das Arbeiten an Schneidemaschinen?

Ⓐ Bei Lagenzuschnitten braucht grundsätzlich keine Schutzvorrichtung verwendet werden.

Ⓑ Die Schutzvorrichtung braucht nur während der Benutzung wirksam eingeschaltet werden.

Ⓒ Auch bei Nichtbenutzung ist die Schutzvorrichtung wirksam einzustellen.

Ⓓ Ist die Schutzvorrichtung wirksam eingestellt, muss dies durch das GS-Zeichen auch für andere erkennbar gemacht werden.

Ⓔ Bei Nichtbenutzung der Maschinen ist die Schutzvorrichtung zu entfernen.

52 Welche Aussage der Unfallverhütung gilt für eine Bandmessermaschine?

Ⓐ Der Fingerschutz ist nicht erforderlich.

Ⓑ Der Fingerschutz darf abmontiert werden.

Ⓒ Der Fingerschutz muss manuell verstellt werden.

Ⓓ Der Fingerschutz endet 10 mm oberhalb der oberen Stofflage.

Ⓔ Der Fingerschutz wird automatisch abgesenkt, nachdem Fotozellen die Stapelhöhe erkannt haben.

53 Welche Maßnahme entspricht nicht dem Umweltschutz?

Ⓐ Reinigen und Absaugen durch Filtration

Ⓑ Weiterverwenden der Nebenprodukte

Ⓒ Rationeller Umgang mit Energie

Ⓓ Getrennte Entsorgung fester Hausmüllund Chemikalienabfälle

Ⓔ Direkte Entsorgung aller Lösemittel durch Einleiten in den Abwasserkanal

54 An einer Nähmaschine tritt ein Defekt auf. Was hat die Näherin zu veranlassen?

Ⓐ Langsamer weiterarbeiten

Ⓑ Maschine ausschalten und reparieren lassen

Ⓒ Den Fehler ignorieren

Ⓓ Die Maschine betriebsbereit lassen und reparieren

Ⓔ Die Maschine ausschalten und abwarten

55 Welcher Bereich einer Nähmaschine muss mit schützenden Abdeckungen versehen sein?

Ⓐ Stichloch und Transporteur

Ⓑ Fadengeber und Fadenspannung

Ⓒ Fadengeber und Keilriemen

Ⓓ Keilriemen und Stichsteller

Ⓔ Stichsteller und Transporteur

56 Welchen Zweck erfüllen Einlagestoffe?

Ⓐ Das Kleidungsstück knitterarm machen.

Ⓑ Das Kleidungsstück haltbarer machen.

Ⓒ Dem Kleidungsstück Form und Stabilität geben.

Ⓓ Das Kleidungsstück einlaufsicher machen.

Ⓔ Dem Kleidungsstück mehr Elastizität geben.

57 Welche Knopflöcher werden überwiegend in hochwertige Sakkos eingearbeitet?

Ⓐ Eingefasste Knopflöcher

Ⓑ Augenknopflöcher

Ⓒ Wäscheknopflöcher

Ⓓ Tressenknopflöcher

Ⓔ Paspelknopflöcher

58 Welche der genannten Aufgaben gehört zur Fertigungssteuerung?

Ⓐ Entwurf von Formularen

Ⓑ Beseitigung von Störungsursachen

Ⓒ Ermittlung des Materialbedarfs

Ⓓ Erstellung der Arbeitspläne

Ⓔ Durchführung der Materialkontrolle

59 Nennen Sie den hauptsächlichen Einsatzbereich von Vliesstoffen in der Bekleidung.

Ⓐ Besatzstoff

Ⓑ Mantelstoff

Ⓒ Einlagestoff

Ⓓ Oberstoff

Ⓔ Futterstoff

60 Welche Zielsetzung hat die Verwendung von Ablagen, Führungen, Spezialnähfüßen usw.?

Ⓐ Erleichterung des Informationsflusses

Ⓑ Verbesserung der Grifftechnik und der Qualitätsleistung

Ⓒ Schaffung günstiger Umgebungseinflüsse

Ⓓ Abwechslungsreiche Arbeit

Ⓔ Sinnvolle Arbeitszeit und Pausenregelung

61 Wie heißt die korrekte Definition für den Begriff „Applikation"?

Ⓐ Eine Stoffverzierung durch eingewebte Muster

Ⓑ Eine Stoffverzierung durch Stoffmalerei

Ⓒ Eine Stoffverzierung durch Hohlsäume

Ⓓ Eine Stoffverzierung durch Einsetzen von Tüll-, Spitzen- oder Stoffmotiven.

Ⓔ Aufnähen oder Aufkleben von Leder-, Pelz- oder Stoffmotiven.

62 Mit welchen Verfahren stellt man beim Wareneingang Stofffehler fest?

Ⓐ Nähversuch

Ⓑ Anfärbeprobe

Ⓒ Anfühlprobe

Ⓓ Warenschau

Ⓔ Gewichtsbestimmung

63 Welche Aussage über das GS-Zeichen bei Bekleidungsmaschinen ist richtig?

Ⓐ Die Maschine entspricht nicht der gelten den Sicherheitsvorschrift.

Ⓑ Die Maschine darf nicht angeschlossen werden.

Ⓒ Die Maschine ist auf die geltende Sicherheitstechnik überprüft.

Ⓓ Dieses Zeichen hat keine Bedeutung für die Produktion.

Ⓔ Es müssen noch die Schutzeinrichtungen angebracht werden.

64 Eine Kollegin hat bei einem Unfall eine blutende Wunde an der Hand erlitten.
Was ist sofort zu unternehmen?

Ⓐ Die Wunde keimfrei abdecken

Ⓑ Die Wunde mit Wundsalbe einkremen

Ⓒ Die Wunde mit Desinfektionsmittel bzw. Wundpuder besprühen.

Ⓓ Die Wunde mit sauberem Wasser reinigen.

Ⓔ Die Wunde mit Eiswürfeln kühlen.

D

65 Welchen zusätzlichen Fingerschutz hat eine Bedienperson am Bandmesser?

- Ⓐ Lederhandschuhe tragen ☐
- Ⓑ Keine weitere Möglichkeit ☐
- Ⓒ Führung des Schneidgutes mit einer „Ersatzhand". ☐
- Ⓓ Kettenhandschuhe tragen ☒
- Ⓔ Gummihandschuhe tragen ☐

Ungebundene Aufgaben

Die Lösungen der Aufgaben 1 bis 5 befinden sich auf Seite 282.

1 Die Bekleidung des abgebildeten Paares stammt aus dem späten Mittelalter.
Hierzu sind in den dafür vorgesehenen Feldern folgende Angaben zu machen:

A Nennen Sie die Stilepoche.

B Geben Sie den ungefähren Zeitraum dieser Stilepoche an.

C Ordnen Sie die richtigen Kennzeichnungsbuchstaben den Fachbegriffen und den vorgegebenen Merkmalen zu, bzw. ergänzen Sie diese.

Aufgabenlösung

A Stilepoche:

Gotik

B Ungefährer Zeitraum

~1250 – 1500

Buchstabe	**C** Merkmal bzw. Fachbegriff
Ⓓ	Schnabelschuh
Ⓖ	Schleppe
Ⓗ	Höllenfenster / Tütenärmel
J	Bortenverzierung
A	Schecke
B	Beinlinge
F	Cotte
C	Gürtel
E	Schapel

2 Bei richtiger Beurteilung textiler Flächen zur Herstellung von Bekleidungstextilien sind Kenntnisse über die Eigenschaften der verwendeten Faserstoffe erforderlich.

Lösen Sie Aufgabe **A** und Aufgabe **B**.

A Nennen Sie vier Gattungs- bzw. Fasernamen synthetischer Chemiefasern.

B In der Tabelle stehen richtige und falsche Aussagen über synthetische Faserstoffe.
Kreuzen Sie hinter jeder Zeile direkt in der Tabelle an, ob diese Aussage richtig oder falsch ist.

Aufgabenlösung

A

Polyamid, Polyester, Polyacryl, Polyurethan

B

Lfd. Nr.	Aussagen über synthetische Faserstoffe	Beurteilung durch Ankreuzen richtig	falsch
1	Nach der Brennprobe ist ihr Rückstand unzerreibbar und hart.	X	
2	Textilien aus ihnen sind pflegeleicht und thermofixierbar.	X	
3	Alle synthetischen Chemiefasern können im Inneren viel Feuchtigkeit speichern.		X
4	Sie haben eine geringe Elastizität und knittern deshalb stark.		X
5	Sie verringern in Beimischung die Festigkeit von Textilien.		X
6	Sie eigenen sich nur für die Herstellung von Sommerbekleidung.		X
7	Sie sind hitzebeständiger als Naturfasern.		X
8	Sie können bei entsprechender Verarbeitung durch ihre Kapillarwirkung sehr gut Feuchtigkeit transportieren.	X	
9	Sie verrotten leicht, sie werden von Bakterien leicht angegriffen.		X
10	Sie eigenen sich sehr gut zur Mischung mit Naturfasern.	X	

3 Bedingt durch die Konstruktion von Maschenwaren sind bei der Verarbeitung spezielle Prüfungen vor der Verarbeitung durchzuführen bzw. müssen spezielle Maßnahmen zur Vermeidung von Schäden beachtet werden.

- Nennen Sie vier Punkte und begründen Sie, wie sich die Prüfung bzw. Maßnahme auf Fehler oder Qualität auswirkt.

Aufgabenlösung

Lfd. Nr.	Spezielle Prüfung vor der Verarbeitung bzw. Maßnahmen zur Vermeidung von Schäden:	Begründung, wie sich die Maßnahme auf Fehler oder Qualität auswirkt:
1		
2		
3		
4		

4 Die Fertigungsorganisation umfasst die drei folgenden Teilbereiche:
- Gestaltung der Arbeitssysteme
- Fertigungsplanung
- Fertigungssteuerung

Ordnen Sie die nachfolgenden Tätigkeiten den entsprechenden Teilbereichen zu.
Jedem Teilbereich sind zwei Tätigkeiten zuzuordnen:

Buchstabe	Tätigkeit
A	Ablaufabschnitte mit Reihenfolge festlegen.
B	Fertigungsaufträge zusammenstellen.
C	Ablagen im kleinen großen Greifraum einrichten.
D	An einem Bügelplatz wird eine Hilfsvorrichtung angebracht, die die Arbeit erleichtert und beschleunigt.
E	Gestaltung von Informationsträgern für die Fertigung (Formulare, Bildschirmmasken)
F	Überwachung der Durchlaufzeiten

Aufgabenlösung

Teilbereich	Tätigkeiten (Buchstaben einsetzen)	
Gestaltung der Arbeitssysteme	C	D
Fertigungsplanung	E	A
Fertigungssteuerung	F	B

5 Für den abgebildeten Rock sind die Schnittteile und deren Anzahl in die Schnittteilliste einzutragen.

Aufgabenlösung

Schnittteilliste

Lfd. Nr.	Schnittteil	Anzahl der Schnittteile
1	seitl. RT	1
2	seitl. VT	1
3	Patte	2
4	Tasche	2
5	Bund	2 / 1
6	Saumbeleg	1

3 Technische Mathematik

Vorgabezeit: 75 Minuten; Hilfsmittel: Netzunabhängiger Taschenrechner

Die Lösungen der Aufgaben 1 bis 15 befinden sich auf Seite 283.

Gebundene Aufgaben (multiple choice)

1 Wie groß ist der Verschnitt in Prozent, der sich beim Zuschnitt der skizzierten Volants bei einer Seitenlänge von 36 cm und 5 cm Volantbreite ergibt?

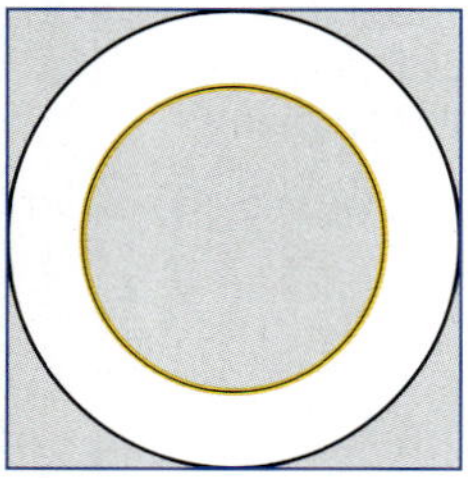

Ⓐ 48,54 %
Ⓑ 54,45 %
Ⓒ 62,45 %
Ⓓ 68,65 %
Ⓔ 75,50 %

2 Für einen Auftrag von 300 Röcken soll eine Modeschneiderin den Arbeitsgang „Reißverschluss einnähen" ausführen.

Grundzeit	3 min
Erholungszeitzuschlag	10 %
Verteilzeitzuschlag	8 %
Rüstzeit für den Auftrag	6 min

Wie groß ist die Auftragszeit T in h und min?

Ⓐ 13 h 25 min
Ⓑ 17 h 48 min
Ⓒ 18 h 48 min
Ⓓ 19 h 25 min
Ⓔ 20 h 48 min

3 Für die Fertigung eines Kleidungsstückes benötigt eine Modenäherin 53 min.
Der Akkordrichtsatz beträgt 9,00 Euro/h.
Welcher Stundenlohn in Euro wird bei einer täglichen Arbeitszeit von 445 min und einer Leistung von 12 Teilen erreicht?

Ⓐ 12,86 Euro
Ⓑ 10,28 Euro
Ⓒ 9,86 Euro
Ⓓ 14,24 Euro
Ⓔ 11,98 Euro

4 Wie groß ist die Anzahl der Biesen, die auf den Einsatz einer Bluse zu steppen sind?

Fertige Breite des Biesenteiles	24 cm
Biesenabstand	2 cm

Abstand der ersten und letzten Biese von den Kanten jeweils 1 cm.

Ⓐ 13 Biesen
Ⓑ 12 Biesen
Ⓒ 11 Biesen
Ⓓ 10 Biesen
Ⓔ 9 Biesen

5 Zweiunddreißig Motive mit einer Breite von 3,5 cm sollen auf eine 1,80 m breite Strecke aufgestickt werden.
Der Abstand des ersten und letzten Motivs von der Kante beträgt jeweils 3 cm.
Wie groß muss der Zwischenabstand sein?

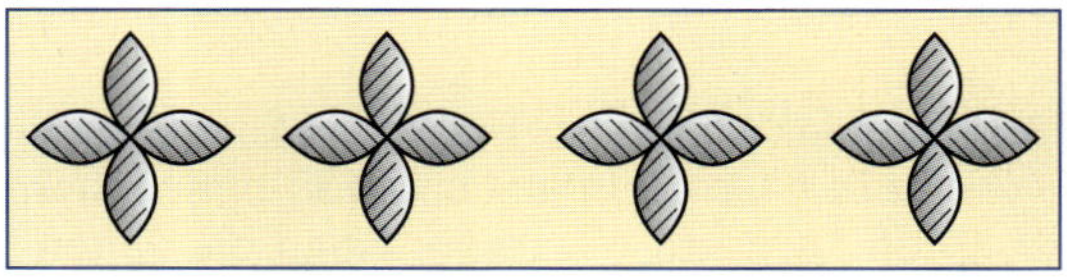

Ⓐ 1,8 cm
Ⓑ 2,1 cm
Ⓒ 1,9 cm
Ⓓ 2,0 cm
Ⓔ 1,7 cm

D

6 In einem Bekleidungsbetrieb fertigt jede der vier Arbeitsgruppen alle 25 min ein Kleidungsstück.

Die tägliche Arbeitszeit beträgt 7 Stunden 20 Minuten pro Gruppe.

Wie viele Kleidungsstücke werden in 5 Tagen gefertigt?

Ⓐ 970 Stück
Ⓑ 704 Stück
Ⓒ 508 Stück
Ⓓ 352 Stück
Ⓔ 242 Stück

7 Wie hoch sind die Materialkosten für ein Kleidungsstück bei folgenden Kalkulationswerten?

Preis für Oberstoff	14,00 €/m
Verbrauch von Oberstoff	1,50 m
Verschnitt an Oberstoff	2 %
Zutaten	12,30 €
Material-Gemeinkostensatz	6 %
Fertigungszeit	75 min
Fertigungs-Gemeinkostensatz	120 %
Durchschnittlicher Lohnfaktor	0,178 €/min
Verwaltungsgemeinkostensatz	4 %
Vertriebs-Gemeinkostensatz	6 %
Gewinn	5 %
Erlösschmälerung (in % vom Nettoverkaufspreis)	7 %

Ⓐ 21,42 Euro
Ⓑ 33,72 Euro
Ⓒ 35,74 Euro
Ⓓ 38,72 Euro
Ⓔ 42,88 Euro

8 Wie viel Meter Normalfalten können aus einem 64 cm langen und 138 cm breiten Stoff hergestellt werden, wenn die Faltenhöhe (Streifenbreite)16 cm und die Nahtzugabe 1,5 cm pro Naht betragen soll?

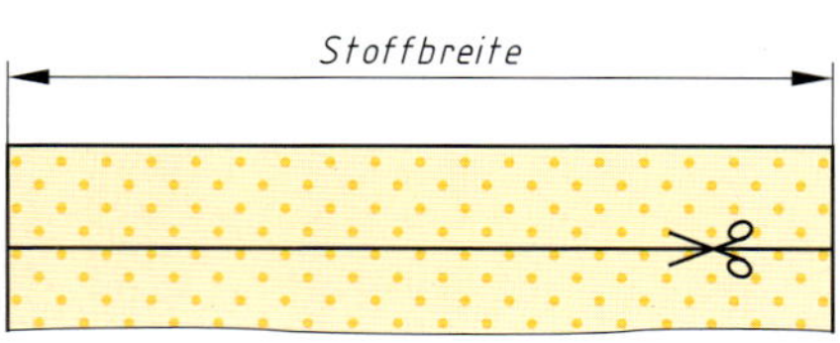

Ⓐ 0,98 m
Ⓑ 1,58 m
Ⓒ 1,72 m
Ⓓ 1,82 m
Ⓔ 2,12 m

9 Aus einem 150 cm breiten Stoff sollen gemäß untenstehender Zeichnung rechteckige Stoffteile von 32,5 cm Länge und 10 cm Breite zugeschnitten werden.

Wie viel Prozent Verschnitt ergibt sich bei der Stoffbreite?

Ⓐ 11 ⅓ %
Ⓑ 12 %
Ⓒ 13 ⅓ %
Ⓓ 15 ¼ %
Ⓔ 16 ⅔ %

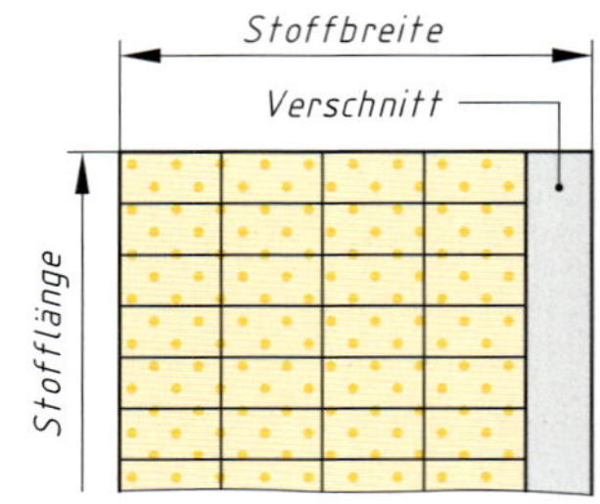

10 Für die Herstellung eines Kleidungsstücke sind folgende Fertigungszeiten erforderlich:

Zuschneiden	6,1 min
Einrichten	2,6 min
Nähen	63 min
Spezialarbeiten	4,2 min
Bügeln	5,8 min

Es wird ein durchschnittlicher Lohnfaktor von 0,128 Euro/min gerechnet.
Die Fertigungskosten betragen insgesamt 23,01 Euro.

Wie hoch ist der Prozentsatz der Fertigungsgemeinkosten?

Ⓐ 80 %
Ⓑ 90 %
Ⓒ 95 %
Ⓓ 100 %
Ⓔ 120 %

11 Ein Kleidungsstück wird für 17,80 Euro angeboten.
Bei einem Kauf von 125 Stück werden 12% Rabatt und 2% Skonto gewährt.

Welcher Betrag ist zu zahlen?

Ⓐ 191,80 Euro

Ⓑ 1.219,84 Euro

Ⓒ 1.918,84 Euro

Ⓓ 2.784,34 Euro

Ⓔ 19.188,80 Euro

12 Für das Einnähen von Ärmeln an einem Hemd ist eine Vorgabezeit von 4,85 min festgelegt.

Welche Anzahl von Hemden kann eine Modenäherin bei einer Arbeitszeit von 495 min/Tag bearbeiten, wenn ihr Leistungsgrad mit 122 % beurteilt wird?

Ⓐ 102 Stück

Ⓑ 124 Stück

Ⓒ 202 Stück

Ⓓ 98 Stück

Ⓔ 224 Stück

Ungebundene Aufgaben

13 Eine Fachkraft hat einen monatlichen Nettoverdienst von 1079,10 Euro.
Der Arbeitnehmeranteil an der Sozialversicherung beträgt insgesamt 21,25% bzw. 334,16 Euro.

Berechnen Sie den Bruttolohn und ermitteln Sie die Summe aller anderen Abzüge (Lohnsteuer, Solidaritätszuschlag, Kirchensteuer).

14 Wegen eines Fabrikationsfehlers werden Kleidungsstücke, die 29 Euro kosten, um 25% herabgesetzt.
Ein Kunde würde eine größere Menge übernehmen, wenn er 15% Mengenrabatt erhält.

Wie viel Euro würde dann das Kleidungsstück kosten?

15 Ein Glockenrock soll aus zwei halben Kreisringen gearbeitet werden.

Berechnen Sie die erforderliche Stoffbreite, die erforderliche Stofflänge und die Saumweite bei folgenden Maßen:

Taillenweite	66 cm
Rocklänge	74 cm
Nahtzugabe/kante	1,5 cm
Saumzugabe	2,0 cm

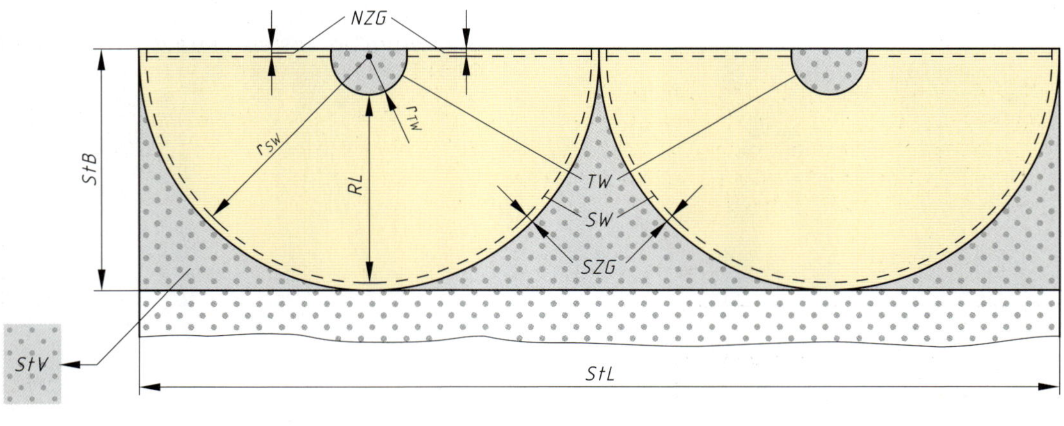

4 Gestaltung und Konstruktion

Die Lösungen der Aufgaben 1 bis 13 befinden sich auf den Seiten 284 bis 286.

Gebundene (multiple choice) Aufgaben

1 Welche Schnittbildarten können mit der abgebildeten CAD-Anlage gelegt werden?

Ⓐ Nur Ganzbilder

Ⓑ Nur Schnittbilder für Stoffe mit Strich

Ⓒ Nur Schnittbilder für Stoffe ohne Kopfmuster

Ⓓ Alle Schnittbildarten

Ⓔ Nur Mehrgrößenbilder

2 Welches Bild zeigt eine ausgestellte Hose?

Ⓐ Ⓑ Ⓒ Ⓓ Ⓔ

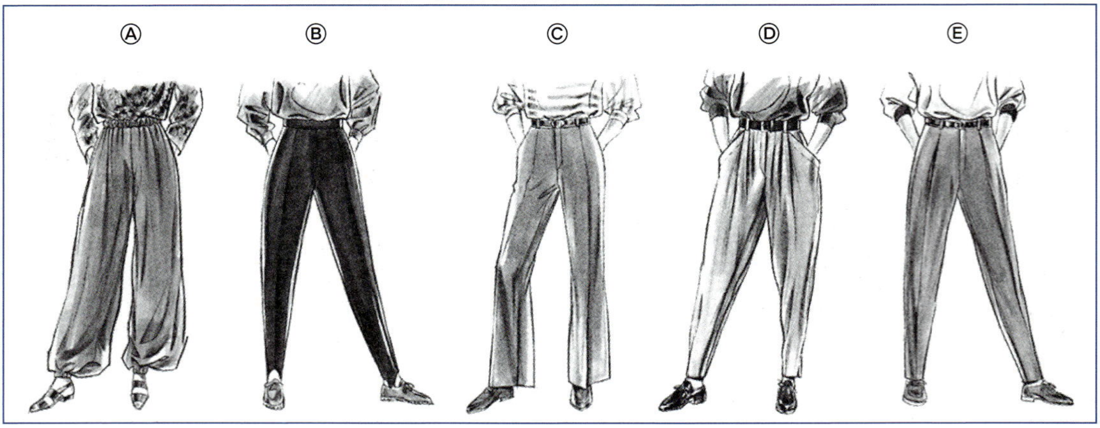

3 Welche Aufgaben hat der Digitalisiertisch (Pfeil)?

Ⓐ Er dient der Eingabe von bereits vorhandenen Schnittteilen. ☒

Ⓑ Er führt Gradierungen durch. ☐

Ⓒ Er überprüft die Sprungwerte. ☐

Ⓓ Er führt die Datenausgabe durch. ☐

Ⓔ Er erstellt selbständig Zeichnungen. ☐

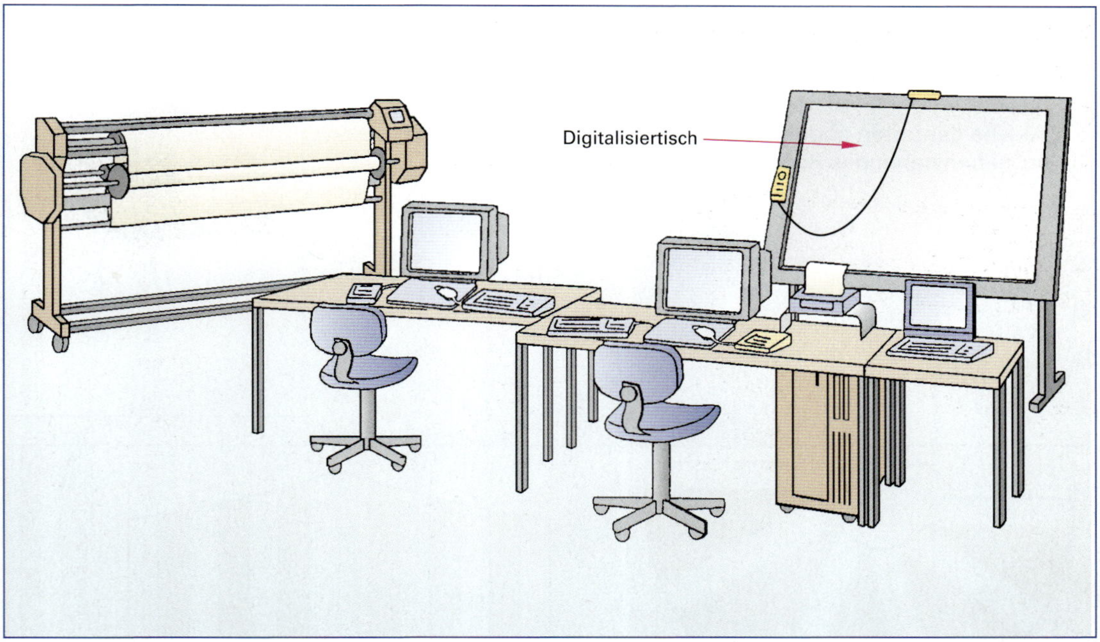

4 Welches Bild zeigt ein Etuikleid?

Ⓐ ☒ Ⓑ ☐ Ⓒ ☐ Ⓓ ☐ Ⓔ ☐

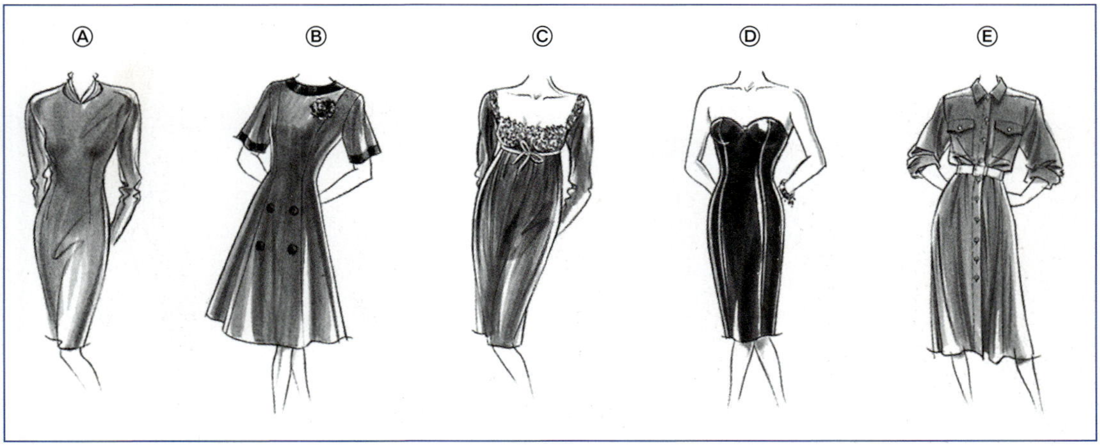

5 In welcher Auswahlantwort ist das nebenstehende Bekleidungsstück richtig bezeichnet?

Ⓐ Cape

Ⓑ Dufflecoat

Ⓒ Redingote ☒

Ⓓ Parka

Ⓔ Caban-Jacke

6 Welche der unten abgebildeten Schnittschablonen werden für nebenstehendes Rockmodell verwendet?

Ⓐ

Ⓑ

Ⓒ

Ⓓ ☒

Ⓔ

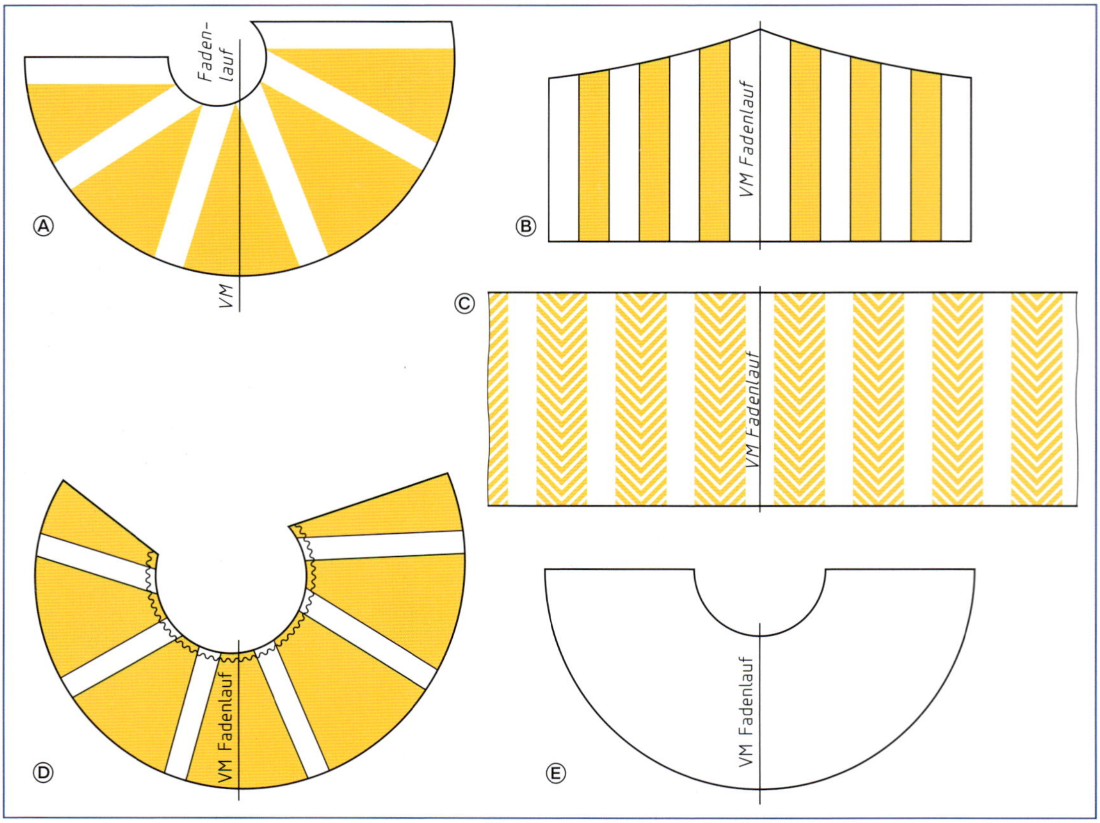

7 In welcher Auswahlantwort ist die abgebildete Konstruktion einer Kragenform richtig bezeichnet?

Ⓐ Stehkragen

Ⓑ Reverskragen

Ⓒ Liegekragen

Ⓓ Bubikragen

Ⓔ Schalkragen

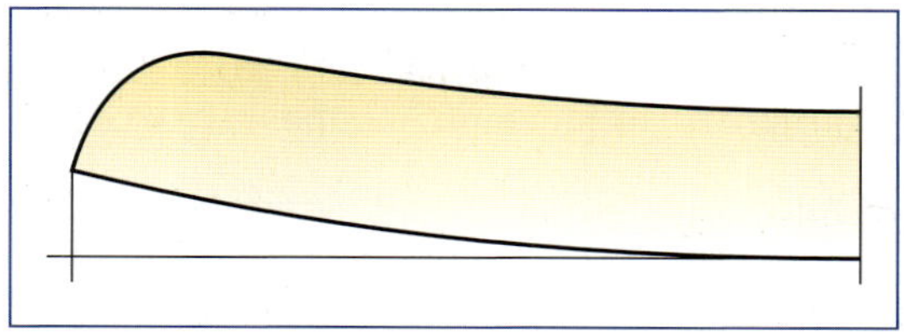

8 Bei welcher der abgebildeten Taschen handelt es sich um eine Tasche mit aufgesetzter Klappe?

Ⓐ Ⓑ Ⓒ Ⓓ Ⓔ

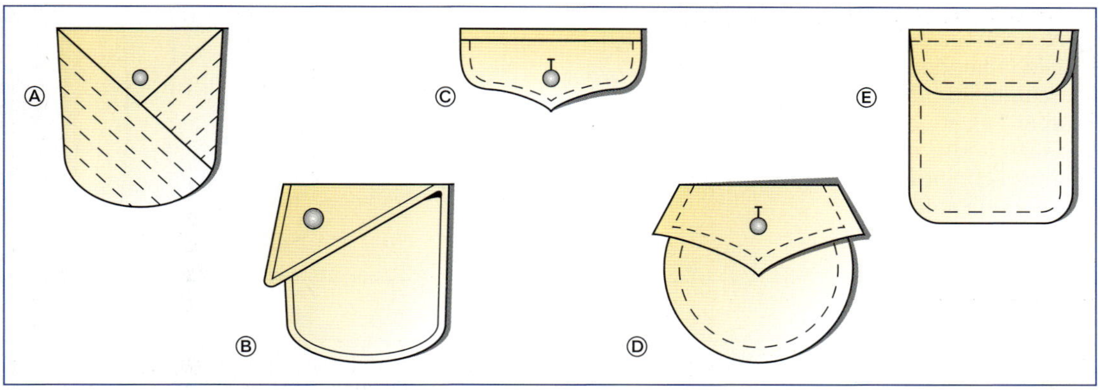

9 Welches ist ein komplementäres Farbenpaar?

Ⓐ Rot/Grün

Ⓑ Rot/Gelb

Ⓒ Rot/Blau

Ⓓ Orange/Grün

Ⓔ Gelb/Violett

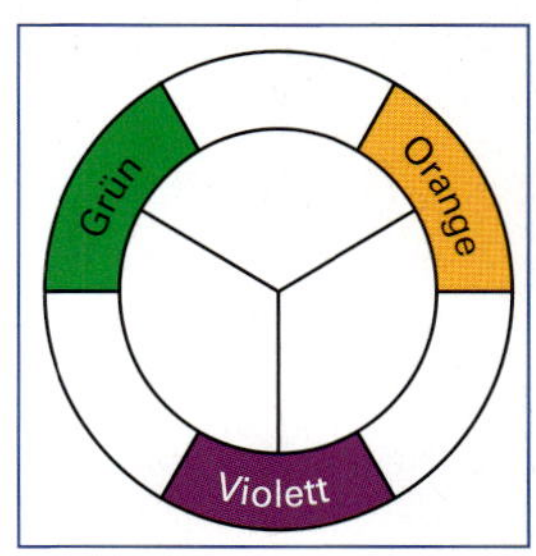

10 Für welches der aufgeführten Kleider ist eine tiefergesetzte Taillennaht kennzeichnend?

Ⓐ Empirekleid

Ⓑ Hemdblusenkleid

Ⓒ Etuikleid

Ⓓ Charlestonkleid

Ⓔ Corsagenkleid

Ungebundene Aufgaben

11 Damenbluse

Vor der Freigabe ist das Schnittbild für die abgebildete Damenbluse zu überprüfen. Hierzu sind folgende Angaben zu machen:

1. Erläutern Sie die Schnittbildart durch Nennung von zwei wesentlichen Begriffen.
2. Für welche Warenart wird vorzugsweise das abgebildete Schnittbild verwendet?
3. Nennen Sie die im Schnittbild fehlenden oder die im Schnittbild vorhandenen, aber nicht der Modellzeichnung entsprechenden Schnittteile und die übrigen Fehler.

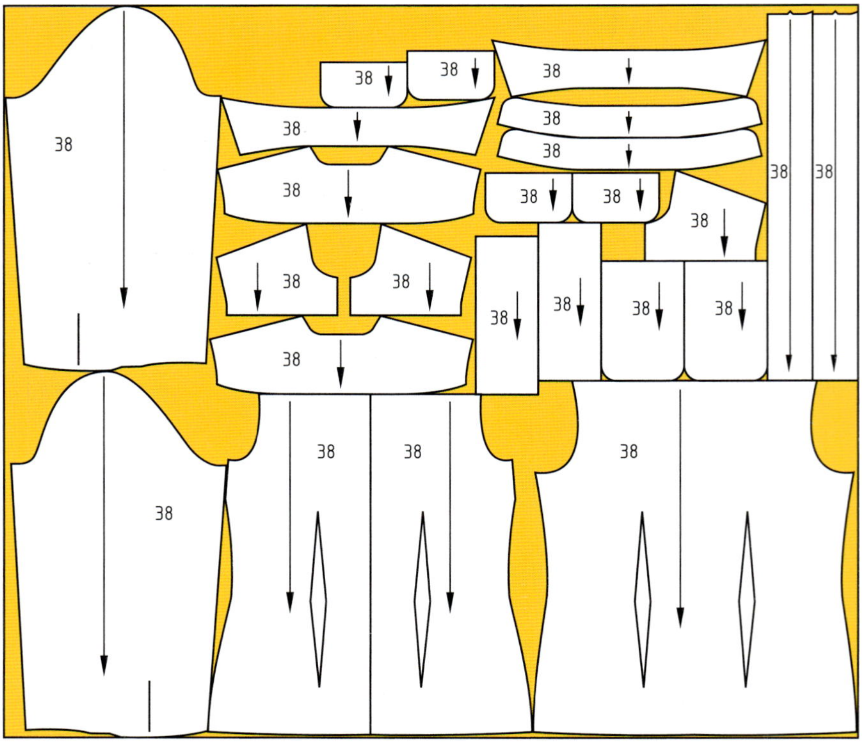

12 Bekleidungsartikel

❶ Benennen Sie den Bekleidungsartikel

❷ Tragen Sie die für die Herstellung erforderlichen Schnittteile mit den fachlich richtigen Bezeichnungen und der benötigten Anzahl der Teile in die **Tabelle A** ein.

❸ Benennen Sie die für die Verarbeitung erforderlichen Näharbeitsgänge. Ordnen Sie Ihre Angaben den in der Abbildung angegebenen Nummern durch Eintragen in **Tabelle B** zu.

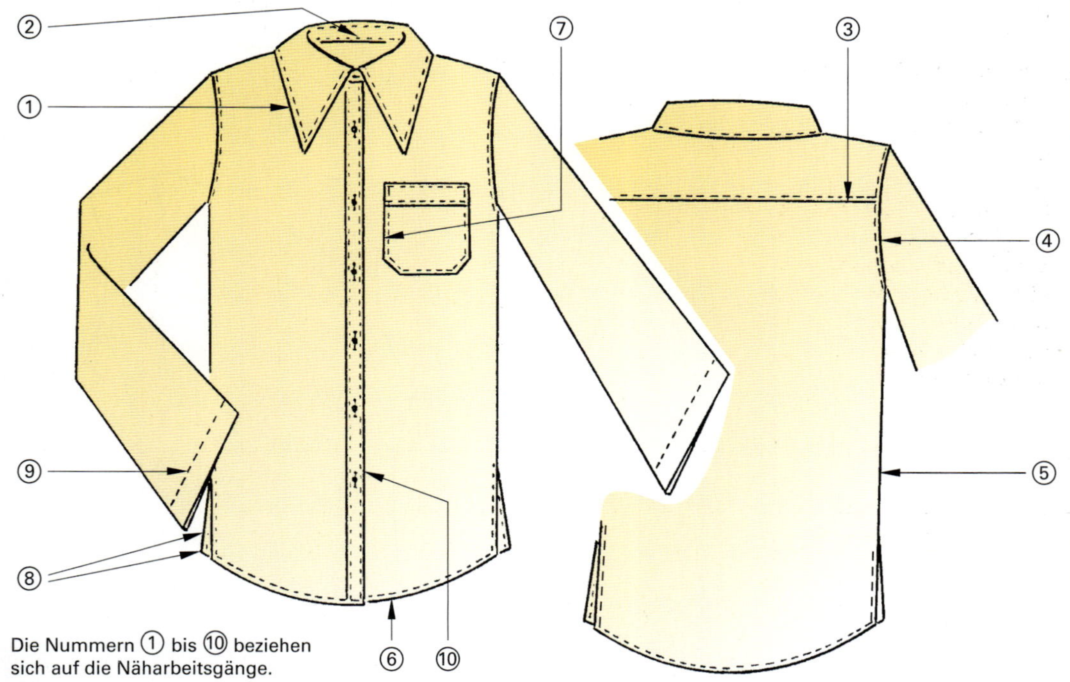

Die Nummern ① bis ⑩ beziehen sich auf die Näharbeitsgänge.

Tabelle A

Lfd. Nr.	Benennung der Schnittteile	Anzahl
1	Oberkragen	2
2	Kragensteg	2
3	Rückw. Passe	1
4	Ärmel	2
5	Rückenteil	1
6	Vorderteil	2
7	Taschenbeutel	1
8		
9		
10	Knopfleiste	2

Tabelle B

Lfd. Nr.	Benennung der Näharbeitsgänge
①	Kragen fertigen
②	Kragensteg verarbeiten
③	H. Passe an RT
④	Stütznaht setzen
⑤	SN schließen
⑥	Saum absteppen
⑦	Tasche aufnähen
⑧	Schlitze arbeiten
⑨	Ärmelsaum steppen
⑩	Knopfleiste fertigen

13 Der im Maßstab 1 : 5 vorgegebene Grundschnitt soll nach unten beschriebenen Angaben verändert werden.

Die Veränderungen sind im angefügten Grundschnitt vorzunehmen, die Teile auszuschneiden und auf das Lösungsblatt zu kleben.

Die Konturen sind auszugleichen und nachzuzeichnen.

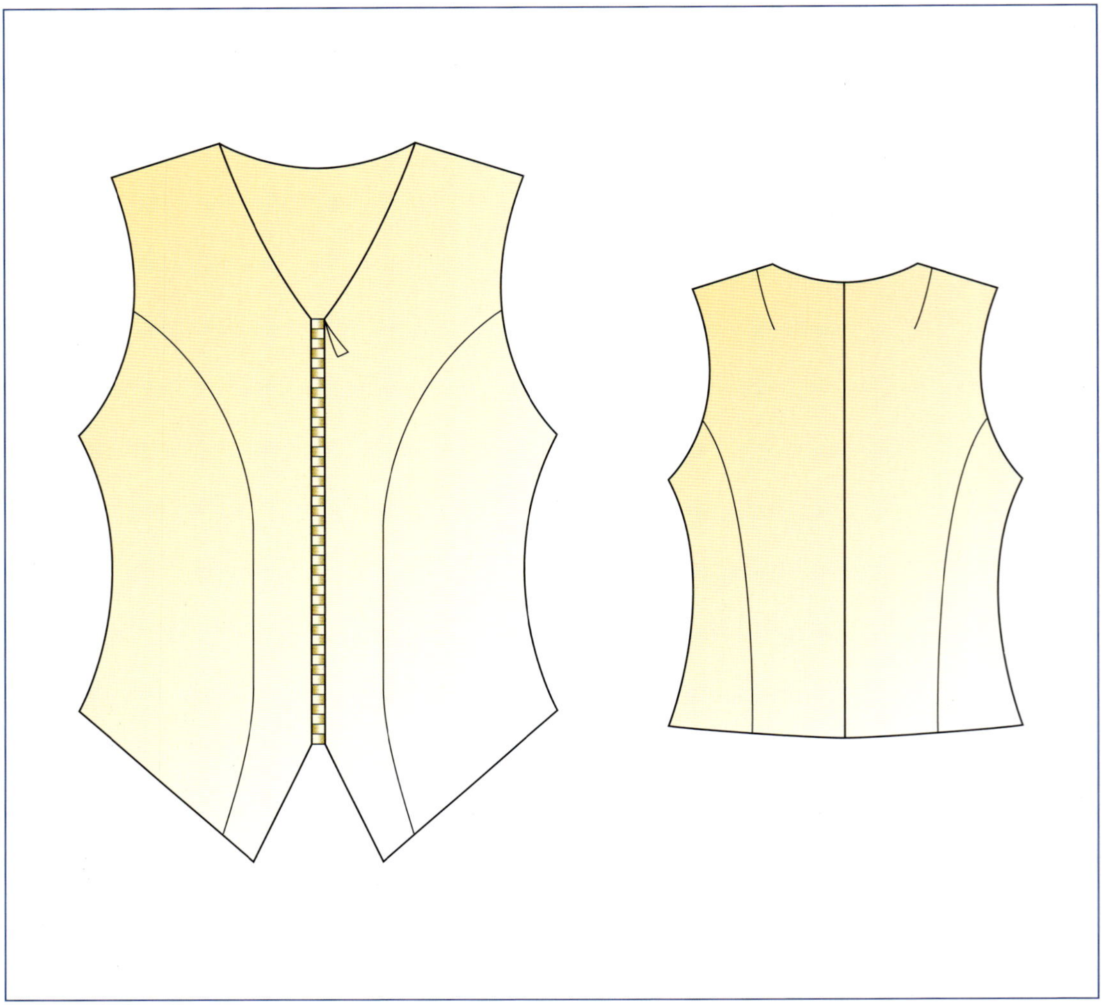

Angaben zur Grundschnittveränderung:

- Halsausschnitterweiterung an der Schulternaht: 2 cm
- Halsausschnittvertiefung an der vorderen Mitte: 10 cm
- Beginn der Teilungsnähte im Armloch: 3 cm über Ärmeleinsatz-Punkt
- Länge des Oberteils unterhalb der Taillenlinie: 10 cm an der vorderen Mitte und 20 cm an der Spitze
- Abstand der Spitze von der vorderen Mitte: 7,5 cm
- Die Mehrweite am rückwärtigen Armloch wird als Abnäher in die Schulternaht verlegt.
- Fertige Abnäherlänge am Rückenteil: 8 cm

M 1:5

Fach **Gestaltung und Konstruktion**

Für die Lösungen der ungebundenen Aufgaben sind die nachfolgenden Linienarten zu verwenden.

Linienarten

Benennung	Darstellung der Linie	Anwendungsbeispiele
Breite Volllinie		Schnittkanten Schablonenkanten
Schmale Volllinie		Maßlinien Maßhilfslinien
Freihandlinie (schmal)		Abgebrochen dargestellte Ansichten
Strichlinie (schmal)		Nahtlinien
Strichpunktlinie (schmal)		Mittellinien
Strich-Zweipunktlinie (schmal)		Stoffbruch, Umbruch
Volllinie (schmal)		Knopfposition
Volllinie (breit)		Knopflochposition
Volllinie (breit)	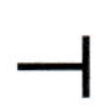	Knips

Teil E: Fragen und Antworten zur Wirtschafts- und Sozialkunde

1 Berufliche Bildung

1 Welche Vorteile hat eine Berufsausbildung? Zeigen Sie die Vorteile an Beispielen auf.

Beispiele für die Vorteile einer **Berufsausbildung** sind:

- Das Einkommen eines Facharbeiters ist meist höher als das eines ungelernten Arbeitnehmers.
- Die Arbeitslosenquote ist bei Facharbeitern geringer als bei ungelernten Arbeitnehmern.
- Die von Facharbeitern ausgeführten Tätigkeiten sind in der Regel interessanter und anspruchsvoller.
- Die Aufstiegsmöglichkeiten sind für Facharbeiter größer.

2 In Deutschland erfolgt die Berufsausbildung nach dem sogenannten „dualen System". Was versteht man darunter?

Duales System der Berufsausbildung bedeutet, dass die Berufsausbildung in zwei Ausbildungsbereichen stattfindet: Die praktische Ausbildung im Ausbildungsbetrieb und die theoretische Ausbildung in der Berufsschule (das Wort duo kommt aus dem lateinischen und bedeutet zwei).

Die praktische Ausbildung kann anstatt in einem Betrieb auch teilweise oder ganz in einem überbetrieblichen Ausbildungszentrum erfolgen.

Häufig sind die theoretische und die praktische Ausbildung nicht strikt zu trennen und gehen nahtlos ineinander über bzw. sind ineinander verzahnt.

3 Durch den technischen Fortschritt wird die berufliche Mobilität der Arbeitnehmer immer wichtiger.
Führen Sie Gründe für diese Forderung an.

Gründe für die Notwendigkeit der **beruflichen Mobilität** sind:

- Verlagerung der Betriebe durch wirtschaftliche Zwänge oder behördliche Auflagen.
- Wechsel des Betriebsinhabers oder Umstellung der Produktion.
- Rationalisierung der Produktionsverfahren und Wegfall von Arbeitsplätzen.
- Wegfall eines erlernten traditionellen Berufs und Umschulung in einen neuen Beruf.

4 Nennen Sie die Vorzüge des dualen Bildungssystems.

Die Vorteile des dualen Systems der Berufsausbildung sind:

- Die betriebliche Ausbildung erfolgt nach den praxisorientierten Erfordernissen der Betriebe. Der Unterricht in der Berufsschule unterstützt und ergänzt die Ausbildung durch die Vermittlung der fachtheoretischen Grundlagen.
- Die Ausbildung im Betrieb gewährleistet eine fortlaufende Anpassung an neue technische und wirtschaftliche Entwicklungen. Die Berufsschule vermittelt zusätzlich allgemeines Wissen.
- Schon während der Ausbildungszeit wird der Auszubildende in die Arbeitswelt eingeführt. Bei einer Übernahme nach der Ausbildung ist die Einarbeitungszeit im Betrieb nur kurz oder kann ganz entfallen.

5 Welche Bedeutung kommt der beruflichen Fortbildung durch den raschen technischen Wandel zu?

- Sie soll dem Arbeitnehmer ermöglichen, mit der Entwicklung der Technik Schritt zu halten und den geänderten Anforderungen der Arbeitswelt gewachsen zu sein.
- Die berufliche Fortbildung soll helfen, den Arbeitsplatz zu sichern.

6 Welche arbeitsrechtlichen Folgen hat es, wenn ein Auszubildender nach Bestehen seiner Berufsabschlussprüfung in seinem Betrieb weiterarbeitet, ohne dass hierfür ausdrücklich etwas vereinbart wurde?

Nach § 17 Berufsbildungsgesetz gilt damit ein Arbeitsverhältnis auf unbestimmte Zeit als begründet.

7 Welche beruflichen Fortbildungsmaßnahmen kann ein Arbeitnehmer ergreifen, wenn er sich für eine berufliche Fortbildung entschließt?

- **Innerbetriebliche Fortbildung.** Sie wird meist von den Betrieben bezahlt.
- **Überbetriebliche Fortbildung,** z.B. von den Handwerkskammern. Sie ist meist kostenpflichtig, kann aber durch die Bundesagentur für Arbeit gefördert werden (Rechtsgrundlage ist das Arbeitsförderungsgesetz).

8 Aus welchen Gründen könnte für einen Arbeitnehmer eine Umschulung notwendig werden?

Eine **Umschulung** kann erforderlich werden,

- wenn ein Arbeitnehmer durch einen Unfall oder eine dauerhafte Krankheit seinen bisherigen Beruf nicht mehr ausüben kann.
- wenn ein Arbeitnehmer arbeitslos wird und in seinem erlernten Beruf keine Vermittlungschance besteht.

9 Nennen Sie zwei Bedingungen, unter denen ein Auszubildender ohne Schadensersatzleistung vorzeitig ein Ausbildungsverhältnis kündigen kann.

- Während der Probezeit kann das Berufsausbildungsverhältnis generell gelöst werden, ohne dass Schadensersatzpflicht entsteht.
- Wird das Berufsausbildungsverhältnis nach Ablauf der Probezeit gelöst, kann der Arbeitgeber keinen Schadensersatz verlangen, wenn der Auszubildende die Berufsausbildung aufgeben oder sich für einen anderen Beruf ausbilden lassen will.

Testfragen zur beruflichen Bildung[1]

T1 Um eine umfassende und bundeseinheitliche Grundlage für die berufliche Bildung zu schaffen, beschloss 1969 der Bundestag die entsprechende Rechtsgrundlage.
Wie heißt dieses Gesetz?

Ⓐ Arbeitnehmerüberlassungsgesetz

Ⓑ Arbeitsplatzschutzgesetz

Ⓒ Arbeitsförderungsgesetz

Ⓓ Beschäftigungsgesetz

Ⓔ Berufsbildungsgesetz

[1] Lösungen der Testfragen Seite 287

T2 Welche Aufgaben übernimmt im Rahmen des „dualen Systems der Berufsausbildung" der Ausbildungsbetrieb?

Ⓐ Die Vermittlung der fachtheoretischen Kenntnisse, die für den Ausbildungsgang erforderlich sind.

Ⓑ Die Vermittlung der notwendigen fachlichen Fertigkeiten und Kenntnisse, die zum Erreichen des Ausbildungszieles erforderlich sind.

Ⓒ Die Vermittlung der fachlichen Fertigkeiten, die zum Bestehen der Zwischenprüfung erforderlich sind.

Ⓓ Die Vermittlung der fachtheoretischen Kenntnisse und einer Fremdsprache.

Ⓔ Die Vermittlung einer umfassenden Allgemeinbildung.

T3 Wenn ein Betrieb einen Auszubildenden zur Berufsausbildung einstellt, hat er einen Berufsausbildungsvertrag zu schließen.

Der Vertrag muss unterzeichnet werden ...

Ⓐ vom ausbildenden Betrieb, dem Auszubildenden und dessen gesetzlichen Vertreter.

Ⓑ nur vom ausbildenden Betrieb.

Ⓒ vom ausbildenden Betrieb und der Handwerkskammer bzw. Industrie- und Handelskammer.

Ⓓ nur vom Auszubildenden.

Ⓔ nur von der Handwerkskammer bzw. Industrie- und Handelskammer.

T4 Welche Aussage zum Ausbildungsvertrag ist richtig?

Ein Ausbildungsvertrag muss schriftlich niedergelegt werden ...

Ⓐ sofort bei Zusage des ausbildenden Betriebs.

Ⓑ spätestens vor Beginn der Berufsausbildung.

Ⓒ mit dem Schulbeginn der Berufsschule.

Ⓓ nach bestandener Probezeit.

Ⓔ nach bestandener Zwischenprüfung.

T5 Welche der folgenden Vereinbarungen ist in einem Ausbildungsvertrag unzulässig?

Ⓐ Die Festlegung der Dauer der Ausbildung und der Probezeit.

Ⓑ Eine Vereinbarung, unter denen der Berufsausbildungsvertrag gekündigt werden kann.

Ⓒ Die Verpflichtung des Auszubildenden, für die Berufsausbildung eine Entschädigung zu zahlen.

Ⓓ Eine Festlegung der Dauer und des Zeitpunkts des Urlaubs.

Ⓔ Die Verpflichtung zur Teilnahme an Ausbildungsmaßnahmen außerhalb der Ausbildungsstätte.

T6 Welche der folgenden Aussagen ist falsch?

Der ausbildende Betrieb übernimmt die Verpflichtung ...

Ⓐ den Auszubildenden in dem vereinbarten Beruf auszubilden.

Ⓑ dem Auszubildenden kostenlos die Ausbildungsmittel zur Verfügung zu stellen.

Ⓒ den Auszubildenden zum Besuch der Berufsschule anzuhalten.

Ⓓ dafür zu sorgen, dass der Auszubilende charakterlich gefördert wird.

Ⓔ dem Auszubildenden eine ausreichende Verpflegung kostenlos zur Verfügung zu stellen.

T7 In welchem Gesetz bzw. welcher Verordnung ist die Dauer einer Berufsausbildung festgelegt?

Ⓐ im Berufsbildungsgesetz

Ⓑ im bürgerlichen Gesetzbuch

Ⓒ in der Gewerbeordnung

Ⓓ im Jugendarbeitsschutzgesetz

Ⓔ in der Ausbildungsordnung

T8 Welche Verpflichtungen übernimmt ein Auszubildender bei Abschluss eines Berufsausbildungsvertrages nicht?

Die Verpflichtung ...

Ⓐ die aufgetragenen Arbeiten sorgfältig auszuführen.

Ⓑ die Werkzeuge und Werkstoffe, die zum Ablegen der Abschlussprüfung erforderlich sind, selbst zu bezahlen.

Ⓒ über Betriebsgeheimnisse Stillschweigen zu wahren.

Ⓓ Weisungen vom Ausbildenden im Rahmen der Berufsausbildung zu befolgen.

Ⓔ die Betriebsordnung einzuhalten.

T9 Das Berufsausbildungsverhältnis beginnt mit der Probezeit.
Welche Spanne muss diese Probezeit mindestens haben und wie lange darf sie höchstens dauern?

Ⓐ Mindestens einen Monat und höchstens sechs Monate

Ⓑ Mindestens zwei Wochen und höchstens drei Monate

Ⓒ Mindestens eine Woche und höchstens drei Monate

Ⓓ Mindestens einen Monat und höchstens vier Monate

Ⓔ Mindestens drei Monate und höchstens sechs Monate

T10 Was steht im Berufsausbildungsvertrag?

Ⓐ Die Inhalte der Ausbildung

Ⓑ Die Anzahl der Mindeststunden des Berufsschulunterrichtes

Ⓒ Die Pflichten des Auszubildenden

Ⓓ Die Pflichten der Berufsschule

Ⓔ Das Datum der Abschlussprüfung

T11 Welche Kündigungsfrist gilt für die Kündigung eines Berufsausbildungsverhältnisses während der Probezeit?

Ⓐ Keine

Ⓑ Sieben Tage

Ⓒ Einen Monat

Ⓓ Zwei Wochen

Ⓔ Drei Monate

T12 Ein Auszubildender will nach Ablauf der Probezeit seine Berufsausbildung aufgeben.
Wie kann das Berufsausbildungsverhältnis vom Auszubildenden gekündigt werden?

Ⓐ Schriftlich ohne Angabe von Gründen und einer Kündigungsfrist von vier Wochen

Ⓑ Mündlich, mit Angabe von Gründen

Ⓒ Schriftlich, mit Angabe von Gründen und ohne Kündigungsfrist

Ⓓ Mündlich, ohne Angabe von Gründen

Ⓔ Schriftlich, mit Angabe von Gründen und mit einer Kündigungsfrist von vier Wochen

T13 Ein Auszubildender besteht die Abschlussprüfung nicht. Welche der folgenden Aussagen ist richtig?

Ⓐ Das Ausbildungsverhältnis kann nicht verlängert werden.

Ⓑ Das Ausbildungsverhältnis kann auf sein Verlangen bis zur nächstmöglichen Wiederholungsprüfung, höchstens je doch um ein Jahr verlängert werden.

Ⓒ Das Ausbildungsverhältnis kann beliebig oft verlängert werden.

Ⓓ Bei Verlängerung der Ausbildungszeit hat der Auszubildende die zusätzlichen Kosten zu übernehmen.

Ⓔ Das Ausbildungsverhältnis kann nur nach Genehmigung des Arbeitsamtes verlängert werden.

T14 Dem Auszubildenden ist nach Beendigung des Berufsausbildungsverhältnisses ein Zeugnis auszustellen.
Was wird in dieses Zeugnis nur auf Verlangen des Auszubildenden aufgenommen?

Ⓐ Die Art der Ausbildung

Ⓑ Das Ziel der Ausbildung

Ⓒ Die Dauer der Ausbildung

Ⓓ Die erworbenen Fähigkeiten und Kenntnisse

Ⓔ Angaben über Führung, Leistung und besondere fachliche Fähigkeiten

2 Grundlagen der Volks- und Betriebswirtschaft

1 Welche wichtigen Aufgaben erfüllt der Markt im Wirtschaftssystem der Bundesrepublik Deutschland?

Wichtige Aufgaben des **Marktes** sind:

- Versorgung der Verbraucher mit Gütern und Dienstleistungen
- Ausgleich zwischen Angebot und Nachfrage über den Preis
- Bildung des Preises für einen Auftrag nach Angebot und Nachfrage
- Lenkung der Herstellung und Verteilung von Gütern und Dienstleistungen
- Zwang für die Betriebe einen Auftrag so kostengünstig wie möglich anzubieten

2 Welche Voraussetzungen müssen erfüllt sein, damit auf dem Markt **Wettbewerb** herrscht? Nennen Sie drei.

- Wettbewerb herrscht, wenn eine möglichst große Zahl von selbstständig entscheidenden Marktteilnehmern (Betrieben) mit den erlaubten Mitteln des Wettbewerbs (Preis, Qualität, Lieferfrist, Serviceleistungen, Zahlungsbedingungen u.a.) um die Aufträge wetteifern.
- Kein einzelnes Unternehmen darf eine marktbeherrschende Stellung besitzen.
- Der Zutritt zum Markt muss auch neuen Marktteilnehmern möglich sein.

3 Im Marktgeschehen hat der einzelne Verbraucher meist die schwächere Position. Erläutern Sie, wie der Staat durch **Verbraucherschutzgesetze** den Verbraucher zu schützen versucht.

- Durch Gesetze zur Regelung des Rechts der allgemeinen Geschäftsbedingungen:
  Der Verbraucher soll vor unangemessenen Klauseln geschützt werden.
- Durch das Produkthaftungsgesetz:
  Der Hersteller ist verpflichtet, die durch technische Fehler des Produktes entstandenen Schäden zu ersetzen.
- Durch das Gewährleistungsgesetz:
  Der Hersteller haftet für eine bestimmte Zeit (z.B. 5 oder 10 Jahre) für die einwandfreie Funktion der von ihm gelieferten Bauteile.

4 Welche Vorteile hat der Verbraucher vom Leistungswettbewerb?

Der Wettbewerb zwischen den Anbietern führt in einem funktionierenden Markt für die Verbraucher zu günstigeren Preisen, zu besserer Produktqualität und zu größerem Warenangebot.

5 Was unternimmt der Staat, um den Wettbewerb zu schützen?

Der Staat überwacht das Marktgeschehen auf Einhaltung der Regeln des Wettbewerbs und ahndet Verstöße gegen den lauteren Wettbewerb.

Er versucht dies mit dem „Gesetz gegen Wettbewerbsbeschränkungen“ und dem „Gesetz gegen den unlauteren Wettbewerb“ zu erreichen.

6 Um gemeinsame Aufgaben zu bewältigen oder größere Aufträge zu erhalten, kooperieren häufig mehrere kleinere Betriebe.

Nennen Sie Beispiele und erläutern Sie, welche Ziele dabei verfolgt werden.

Beispiele für die **Kooperation** von Betrieben sind:

- Bildung von Arbeitsgemeinschaften bei Großprojekten, um Aufträge zu erhalten, die die Leistungsfähigkeit des einzelnen Betriebs übersteigen.
- Gemeinsame Werbung eines Handwerkverbandes für Auszubildende
- Standardisierung oder Normierung häufig gebrauchter Bauteile durch einen Fachverband
- Gemeinsames Ausstellen mehrerer Betriebe auf einem gemeinsamen Messestand

7 Welche gesamtwirtschaftlichen Nachteile können große **Unternehmenszusammenschlüsse** haben?
Erläutern Sie diese anhand von Beispielen.

- Die Preise können überhöht sein, wenn ein Großunternehmen eine marktbeherrschende Stellung hat und kein ausreichender Wettbewerb mehr gegeben ist.
- Die Vielfalt des Angebots der Waren und Dienstleistungen wird vermindert.
- Großbetriebe können sich nicht so schnell und flexibel auf Marktveränderungen einstellen.
- Die Auslese unwirtschaftlich arbeitender Betriebe wird verzögert.

8 Jeder Mensch hat eine Vielzahl von Bedürfnissen. Diese werden z.B. in Existenzbedürfnisse, sowie in Kulturbedürfnisse und Luxusbedürfnisse unterteilt.
Nennen Sie je drei Beispiele.

- **Existenzbedürfnisse:**
  Nahrung, Kleidung, Wohnen
- **Kulturbedürfnisse:**
  Information: Zeitung, Fernsehen, Radio
  Unterhaltung: Kino, Theater, Besuch von Sportveranstaltungen
- **Luxusbedürfnisse:**
  Genussmittel, Sportwagen, Schmuck, Reisen

9 Erklären Sie den Unterschied zwischen Konsumgütern und Investitionsgütern.

- **Konsumgüter** sind Güter, die der Verbraucher zur Befriedigung seiner Bedürfnisse benötigt, wie z.B. Nahrungsmittel, Möbel, Kleidung, Zeitung.
- **Investitionsgüter** sind Güter, die ein Betrieb zur Herstellung und Verteilung von Bekleidung benötigt, wie z.B. Näh- und Bügelmaschine, innerbetriebliche Transportmittel.

10 Zeigen Sie an vier Beispielen, dass das gleiche Gut sowohl als Konsumgut als auch als Investitionsgut verwendet werden kann.

- Nähmaschine:
  Konsumgut im eigenen Haushalt, Investitionsgut für einen Schneiderbetrieb.
- Computer:
  Konsumgut für das private Internet-Surfen, Investitionsgut in der Buchführung eines Betriebs.
- Fotoapparat:
  Konsumgut im eigenen Haushalt, Investitionsgut für einen Fotojournalisten.
- Auto:
  Konsumgut für Reisen mit der Familie, Investitionsgut für ein Taxiunternehmen.

11 Was versteht man unter dem Bruttoinlandsprodukt?

Das **Bruttoinlandsprodukt (BIP)** ist der Wert (z.B. in Euro) aller produzierten Güter und erbrachten Dienstleistungen eines Landes in einem Jahr.

Das BIP der Bundesrepublik Deutschland betrug im Jahr 2007 rund 2423 Milliarden €.

Das Bruttoinlandsprodukt ist eine Messgröße für die wirtschaftliche Leistungsfähigkeit eines Landes.

12 Was gibt die Inflationsrate an?

Die **Inflationsrate** gibt die Preissteigerung in Prozent für ein standardisiertes Waren- und Dienstleistungssortiment (Standard-Warenkorb) gegenüber dem Vorjahr an.

Die Inflationsrate betrug in Deutschland im Jahr 2007 rund 2,2 %.

Bei einer Inflationsrate unter 2 % spricht man von annähernder Preisstabilität.

13 Warum bietet die Beachtung des ökonomischen Prinzips eine gewisse Gewähr für eine optimale Bedarfsdeckung der Gesamtwirtschaft?

Die Beachtung des **ökonomischen Prinzips** bewirkt:

- Die Betriebe versuchen mit möglichst geringem Mitteleinsatz einen maximalen Ertrag zu erzielen.
- Die Betriebe sind an der Erhaltung bzw. Vermehrung ihres Kapitals interessiert und wollen deshalb Gewinne erzielen und Verluste vermeiden.
- Das Unternehmensrisiko führt zu einem Streben nach Sicherheit und damit zu größter Effektivität.

14 Unter welchen Bedingungen könnte es, abweichend vom ökonomischen Prinzip, in Betrieben zur Unwirtschaftlichkeit kommen?
Nennen Sie drei Beispiele.

Ein Abweichen vom ökonomischen Prinzip ist z.B. gegeben, wenn ...

- der Betrieb im Übermaß sozialen oder humanitären Zielen verpflichtet ist wie z.B: bei einer Behinderten-Werkstatt.
- es durch Nachlässigkeit zu unnötigen Kosten kommt, z.B. durch Werkstoff- oder Energieverschwendung.
- es zu Fehlplanungen gekommen ist, z.B. zur Anschaffung einer teuren Maschine, die nur selten gebraucht wird.
- Investitionen durch unvorhersehbare Änderungen im Marktgeschehen überholt werden.

15 Erklären Sie anhand eines Beispiels, wie in einem Betrieb der Produktionsfaktor Arbeit durch den Faktor Kapital ersetzt wird.

In einem Bekleidungsbetrieb wird die Kragenfertigung von Hand durch eine CNC-gesteuerte Nähanlage ersetzt.

16 Worin unterscheiden sich in der Aufgabenstellung ein Betrieb der öffentlichen Hand, ein gemeinwirtschaftlicher Betrieb und ein Privatbetrieb?

Öffentliche Betriebe, wie z.B. das Wasserwerk einer Stadt, orientieren sich an den Bedürfnissen eines Gemeinwesens. Sie sollen eine Versorgung mit einem Gut übernehmen, dessen Bereitstellung oder Produktion man privaten Unternehmen nicht überlassen möchte oder für dessen Erzeugung private Unternehmen wegen mangelnder Gewinnaussichten kein Interesse haben.

Gemeinwirtschaftliche Betriebe, wie z.B. die Wohnungsgenossenschaften, sind aus der Notwendigkeit entstanden, ein wichtiges Bedürfnis einer finanzschwachen Kundschaft zu befriedigen, das sie sich unter rein marktwirtschaftlichen Bedingungen nicht leisten können, wie z.B. die Versorgung mit billigem Wohnraum.

Gemeinwirtschaftliche Betriebe streben keinen Gewinn an, sondern arbeiten lediglich auf Kostendeckung.

Privatbetriebe werden von Privatpersonen oder Gesellschaften betrieben, um einen möglichst großen Gewinn zu erwirtschaften.

17 Welche Probleme entstehen, wenn ein Betrieb nicht ausreichend moderne Maschinen und Werkzeuge anschafft?

Nennen Sie mögliche Folgen.

- Der Betrieb arbeitet nicht mehr konkurrenzfähig.
  Infolgedessen erhält er keine Aufträge mehr, er muss Arbeitskräfte entlassen und muss schließlich geschlossen werden.
- Trifft dieses auf mehrere Betriebe in einer Region zu, steigt dort die Arbeitslosigkeit.
  Die Folgen sind ein Rückgang der Steuereinnahmen für den Staat und die Gemeinden, Einnahmeverluste der Sozialversicherungsträger sowie ein Anstieg der Arbeitslosen- und Sozialhilfekosten.

18 Was wird in einem Bekleidungsbetrieb mit der betrieblichen Kenngröße Produktivität gemessen?

Produktivität misst man, indem man eine Verhältniszahl aus dem Geldwert der erzeugten Güter oder geleisteten Aufträge und der dafür benötigten Arbeitszeit bildet.

19 Wie würden die Betriebe reagieren, wenn das Betriebsmittel Energie zum Schutze der Umwelt bewusst durch zusätzliche Steuern verteuert würde?
Zeigen Sie an zwei Beispielen auf, wie die Betriebe diese Belastung auffangen könnten.

Wenn die Energie teurer wird, würden von den Betrieben verstärkt Anstrengungen unternommen, um Energie einzusparen.

Dazu gibt es eine Vielzahl von Möglichkeiten:

- Entwicklung und Umstellung auf energiesparende Maschinen und Produktionsverfahren.
- Investitionen zur Energieeinsparung und Energierückgewinnung.

E

20 Erklären Sie die Begriffe Rentabilität und Wirtschaftlichkeit.

Rentabilität ist das prozentuale Verhältnis zwischen dem erzieltem Reingewinn eines Betriebes und dem eingesetztem Kapital. Die Rentabilität gibt die Höhe der Verzinsung des eingesetzten Kapitals an.

Wirtschaftlichkeit ist das Verhältnis der erzielten Gesamteinnahmen zu den Gesamtaufwendungen eines Betriebs. Ein Betrieb arbeitet wirtschaftlich, wenn die erzielten Einnahmen die Gesamtaufwendungen übersteigen.

21 Angemessene Arbeitsbedingungen sind nicht nur eine humanitäre und soziale Aufgabe. Sie sind auch ein Gebot wirtschaftlicher Vernunft.
Zeigen Sie an Beispielen, wie in einem Fertigungsprozess eintönige Tätigkeiten vermieden und eine größere Selbstständigkeit und Motivation der Mitarbeiter erreicht werden kann.

- Arbeit in selbstständigen Gruppen:
  Eine Arbeitsgruppe erledigt eine größere Arbeitsaufgabe oder einen Gesamtauftrag, wobei die Gruppenmitglieder ihre Tätigkeiten tauschen können.
- Arbeitsplatzwechsel:
  Die Mitarbeiter wechseln nach einer gewissen Zeit den Arbeitsplatz innerhalb des Betriebes und erledigen für sie neue und deshalb interessante Arbeiten.
- Arbeitserweiterung:
  Zusammenfassung mehrerer kleinerer Teilaufgaben zu einem Gesamtauftrag, der von einem Mitarbeiter zu bearbeiten ist.

22 Geben Sie an, wie sich in einem Betrieb eine Steigerung der Produktivität auf die Zahl der Mitarbeiter auswirkt?

Wenn die Produktivität in einem Betrieb gestiegen ist, wird ein gleich großer Auftrag von weniger Arbeitskräften bewältigt.

Bei gleich großem Auftragsvolumen eines Betriebes kann eine Erhöhung der Produktivität ein Grund für den Abbau von Arbeitsplätzen sein.

Andererseits kann bei erhöhter Produktivität ein Betrieb wegen seiner verbesserten Konkurrenzfähigkeit eine größere Anzahl von Aufträgen erhalten. Um diese zu bearbeiten, kann es sogar erforderlich sein, zusätzliche Mitarbeiter einzustellen.

23 Der starke Konkurrenzdruck zwingt viele Betriebe dazu, Rationalisierungsmöglichkeiten zu nutzen. Beschreiben Sie Maßnahmen, die eine Rationalisierung der Fertigung zum Ziel haben.

- **Automation:**
  Einsatz von Maschinen und Fertigungsautomaten zur rationelleren Durchführung von Arbeitsvorgängen.
- **Arbeitsgestaltung:**
  Optimierung des Bewegungsablaufes, Verbesserung der Betriebsmittelnutzung, ergonomische Arbeitplatzgestaltung.
- **Spezialisierung:**
  Konzentration auf Aufträge, für die der Betrieb besonders gut ausgerüstet ist und besonders qualifizierte Mitarbeiter besitzt.

24 In der Betriebswirtschaft wird zwischen „fixen Kosten" und „variablen Kosten" unterschieden. Was versteht man unter diesen Begriffen und nennen Sie jeweils eine typische Kostenart.

- **Fixe Kosten** fallen in gleichbleibender Höhe an und sind unabhängig von der Höhe der Produktion. Fixe Kosten sind z.B. Mieten für Betriebsgebäude und Zinsen für langfristige Investitionskredite.
- **Variable Kosten** sind abhängig von der Anzahl der gefertigten Beleidungsstücke bzw. der erledigten Aufträge. Variable Kosten sind z.B. die Kosten für Material, Fertigungslöhne, elektrische Energie.

25 Nennen Sie die typischen Merkmale der Einzel-, Gruppen- und Fließfertigung und geben Sie je ein Beispiel.

Einzelfertigung liegt vor, wenn jedes Bekleidungsstück nur einmal gefertigt wird, Diese Fertigung verlangt gut ausgebildete Arbeitskräfte. Die verwendeten Maschinen müssen universell einsetzbar sein.
Beispiel: Kostüm aus einem Maßatelier.

Bei der **Gruppenfertigung** werden Maschinen und Arbeitskräfte zu Fertigungsgruppen zusammengefasst. In den Gruppen werden entweder Teilprodukte (z.B. Kragen, Manschetten) hergestellt oder die Bekleidungsteile werden komplett gefertigt (z.B. Hemden), in der Regel in Verbindung mit Kleinbündeln.
Bei der **Fließfertigung** durchlaufen die in großer Zahl zu fertigenden, formgleichen Bekleidungsstücke eine Produktionsstraße (z.B. Blusen, Röcke). Die Arbeitsabläufe sind in einzelne Arbeitstakte zerlegt. An einem Arbeitsplatz werden immer die gleichen Arbeitsgänge ausgeführt. Der Grad der Arbeitsteilung ist bei der Fließfertigung am größten.

26 Viele Betriebe sehen in der Ausstattung mit automatisch arbeitenden Maschinen eine Möglichkeit für die Rationalisierung ihrer Fertigung.
Nennen Sie Vorteile, die sich aus der **Automatisierung** für einen Betrieb ergeben können.

- Der Einsatz teurer aber leistungsfähiger Maschinen und damit eine kostengünstigere Fertigung ist möglich.
- Spezielle Bearbeitungs- oder Behandlungsverfahren werden durch die Anschaffung einer teuren Spezialmaschine ermöglicht, z.B. eines Nähautomaten.
- Durch die Maschinenausstattung wird eine größere Qualität der gefertigten Teile erzielt.

27 Was versteht man unter einer Einzelunternehmung?

Eine **Einzelunternehmung** ist ein Gewerbebetrieb, dessen Eigenkapital von einer Person aufgebracht wird, die den Betrieb eigenverantwortlich führt und das geschäftliche Risiko allein trägt.

28 Welche Probleme bringt ein hoher Fixkostenanteil bei einem deutlichen Rückgang des Auslastungsgrads?
Zeigen Sie die Auswirkungen auf.

Durch den Rückgang der Auslastung eines Betriebes werden weniger Aufträge erledigt. Die fixen Kosten müssen auf eine geringere Zahl von Aufträgen verteilt werden. Damit steigen die Gesamtkosten für einen Auftrag.
Wenn die am Markt erzielten Erlöse diese Kosten nicht mehr decken, arbeitet der Betrieb mit Verlust.

29 Bei welchen Betrieben ist der Anteil der fixen Kosten besonders hoch?
Nennen Sie Beispiele.

Hohe fixe Kosten sind typisch für:

- Betriebe, die mit hohem Kapitaleinsatz arbeiten, z.B. hochautomatisierte Betriebe.
- Betriebe, die mit einem hohen Anteil an Fremdkapital finanziert sind.
- Betriebe, die in großem Umfang mit gemieteten oder geleasten Anlagen arbeiten.

30 Erklären Sie die wesentlichen Unterschiede zwischen einer Personengesellschaft und einer Kapitalgesellschaft.

Bei **Personengesellschaften** steht die persönliche Mitarbeit und die Haftung der Gesellschafter im Vordergrund. Es gibt wenigstens einen Gesellschafter, der voll haftet. Die Geschäftsführung wird in der Regel durch einen oder mehrere der Gesellschafter ausgeübt.

Bei **Kapitalgesellschaften** haften die Gesellschafter nur mit ihren Kapitaleinlagen, nicht mit ihrem Privatvermögen. Die Geschäftsführung wird bei Kapitalgesellschaften durch einen bestellten Geschäftsführer oder Vorstand ausgeübt.

31 Viele Betriebe haben in ihrem Firmennamen den Zusatz GmbH. Was bedeutet dies?

GmbH ist die Abkürzung für „Gesellschaft mit beschränkter Haftung" und bedeutet, dass der Betrieb die Unternehmens-Rechtsform einer GmbH besitzt.

Eine GmbH gehört einem oder mehreren Gesellschaftern, die mit Geldeinlagen am Stammkapital der GmbH beteiligt sind. Das Stammkapital einer GmbH beträgt mindestens 25000 €.

Die GmbH haftet mit ihrem Stammkapital. Die Gesellschafter haften nicht mit ihrem Privatvermögen.

32 Nennen Sie drei Gründe, eine Einzelunternehmung in eine GmbH umzuwandeln.

- Erweiterung der Eigenkapitalbasis durch die Aufnahme weiterer Gesellschafter
- Begrenzung des wirtschaftlichen Risikos auf das Stammkapital der GmbH
- Langfristige Bindung oder Beteiligung von wichtigen Mitarbeitern als Gesellschafter

33 Warum ist die Rechtsform der Aktiengesellschaft (AG) bei einem großen Betrieb mit hohem Kapitalbedarf die geeignete Gesellschaftform?

Der hohe Kapitalbedarf bei großen Betrieben, z.B. zur Anschaffung teurer Maschinen, kann häufig nicht von einem oder wenigen Gesellschaftern aufgebracht werden.

Bei der **Aktiengesellschaft** kann durch die Ausgabe von Aktien, die jedermann zeichnen kann, eine große Kapitalmenge beschafft werden.

Die Aktionäre nehmen über die Dividende und Kurssteigerungen der Aktien am Gewinn der AG teil. Bei Verlusten haften sie nur mit ihren Einlagen (Aktien) und nicht mit ihrem Privatvermögen.

Testfragen zur Volks- und Betriebswirtschaft[1]

T15 Welche Wirtschaftsordnung hat die Bundesrepublik Deutschland?

Ⓐ Zentralgelenkte Wirtschaft
Ⓑ Kapitalismus
Ⓒ Soziale Marktwirtschaft
Ⓓ Freie Kapitalwirtschaft
Ⓔ Sozialistische Planwirtschaft

T16 Welche Aussage trifft auf die Marktwirtschaft zu?

Ⓐ Die Betriebe produzieren nach einem staatlichen Plan die benötigten Waren und Produkte.

Ⓑ Die Regierung legt die Preise für die produzierten Waren und Aufträge fest.

Ⓒ Angebot und Nachfrage bestimmen, was produziert wird und welcher Preis verlangt wird.

Ⓓ Die Handwerkskammern und Industrie- und Handelskammern bestimmen, welche Waren produziert werden.

Ⓔ Das Wirtschaftsministerium legt die Menge der zu produzierenden Waren und ihre Preise fest.

[1] Lösungen der Testfragen Seite 287

T17 Welche Aussage über den Wettbewerb ist falsch?

Ⓐ Der Wettbewerb zwingt die Betriebe, ihre Angebote ständig an die Marktbedingungen anzupassen.

Ⓑ Um wettbewerbsfähig zu bleiben, müssen die Betriebe ständig rationalisieren.

Ⓒ Je mehr Betriebe sich um einen Auftrag bemühen, desto niedriger ist der erzielte Preis.

Ⓓ Um den Wettbewerb zu steigern, setzt der Staat die Preise fest.

Ⓔ Der Wettbewerb führt dazu, dass der preisgünstigste Betrieb den Auftrag erhält.

T18 Was bestimmt die Rentabilität eines Betriebes?

Ⓐ die Lohnkosten und der Ertrag
Ⓑ die Lohnquote
Ⓒ die Produktivität
Ⓓ der Gewinn und das eingesetzte Kapital
Ⓔ allein der wirtschaftliche Ertrag

T19 Welche Maßnahme eines Betriebes ist eine Investition?

Ⓐ Die Umwandlung des bisher als Einzelunternehmen geführten Betriebs in eine GmbH

Ⓑ Der Kauf einer automatischen Nähanlage

Ⓒ Das Einholen staatlicher Zuschüsse zu den Lohnkosten eines Betriebes

Ⓓ Die Rückgabe der von einem Betrieb erhaltenen Aufträge

Ⓔ Die Verlängerung der Arbeitszeit aufgrund der guten Auftragslage eines Betriebs

T20 Durch welche Maßnahmen könnte unter anderem die Arbeitsproduktivität eines Betriebs mit Fließfertigung gesteigert werden?

Ⓐ Durch Erhöhung der Belegschaftsmitglieder

Ⓑ Durch Verringerung der Geschwindigkeit des Fließbandes

Ⓒ Durch Einführung von Schichtarbeit.

Ⓓ Durch Verbesserung der Arbeitsbedingungen (z.B. bessere Beleuchtung, Belüftung, Geräuschdämpfung)

Ⓔ Durch Unterstützung durch ein weiteres Fließband

T21 Welche der genannten Maßnahmen eines Betriebes dient der Steigerung der Arbeitsproduktivität?

Ⓐ die Erhöhung der Arbeitszeit

Ⓑ eine Arbeitszeitverkürzung

Ⓒ die Neueinstellung von Mitarbeitern

Ⓓ die Anschaffung neuer Maschinen

Ⓔ die Minderung der Materialkosten

T22 Mit welcher Gleichung lässt sich die Produktivität *P* eines Unternehmens ermitteln?

Ⓐ $\text{Produktivität } P = \frac{\text{Wert der produzierten Teile}}{\text{Arbeitszeit}}$

Ⓑ $\text{Produktivität } P = \frac{\text{Gesamtaufwand des Betriebs}}{\text{Verkaufserlöse}}$

Ⓒ $\text{Produktivität } P = \frac{\text{Produktionsleistung}}{\text{Gesamtaufwand}}$

Ⓓ $\text{Produktivität } P = \frac{\text{Gewinn}}{\text{Arbeitszeit}}$

Ⓔ $\text{Produktivität } P = \frac{\text{Produktionsleistung}}{\text{Kapitaleinsatz}}$

T23 Ein Betrieb ist einem starken Preisdruck ausgesetzt.
Er kann seine Aufträge nur noch zu einem niedrigeren Preis hereinholen.
Welche Aussage zur Situation des Betriebs ist richtig?

Ⓐ Die Wirtschaftlichkeit des Betriebs steigt.

Ⓑ Die Rentabilität des Betriebs wird größer.

Ⓒ Die Produktivität des Betriebs sinkt.

Ⓓ Die Rentabilität des Betriebs wird geringer.

Ⓔ Die Rentabilität des Betriebs wird größer.

T24 Welcher Faktor hat keinen Einfluss auf die Fertigungskapazität eines Betriebs?

Ⓐ Die Leistungsfähigkeit der Maschinen

Ⓑ Die zeitliche Ausnutzung der Maschinen

Ⓒ Die Geschwindigkeit der Bauteilmontage

Ⓓ Die Leistungsfähigkeit der Mitarbeiter

Ⓔ Die Eigenkapitalausstattung

T25 Warum dürfen mehrere Betriebe bei einem Gebot für einen Auftrag keine Preisabsprachen treffen?

Ⓐ Die Zuordnung zu einem Betrieb muss sichergestellt sein.

Ⓑ Der Ruf des einzelnen Betriebs soll erhalten bleiben.

Ⓒ Es sollen keine Verwechslungen möglich sein.

Ⓓ Die freie Preisbildung soll gewährleistet sein.

Ⓔ Den Preis für die erbrachte Leistung muss einem Betrieb überwiesen werden können.

E

T26 Welcher Vorteil ist mit der Rechtsform der Einzelunternehmung für den Eigner eines Betriebs verbunden?

Ⓐ Für die Einzelunternehmung gilt das Betriebsverfassungsgesetz nicht.

Ⓑ Der Einzelunternehmer haftet für die Verbindlichkeiten nur mit dem Betriebsvermögen.

Ⓒ Einzelunternehmungen müssen keine Beiträge an die Handwerkskammer oder Industrie- und Handelskammer entrichten.

Ⓓ Der Einzelunternehmer kann frei und rasch entscheiden.

Ⓔ Bei einer Einzelunternehmung ist das Risiko für den Eigner geringer als bei einer Kapitalgesellschaft.

T27 Auf einem Firmenschild steht:

Michael Schröder GmbH

Welche Rechtsform hat dieser Betrieb?

Ⓐ Aktiengesellschaft

Ⓑ Kommanditgesellschaft

Ⓒ Einzelunternehmung

Ⓓ Genossenschaft mit beschränkter Haftung

Ⓔ Gesellschaft mit beschränkter Haftung

T28 Welche Unternehmensform eignet sich am besten für die Finanzierung einer neuen Produktionslinie mit großem Kapitalbedarf?

Ⓐ Genossenschaft

Ⓑ Aktiengesellschaft

Ⓒ Einzelunternehmung

Ⓓ Kommanditgesellschaft

Ⓔ GmbH

T29 Welche Aussage über die Gesellschaft mit beschränkter Haftung (GmbH) ist falsch?

Ⓐ Die GmbH ist eine Personengesellschaft.

Ⓑ Die GmbH ist eine Gesellschaft, deren Gesellschafter mit ihrer Stammeinlage am Stammkapital beteiligt sind, ohne persönlich für die Verbindlichkeiten der Gesellschaft zu haften.

Ⓒ Das Stammkapital einer GmbH muss mindestens 25 000 € betragen.

Ⓓ Die Gesellschafter haben Anspruch auf den Jahresüberschuss im Verhältnis ihrer Geschäftsanteile.

Ⓔ Die GmbH ist eine juristische Person.

3 Die Sozialpartner

1 Erläutern sie den Begriff Sozialpartner (bzw. Tarifpartner) und nennen Sie deren Aufgaben.

Als **Sozial- oder Tarifpartner** bezeichnet man die Tarifvertragsparteien.

Auf Arbeitnehmerseite sind es die Gewerkschaften und auf Arbeitgeberseite die Arbeitgeberverbände.

Sie schließen Tarifverträge ab, um die Beschäftigungsbedingungen festzulegen.

Wichtige Inhalte der Tarifverträge sind z.B. Arbeitsentgelte (Löhne und Gehälter), Arbeitszeiten, Urlaubsregelungen.

2 Welche Aufgaben übernehmen die Gewerkschaften im Rahmen der Interessenvertretung der Arbeitnehmer?
Nennen Sie Beispiele.

Aufgaben der **Gewerkschaften** sind z.B.:

- Verhandlung und Abschluss von Tarifverträgen, um die Arbeitnehmer am wirtschaftlichen Fortschritt teilnehmen zu lassen
- Verbesserung der Lohn- und Arbeitsbedingungen, z.B. Lohnfortzahlung bei Krankheit
- Beratung von Arbeitnehmern in arbeitsrechtlichen Fragen
- Durchführung von beruflichen und gewerkschaftlichen Fortbildungsmaßnahmen für Arbeitnehmer
- Vertretung der Arbeitnehmer in Ausschüssen und Aufsichtsratsgremien
- Abgabe von Stellungnahmen im Rahmen der Gesetzgebung

3 Welche erlaubten Kampfmittel haben die Gewerkschaften bzw. die Arbeitgeber in einem Arbeitskampf?

- Das Kampfmittel der organisierten Arbeitnehmer (unter Führung der Gewerkschaften) zum Erreichen arbeitsrechtlicher Ziele ist der **Streik**.
- Das Kampfmittel der Arbeitgeber gegen einen Streik ist die **Aussperrung.**

4 Welche Ziele verfolgen die Arbeitgeberverbände?
Nennen Sie Beispiele.

Die **Arbeitgeberverbände** verfolgen u.a. folgende Ziele:

- Die Flexibilisierung und Ausdehnung der Regelarbeitszeiten, um die Maschinenlaufzeiten zu erhöhen
- Den Abschluss von Tarifabschlüssen mit möglichst angemessenen Lohnkosten
- Die Senkung der Lohnnebenkosten, wie z.B. den Arbeitgeberanteil an der Kranken- und Rentenversicherung
- Die Verringerung der Unternehmenssteuern
- Die Kürzung der Lohnfortzahlung bei Krankheit
- Den Ausbau der betrieblichen Berufsausbildung und die teilweise Reduzierung der Ausbildung in der Berufsschule

5 Nennen Sie wichtige Aufgaben der Handwerkskammern (HK) sowie der Industrie- und Handelskammern (IHK) im Rahmen der Berufsausbildung.

- Die Handwerks- sowie Industrie- und Handelskammern überwachen die Berufsausbildung in den Betrieben.
- Sie nehmen die Abschlussprüfungen ab.
- Sie führen das Verzeichnis der Ausbildungsbetriebe.
- Sie entscheiden auf Antrag des Auszubildenden über die Verlängerung der Ausbildungszeit, wenn dies zum Erreichen des Ausbildungsziels erforderlich ist.
- Sie fördern die Berufsausbildung durch Beratung der Auszubildenden und der ausbildenden Betriebe.

6 Durch welche Einrichtung erhalten die Arbeitnehmer in einem Betrieb ein Mitspracherecht?

Die gemeinsame Vertretung der Arbeitnehmer gegenüber der Betriebsleitung ist der **Betriebsrat**.

Über den Betriebsrat erhalten die Arbeitnehmer in sie betreffenden Fragen ein Mitspracherecht.

Testfragen zu Sozialpartner[1]

T30 Welche der folgenden Aussagen entspricht einer Forderungen der Gewerkschaften?

Ⓐ Längere Arbeitszeiten
Ⓑ Größere Arbeitsplatzsicherheit
Ⓒ Höheres Renteneintrittsalter
Ⓓ Einschränkung der Mitbestimmung
Ⓔ Mehr Samstagsarbeit

T31 Welcher Vorteil ist mit der Mitgliedschaft in einer Gewerkschaft verbunden?

Ⓐ Besserer Kündigungsschutz
Ⓑ Längerer Urlaub
Ⓒ Geringerer Krankenkassenbeitrag
Ⓓ Anspruch auf übertarifliche Entlohnung
Ⓔ Rechtsschutz bei arbeitsrechtlichen Auseinandersetzungen mit dem Arbeitgeber

T32 Was ist die wichtigste Finanzquelle der Gewerkschaften?

Ⓐ Beiträge von der Bundesagentur für Arbeit
Ⓑ Beiträge der Gewerkschaftsmitglieder
Ⓒ Einkünfte aus Betriebsbeteiligungen
Ⓓ Abgaben von Betriebsratsmitgliedern
Ⓔ Zuschüsse aus dem Bundeshaushalt

T33 Welche Aufgaben können nicht vom Deutschen Gewerkschaftsbund (Dachverband der Einzelgewerkschaften) wahrgenommen werden?

Ⓐ Einflussnahme auf das Gesetzgebungsverfahren im Bereich des Arbeitsrechts
Ⓑ Abschluss von Tarifverträgen
Ⓒ Vertretung gesamtgewerkschaftlicher Interessen
Ⓓ Aus- und Fortbildung von Gewerkschaftsmitgliedern
Ⓔ Abstimmung der Aktionen der Einzelgewerkschaften

[1] Lösungen der Testfragen Seite 287

T34 Frau Muster ist als Modeschneiderin in einem Bekleidungsbetrieb beschäftigt. Welcher Gewerkschaft könnte sie beitreten?

Ⓐ Jeder beliebigen Einzelgewerkschaft
Ⓑ Dem Deutschen Gewerkschaftsbund
Ⓒ Der Industriegewerkschaft Chemie, Papier, Keramik
Ⓓ Der Gewerkschaft Holz und Kunststoff
Ⓔ Der Industriegewerkschaft Metall

T35 Bei welcher Organisation der Betriebe gibt es eine Zwangsmitgliedschaft?

Ⓐ Bundesvereinigung der Deutschen Arbeitgeberverbände
Ⓑ Handwerkskammern sowie Industrie- und Handelskammern
Ⓒ Bundesverband der Deutschen Industrie
Ⓓ Deutscher Stahlbauverband
Ⓔ Deutsches Institut für Normung

T36 Welche der folgenden Aufgaben gehört nicht zum Zuständigkeitsbereich von Arbeitgeber- und Arbeitnehmerorganisationen?

Ⓐ Beratung der Mitglieder in Arbeitsrechtsfragen
Ⓑ Abschluss von Tarifverträgen
Ⓒ Einflussnahme bei der sozialpolitischen Gesetzgebung
Ⓓ Vertretung der Mitglieder bei Streitfällen vor Arbeits- und Sozialgerichten
Ⓔ Auswahl der hauptamtlichen Richter an Arbeitsgerichten

T37 Welche Forderung könnte von den Arbeitgeberverbänden aufgestellt sein?

Ⓐ Ausbau der betrieblichen Mitbestimmung

Ⓑ Kopplung der Löhne an die Leistungsfähigkeit der Betriebe

Ⓒ Abbau der Subventionen für Betriebe, die Schwerbehinderte beschäftigen

Ⓓ Verkürzung der Arbeitszeit bei vollem Lohnausgleich

Ⓔ Verlängerung der Ausbildungszeit von Auszubildenden

T38 Welches Ziel stimmt mit den Interessen der Arbeitgeber überein?

Ⓐ Abschaffung der Gewerbesteuer

Ⓑ Beibehaltung des Verbots der regelmäßigen Sonn- und Feiertagsarbeit

Ⓒ Erhöhung der Löhne

Ⓓ Verbot der Aussperrung

Ⓔ Erhöhung der Lohnnebenkosten

T39 Was ist nicht die Aufgabe der Handwerkskammern und Industrie- und Handelskammern?

Ⓐ Förderung der gewerblichen Wirtschaft

Ⓑ Unterstützung von Behörden durch Gutachten

Ⓒ Beratung bei Existenzgründungen

Ⓓ Finanzielle Unterstützung von bestreikten Betrieben

Ⓔ Durchführung der Gesellen- und Facharbeiterprüfung

T40 Welche Aussage über die Handwerkskammern ist richtig?

Ⓐ Sie wirken bei Tarifverhandlungen mit.

Ⓑ Sie vertreten die Interessen der Handwerksbetriebe.

Ⓒ Sie schreiben den Berufsschulen die Lerninhalte der Handwerksberufe vor.

Ⓓ Sie nehmen die sozialen Interessen ihrer Mitglieder wahr.

Ⓔ Sie vertreten die Mitarbeiter der Betriebe bei arbeitsrechtlichen Streitfällen.

T41 Wer finanziert die Kosten der Handwerkskammern?

Ⓐ das Bundeswirtschaftsministerium

Ⓑ der Arbeitgeberverband

Ⓒ Arbeitnehmer und Arbeitgeber gemeinsam durch Beiträge

Ⓓ die Handwerksbetriebe des jeweiligen Kammerbezirks

Ⓔ die Industrie- und Handelsunternehmen des jeweiligen Bezirks

T42 Das Berufsbildungsgesetz schreibt die Bildung eines Berufsbildungsausschusses vor, der in allen wichtigen Angelegenheiten der beruflichen Bildung zu unterrichten und zu hören ist.
Wer besetzt diesen Ausschuss?

Ⓐ der Arbeitgeberverband

Ⓑ die Handwerkskammer und Industrie- und Handelskammer

Ⓒ die Bundesanstalt für Arbeit

Ⓓ die Gewerkschaften und Vertreter der Berufsschule

Ⓔ die Berufsschule

E

4 Arbeits- und Tarifrecht

1 Im Arbeitsvertrag wird das Rechtsverhältnis zwischen Arbeitgeber und Arbeitnehmer geregelt.
Nennen Sie wichtige Punkte, die in einem **Arbeitsvertrag** festgeschrieben werden sollten.

- Beginn und Dauer des Arbeitsverhältnisses
- Dauer der Probezeit
- Art und Höhe der Entlohnung
- Bezeichnung der Tätigkeit und Beschreibung des Aufgabengebietes
- Benennung des regelmäßigen Beschäftigungsortes

2 Die Bedeutung des Tarifvertrages für die betriebliche Praxis zeigt sich darin, dass rund 90 % sämtlicher Arbeitsverhältnisse durch Tarifverträge geregelt werden.
Welche drei wesentlichen Funktionen soll der **Tarifvertrag** erfüllen?

- Schutzfunktion:
  Der Tarifvertrag soll den Arbeitnehmer davor schützen, dass der wirtschaftlich stärkere Arbeitgeber sich bei der Festlegung der Arbeitsbedingungen einseitig durchsetzt.
- Ordnungsfunktion:
  Die Tarifverträge führen zu einer Vereinheitlichung und Überschaubarkeit der Personalkosten für alle Betriebe einer Branche.
- Friedensfunktion:
  Während der Laufzeit des Tarifvertrags sind Arbeitskämpfe unzulässig.

3 Nur die Arbeitnehmer, die Mitglied der tarifvertragschließenden Gewerkschaft sind, haben einen unmittelbaren Anspruch auf den vereinbarten Tariflohn. Warum zahlen die Arbeitgeber in der Regel auch den nicht gewerkschaftlich organisierten Arbeitnehmern den Tariflohn?
Begründen Sie Ihre Aussage.

Wenn die nicht organisierten Arbeitnehmer nicht den Tariflohn bekämen, würden sie in die Gewerkschaft eintreten.

Dadurch würde sich der Organisationsgrad der Arbeitnehmerschaft stark erhöhen und die Position der Gewerkschaft bei einem Arbeitskampf stärken.

Da dies die Arbeitgeber nicht wollen, zahlen sie auch den nicht gewerkschaftlich organisierten Arbeitnehmern den mit den Gewerkschaften vereinbarten Tariflohn.

4 Gesetzt den Fall:
Der Bundeswirtschaftsminister sieht in einer bestimmten wirtschaftlichen Situation bei einem anstehenden Tarifabschluss über der Preissteigerungsrate eine Gefahr für die Beschäftigung.

Kann er den Tarifparteien die höchstzulässige Lohnerhöhung vorschreiben?

Begründen Sie Ihre Auffassung.

Der Wirtschaftsminister kann eine politische und wirtschaftliche Meinung äußern.

Er darf aber nicht in die Tarifautonomie der Sozialpartner eingreifen und Vorschriften machen.

Es gehört zum verfassungsrechtlichen Betätigungsrecht der Tarifparteien, die Arbeits- und Wirtschaftsbedingungen durch den Abschluss von Tarifverträgen zu regeln.

5 Es gibt mehrere Arten von Tarifverträgen, z.B. den Lohn- und Gehaltstarifvertrag sowie den Manteltarifvertrag.

Erläutern Sie den Unterschied.

Der **Lohn- und Gehaltstarifvertrag** regelt vorwiegend die Bedingungen der Entlohnung der Arbeit, z.B. den Stundenlohn, den Monatslohn, die Ausbildungsvergütung.

Er hat meist eine Laufzeit von 1 bis 2 Jahren.

Im **Manteltarifvertrag** sind die allgemeinen Arbeitsbedingungen festgelegt, z.B. die Anzahl der wöchentlichen Arbeitsstunden, die Anzahl der Urlaubstage, die Höhe des Weihnachts- und Urlaubsgeldes, Zuschläge für Nacht- und Sonntagsarbeit.

Der Manteltarifvertrag hat meist eine Laufzeit von mehreren Jahren oder eine unbestimmte Laufzeit.

6 Wird bei Tarifverhandlungen keine Einigung erzielt, kann ein Schlichtungsverfahren eingeleitet werden.

Beschreiben Sie diese Maßnahme in der Tarifauseinandersetzung

Für das **Schlichtungsverfahren** bestimmen die Gewerkschaften und die Arbeitgeberverbände eine jeweils gleiche Anzahl von Beratern und benennen einen unparteiischen Schlichter. Dieser unterbreitet nach ausführlichen Gesprächen beiden Tarifparteien einen Kompromissvorschlag. Wird dieser von einer Tarifpartei nicht akzeptiert, werden die Tarifverhandlungen als gescheitert erklärt. Zur Durchsetzung der Forderungen stehen jetzt noch Kampfmaßnahmen (Streik und Aussperrung) zur Verfügung.

7 Eine Facharbeiterin arbeitet in einem Bekleidungsbetrieb und will ihr Einkommen durch eine geringfügige Nebenbeschäftigung bei einer Hausverwaltung verbessern.

Ist dies zulässig und wenn ja, begründen Sie Ihre Meinung.

Die geringfügige **Nebentätigkeit** ist zulässig.

Mit der Nebenbeschäftigung wird das Arbeitsverhältnis mit dem Arbeitgeber nicht gestört und dem Arbeitgeber keine unlautere Konkurrenz gemacht.

Bedingung ist jedoch, dass die Pflichten aus dem Arbeitsverhältnis ordnungsgemäß erfüllt werden.

8 Ein Betrieb bietet seinen Beschäftigten eine Arbeitsplatzgarantie an, wenn sie sich mit einem Jahresurlaub von 18 Werktagen begnügen.

Ist dies zulässig?

Begründen Sie Ihre Meinung.

Das Angebot ist arbeitsrechtlich unzulässig.

Nach § 3 des Bundesurlaubsgesetzes beträgt der jährliche Mindesturlaub 24 Werktage.

Eine vertragliche Festlegung, die gegen das Gesetz verstößt, ist deshalb nicht zulässig.

(Als Werktage gelten alle Kalendertage, die nicht Sonn- oder gesetzliche Feiertage sind.)

9 Ein Arbeitnehmer hat im September bereits seinen ganzen Jahresurlaub genommen und wechselt zum 1. Oktober seinen Arbeitgeber.

Steht ihm für die letzten drei Monate des Kalenderjahres beim neuen Arbeitgeber noch Urlaub zu?

Ein Anspruch auf Urlaub besteht nicht, wenn dem Arbeitnehmer für das laufende Kalenderjahr bereits der volle Urlaub von einem früheren Arbeitgeber gewährt worden ist.

Zum Nachweis eines noch vorhandenen Urlaubsanspruches ist vom Arbeitnehmer eine Bestätigung des früheren Arbeitgebers vorzulegen.

10 Ein Arbeitnehmer erkrankt während seines Urlaubs schwer und muss ärztliche Hilfe in Anspruch nehmen. Nach Rückkehr von seinem Urlaub weist er dies durch ein ärztliches Attest mit Angabe der Krankheitstage nach.

Werden die Krankheitstage auf seinen Jahresurlaub angerechnet?

Begründen Sie Ihre Aussage.

Nach § 9 Bundesurlaubsgesetz werden durch ärztliches Zeugnis nachgewiesene Krankheitstage nicht auf den Jahresurlaub angerechnet. Der Zeitpunkt für den restlichen Jahresurlaub ist mit dem Arbeitgeber zu vereinbaren.

11 Neben dem Zeitlohn gibt es die Entlohnung im Akkord. Nennen Sie jeweils Argumente, die für bzw. gegen eine Entlohnung im Akkord sprechen.

Vorteile des Akkordlohnes:

- Leistungsanreiz durch Lohnsteigerung bei höherem Arbeitstempo
- Lohnkosten pro gefertigtem Teil sind vom Betrieb genau kalkulierbar.

Nachteile des Akkordlohnes:

- Gefahr der Überforderung der Arbeitnehmer
- Gefahr der Qualitätsminderung durch Zeitdruck
- Größerer Aufwand für die Kalkulation der Vorgabezeiten

12 Welchen Urlaubsanspruch haben Jugendliche?

Jugendliche Arbeitnehmer, die zu Beginn des Kalenderjahres ...

- noch nicht 16 Jahre alt sind, haben Anspruch auf 30 Werktage Urlaub. (6 Werktage = 1 Woche)
- noch nicht 17 Jahre alt sind, haben Anspruch auf 27 Werktage Urlaub.
- noch nicht 18 Jahre alt sind, haben Anspruch auf 25 Werktage Urlaub.

Der Urlaub sollte zusammenhängend und möglichst in der Zeit der Berufsschulferien gegeben werden.

13 Welche Möglichkeiten hat ein Arbeitnehmer, sich gegen eine ungerechtfertigte Kündigung zu wehren?

- Er kann beim Arbeitgeber oder beim Betriebsrat binnen einer Woche Einspruch einlegen.
- Er kann beim Arbeitsgericht binnen drei Wochen Klage gegen die Kündigung erheben.

14 Die im Arbeitsvertrag vereinbarte Vergütung ist der Bruttoarbeitslohn. Wodurch unterscheidet er sich vom Nettolohn?

Vom Bruttoarbeitslohn wird ein Teil vom Arbeitgeber eingehalten und an die entsprechenden Einrichtungen abgeführt:

- Der Arbeitnehmeranteil zur Kranken- und Pflegeversicherung
- Der Arbeitnehmeranteil zur gesetzlichen Rentenversicherung
- Der Arbeitnehmeranteil der Arbeitslosenversicherung
- Die Lohnsteuer, der Solidaritätszuschlag
- Bei Zugehörigkeit zur katholischen oder evangelischen Kirche die Kirchensteuer

Der Bruttolohn minus aller Abzüge ist der Nettolohn. Er wird ausbezahlt.

15 Welche Personen werden vom Jugendarbeitsschutzgesetz (JArbSchG) als Kinder und welche als Jugendliche bezeichnet?

- Kinder sind nach dem JArbSchG Personen, die noch nicht 14 Jahre alt sind.
- Als Jugendliche werden nach dem JarbSchG alle Personen im Alter von 14 bis 17 Jahren bezeichnet.

16 Was versteht man unter Lohnnebenkosten? Geben Sie verschiedene Lohnnebenkosten an.

Lohnnebenkosten sind die vom Betrieb zu tragenden gesetzlichen, tariflichen und betrieblichen Sozialleistungen.

Lohnnebenkosten sind z.B. die Arbeitgeberanteile zur Sozialversicherung, Lohnfortzahlung im Krankheitsfall, bezahlte Feier- und Urlaubstage, Mutterschutz, Sonderzahlungen wie z.B. Urlaubs-, Weihnachtsgeld, vermögenswirksame Leistungen.

17 Erklären Sie den Begriff „technischer Arbeitsschutz" und zeigen Sie an Beispielen die Schwerpunkte des geforderten Schutzes auf.

Der **technische Arbeitsschutz** soll die Arbeitnehmer vor gesundheitlichen Gefährdungen durch gefährliche Maschinen und Arbeitsstoffe sowie durch eine überzogene Arbeitsbelastung schützen.

Beispiele für den technischen Arbeitsschutz sind:

- Schutz vor Verletzungen durch Befolgen der Unfallverhütungsvorschriften
- Schutz vor Erkrankungen beim Umgang mit gefährlichen Arbeitsstoffen durch Beachten der Schutzmaßnahmen
- Schutz vor körperlichen Schäden wegen zu starker körperlicher Belastung z.B. durch Anheben schwerer Lasten. Dies kann durch Einsatz von Hilfsmitteln vermieden werden.

18 Welche Ruhepausen müssen einem jugendlichen Arbeitnehmer gewährt werden?

- Bei einer Arbeitszeit von $4^1/_2$ Sunden bis 6 Stunden: 30 Minuten Ruhepause
- Bei mehr als 6 Stunden Arbeitszeit: 60 Minuten Ruhepause

19 Welche Behörde überwacht die ordnungsgemäße Anwendung und Ausführung des Jugendarbeitsschutzgesetzes und der Arbeitszeitverordnung?

Das Gewerbeaufsichtsamt.

20 Wie ist die Arbeitszeit für Jugendliche geregelt?

- Die tägliche Arbeitszeit ohne Ruhepause darf 8 Stunden nicht überschreiten.
- Die Wochenarbeitszeit darf 40 Stunden nicht überschreiten.
- Die Unterrichtszeit in der Berufsschule zählt als Arbeitszeit.
- In der Regel sollten Jugendliche nicht an Samstagen beschäftigt werden. (Ausnahmen: Gaststätten, Hotels, Bäckereien, Friseure, Verkehrsbetriebe).

21 Die Eingliederung der Schwerbehinderten in das Arbeitsleben regelt das **Schwerbehindertengesetz.** Welche wesentlichen Elemente enthält dieses Gesetz?

- Betriebe mit mehr als 16 Arbeitskräften müssen Schwerbehinderte beschäftigen. Ersatzweise ist eine Ausgleichszahlung zu entrichten.
- Die Schwerbehinderten sind gemäß ihren Fähigkeiten zu beschäftigen.
- Die Betriebsmittel sind so einzurichten, dass der Schwerbehinderte seine Arbeit unter zumutbaren Bedingungen ausführen kann.
- Schwerbehinderte haben Anspruch auf einen zusätzlichen bezahlten Urlaub von 5 Arbeitstagen im Jahr.

22 In welchen Fällen ist eine **außerordentliche Kündigung** (fristlose Kündigung) möglich?

Sie ist bei schwerem persönlichen Fehlverhalten möglich, wie z.B. Arbeitsverweigerung, unentschuldigtes Fernbleiben von der Arbeit, Tätlichkeiten, Diebstahl, Unterschlagung und schwere Beleidigungen am Arbeitsplatz, Schwarzarbeit nach Feierabend und am Wochenende, grob betriebsschädigendes Verhalten.

23 Welche Personenkreise genießen einen besonderen Kündigungsschutz?

Einen besonderen **Kündigungsschutz** haben:

- Auszubildende
  (Das Ausbildungsverhältnis ist vom ausbildenden Betrieb nur bei schwerwiegenden Gründen kündbar)
- Schwerbehinderte
- Wehrdienstleistende
- Betriebsratmitglieder
- Werdende Mütter in der Schwangerschaft und Mütter während 4 Monaten nach der Entbindung und während des Erziehungsurlaubs.

Testfragen zu Arbeits- und Tarifrecht[1]

T43 Wer kann Tarifverträge abschließen?

Ⓐ Der Deutsche Gewerkschaftsbund mit der Bundesagentur für Arbeit.

Ⓑ Der Bundesminister für Arbeit und Sozialordnung mit dem Arbeitgeberverband.

Ⓒ Der einzelne Arbeitnehmer mit dem Betriebsinhaber.

Ⓓ Die Handwerkskammer oder Industrie- und Handelskammer mit dem Sozialamt.

Ⓔ Die Einzelgewerkschaft mit dem zuständigen Arbeitgeberverband.

T44 Welche Aussage über den Streik bei einer Tarifauseinandersetzung ist richtig?

Ⓐ Für die Dauer des Streiks zahlt die Gewerkschaft allen Arbeitnehmern ein Streikgeld.

Ⓑ Für die Dauer des Streiks erhalten die streikenden Arbeitnehmer vom Arbeitsamt eine Unterstützung.

Ⓒ Die Lohnzahlungspflicht des Arbeitgebers besteht für die Dauer des Streiks.

Ⓓ Für die Dauer des Streiks zahlt die Gewerkschaft ihren Mitgliedern Streikgeld.

Ⓔ Bei einem Streik erhalten die Arbeitnehmer keine finanzielle Unterstützung.

T45 Wie ist in einem Tarifvertrag die Arbeitszeit geregelt?

Ⓐ Der Beginn und das Ende der täglichen Arbeitszeit sind festgelegt.

Ⓑ Der Beginn der täglichen Arbeitszeit ist festgelegt, das Ende ist offen gelassen.

Ⓒ Die Gesamtheit der wöchentliche Arbeitszeit ist festgelegt.

Ⓓ Die Gesamtheit der jährlichen Arbeitsstunden ist festgelegt.

Ⓔ Die Arbeitszeit kann vom Arbeitgeber beliebig festgelegt werden.

[1] Testfragen, Lösungen Seite 287

E

T46 Welche Aussage stimmt mit dem Tarifvertragsgesetz überein?

Ⓐ Tarifverträge bedürfen keiner Schriftform.

Ⓑ Tarifverträge gelten bundesweit für alle Betriebe.

Ⓒ Tarifvertragsparteien sind die Arbeitgeber und das Arbeitsministerium.

Ⓓ Tarifvertragliche Öffnungsklauseln erlauben Abweichungen vom Tarifvertrag in wirtschaftlich schwierigen Zeiten.

Ⓔ Tarifverträge müssen vom Arbeitsministerium geprüft und für gültig erklärt werden.

T47 Was versteht man unter einem Arbeitsvertrag, der auf unbestimmte Zeit abgeschlossen wird?

Es ist ein Arbeitsverhältnis,

Ⓐ das so lange fortbesteht, bis ein Vertragspartner kündigt.

Ⓑ das bis zur Pensionierung fortgesetzt werden muss.

Ⓒ das nur durch fristlose Kündigung beendet werden kann.

Ⓓ das überhaupt nicht gekündigt werden kann.

Ⓔ das länger als ein Jahr dauern muss.

T48 Eine Modeschneiderin bewirbt sich bei einem neuen Arbeitgeber. Der Arbeitnehmer muss gegenüber dem Arbeitgeber alle Umstände wahrheitsgemäß darlegen, die für die Erfüllung der arbeitsvertraglichen Leistungsverpflichtung wesentlich sind. Welche Frage des Arbeitgebers gehört nicht dazu und ist deshalb nicht gestattet?

Nicht gestattet ist eine Frage nach …

Ⓐ der Gewerkschaftszugehörigkeit.

Ⓑ einer Körperbehinderung, wenn sie eine Beeinträchtigung der Eignung des Bewerbers für die vorgesehene Tätigkeit wäre.

Ⓒ Berufserfahrungen und Zeugnissen darüber.

Ⓓ dem letzten Monatseinkommen.

Ⓔ dem Familienstand.

T49 Ein Auszubildender will prüfen, ob die in seinem Ausbildungsvertrag vereinbarte Vergütung der garantierten Mindesthöhe entspricht.
Wo kann er dies nachsehen?

Ⓐ in der Handwerksordnung

Ⓑ im Tarifvertrag

Ⓒ in der Lohnsteuertabelle

Ⓓ im bürgerlichen Gesetzbuch

Ⓔ in der Innungssatzung

T50 Was versteht man im Arbeitsrecht unter Friedenspflicht?

Ⓐ Die Arbeitnehmer sind angehalten, an Friedensdemonstrationen teilzunehmen.

Ⓑ Nach dem Streik müssen alle Arbeitnehmer wieder beschäftigt werden.

Ⓒ Arbeitswillige Arbeitnehmer sollten den Arbeitsfrieden wieder herstellen.

Ⓓ Bei einem Streik darf niemand am Betreten des Betriebes gehindert werden.

Ⓔ Während der Laufzeit des Tarifvertrags dürfen keine Arbeitskampfmaßnahmen ergriffen werden.

T51 Welche der Aussagen zu den Pflichten eines Arbeitnehmers stimmt nicht?

Ⓐ Er muss die Arbeitspflicht höchstpersönlich erfüllen.

Ⓑ Er muss die vereinbarte Arbeitszeit einhalten.

Ⓒ Er muss bei Erkrankung einen Ersatzmann schicken.

Ⓓ Er darf nicht über geschäftliche Belange des Arbeitgebers berichten, wenn dadurch dessen Interessen nachteilig betroffen werden.

Ⓔ Er ist in dringenden Fällen verpflichtet, über den Rahmen seiner arbeitsvertraglichen Wochenstundenzahl hinaus zu arbeiten.

T52 Gewerkschaften und Arbeitgeber verfolgen im allgemeinen unterschiedliche Interessen.

Welches Anliegen liegt in beiderseitigem Interesse?

Ⓐ Arbeitszeitverkürzung bei vollem Lohnausgleich

Ⓑ Verkürzung der Berufsschulzeiten

Ⓒ Verringerung der Arbeitslosigkeit

Ⓓ Mehr Mitbestimmungsrechte für den Betriebsrat

Ⓔ Verringerung der wöchentlichen Arbeitszeit

T53 Was muss der Betrieb bei der Lohnabrechnung des Arbeitnehmers einbehalten und an die entsprechenden Einrichtungen abführen?

Ⓐ Lohnsteuer und Arbeitgeberanteil zur Krankenversicherung

Ⓑ Lohnsteuer und Beiträge zur privaten Haftpflichtversicherung

Ⓒ Lohnsteuer und Arbeitnehmeranteil zur Rentenversicherung

Ⓓ Lohnsteuer und Kindergeld

Ⓔ Lohnsteuer und Beitrag zur gesetzlichen Unfallversicherung

T54 Was gehört nicht zu den Lohnnebenkosten?

Ⓐ Beiträge zur Krankenversicherung

Ⓑ Lohnsteuer

Ⓒ Urlaubsgeld

Ⓓ Arbeitgeberanteil zur Arbeitslosenversicherung

Ⓔ Kosten für die Lohnfortzahlung im Krankheitsfall

T55 Welche Feststellung über Zeitlohn trifft zu?

Ⓐ Der Zeitlohn bietet dem Betrieb eine genauere Kalkulationsgrundlage bei der Berechnung der Stückkosten.

Ⓑ Der Zeitlohn erfordert eine umfangreichere Lohnbuchhaltung.

Ⓒ Durch den Zeitdruck beim Zeitlohnkann die Qualität der Arbeit leiden.

Ⓓ Der Betrieb ist durch den Zeitlohn vom Arbeitswillen des Einzelnen stark abhängig.

Ⓔ Bei Zeitlohn können die Qualitätskontrollen entfallen.

T56 Welche der nachfolgenden Aussagen über den Akkordlohn ist richtig?

Ⓐ Er berücksichtigt mehr als der Zeitlohn das Leistungsprinzip.

Ⓑ Die Lohnberechnung ist einfacher als beim Zeitlohn.

Ⓒ Der Akkordlohn ist von der Leistung des Arbeitnehmers unabhängig.

Ⓓ Dem Arbeitnehmer fehlt beim Akkord lohn der Anreiz zur Steigerung des Arbeitstempos.

Ⓔ Dem Arbeitnehmer ist ein festes Einkommen gesichert.

T57 Bis zu welchem Lebensalter schützt den Jugendlichen das Jugendarbeitsschutzgesetz?

Bis zur Vollendung des ...

Ⓐ 15. Lebensjahres

Ⓑ 16. Lebensjahres

Ⓒ 17. Lebensjahres

Ⓓ 21. Lebensjahres

Ⓔ 24. Lebensjahres

T58 Wie lange darf die tägliche Arbeitszeit für Jugendliche im Durchschnitt höchstens sein?

Ⓐ 6 Stunden

Ⓑ 7,5 Stunden

Ⓒ 8 Stunden

Ⓓ 9 Stunden

Ⓔ 10 Stunden

T59 Jugendliche Arbeitnehmer haben Anspruch auf eine im voraus feststehende Ruhepause.
Wie lange muss eine Arbeitsunterbrechung mindestens sein, um als Ruhepause zu gelten?

Ⓐ 5 Minuten
Ⓑ 10 Minuten
Ⓒ 15 Minuten
Ⓓ 30 Minuten
Ⓔ 45 Minuten

T60 Welche der genannten Personen wird nicht durch das Jugendarbeitsschutzgesetz geschützt?

Ⓐ Ein 19-jähriger Auszubildender eines Handwerksbetriebes
Ⓑ Eine 16-jährige Heimarbeiterin
Ⓒ Ein 16-jähriger Auszubildender in der Niederlassung einer ausländischen Firma
Ⓓ Ein 17-jähriger Schüler bei einem Berufspraktikum
Ⓔ Ein 17-jähriger Teilnehmer an einem überbetrieblichen Ausbildungslehrgang

T61 Das Jugendarbeitsschutzgesetz regelt den Mindesturlaubsanspruch jugendlicher Arbeitnehmer.

Welche Aussage ist richtig?

Der Urlaub beträgt jährlich mindestens ...

Ⓐ 30 Werktage, wenn der Jugendliche zu Beginn des Kalenderjahres noch nicht 18 Jahre alt ist.
Ⓑ 27 Werktage, wenn der Jugendliche zu Beginn des Kalenderjahres noch nicht 16 Jahre alt ist.
Ⓒ 30 Werktage, wenn der Jugendliche zu Beginn des Kalenderjahres noch nicht 16 Jahre alt ist.
Ⓓ 24 Werktage, wenn der Jugendliche zu Beginn des Kalenderjahres noch nicht 18 Jahre alt ist.
Ⓔ 25 Werktage, wenn der Jugendliche zu Beginn des Kalenderjahres noch nicht 17 Jahre alt ist.

T62 Welche Behörde übt die Aufsicht über die Anwendung und Ausführung des Jugendarbeitsschutzgesetzes aus?

Ⓐ Das Arbeitsamt
Ⓑ Die Industrie- und Handelskammer
Ⓒ Die Berufsgenossenschaft
Ⓓ Das Gewerbeaufsichtsamt
Ⓔ Das Jugendamt

T63 Welche Zeit für Ruhepausen müssen einem 27-jährigen Arbeitnehmer bei einer regelmäßigen täglichen Arbeitszeit von 7,5 Stunden gewährt werden?

Ⓐ Eine Pause von 45 Minuten
Ⓑ Drei Pausen von 15 Minuten
Ⓒ Eine Pause von 30 Minuten oder zwei Pausen von 15 Minuten
Ⓓ Zwei Pausen von 30 Minuten
Ⓔ Eine Pause von 60 Minuten

T64 Welche Aussage stimmt nicht mit dem Schwerbehindertengesetz überein?

Ⓐ Jeder Betrieb mit mindestens 16 Arbeitsplätzen muss Schwerbehinderte einstellen oder eine Ausgleichsabgabe leisten.
Ⓑ Der Betrieb hat Schwerbehinderte so zu beschäftigen, dass ihre Fähigkeiten voll verwertet und entwickelt werden.
Ⓒ Betriebe sind verpflichtet, Schwerbehindertenarbeitsplätze mit erforderlichen technischen Arbeitshilfen auszustatten.
Ⓓ Arbeitgeber haben Schwerbehinderten zusätzlichen bezahlten Urlaub von einer Woche im Jahr zu gewähren.
Ⓔ Jeder behinderte Arbeitnehmer hat einen persönlichen Einstellungsanspruch.

T65 In welchem Fall ist das Arbeitsgericht zuständig?

Bei Streitigkeiten ...

Ⓐ eines Arbeitslosengeldempfängers mit der Bundesagentur für Arbeit.
Ⓑ über die Kostenübernahme bei einem Unfall auf dem Weg zur Arbeit.
Ⓒ mit dem Finanzamt über die Anerkennung von Werbungskosten.
Ⓓ wegen der Kündigung eines Arbeitsverhältnisses.
Ⓔ mit der Krankenkasse über Selbstkostenbeteiligung bei Zahnarztrechnung.

5 Betriebliche Mitbestimmung

1 Der Betriebsrat kann einer ordentlichen Kündigung eines Arbeitnehmers widersprechen, wenn bestimmte Gründe vorliegen. Nennen Sie solche Gründe.

Der **Betriebsrat** kann der Kündigung widersprechen,

- wenn der Arbeitgeber bei der Auswahl des zu kündigenden Arbeitnehmers soziale Gründe nicht ausreichend berücksichtigt hat.
- wenn der Arbeitnehmer an einem anderen Arbeitsplatz im selben Betrieb weiterbeschäftigt werden könnte.
- wenn eine Weiterbeschäftigung des Arbeitnehmers nach einer zumutbaren Umschulungs- oder Fortbildungsmaßnahme im Betrieb möglich ist.

2 In einem kleinen Handwerksbetrieb sind neben dem Chef und seiner Ehefrau noch weitere vier Personen voll beschäftigt.
Kann in diesem Betrieb ein Betriebsrat eingerichtet werden?
Begründen Sie ihre Aussage mit der Rechtslage.

Ein Betriebsrat kann in Betrieben erst ab mindestens fünf ständig wahlberechtigten Arbeitnehmern eingerichtet werden.

In dem oben genannten Betrieb wird diese Zahl nicht erreicht, weil der Chef und dessen Ehefrau nicht als Arbeitnehmer gelten (§ 5 Betriebsverfassungsgesetz).

3 In einem größeren Betrieb sind 5 jugendliche Auszubildende und 3 weitere jugendliche Arbeitnehmer beschäftigt.

Welchen Einfluss können die Jugendlichen auf das Betriebsgeschehen nehmen?

Die jugendlichen Arbeitnehmer können eine **Jugend- und Auszubildendenvertretung** wählen.

Diese Vertretung kann Anliegen in Jugendfragen beim Betriebsrat vorbringen, die dieser in den Betriebsausschuss einbringt und gegenüber der Betriebsleitung durchzusetzen versucht.

4 Der Personalchef einer Firma mit 60 Mitarbeitern (und einem gewählten Betriebsrat) möchte die tägliche Arbeitszeit von 6.00 h bis 14.30 h in 6.30 h bis 15.00 h ändern.

Kann er dies nach freiem Ermessen tun oder braucht er dafür die Zustimmung des Betriebsrats?

Begründen Sie Ihre Aussage.

Der Betriebsrat hat nach § 87 Betriebsverfassungsgesetz ein **Mitbestimmungsrecht** bei der Festlegung der täglichen Arbeitszeit.

Der Personalchef kann also nicht nach freiem Ermessen die Arbeitszeit verlegen, sondern muss sie mit dem Betriebsrat absprechen und eine Zustimmung erreichen.

5 In einer Bekleidungsfirma mit 30 Mitarbeitern soll das Produktionsprogramm verändert werden.

Hat der Betriebsrat der Firma in diesem Zusammenhang ein Mitbestimmungsrecht?

Begründen Sie Ihre Auffassung.

Der Betriebsrat hat hier kein Mitbestimmungsrecht. In technischen und wirtschaftlichen Angelegenheiten hat der Betriebsrat nur ein **Informationsrecht.**

6 Welche Aufgaben hat ein Sozialplan?
Erläutern Sie diese Aufgaben anhand von Beispielen.

Ein **Sozialplan** soll einen Ausgleich oder die Milderung von wirtschaftlichen Nachteilen schaffen, die den Arbeitnehmern bei Betriebsänderungen, wie Betriebsverlegungen oder Betriebsschließungen entstehen.

Ein Sozialplan wird aufgestellt, ...

- bei Zuweisung einer anderen Arbeit mit einem geringeren Lohn.
- wenn bei Betriebsschließungen Anwartschaften auf Altersversorgung wegfallen.
- bei Entlassung von Arbeitnehmern aufgrund von Betriebsschließungen.
- bei anfallenden Umzugskosten oder erhöhten Fahrtkosten bei einer Betriebsverlegung.

7 Was kann in freiwilligen Betriebsvereinbarungen geregelt werden?
Nennen Sie Beispiele hierzu.

In Betriebsvereinbarungen können z.B. geregelt werden:

- zusätzliche Maßnahmen zur Unfallverhütung
- Errichtung von Sozialeinrichtungen
- Maßnahmen zur Förderung der Vermögensbildung bei den Arbeitnehmern

Testfragen zur betrieblichen Mitbestimmung[1]

T66 In welchem Gesetz wird die Zusammenarbeit zwischen dem Arbeitgeber und den Arbeitnehmern eines Betriebes geregelt?

Ⓐ Arbeitsgerichtsgesetz

Ⓑ Arbeitsplatzschutzgesetz

Ⓒ Betriebsverfassungsgesetz

Ⓓ Sozialgesetzbuch

Ⓔ Beschäftigungsförderungsgesetz

T67 Welche Betriebe werden vom Betriebsverfassungsgesetz erfasst?

Ⓐ Betriebe deutscher Unternehmen im Ausland

Ⓑ Gemeindeverwaltungen

Ⓒ Alle Betriebe in Deutschland mit mindestens fünf ständig wahlberechtigten Arbeitnehmern

Ⓓ Betriebe von Religionsgemeinschaften

Ⓔ Kommunale Verkehrs- und Versorgungsbetriebe

T68 Für welche Dauer wird der Betriebsrat regelmäßig gewählt?

Ⓐ 2 Jahre

Ⓑ 3 Jahre

Ⓒ 4 Jahre

Ⓓ 5 Jahre

Ⓔ 6 Jahre

[1] Testfragen, Lösungen Seite 287

T69 Wer ist bei der Wahl zum Betriebsrat wählbar?

Wählbar sind …

Ⓐ alle im Betrieb tätigen Arbeitnehmer.

Ⓑ alle Beschäftigen des Betriebs einschließlich der dort als Leiharbeitnehmer Beschäftigten.

Ⓒ alle Wahlberechtigten, die 12 Monate dem Betrieb angehören.

Ⓓ alle Wahlberechtigten, die das 24. Lebensjahr vollendet haben.

Ⓔ alle Arbeitnehmer, die das 18. Lebens jahr vollendet haben und mindestens sechs Monate dem Berieb angehören.

T70 Der Arbeitgeber kann über seine Beschäftigten Personalakten führen.
Welche der folgenden Aussagen entspricht den gesetzlichen Bestimmungen?

Ⓐ Der Arbeitnehmer kann seine Personalakte generell nicht einsehen.

Ⓑ Der Arbeitnehmer darf nur in Anwesenheit eines Betriebsrats seine Personalakte einsehen.

Ⓒ Der Arbeitnehmer muss seinen Wunsch auf Einsicht einen Monat vorher beantragen.

Ⓓ Die Personalakte darf der zum Stillschweigen verpflichtete Betriebsrat einsehen.

Ⓔ Arbeitnehmer haben das Recht, ihre Personalakte einzusehen und Erklärungen zum Inhalt beifügen zu lassen.

T71 Welches Thema kann in der Betriebsversammlung nicht behandelt werden?

Nicht behandelt werden können …

Ⓐ Fragen der Tarifpolitik, die Betrieb und Arbeitnehmer unmittelbar betreffen.

Ⓑ Fragen der Frauenförderung.

Ⓒ eine Wahlempfehlung für die anstehende Bundestagswahl.

Ⓓ der Tätigkeitsbericht des Betriebsrats.

Ⓔ die wirtschaftliche Lage und Entwicklung des Betriebs.

T72 Ein Arbeitnehmer fühlt sich im Betrieb ungerecht behandelt und möchte sich beschweren.
Wo ist das Recht des Arbeitnehmers auf eine Beschwerde verankert?

Ⓐ im Arbeitsgerichtsgesetz

Ⓑ im Arbeitsplatzschutzgesetz

Ⓒ im Arbeitszeitgesetz

Ⓓ in der Arbeitsstättenverordnung

Ⓔ im Betriebsverfassungsgesetz

T73 Welche Möglichkeiten eröffnet das Betriebsverfassungsgesetz einer Jugend- und Auszubildendenvertretung?
Welche der folgenden Aussagen ist richtig?

Ⓐ Sie hat bei allen vom Betriebsrat zu fassenden Beschlüssen volles Stimmrecht.

Ⓑ Sie kann zu allen Betriebsratsitzungen einen Vertreter entsenden und Probleme der Jugendlichen und Ausbildungsfragen ansprechen.

Ⓒ Verletzt nach Auffassung der Mehrheit der Jugend- und Auszubildendenvertreter ein Beschluss des Betriebsrats wichtige Interessen der Jugendlichen, kann sie diesen aufheben.

Ⓓ Sie kann ohne Abstimmung mit Betriebsrat und Arbeitgeber jederzeit eine Jugend- und Auszubildendenversammlung einberufen.

Ⓔ Sie kann ohne Rücksprache Sprechstunden während der Arbeitszeit einrichten.

T74 Wer sind die beiden Vertragsparteien beim Abschluss einer Betriebsvereinbarung?

Vertragsparteien sind ...

Ⓐ die im Betrieb vertretenen Gewerkschaften und der Arbeitgeber.

Ⓑ die Arbeitnehmer eines Betriebs und der Betriebsrat.

Ⓒ der Arbeitgeber und der Betriebsrat.

Ⓓ die Gewerkschaft und der Arbeitgeberverband.

Ⓔ die Berufsgenossenschaft und der Betriebsrat.

T75 In welchem Fall hat der Betriebsrat kein Mitbestimmungsrecht?

Ⓐ Bei Einführung von Sozialeinrichtungen des Betriebs

Ⓑ Bei Errichtung von Erweiterungsbauten für die Verwaltung

Ⓒ Bei Änderung der Art der Auszahlung der Arbeitsentgelte

Ⓓ Bei Erstellung von allgemeinen Urlaubsgrundsätzen

Ⓔ Bei der Entscheidung, ob im Zeitlohn oder im Akkordlohn gearbeitet werden soll

T76 In Betrieben mit mehr als 20 wahlberechtigten Arbeitnehmern hat der Unternehmer bei bestimmten Betriebsänderungen mit dem Betriebsrat einen Sozialplan zu vereinbaren.

Ein Sozialplan ist auszuarbeiten ...

Ⓐ bei Betriebserweiterung.

Ⓑ bei Stilllegung des ganzen Betriebs.

Ⓒ bei Einführung eines Drei-Schicht-Betriebs.

Ⓓ bei Anmeldung von Kurzarbeit.

Ⓔ bei Stilllegung eines unwesentlichen Betriebsteils.

E

6 Soziale Absicherung

1 Warum sind die Sozialversicherungen als Pflichtversicherung gesetzlich vorgeschrieben?

Die **Sozialversicherungen** sind als Pflichtversicherung festgelegt,

- damit alle Arbeitnehmer und ihre Angehörigen vor wirtschaftlicher Not bei Krankheit, bei unfallbedingter Arbeitsunfähigkeit, bei Pflegebedürftigkeit und im Alter geschützt sind.
- damit alle Arbeitnehmer, ob jung oder alt, krank oder gesund, zur Finanzierung der Sozialversicherungsleistungen beitragen und sie damit auf eine breite Finanzierungsbasis stellen.

2 Wer finanziert die Sozialversicherungen?

Die Beiträge zur Kranken- und Pflegeversicherung, zur Arbeitslosenversicherung sowie zur Rentenversicherung werden je zur Hälfte vom Arbeitnehmer und vom Arbeitgeber aufgebracht. Zusätzlich gewährt der Bund einen Zuschuss aus Steuermitteln. Die Beiträge zur Unfallversicherung bezahlt der Arbeitgeber allein.

3 Welche Leistungen werden im Krankheitsfall von der **Krankenversicherung** getragen?

- Krankheitsbehandlungen, Krankenhausaufenthalte und Pflegebehandlungen
- Vorsorgeuntersuchungen
- Zahnbehandlungen und Anteile am Zahnersatz
- Rehabilitationsmaßnahmen
- Krankengeld

4 Warum ist das Versicherungsnachweisheft der **Rentenversicherung** und die Ausweiskarte für den Versicherten von großer Wichtigkeit?

In das Versicherungsnachweisheft werden vom Arbeitgeber die Jahresverdienste und die an die Rentenanstalt abgeführten Beiträge eingetragen.

Sie sind die Basis für die Berechnung und die Höhe des Rentenanspruchs im Alter.

Die Ausweiskarte weist den Arbeitnehmer als den Berechtigten seines Versicherungsnachweisheftes aus und sichert ihm die Ansprüche auf die Rentenzahlung.

5 Vier Beschäftigte einer Firma fahren gemeinsam mit dem Pkw zur Arbeit und erleiden dabei einen schweren Verkehrsunfall. Welche Sozialversicherung muss in diesem Fall leisten?
Begründen Sie Ihre Meinung und nennen Sie Leistungen, die von der Versicherung zu bezahlen sind.

Ein Unfall auf dem Weg von und zur Arbeitsstätte gilt als Arbeitsunfall.

Damit muss die **gesetzliche Unfallversicherung** die Kosten übernehmen.

Der Träger der Unfallversicherung übernimmt folgende Leistungen:
Heilbehandlungen, Übergangsgeld, bei Bedarf Berufshilfe wie z.B. eine Umschulung, gegebenenfalls auch Verletztenrente, Rente an Hinterbliebene oder Sterbegeld.

6 Was versteht man unter der **Dynamisierung** der Altersrente?

Die Höhe der Renten wird regelmäßig der allgemeinen Einkommensentwicklung angepasst, z.B. gemäß dem Anstieg der Nettolöhne oder der Inflationsrate.

Dadurch nehmen auch die Rentenbezieher an der allgemeinen Wirtschaftsentwicklung teil.

7 Welche Finanzierungsprobleme sind mit der Gewährung der dynamischen Altersrente verbunden?
Zeigen Sie Risiken auf.

Finanzierungsprobleme mit der Dynamisierung der Rente treten auf:

- Bei stagnierenden oder abnehmenden Arbeitnehmereinkommen
- Bei rückläufiger Beschäftigungszahl
- Bei Verringerung der Beitragszahler durch geburtenschwache Jahrgänge
- Bei steigender Zahl und höherer Lebenserwartung der Rentner

8 Welche Leistungen werden von der **Arbeitslosenversicherung** getragen?

- Lohnersatzleistungen in Form von Arbeitslosengeld bzw. Arbeitslosenhilfe bei unverschuldeter Arbeitslosigkeit
- Kurzarbeitergeld, Schlechtwettergeld, Konkursausfallgeld
- Arbeitsvermittlung bei Arbeitslosigkeit
- Finanzierung einer Berufsumschulung bei Chancenlosigkeit im alten Beruf auf dem Arbeitsmarkt

Die ausführende Stelle der Leistungen der Arbeitslosenversicherung sind die Agenturen für Arbeit.

9 Die berufliche Mobilität und Weiterbildung der Arbeitnehmer wird immer wichtiger. Die Bundesagentur für Arbeit fördert deshalb berufliche Fortbildungsmaßnahmen.
Unter welchen Bedingungen unterstützt sie die Teilnahme an diesen Maßnahmen?
Nennen Sie solche Fortbildungsziele.

Die Agentur für Arbeit fördert die Teilnahme, wenn die Fortbildungsmaßnahmen folgendes zum Ziel haben:

- Die Anpassung der Kenntnisse und Fähigkeiten an die beruflichen Anforderungen
- Den Abschluss einer fehlenden Berufsausbildung
- Die Heranbildung und Fortbildung von Arbeitskräften
- Einen beruflichen Aufstieg mit besseren Chancen am Arbeitsmarkt

10 Die Agentur für Arbeit fördert die Wiedereingliederung von Arbeitslosen in das Berufsleben und die Anschluss-Vermittlung von Arbeitnehmern, die von Arbeitslosigkeit unmittelbar bedroht sind.
Nennen Sie Leistungen, die die Agentur für Arbeit diesem Personenkreis gewährt.

- Zuschuss zu den Bewerbungskosten
- Zuschuss zu den Umzugskosten, falls die Aufnahme der Arbeit einen Umzug erforderlich macht
- Familienheimfahrten, falls eine tägliche Fahrt zur Arbeit unmöglich und ein Umzug unzumutbar ist
- Anschaffung einer benötigten Arbeitsausrüstung
- Bei Härtefällen eine Überbrückungshilfe

11 In welchen Fällen bekommt ein arbeitsloser Arbeitnehmer Arbeitslosengeld, Arbeitslosenhilfe oder Sozialhilfe?

Bei eingetretener Arbeitslosigkeit erhält der Arbeitslose während maximal 32 Wochen Arbeitslosengeld. Es beträgt 60% des letzten Nettoverdienstes ohne Kind(er) bzw. 67% mit Kind(ern).

Nach Ablauf der Unterstützungsdauer für Arbeitslosengeld erhält der weiterhin Arbeitslose Arbeitslosenhilfe. Arbeitslosenhilfe wird längstens ein Jahr lang gezahlt und beträgt 53% des letzten Nettoverdienstes ohne Kind(er) bzw. 57% mit Kind(ern).

Dauert die Arbeitslosigkeit weiter an, so erhält der Arbeitslose keine Leistungen der Arbeitslosenversicherung mehr. Er kann dann bei seiner Wohngemeinde Sozialhilfe beantragen.

12 Ein Betrieb hat das Konkursverfahren beantragt. Die Beschäftigten des Betriebs haben in den zurückliegenden zwei Monaten keinen Lohn erhalten.
Welche Möglichkeit bleibt ihnen, ihre Ansprüche auf den rückständigen Lohn durchzusetzen?

Die Arbeitnehmer müssen bei der zuständigen Agentur für Arbeit einen Antrag auf Konkursausfallgeld beantragen. Es wird zum Ausgleich von Ansprüchen auf rückständigen Lohn für die letzten drei vorausgehenden Monate vor Eröffnung des Konkursverfahrens gezahlt.

13 Jeder Arbeitnehmer muss krankenversichert sein. Er kann sich eine der gesetzlichen Krankenkassen selbst auswählen, andernfalls ist er in der allgemeinen Ortskrankenkasse (AOK) versichert.
Nennen Sie Argumente, warum es sinnvoll ist, dass diese Wahlmöglichkeit besteht.

- Der Versicherte kann die für ihn kostengünstigste Krankenversicherung auswählen.
- Die Krankenkassen sind durch die Konkurrenzsituation gezwungen, wirtschaftlich zu arbeiten, um möglichst niedrige Beitragssätze anbieten zu können.

E

14 Nennen Sie Argumente für die Selbstbeteiligung der Versicherten an den Kosten der von den Krankenkassen zugelassenen Arzneimitteln.

Zuzahlungen bei Arzneimitteln sollen ...

- den Versicherten zum sparsamen Gebrauch von Arzneimitteln veranlassen.
- die Krankenkassen finanziell entlasten.

15 Ist der Solidaritätszuschlag ein Beitrag zu den Sozialversicherungen?

Der **Solidaritätszuschlag** ist kein Beitrag zur Sozialversicherung.
Er ist vielmehr eine Sondersteuer zur Finanzierung der Kosten, um in den neuen Bundesländern die Lebensverhältnisse an das Niveau der alten Bundesländer anzugleichen.

16 Welche Gerichte sind zur Klärung von Rechtsstreitigkeiten mit den Sozialversicherungen zuständig?
Nennen Sie Beispiele für mögliche Rechtsstreitigkeiten.

Zur Klärung von Rechtsstreitigkeiten mit den Sozialversicherungen sind die **Sozialgerichte** zuständig. Beispiele für Rechtsstreitigkeiten sind die Verweigerung von Versicherungsleistungen oder die Nichtanrechnung von Beitragszeiten. Die Verfahren vor Sozialgerichten sind kostenfrei.

17 Wie kann man sich und seine Familie zusätzlich zur gesetzlichen Rentenversicherung gegen Notlagen durch frühzeitigen Tod, gegen Berufsunfähigkeit oder gegen wirtschaftliche Not im Alter versichern?

Durch Abschluss privater Versicherungen.

Gegen Notlagen bei frühzeitigem Tod durch eine **Private Risiko-Lebensversicherung:**

Während der Beitragsdauer sind monatliche Versicherungsbeiträge (Versicherungsprämien) zu bezahlen. Der Tod der versicherten Person ist der Versicherungsfall. Es kommt dann die vereinbarte Versicherungssumme an die Hinterbliebenen zur Auszahlung. Tritt der Versicherungsfall (Tod) im Laufe der Versicherungsdauer nicht ein, so sind die gezahlten Versicherungsbeiträge verloren.

Gegen Berufsunfähigkeit durch eine **Private Berufsunfähigkeits-Versicherung:**

Während der Beitragsdauer der Versicherung sind regelmäßige Versicherungsprämien zu bezahlen.

Bei eingetretener und von der Berufsgenossenschaft bestätigter Berufsunfähigkeit zahlt die Versicherung entweder die vereinbarte Versicherungssumme oder eine monatliche Privatrente aus.

Gegen Not im Alter durch eine **Private Kapital-Lebensversicherung:**

Eine Kapital-Lebensversicherung ist vor allem eine Versicherung auf den Erlebensfall. Während der Beitragsdauer sind regelmäßige Versicherungsbeiträge zu leisten.

Nach Ablauf der Versicherungsdauer zahlt die Versicherung entweder eine einmalige Geldsumme oder einen monatlichen Privatrentenbetrag an den Versicherten.

Stirbt der Versicherte während der Laufzeit der Versicherung, dann wird die Versicherungssumme an die Hinterbliebenen ausgezahlt.

Der Abschluss einer privaten Risiko-Lebensversicherung oder einer privaten Berufsunfähigkeitsversicherung ist vor allem für Berufsanfänger und den Hauptverdiener einer Familie zu empfehlen, insbesondere, wenn Kredite zur Existenzgründung oder für eine Wohnung oder ein Haus aufgenommen wurden.

Dadurch sind der Versicherte bzw. die Familie im Versicherungsfall (Berufsunfähigkeit oder Tod) gegen wirtschaftliche Not geschützt.

18 Es gibt immer wieder Umstände, die eine wirtschaftliche Not des Einzelnen zur Folge haben können und nicht durch die Sozialversicherungen aufgefangen werden.
Wie hilft in diesen Fällen die staatliche Gemeinschaft?
Nennen Sie staatliche Hilfen.

Beispiele für öffentliche Hilfen sind:

- Sozialhilfe
- Erziehungsgeld
- Wohngeld
- Ausbildungsförderung

Testfragen zur sozialen Absicherung[1]

T77 Welche Risiken werden nicht durch die Sozialversicherungen abgedeckt?

Welche Antwort ist richtig?

Ⓐ Verlust der Rücklagen durch eine Inflation

Ⓑ Arbeitslosigkeit

Ⓒ Kosten für einen Krankenhausaufenthalt

Ⓓ Längere Arbeitsunfähigkeit durch einen Arbeitsunfall

Ⓔ Frühinvalidität

T78 Welche der folgenden Versicherungen gehört zur Sozialversicherung?

Ⓐ Hausratversicherung

Ⓑ Rechtsschutzversicherung

Ⓒ Arbeitslosenversicherung

Ⓓ Pkw-Insassenversicherung

Ⓔ Krankenhaus-Tagegeldversicherung

T79 Welche der genannten Versicherungen ist nicht Teil der Sozialversicherung?

Ⓐ Haftpflichtversicherung

Ⓑ Pflegeversicherung

Ⓒ Berufsunfallversicherung

Ⓓ Krankenversicherung

Ⓔ Rentenversicherung

T80 Das System der Sozialversicherungen basiert auf den Grundprinzip der Solidarität. Welche der nachfolgenden Aussagen entspricht diesem Solidaritätsprinzip?

Ⓐ Jedes Versicherungsmitglied ist verpflichtet, mit seinem Privatvermögen in Not geratene Mitglieder zu unterstützen.

Ⓑ Jedes Mitglied hat den gleichen Beitrag zur Risikoabdeckung zu zahlen.

Ⓒ Die Sozialversicherung hilft jedem Mitglied, das durch Krankheit, Unfall oder Arbeitslosigkeit in Not gerät durch Zahlungen aus der Versicherungskasse.

Ⓓ Die einzelne Person muss sich zunächst einmal selbst helfen.

Ⓔ Staat, Arbeitnehmer und Arbeitgeber teilen sich zu gleichen Teilen die finanzielle Last der Sozialversicherungen.

T81 Wie werden die meisten Sozialversicherungen finanziert?

Ⓐ Allein durch den Etat des Sozialministeriums des Bundes

Ⓑ Hauptsächlich aus den Beiträgen der Versicherten und deren Arbeitgeber

Ⓒ Allein durch die Arbeitgeberverbände und die Pflichtversicherten

Ⓓ Überwiegend durch die Gewerkschaften und die Versicherten

Ⓔ Ausschließlich durch die Versicherten und das Sozialministerium

T82 Für welche Versicherung wird dem Arbeitnehmer kein Beitrag von seinem Lohn abgezogen?

Ⓐ Krankenversicherung

Ⓑ Rentenversicherung

Ⓒ Unfallversicherung

Ⓓ Arbeitslosenversicherung

Ⓔ Pflegeversicherung

T83 Welche Leistung kann nicht von den gesetzlichen Krankenkassen in Anspruch genommen werden?

Ⓐ Regelmäßige Untersuchungen zur Früherkennung von Krankheiten

Ⓑ Krankengeld

Ⓒ Kosten für den Krankentransport

Ⓓ Kostenzuschüsse bei Zahnersatz

Ⓔ Kosten für einen Arztbesuch im Ausland

T84 Welche der nachfolgend genannten Krankenkassen gehören nicht den gesetzlichen Krankenversicherungen an?

Ⓐ Allgemeine Ortskrankenkassen (AOK)

Ⓑ Barmer Ersatzkasse

Ⓒ Techniker Krankenkasse

Ⓓ Private Krankenkassen

Ⓔ Betriebskrankenkassen

[1] Lösungen der Testfragen Seite 287

T85 Was beeinflusst die Beitragshöhe zur gesetzlichen Krankenversicherung?

Ⓐ Die gewünschten Leistungen
Ⓑ Der Bruttoverdienst des Arbeitnehmers
Ⓒ Die Anzahl der mitversicherten Familienmitglieder
Ⓓ Der Familienstand
Ⓔ Das Kostenrisiko durch bei dem Versicherten festgestellte Krankheiten

T86 Welche Beitragsregelung gilt für einen pflichtversicherten Arbeitnehmer in der Krankenversicherung?

Ⓐ Der Arbeitnehmer zahlt den gesamten Beitrag.
Ⓑ Der Arbeitgeber zahlt einen mit dem Arbeitnehmer zu vereinbarenden Betrag.
Ⓒ Der Arbeitgeber zahlt den gesamten Beitrag.
Ⓓ Der Arbeitnehmer hat immer den gleichen Festbetrag zu entrichten.
Ⓔ Arbeitgeber und Arbeitnehmer zahlen jeweils die Hälfte des am Bruttolohn orientierten Beitrages.

T87 Wer trägt die Leistungen der gesetzlichen Unfallversicherung?

Ⓐ Ersatzkassen
Ⓑ Berufsgenossenschaften
Ⓒ Gewerbeaufsichtsamt
Ⓓ Landesversicherungsanstalt
Ⓔ Bundesagentur für Arbeit

T88 Wer hat die Beiträge für die gesetzliche Unfallversicherung von gewerblichen Arbeitnehmern zu erbringen?

Ⓐ Der Arbeitnehmer allein
Ⓑ Die Berufsgenossenschaften
Ⓒ Die Unfallversicherung der Gemeinden
Ⓓ Arbeitgeber und Arbeitnehmer je zur Hälfte
Ⓔ Allein der Arbeitgeber

T89 Wer bestimmt den Beitrag und die Bemessungsgrenze für die gesetzliche Rentenversicherung?

Ⓐ Die Bundesversichertenanstalt in Berlin
Ⓑ Der Aufsichtsrat der Rentenversicherung
Ⓒ Der Bundestag
Ⓓ Der Vorstand der Rentenversicherung
Ⓔ Die Vertreterversammlung der Rentenversicherung

T90 Wer sind für die Arbeitnehmer in Textil- und Bekleidungsbetrieben die Träger der gesetzlichen Rentenversicherung?

Ⓐ Für Arbeiter die Landesversicherungsanstalten und für Angestellte die Bundesversicherungsanstalt in Berlin.
Ⓑ Die Bundesagentur für Arbeit
Ⓒ Das Bundessozialministerium
Ⓓ Die Sozialämter der Kommunen
Ⓔ Die Bundesversicherungskammer

T91 Welche Aussage über die Mitgliedschaft in der gesetzlichen Rentenversicherung ist richtig?

Versicherungspflichtig sind ...

Ⓐ Personen, die eine Altersrente beziehen.
Ⓑ Beamte, Berufssoldaten und Soldaten auf Zeit.
Ⓒ Personen, die gegen Arbeitsentgelt oder zu ihrer Berufsausbildung beschäftigt sind.
Ⓓ Personen, die eine geringfügige Beschäftigung (weniger als 15 Stunden in der Woche) ausüben.
Ⓔ Deutsche, die für unbegrenzte Zeit im Ausland bei einer ausländischen Firma beschäftigt sind.

T92 Wie hoch sind zur Zeit die Beiträge zur Rentenversicherung?

Ⓐ 15,5 % vom Nettoverdienst
Ⓑ 15,5 % vom Bruttoverdienst
Ⓒ 19,5 % vom Nettoverdienst
Ⓓ 19,9 % vom Bruttoverdient
Ⓔ 22,5 % vom Bruttoverdienst

T93 Welche Wartezeit gilt für den Anspruch auf Altersrente für langjährig Versicherte?

Ⓐ 25 Jahre
Ⓑ 30 Jahre
Ⓒ 35 Jahre
Ⓓ 40 Jahre
Ⓔ 45 Jahre

T94 Wie werden die Leistungen der gesetzlichen Rentenversicherung finanziert?

Ⓐ Allein durch die Arbeitnehmer
Ⓑ Durch Arbeitnehmer und Arbeitgeber über Beiträge und einen Zuschuss des Bundes
Ⓒ Allein durch den Bund
Ⓓ Allein durch die Arbeitgeber
Ⓔ Durch die Arbeitnehmer gemeinsam mit dem Bund

T95 Welche Personengruppe ist in der Arbeitslosenversicherung pflichtversichert?

Ⓐ Beamte
Ⓑ Schüler an allgemeinbildenden Schulen
Ⓒ Auszubildende und Arbeitnehmer
Ⓓ Berufssoldaten
Ⓔ Selbstständige Unternehmer

T96 Woran orientiert sich die Höhe des Beitrags zur Arbeitslosenversicherung?

Ⓐ Am Nettolohn des Arbeitnehmers
Ⓑ An der Steuerklasse des Arbeitnehmers
Ⓒ Am Lebensalter des Arbeitnehmers
Ⓓ Am Bruttoverdienst des Arbeitnehmers (höchstens jedoch bis zur Beitragsbemessungsgrenze)
Ⓔ An der Anzahl der Beitragsjahre

T97 Arbeitslosengeld erhält nur, wer arbeitslos ist, die geforderten Voraussetzungen erfüllt und Arbeitslosengeld beantragt hat.

Das Arbeitslosengeld ist zu beantragen …

Ⓐ beim Sozialamt.
Ⓑ beim letzten Arbeitgeber.
Ⓒ beim Finanzamt.
Ⓓ bei der Agentur für Arbeit.
Ⓔ bei der Landesversicherungsanstalt.

T98 Ein Auszubildender hat nach einer dreijährigen Ausbildung die Abschlussprüfung bestanden und wird vom ausbildenden Betrieb nicht übernommen. Er wird arbeitslos.
Was ist die Bemessungsgrundlage für sein Arbeitslosengeld?

Bemessungsgrundlage für sein Arbeitslosengeld ist …

Ⓐ das durchschnittliche Nettoeinkommen in den letzten 6 Beschäftigungsmonaten.
Ⓑ 100% des Bruttotariflohnes für einen Facharbeiter.
Ⓒ 100% des Nettotariflohns für einen Facharbeiter.
Ⓓ 50% des erreichbaren Tariflohns für einen Facharbeiter.
Ⓔ 150% der letzten Ausbildungsvergütung.

E

T99 Wenn ein Arbeitnehmer sein Beschäftigungsverhältnis selbst gelöst hat und dadurch vorsätzlich seine Arbeitslosigkeit herbeiführt, so hat dies für die Gewährung des Arbeitslosengeldes Folgen.

Welche der folgenden Aussagen ist richtig?

Der Arbeitslose ...

Ⓐ erhält ein um die Hälfte reduziertes Arbeitslosengeld.

Ⓑ erhält nur Arbeitslosenhilfe.

Ⓒ erhält für die Dauer seiner Arbeitslosigkeit keine Leistung der Bundesagentur für Arbeit.

Ⓓ eine Ermahnung, aber trotzdem sofort Arbeitslosengeld.

Ⓔ erhält erst nach einer Sperrzeit von 12 Wochen Arbeitslosengeld.

T100 Was versteht man bei der Rentenversicherung unter der Beitragsbemessungsgrenze?

Ⓐ Die Gehaltsobergrenze, ab der man Beiträge zur Rentenversicherung bezahlen muss

Ⓑ Die Obergrenze des monatlichen Einkommens, von dem prozentual Rentenversicherungsbeiträge erhoben werden

Ⓒ Die Gehaltsuntergrenze, ab der man Rentenversicherungsbeiträge zahlen muss

Ⓓ Der Grenzbetrag der Rentenversicherungsbeiträge

Ⓔ Der prozentuale Grenzsatz der Rentenbeiträge

7 Eigenes wirtschaftliches Handeln

1 Wozu dient ein Girokonto?

Das **Girokonto** ist die Bankadresse eines Bankkunden.

Der Geldverkehr für die Bankkunden wird von den Banken nur zwischen den Geldinstituten von Bankadresse zu Bankadresse abgewickelt.

Deshalb benötigt man ein Girokonto (Bankadresse), auf das z.B. das Gehalt oder die Ausbildungsvergütung angewiesen werden kann oder von dem man aus eine Überweisung tätigt, z.B. die Miete überweist.

2 Mit welchem Alter wird man beschränkt geschäftsfähig bzw. voll geschäftsfähig?

- Kinder unter 7 Jahren sowie dauernd Geisteskranke sind geschäftsunfähig.
- Minderjährige ab dem vollendeten 7. Lebensjahr sind beschränkt geschäftsfähig.
- Personen ab vollendetem 18. Lebenjahr sind voll geschäftsfähig.

3 Beschreiben Sie vier Möglichkeiten, um beim Einkauf eine Ware zu bezahlen?

- **Durch Barzahlung.**
  Die Ware wird nach Erhalt des Geldes ausgehändigt.
- **Durch Scheck.**
  Der Scheck ist eine Anweisung des Scheckausstellers an seine Bank, den auf dem Scheck vermerkten Betrag gegen Vorlage des Schecks entweder bar auszubezahlen (Barscheck) oder auf dem benannten Konto gut zu schreiben (Verrechnungsscheck).
- **Mit der Kreditkarte.**
  Durch Leistung einer Unterschrift unter einen speziellen Kassenbeleg, auf dem die Kreditkartennummer und der Rechnungsbetrag vermerkt sind. Der Betrag wird vom Girokonto des Kreditkarteninhabers abgebucht.
- **Mit der ec-Karte.**
  Der Käufer steckt seine ec-Karte in ein elektronisches Lesegerät, gibt seine Geheimzahl ein und bestätigt den Warenpreis (Electronic Cash bzw. POS) oder unterschreibt den Lastschriftbeleg (POZ – ohne Zahlungsgarantie). Der Betrag wird vom Girokonto des Karteninhabers abgebucht.

4 Warum sollte die ec-Karte und die Geheimzahl niemals zusammen aufbewahrt werden?

Mit der ec-Karte und Kenntnis der Geheimzahl kann auch ein Unbefugter an jedem Geldautomaten vom Konto des Karteninhabers Geld abheben oder mit der ec-Karte Waren auf Rechnung des Karteninhabers erwerben.

5 Wozu verwendet man Überweisungen und wie wird eine Überweisung ausgeführt?

Eine **Überweisung,** auch Überweisungsauftrag genannt, dient zur Überweisung eines Geldbetrages von einem Auftraggeber an einen Empfänger.

Der Überweisungsvordruck wird vom Auftraggeber ausgefüllt und bei der eigenen Bank abgegeben. Der Überweisungsbetrag wird vom Girokonto des Auftraggebers abgebucht und auf dem Girokonto des Empfängers gutgeschrieben.

**6 Ein Auszubildender will sich ein Motorrad für 2740,00 € kaufen.
Welche Möglichkeiten der Bezahlung gibt es für diesen Kauf?**

- Barzahlung mit gespartem Geld.
- Bezahlung gemäß einem Ratenkaufvertrag des Motorradhändlers.
- Aufnahme eines Konsumentenkredits bei einer Bank und Barzahlung mit diesem Geld.

7 Welche Angaben muss der Kaufvertrag bei einem Ratenkauf enthalten?

Der Ratenkaufvertrag muss jede der folgenden Angaben enthalten:

- den Barzahlungspreis,
- den Teilzahlungspreis (Summe aus den Raten und allen anderen Kosten),
- den Betrag, die Anzahl und die Fälligkeit der Teilzahlungen,
- den effektiven Jahreszins des Ratenkaufvertrages.

Der Verkäufer schützt sich durch den sogenannten Eigentumsvorbehalt vor Betrug, d.h. die Ware bleibt bis zur vollständigen Bezahlung Eigentum des Verkäufers. Im Zeitraum der Teilzahlungen ist der Käufer lediglich Besitzer der Ware.

8 Welche Kosten entstehen bei einem Ratenkaufvertrag zusätzlich zum eigentlichen Warenpreis?

Die Kosten für die Zinsen zur Vorfinanzierung des Warenpreises (10 % bis 20 % des Warenpreises pro Jahr) sowie eine einmalige Bearbeitungsgebühr (1 % bis 3 % des Kaufpreises).

9 Ein Auszubildender hat sich bei einem Versandhaus ein Mountainbike bestellt.
Das gelieferte Mountainbike hat Kratzer im Lack des Rahmens und einen beschädigten Sattel.
Welche Regress-Möglichkeiten hat der Auszubildende gegenüber dem Versandhaus?

- Er kann das gelieferte Mountainbike zurücksenden und ein einwandfreies Mountainbike als Ersatz verlangen (Umtausch).
- Er kann für das mangelhafte Mountainbike einen angemessenen Preisnachlass verlangen (Minderung).

10 Jemand hat bei einem Autohändler ein gebrauchtes Auto gekauft.
Als Bezahlung ist ein Ratenkaufvertrag mit einer monatlichen Rate von 140,00 € vereinbart.
Welche Bezahlungsart ist für die monatliche Rate am besten geeignet?

Am geeignetsten ist ein Dauerauftrag, den man der eigenen Bank erteilt.

Möglich ist es auch, dem Autohändler oder einer Bank eine Einzugsermächtigung für die Raten zu geben.

11 Geben Sie drei Beispiele für eine sinnvolle Verwendung des eigenen Einkommens an mit der Zielsetzung, seinen Lebensunterhalt zu sichern.

- Befriedigung der Existenzbedürfnisse, wie Nahrungsmittel, Kleidung, Wohnen, Information, Unterhaltung
- Tätigen von größeren Anschaffungen, z.B. Auto, Stereoanlage oder Möbel
- Rücklagen bilden für Notlagen oder größere Anschaffungen durch Sparen

12 Welche Vorteile hat das Sparen nach dem **Vermögensbildungsgesetz?**

Zu dem eigenen Sparbetrag von maximal 470,00 € im Jahr auf einen Bausparvertrag gewährt der Staat eine Arbeitnehmer-Sparzulage von 9 % des gesparten Betrages.

Zu weiteren (maximal) 400,00 € Sparbetrag in langfristigen Aktien- oder Aktienfonds-Sparverträgen gibt es eine Arbeitnehmer-Sparzulage von 18 % in den alten Bundesländern bzw. 22 % in den neuen Bundesländern.

Die Arbeitnehmer-Sparzulage wird nur gewährt, wenn das gesparte Geld vertraglich mindestens 7 Jahre festgelegt ist und wenn das zu versteuernde Einkommen des Sparers bestimmte Höchstgrenzen nicht übersteigt:

17900 € Jahreseinkommen bei Alleinstehenden,
35800 € Jahreseinkommen bei Verheirateten.

13 In welchen Anlageformen kann der Sparbetrag des vermögenswirksamen Sparers nach dem Vermögensbildungsgesetz angelegt werden?

Es kann angelegt werden

- als Beiträge zu einem Bausparvertrag (maximal 470,00 € im Jahr).
- als Beiträge zu einem langfristigen Sparvertrag über Wertpapiere aller Art, wie z.B. Aktien, Anteilen an Aktienfonds, GmbH- oder Genossenschaftsanteilen usw.
(zusätzlich maximal 400,00 € im Jahr).

14 Was ist das Wesentliche des Bausparens gegenüber der Finanzierung eines Bauvorhabens durch Kontensparen und Hypothekenkredit?

Der **Bausparer** spart in 3 bis 5 Jahren rund 40 % der Bausparsumme an (Ansparphase) und erhält nach der Zuteilung des Bausparvertrages von der Bausparkasse für den Rest der Bausparsumme (60 %) ein zinsgünstiges Darlehen. In dieser Rückzahlphase trägt er das Darlehen ab. Die Gesamtlaufzeit von Bausparverträgen (Anspar- und Rückzahlzeiten) dauert 17 bis 25 Jahre.

Beim **Kontensparen und Hypothekenkredit** spart der Sparer rund 30 % der Bausumme an (Eigenkapital) und finanziert den Rest mit einem Hypothekenkredit (Fremdkapital).

15 Welche Möglichkeit hat ein Arbeitnehmer, um zuviel bezahlte Lohnsteuer vom Finanzamt zurückzubekommen?

Er muss nach Ablauf des Jahres eine ausgefüllte **Einkommenssteuererklärung** mit seiner Lohnsteuerkarte und den Nachweisen seiner lohnsteuersenkenden Ausgaben abgeben.

Er erhält vom Finanzamt einen Einkommens-Steuerbescheid und im Falle zuviel gezahlter Steuern eine Steuerrückzahlung.

16 Ein Arbeitnehmer kann alle Werbungskosten in seiner Steuererklärung geltend machen. Nennen Sie einige wichtige Werbungskosten.

Werbungskosten sind alle Kosten, die zur Erwerbung, Sicherung und Erhaltung des Arbeitsverhältnisses aufgebracht werden, wie z.B. Kosten

- für die Fahrt zur Arbeitsstätte.
- für die Mitgliedschaft in einem Berufsverband oder der Gewerkschaft.
- für die berufliche Weiterbildung durch Bücher und Kurse.

17 Ein Arbeitnehmer bekommt von seiner Firma (einer Aktiengesellschaft) jährlich eine begrenzte Anzahl von Aktien zum Vorzugspreis angeboten.
Der Nennwert der Aktie beträgt 2,50 €, der Kurs der Aktie 38,10 € und die im letzten Jahr ausgezahlte Dividende 0,35 €.
Was bedeuten diese Angaben?

Der **Nennwert** ist der auf der Aktie angegebene Anteil am Kapital einer Aktiengesellschaft.

Der **Kurs** einer Aktie ist der Wert, zu dem die Aktie an der Börse gehandelt wird. Er ist meist höher als der Nennwert der Aktie und wird in Euro angegeben.

Die **Dividende** ist der jährlich pro Aktie ausgezahlte Ertrag an die Aktionäre.

18 Warum werden die Steuerpflichtigen nach ihrem Familienstand in verschiedene Steuerklassen eingeteilt?

Durch die **Steuerklasse** wird der einzelne Steuerpflichtige gemäß seiner steuerlichen Belastbarkeit einem bestimmten steuerlichen Tarif zugeordnet.

19 Welche Steuerklassen gibt es?

Steuerklasse I:
Nichtverheirate Personen, Verwitwete oder Geschiedene

Steuerklasse II:
Nichtverheiratete, Verwitwete und Geschiedene mit mindestens einem Kind

Steuerklasse III:
Verheiratete, wenn einer der beiden Ehegatten keinen Arbeitslohn bezieht

Steuerklasse IV:
Verheiratete, wenn beide Ehegatten Arbeitslohn beziehen

Steuerklasse V:
Verheiratete, die beide Arbeitslohn beziehen, wenn auf Antrag ein Ehegatte in Steuerklasse III eingestuft ist

Steuerklasse VI:
Arbeitnehmer, die Arbeitslohn aus einem zweiten oder weiteren Arbeitsverhältnissen beziehen

20 Worin besteht das Wesen eines Mietvertrags?

Durch den **Mietvertrag** verpflichtet sich der Vermieter, dem Mieter den Gebrauch der vermieteten Sache, z.B. eine Wohnung, während der vereinbarten Mietzeit zu überlassen.

Der Mieter verpflichtet sich, dem Vermieter dafür den vereinbarten Mietpreis zu entrichten, meist in Form einer monatlichen Mietzahlung.

21 Welche wesentlichen Inhalte müssen in einem Mietvertrag für eine Wohnung festgelegt sein und wie legt man sie am besten fest?

Am besten verwendet man sogenannte Mustermietverträge, die man im Bürohandel kaufen kann. Diese Mustermietverträge sind auf dem letzten Stand der Gesetzeslage und entsprechen der gültigen Rechtssprechung.

In diesen Mietverträgen müssen in dafür vorgesehenen Leerfeldern folgende Dinge eingetragen und festgelegt werden:

- Name und Adresse des Vermieters und des Mieters
- Bezeichnung der Mietsache
- Höhe der Netto- und Bruttomiete sowie Termine der Mietzahlung
- Mietdauer oder zeitlich unbegrenzte Mietdauer
- Instandhalten der Mietsache und sogenannte Schönheitsreparaturen
- Besondere Vereinbarungen (z.B. Höhe der Kaution, Kündigungsfristen, Ablösung)

Testfragen zu eigenem wirtschaftlichen Handeln[1]

T101 Ein 18-jähriger Auszubildender will zum Kauf eines Autos einen Leasingvertrag abschließen.
Darf er das?
Welche Antwort ist richtig?

Ⓐ Nein, weil er noch nicht 21 Jahre alt ist

Ⓑ Ja, weil er 18 Jahre alt ist

Ⓒ Nein, weil er zwar 18 Jahre alt aber noch Auszubildender ist

Ⓓ Nein, weil er noch nicht 19 Jahre alt ist

Ⓔ Ja, weil er schon 16 Jahre alt ist und eine Ausbildungvergütung bezieht

T102 Was benötigt man zur Bezahlung mit einem Scheck?

Ⓐ Den Personalausweis

Ⓑ Den Personalausweis und einen Scheckvordruck der eigenen Bank

Ⓒ 50,00 € Bargeld zur Anzahlung und den Scheckvordruck

Ⓓ Den Scheckvordruck der eigenen Bank

Ⓔ Ein Stück Papier, auf das man die Scheckkartennummer und den eigenen Namen schreibt

[1] Lösungen der Testfragen Seite 287

T103 Wie kann man an einem Geldautomaten mit der ec-Karte Geld abheben?

Durch Einführen der ec-Karte und ...

Ⓐ Eintippen des eigenen Namens.

Ⓑ Eintippen des eigenen Namens und der Personalausweisnummer.

Ⓒ Eintippen der ec-Kartennummer.

Ⓓ Eintippen des Datums und der Bankleitzahl.

Ⓔ Eintippen der Geheimzahl.

T104 Ein Auszubildender erhält seine erste Ausbildungsvergütung angewiesen.
Warum benötigt er ein Girokonto?

Ⓐ Damit sein Ausbildungsbetrieb die Ausbildungsvergütung überweisen kann.

Ⓑ Damit der Auszubildende die im Lohnbüro ausgezahlte Vergütung dort einzahlen kann.

Ⓒ Damit von der Ausbildungsvergütung die Sozialbeiträge abgeführt werden können.

Ⓓ Damit der Auszubildende die Arbeitnehmer-Sparzulage erhält.

Ⓔ Damit der Ausbildungsbetrieb weiß, ob der Auszubildende sein Geld sinnvoll verwendet.

T105 Welchen Vorteil hat das Bezahlen einer Rechnung mit einem Euroscheck oder einer Kreditkarte?

Ⓐ Man bekommt 5 % Rabatt auf den Rechnungsbetrag.

Ⓑ Man braucht kein größeres Bargeld mit sich herumtragen.

Ⓒ Man ist bei den Verkäufern und Geschäftsinhabern besser angesehen.

Ⓓ Man braucht die Rechnung erst in 6 Wochen bezahlen.

Ⓔ Man erhält eine Prämie von 5 % von seiner Bank.

T106 Eine Auszubildende will ein Fernsehgerät kaufen und nimmt dazu bei seiner Bank einen Konsumentenkredit von 2000,00 € zu einem effektiven Zinssatz von 12,5% und einer Laufzeit von einem Jahr auf.
Wie hoch sind die Zinskosten für diesen Konsumentenkredit?

Ⓐ 250,00 €
Ⓑ 125,00 €
Ⓒ 350,00 €
Ⓓ 200,00 €
Ⓔ 175,00 €

T107 Eine Maßschneiderin will sich zur beruflichen Weiterbildung einen Computer für 2200,00 € kaufen.
Da sie nicht genügend gespartes Geld hat, kauft sie das Gerät mit einem Ratenkaufvertrag.
Welche Aussage über den Ratenkauf ist richtig?

Ⓐ Beim Ratenkauf zahlt man in der Summe weniger als beim Barkauf.
Ⓑ Im Ratenkaufvertag müssen nur der Barzahlungspreis und die Teilzahlungsrate angegeben sein.
Ⓒ Bei einem Ratenkaufvertrag wird der gekaufte Gegenstand beim Kauf Eigentum des Käufers.
Ⓓ Beim Ratenkaufvertrag zahlt man in der Summe genauso viel wie beim Barkauf.
Ⓔ Beim Ratenkaufvertrag zahlt man in der Summe wesentlich mehr als beim Barkauf.

T108 Warum ist es sinnvoll einen Teil seines Einkommens zu sparen?
Welche Antwort ist richtig?

Ⓐ Damit man alle Freunde zu einem Fest einladen kann.
Ⓑ Damit man für Notlagen oder größere Anschaffungen Geld hat.
Ⓒ Damit man besonders niedrige Zinsen bei der Bank bekommt.
Ⓓ Damit man sich keine Sorgen wegen er Geldentwertung (Inflation) machen braucht.
Ⓔ Damit man einen Ratenkaufvertrag abschließen kann.

T109 Bis zu welchem maximalen Sparbetrag fördert der Staat das vermögenswirksame Sparen auf einem Bausparvertrag durch eine Arbeitnehmer-Sparzulage?

Ⓐ 624,00 €
Ⓑ 312,00 €
Ⓒ 470,00 €
Ⓓ 240,00 €
Ⓔ 960,00 €

T110 Welche Aussage zum Bausparen ist richtig?

Ⓐ Man bekommt die Darlehenssumme sofort ausbezahlt und zahlt dann ab.
Ⓑ Man bekommt 50 % der Darlehenssumme sofort, den Rest nach 1 Jahr.
Ⓒ Man spart die vereinbarte Bausparsumme zu einem besonders günstigen Zinssatz.
Ⓓ Man spart ca. 40 % der vereinbarten Bausparsumme an (3 bis 5 Jahre) und erhält dann ein zinsgünstiges Darlehen für den Rest der Bausparsumme.
Ⓔ Man spart 3 Jahre lang 10 % der vereinbarten Bausparsumme an und erhält dann 90 % der Bausparsumme als Bausparkredit.

T111 Von welcher Stelle erhält man die Lohnsteuerkarte?

A Vom Arbeitsamt
Ⓑ Von der Gemeinde- bzw. Stadtverwaltung
Ⓒ Vom Finanzamt
Ⓓ Vom Gewerbeaufsichtsamt
Ⓔ Von der zuständigen Handwerkskammer bzw. Industrie- und Handelskammer

E

T112 Ein Modeschneider mietet an seinem Arbeitsort eine Zweizimmerwohnung.
Welche der folgenden Aussagen zum Mietvertrag ist richtig?

Ⓐ Der Mieter kann einen Monat die Miete aussetzen und sie im folgenden Monat nachbezahlen.

Ⓑ Der Vermieter darf einmal in der Woche die Wohnung kontrollieren.

Ⓒ Wenn er knapp mit dem Geld ist, braucht der Mieter die Miete einen Monat nicht zu bezahlen.

Ⓓ Der Mieter muss dem Vermieter den vereinbarten Mietzins monatlich bezahlen.

Ⓔ Schäden an der Heizungsanlage muss der Mieter bezahlen.

8 Prüfungseinheit zur Wirtschafts- und Sozialkunde[1]

Gebundene Aufgaben

1 Wer stellt das Ergebnis der Abschlussprüfung in einem anerkannten Ausbildungsberuf fest?

Ⓐ Der Vertreter der berufsbildenden Schule
Ⓑ Die Industrie- und Handelskammer
Ⓒ Der Beauftragte der Arbeitgeber
Ⓓ Der Prüfungsausschuss
Ⓔ Der Vertreter der Gewerkschaften

2 Welche Aussage zur beruflichen Fortbildung ist richtig?

Ⓐ Sie erfordert mindestens einen Hauptschulabschluss.
Ⓑ Sie wird nur in den Berufsschulen durchgeführt.
Ⓒ Sie soll die beruflichen Kenntnisse und Fertigkeiten verbessern und erweitern.
Ⓓ Sie ist erst ab dem 30. Lebensjahr erforderlich.
Ⓔ Sie ist nicht nötig, wenn man einen festen Arbeitsplatz hat.

3 Was bedeutet der Begriff duale Berufsausbildung?

Ⓐ Die Ausbildung findet in Schulräumen und in Werkstatträumen statt.
Ⓑ Die Ausbildung wird vom Betrieb und von der IHK organisiert.
Ⓒ Die Ausbildung wird von zwei Ausbildern geleitet.
Ⓓ Die Ausbildung findet in zwei Ausbildungsabschnitten statt.
Ⓔ Die Ausbildung erfolgt im Betrieb und in der Berufsschule.

[1] Lösungen Seiten 287, 288

4 Wie viel Bundesländer hat die Bundesrepublik Deutschland?

Ⓐ 16
Ⓑ 14
Ⓒ 12
Ⓓ 11
Ⓔ 18

5 In einem Zeitungsbericht heißt es, dass ein Unternehmen „rote Zahlen schreibt".
Was bedeutet das?

Ⓐ Das Unternehmen ist zahlungsunfähig.
Ⓑ Das Unternehmen arbeitet mit Verlust.
Ⓒ Das Unternehmen hat zu wenig Aufträge.
Ⓓ Das Unternehmen erzielt kleine Gewinne.
Ⓔ Die Gewinne des Unternehmens sind stark gestiegen.

6 Mit welchem Vermögen haftet eine GmbH?

Ⓐ Die GmbH haftet mit ihrem Bargeld-Vermögen.
Ⓑ Der Geschäftsführer der GmbH haftet mit dem Gesellschafts- und seinem Privatvermögen.
Ⓒ Die GmbH haftet mit 25000 €.
Ⓓ Die GmbH haftet mit ihrem gesamten Gesellschaftsvermögen.
Ⓔ Die GmbH haftet mit ihrem gesamten Gesellschaftsvermögen, die Gesellschafter zusätzlich mit ihrem Privatvermögen.

7 Warum unternimmt ein Betrieb Rationalisierungsmaßnahmen?

Ⓐ Um Arbeitsplätze zu schaffen
Ⓑ Um die Arbeitsbedingungen zu erleichtern
Ⓒ Um die Produktion herunterzufahren.
Ⓓ Um die Produktion zu erhöhen.
Ⓔ Um die Arbeitsabläufe kostengünstiger zu machen.

8 Wann liegt Inflation vor?

Ⓐ Wenn das Wechselkursverhältnis Euro zu Dollar sich ändert.

Ⓑ Wenn die Preise für dieselben Waren immer höher werden.

Ⓒ Wenn die Preise für dieselben Waren sinken.

Ⓓ Wenn die Preise unverändert bleiben.

Ⓔ Wenn der Kurswert der Aktien steigt.

9 Welche Aussage über einen Industriebetrieb ist richtig?

Ⓐ In Industriebetrieben ist der Unternehmer meist noch praktisch im Betrieb tätig.

Ⓑ In Industriebetrieben herrscht überwiegend die arbeitsteilige Fertigung.

Ⓒ Der Absatzmarkt liegt meist in der Nähe des Betriebsstandortes.

Ⓓ Industriebetriebe verkaufen stets unmittelbar an ihre Kunden und schalten den Handel aus.

Ⓔ In Industriebetrieben überwiegt die Einzelfertigung.

10 Welche Merkmale hat ein Handwerksbetrieb gegenüber Großbetrieben?

Ⓐ Er produziert Großserien von Bauteilen.

Ⓑ Er fertigt vor allem Unikate und kleine Stückzahlen.

Ⓒ Er hat einen hohen Automatisierungsgrad.

Ⓓ Er beschäftigt vor allem ungelernte Arbeiter.

Ⓔ Die Materialkosten sind hoch im Vergleich zu den Lohnkosten.

11 Durch welche Maßnahmen kann die Produktivität eines Betriebs erhöht werden?

Ⓐ Anschaffung neuer, leistungsfähiger Maschinen

Ⓑ Erhöhung der Mitarbeiterzahl

Ⓒ Erhöhung der Arbeitszeit

Ⓓ Günstigerer Einkauf der Werkstoffe

Ⓔ Erhöhung des Lohns

**12 In einem Betrieb werden Arbeitsplätze durch eine automatisierte Fertigungsanlage ersetzt. Dadurch können in gleichen Zeiten doppelt so viele Teile wie zuvor produziert werden.
Welche der folgenden Aussagen ist richtig?**

Ⓐ Der Anteil der Lohnkosten an den Herstellungskosten für ein Teil wird größer.

Ⓑ Die Herstellungskosten für ein Teil erhöhen sich um 100%.

Ⓒ Die Umstellung der Fertigung ist nur möglich, wenn alle Mitarbeiter mit dieser Maßnahme einverstanden sind.

Ⓓ Für die Bedienung der Fertigungsanlage muss ein Ingenieur eingestellt werden.

Ⓔ Die Produktivität des Betriebes wird größer.

13 Welche Aussage über den Leistungslohn ist richtig?

Der Leistungslohn ist ...

Ⓐ eine Vergütung, die die langjährige Zugehörigkeit zu einem Betrieb berücksichtigt.

Ⓑ eine Vergütung, die für Arbeiten außerhalb der Regelarbeitszeit geleistet wird.

Ⓒ eine Vergütung, die die geleistete Arbeit pro Zeit berücksichtigt.

Ⓓ eine Vergütung, die die Lebensleistung eines Menschen berücksichtigt.

Ⓔ eine Vergütung für Arbeiten, die an Sonn- und Feiertagen geleistet werden.

14 Im Geschäftsbericht einer Firma steht, dass der Betrieb seit vier Monaten rote Zahlen schreibt.
Welche Aussage ist richtig?

Ⓐ Das Unternehmen ist voll ausgelastet.

Ⓑ Das Unternehmen hat den Umsatz gesteigert.

Ⓒ Das Unternehmen erzielt Gewinne.

Ⓓ Das Unternehmen macht Verluste.

Ⓔ Das Unternehmen entlässt Arbeitskräfte.

15 Sie bewerben sich als Geselle bei einem neuen Arbeitgeber.
Welche Unterlagen müssen Sie bei Arbeitsantritt in jedem Fall dem Arbeitgeber mitbringen?

Ⓐ Personalausweis, Führerschein

Ⓑ Personalausweis, Polizeiliches Führungszeugnis

Ⓒ Lohnsteuerkarte, Versicherungsnachweisheft

Ⓓ Geburtsurkunde, Gesellenbrief

Ⓔ Schulzeugnis, Gesellenbrief

16 Was versteht man unter der Tarifautonomie?

Ⓐ Die Tariflöhne ändern sich automatisch jedes Jahr.

Ⓑ Die Arbeitgeber legen die Tariflöhne autonom fest.

Ⓒ Die Gewerkschaften legen die Tariflöhne autonom fest.

Ⓓ Nur die Gewerkschaften und die Arbeitgebervertreter handeln die Tariflöhne aus.

Ⓔ Das Arbeitsministerium setzt die Tariflöhne jedes Jahr neu fest.

17 Was muss man tun, um vermögenswirksame Leistungen zu erhalten?

Ⓐ Man muss einen langfristigen Sparvertrag abschließen und seinen Arbeitgeber beauftragen, die vereinbarte Sparrate an die entsprechende Bank zu überweisen.

Ⓑ Man muss einen Teil seines Lohnes dem Arbeitgeber überlassen.

Ⓒ Man muss einen Teil seines Lohnes an politische Parteien spenden.

Ⓓ Man muss nichts Besonderes tun und nur die Steuererklärung abgeben.

Ⓔ Man darf in einem Jahr nicht krankheitshalber bei der Arbeit gefehlt haben.

18 In welchen Betrieben können Betriebsräte gewählt werden?

Ⓐ In Betrieben, in denen der Arbeitgeber seine Zustimmung dazu gibt

Ⓑ In Betrieben mit mindestens 15 Beschäftigten

Ⓒ In Betrieben, in denen mindestens fünf Gewerkschaftsmitglieder beschäftigt sind

Ⓓ In Betrieben mit mindestens 25 Beschäftigten

Ⓔ In Betrieben, in denen mindestens fünf wahlberechtigte Arbeitnehmer beschäftigt sind

19 Einem Maßschneider wird gekündigt. Er ist der Meinung, dass dies nicht ordnungsgemäß ist.
Bei welchem Gericht kann er dagegen Klage führen?

Ⓐ Verwaltungsgericht

Ⓑ Arbeitsgericht

Ⓒ Amtsgericht

Ⓓ Sozialgericht

Ⓔ Landesgericht

20 Welche gesetzliche Mindest-Kündigungsfrist gilt im Regelfall für Gesellen und Facharbeiter?

Ⓐ 3 Tage
Ⓑ 4 Wochen
Ⓒ 2 Wochen
Ⓓ 6 Wochen
Ⓔ 3 Monate

21 Wie lange dürfen Jugendliche nach dem Jugendarbeitsschutzgesetz höchstens pro Woche arbeiten?

Ⓐ 34 Stunden
Ⓑ 36 Stunden
Ⓒ 37,5 Stunden
Ⓓ 40 Stunden
Ⓔ 42 Stunden

22 Welche Aufgabe hat das Gewerbeaufsichtsamt?

Ⓐ Überwachung der Gesellenprüfungen
Ⓑ Steuerliche Überwachung der Arbeitgeber
Ⓒ Überwachung des lauteren Wettbewerbs der Betriebe
Ⓓ Überwachung der Einhaltung der staatlichen Arbeitsschutzvorschriften in den Betrieben
Ⓔ Überprüfung der Arbeitnehmer auf ihre fachliche Eignung

23 Ein Arbeitnehmer erkrankt am Wochenende und kann am Montag nicht arbeiten.
Wann muss er seine Arbeitsunfähigkeit seinem Arbeitgeber mitteilen?

Ⓐ Am 3. Tag nach der Erkrankung
Ⓑ Möglichst vor oder zu Beginn des ersten Fehltages
Ⓒ Direkt nach der ärztlichen Untersuchung
Ⓓ Zu Beginn des 3. Fehltages
Ⓔ Wenn er wieder gesund ist und zur Arbeit erscheint

24 Welches ist die Aufgabe der Berufsgenossenschaften?

Ⓐ Sie schlichten Streit zwischen Arbeitnehmer und Arbeitgeber.
Ⓑ Sie erlassen und überwachen die Unfallverhütungsvorschriften.
Ⓒ Sie legen die Arbeitszeit und die Arbeitspausen fest.
Ⓓ Sie überwachen die vereinbarten Sozialleistungen für die Arbeitnehmer.
Ⓔ Sie gewährleisten die Einhaltung der Lohnfortzahlung im Krankheitsfall.

25 Was versteht man unter dem Nettolohn?

Ⓐ Der Lohn nach Abzug der Steuern und Sozialversicherungsabgaben
Ⓑ Der Lohn nach Abzug der Steuern
Ⓒ Der Lohn ohne Abzug der Steuern und Sozialversicherungsabgaben
Ⓓ Die Summe der Abzüge vom Bruttolohn
Ⓔ Der Lohn nach Abzug der Mehrwertsteuer

26 Welche Versicherung gehört zur gesetzlichen Sozialversicherung?

Ⓐ Haftpflichtversicherung
Ⓑ Hausratversicherung
Ⓒ Arbeitslosenversicherung
Ⓓ Rechtsschutzversichrung
Ⓔ Risiko-Lebensversicherung

27 Wer trägt die durch einen Arbeitsunfall eines Arbeitnehmers notwendig gewordenen Behandlungskosten?

Ⓐ Die gesetzliche Krankenversicherung
Ⓑ Der Arbeitgeber
Ⓒ Die Handwerkskammer bzw. die Industrie- und Handelskammer (IHK)
Ⓓ Die zuständige Berufsgenossenschaft
Ⓔ Der Verursacher des Arbeitsunfalls

28 Von welcher Behörde bekommt man seine Lohnsteuerkarte?

Ⓐ Vom Arbeitsamt

Ⓑ Vom Finanzamt

Ⓒ Von der Gemeinde- oder Stadtverwaltung

Ⓓ Von der Rentenversicherungsanstalt

Ⓔ Von der Handwerkskammer oder der Industrie- und Handelskammer

29 Was bedeutet es, dass die Höhe der Altersrenten dynamisch angepasst wird?

Ⓐ Die Renten werden jedes Jahr der Zahlungsfähigkeit der Rentenkassen angepasst.

Ⓑ Die Renten werden in einem Jahr erhöht, im nächsten Jahr bleiben sie gleich usw.

Ⓒ Die Renten werden der Entwicklung der Beamtengehälter angepasst.

Ⓓ Die Renten werden der Höhe der Steuereinnahmen des Staates angepasst.

Ⓔ Die Renten werden den durchschnittlichen Nettolöhnen der Arbeitnehmer oder der Inflationsrate angepasst.

30 Welche Ausgaben können bei der jährlichen Lohnsteuererklärung nicht als steuermindernd geltend gemacht werden?

Ⓐ die Kosten für die Fahrt zum Arbeitsplatz

Ⓑ der Gewerkschaftsbeitrag

Ⓒ Spenden an eine wohltätige Organisation

Ⓓ die Zinsen für einen Konsumentenkredit

Ⓔ der Krankenversicherungsbeitrag

Ungebundene Aufgaben

31 Nennen Sie mindestens zwei Pflichten, die der Arbeitnehmer und der Arbeitgeber aus dem Arbeitsvertrag haben.

32 Nennen Sie zwei Gründe, die zu einer außerordentlichen (fristlosen) Kündigung führen können.

33 Ein Auszubildender hat seine Ausbildung abgeschlossen und damit Anspruch auf ein betriebliches Zeugnis.

Welche Angaben muss das Zeugnis enthalten
und
welche Angaben kann es auf Verlangen des Auszubildenden enthalten?

34 Was versteht man bei den Sozialversicherungen unter dem Solidaritätsprinzip?

Erläutern Sie anhand eines Beispiels.

35 Im Berufs- und Arbeitsleben werden viele Abkürzungen verwendet.

Was bedeuten die folgenden Abkürzungen?

a) IHK

b) GmbH

c) PC-Software

d) AG

e) CAD

36 Sie haben bei einem Versandhandel einen Computer bestellt.

Bei der Lieferung stellt sich heraus, dass der Computer durch den Transport erheblich beschädigt ist.

Welche Möglichkeiten der Beanstandung (Regression) haben Sie?

37 Wodurch unterscheiden sich der Bruttoarbeitslohn und der Nettoarbeitslohn?

38 Ein Jugendlicher bekommt einen Ausbildungsplatz mit einer Ausbildungsvergütung angeboten.

Die erscheint ihm zu niedrig.

Wie kann er prüfen, ob sie angemessen ist?

39 Die steigenden Benzinpreise erhöhen die Betriebsausgaben eines Betriebes.

Welche Möglichkeiten gibt es für den Betrieb, diese zusätzliche Belastung zu vermeiden?

40 Das Rentensystem in Deutschland beruht auf dem Generationenvertrag.

Was heißt das und wie wirkt sich bei gleichbleibenden Sozialversicherungsbeiträgen eine geringere Arbeitnehmerzahl und eine größere Anzahl von Rentnern auf die Höhe der Rente aus?

Teil F: Lösungsvorschläge

1 Lösungen zu den Zuordnungsaufgaben und „multiple-choice-Aufgaben" von Teil A

Abschnitt 3: Textile Flächen, Maschenwaren

71 Ⓐ Maschenstäbchen, Ⓑ Linke Maschenseite, Ⓒ Rechte Maschenseite, Ⓓ Maschenreihe, Ⓔ Henkel, Ⓕ Flottung, Ⓖ Schussfaden, Ⓗ Stehfaden

72 Ⓐ Interlock, Ⓑ Rechts/Rechts, Ⓒ Trikotlegung, Ⓓ Rechts/Links rechte Warenseite, Ⓔ Rechts/Links linke Warenseite, Ⓕ Fransenlegung, Ⓖ Atlaslegung, Ⓗ Links/Links, Ⓘ Tuchlegung

Abschnitt 9: Produktgestaltung

37 Ⓐ Herzausschnitt
Ⓑ Carmenausschnitt
Ⓒ Römerfalten
Ⓓ U-Boot-Ausschnitt
Ⓔ Neckholder
Ⓕ V-Ausschnitt

38 Ⓐ Schluppenkragen
Ⓑ Bubikragen
Ⓒ Kelchkragen
Ⓓ Wimpelkragen
Ⓔ Matrosenkragen
Ⓕ Dachkragen

39 Ⓐ Paspeltasche, Ⓑ Pattentasche
Ⓒ Schräge Leistungstasche
Ⓓ Paspelierte Pattentasche

40 Ⓐ Miedergürtel, Ⓑ Bindegürtel
Ⓒ Tunnelgürtel, Ⓓ Schnallengürtel

41 Ⓐ Rüsche
Ⓑ Jabot
Ⓒ Volant
Ⓓ Drapierung

42 Ⓐ Keulenärmel
Ⓑ Trompetenärmel
Ⓒ Ballonärmel
Ⓓ Puffärmel

43 Ⓐ Perlen- und Paillettenstickerei
Ⓑ Soutache- und Kordelverzierung
Ⓒ Wattestepprei
Ⓓ Applikation

Abschnitt 10: Produktgruppen

77	A-Linie	Ⓑ
	Y-Linie	Ⓔ
	H-Linie	Ⓒ
	X-Linie	Ⓐ
	I-Linie	Ⓓ
78	Mantelkleid	Ⓓ
	Etuikleid	Ⓔ
	Hängerkleid (Shift)	Ⓑ
	Hemdblusenkleid	Ⓒ
	Prinzesskleid	Ⓐ
79	V-Linie	Ⓒ
	Zelt-Linie	Ⓐ
	Kasten-Linie	Ⓑ
	X-Linie	Ⓔ
	O-Linie	Ⓓ
80	Hemdbluse	Ⓒ
	Schluppenbluse	Ⓐ
	Schößchenbluse	Ⓔ
	Top	Ⓑ
	Kasack(-bluse)	Ⓓ
81	Sattelrock	Ⓑ
	Bahnenrock	Ⓓ
	Kastenrock	Ⓔ
	Godetrock	Ⓐ
	Glockenrock	Ⓒ
82	Pullunder	Ⓐ
	Polo-Shirt	Ⓓ
	Sweat-Shirt	Ⓔ
	Pullover	Ⓑ
	T-Shirt	Ⓒ
83	Schlaghose	Ⓓ
	Caprihose	Ⓐ
	Karottenhose	Ⓔ
	Bermudas	Ⓑ
	Flatterhose (Slacks)	Ⓒ
84	Tailleur-Jacke	Ⓔ
	Cardigan-Jacke	Ⓓ
	Bolero	Ⓑ
	Gilet	Ⓒ
	Janker	Ⓐ

85	Trenchcoat	Ⓒ
	Dufflecoat	Ⓐ
	Slipon	Ⓔ
	Ulster	Ⓑ
	Paletot	Ⓓ
86	Blouson	Ⓒ
	Anorak	Ⓓ
	Parka	Ⓐ
	Hemdjacke	Ⓔ
	Safarijacke	Ⓑ
87	Swinger (-Mantel)	Ⓔ
	Cape	Ⓒ
	Hänger	Ⓓ
	Redingote	Ⓑ
	Caban	Ⓐ
88	Composé	Ⓔ
	Chanelkostüm	Ⓐ
	Complet	Ⓓ
	Schneiderkostüm	Ⓑ
	Deux-Pièces	Ⓒ
89	Blazer	Ⓓ
	Einreiher	Ⓔ
	Sportsakko	Ⓑ
	Zweireiher	Ⓐ
	Freizeitjacke	Ⓒ
90	Frack	Ⓓ
	Cut(away)	Ⓔ
	Party-Sakko	Ⓑ
	Smoking	Ⓐ
	Spenzer-Jacke	Ⓒ
91	Klappenkragen	Ⓑ
	Kentkragen	Ⓒ
	Button-down-Kragen	Ⓔ
	Tab-Kragen	Ⓓ
	Lidokragen	Ⓐ
92	Einsatz	Ⓔ
	Verdeckte Knopfleiste	Ⓓ
	Frontleiste	Ⓒ
	Passe	Ⓑ
	Plisseefalten	Ⓐ

Abschnitt 11.1: Geschichte der Bekleidung: Zuordnungsaufgaben

144	Schapel	Ⓔ
	Cotte	Ⓐ
	Gebende	Ⓓ
	Tasselmantel	Ⓒ
	Surcot (Suckenie)	Ⓑ
145	Muffe	Ⓔ
	Schecke	Ⓖ
	Mi-parti	Ⓘ
	Zaddeln	Ⓗ
	Hennin	Ⓐ
146	Barett	Ⓙ
	Schaube	Ⓑ
147	Gänsebauch	Ⓖ
	Schneppe	Ⓓ
	Kröse	Ⓐ
	Heerpauke	Ⓗ
148	Justaucorps	Ⓐ
	Allonge	Ⓕ
	Engageantes	Ⓙ
	Stecker	Ⓚ
	Culotte	Ⓓ
149	Manteau	Ⓓ
	Jupe (über Panier)	Ⓔ
	Schneppe	Ⓒ
	Décolleté	Ⓐ
150	Tunika	Ⓒ
	Spenzer	Ⓕ
	Pantalons	Ⓗ
151	Berthe	Ⓑ
	Schute	Ⓐ
	Pantalons	Ⓙ
152	Sackärmel	
	Tütenärmel	
	Pagodenärmel	⊗
	Schinkenärmel	
	Hängeärmel	
153	Contouche	
	Jupe	
	Krinoline	
	Tournüre	⊗
	Schneppe	
154	Paletot	Ⓑ
	Cutaway	Ⓒ
	Melone	Ⓕ
155	Schlanke Linie	
	S-Form	⊗
	Sanduhr-Silhouette	
	Cul de Paris	
156	Krinoline	
	Jupe	
	Tunika	
	Tournüre	
	Humpelrock	⊗

157 Toque
Schute
Wagenrad ⊗
Kapote
Kalotte

158 Shirt
Jumper ⊗
Hänger
Blouson
Kasack

159 Griechischer Baustil Ⓑ
Romanischer Baustil Ⓐ
Gotischer Bausteil Ⓕ
Baustil der Renaissance Ⓓ
Baustil des Barocks Ⓔ
Baustil des Klassizismus Ⓒ

160 Gotik Ⓕ
Spanische Mode Ⓔ
Rokoko Ⓓ
Empire Ⓒ
Biedermeier Ⓐ
Jahrhundertwende Ⓑ

161 Romanik Ⓒ
Gotik Ⓔ
Deutsche Renaissance Ⓐ
Spanische Mode Ⓕ
Barock Ⓓ
Biedermeier Ⓑ

Abschnitt 11.2: Geschichte der Bekleidung: Multiple-choice-Aufgaben

1 Ⓒ	2 Ⓓ	3 Ⓒ	4 Ⓑ	5 Ⓑ
6 Ⓐ	7 Ⓒ	8 Ⓒ	9 Ⓓ	10 Ⓔ
11 Ⓑ	12 Ⓒ	13 Ⓔ	14 Ⓐ	15 Ⓑ
16 Ⓑ	17 Ⓒ	18 Ⓒ	19 Ⓐ	20 Ⓓ
21 Ⓐ	22 Ⓐ	23 Ⓒ	24 Ⓑ	25 Ⓐ
26 Ⓑ	27 Ⓒ	28 Ⓓ	29 Ⓒ	30 Ⓓ
31 Ⓒ	32 Ⓑ	33 Ⓐ	34 Ⓓ	35 Ⓔ
36 Ⓒ	37 Ⓓ	38 Ⓔ	39 Ⓐ	40 Ⓑ
41 Ⓓ	42 Ⓓ	43 Ⓓ	44 Ⓒ	45 Ⓓ
46 Ⓐ	47 Ⓒ	48 Ⓐ	49 Ⓓ	50 Ⓓ

2 Beispiele für Abschlussprüfungen der Modenäher (Teil C)

Technologie – ungebundene Aufgaben

Aufgabe **1, Bild 1**

Ⓐ Doppelsteppstichmaschine

Ⓑ Ober- und Unterseite haben gleiches Aussehen, geringe Elastizität, guter Lagenschluss

Ⓒ Schließ-, Verstürz- und Ziernähte

Aufgabe **1, Bild 2**

Ⓐ Doppelkettenstichmaschine

Ⓑ Ober- und Unterseite haben unterschiedliches Aussehen, gute Elastizität, geringer Lagenschluss im Vergleich mit dem Doppelsteppstich

Ⓒ Elastische Verbindungsnähte, stark beanspruchte Nähte

Aufgabe **2, Bild 1**

Ⓐ Legen von Hand

Ⓑ Bei kurzen Lagen und bei sehr häufigem Waren- und Farbwechsel

Ⓒ Die Stoffbahnen werden von Hand auf den Lagenstapel gezogen und auf die erforderliche Länge abgeschnitten.

Die Kantengleichheit muss von Hand gerichtet werden.

Abroll- und Abschneidevorrichtungen erleichtern den Ablauf.

F

Aufgabe **2, Bild 2**

Ⓐ Legen mit Legemaschine

Ⓑ Wirtschaftliches Legen, Legen bei Großserien

Ⓒ Die Stoffbahnen werden mit Hilfe von Zusatzgeräten wie Fotozellen für die Kantenführung, Einhebevorrichtungen für Stoffrollen, Stoffeinfädelvorrichtungen, Abschneidvorrichtungen am Lagenende und Mitfahreinrichtung von einem Wagen abgezogen.

Aufgabe **3, Bild 3**

Ⓐ Nadelspitzendecke

Ⓑ Oberflächen mit Flor, z.B. Samte, Plüsche

Ⓒ Das Bügelgut wird mit der Florseite auf die Nadelfläche gelegt und von der linken Warenseite gebügelt.

Ein Flachbügeln der Floroberfläche wird dadurch vermieden.

Technologie – gebundene (multiple choice) Aufgaben

1 Ⓒ	2 Ⓔ	3 Ⓒ	4 Ⓓ	5 Ⓒ
6 Ⓔ	7 Ⓑ	8 Ⓒ	9 Ⓐ	10 Ⓒ
11 Ⓑ	12 Ⓐ	13 Ⓓ	14 Ⓒ	15 Ⓔ
16 Ⓒ	17 Ⓒ	18 Ⓑ	19 Ⓑ	20 Ⓒ
21 Ⓓ	22 Ⓓ	23 Ⓓ	24 Ⓐ	25 Ⓐ
26 Ⓓ	27 Ⓒ	28 Ⓑ	29 Ⓔ	30 Ⓐ
31 Ⓔ	32 Ⓔ	33 Ⓑ	34 Ⓐ	35 Ⓑ
36 Ⓒ	37 Ⓓ	38 Ⓑ	39 Ⓐ	40 Ⓐ
41 Ⓔ	42 Ⓔ	43 Ⓐ	44 Ⓓ	45 Ⓓ
46 Ⓐ	47 Ⓒ	48 Ⓐ	49 Ⓑ	50 Ⓐ
51 Ⓔ	52 Ⓔ	53 Ⓐ	54 Ⓐ	55 Ⓐ
56 Ⓓ	57 Ⓔ	58 Ⓔ	59 Ⓓ	60 Ⓓ
61 Ⓐ	62 Ⓐ	63 Ⓐ	64 Ⓓ	65 Ⓑ

Technische Mathematik – gebundene Aufgaben

1 Ⓑ (36 Stück)

2 Ⓑ (2,33 Euro)

3 Ⓓ (48 cm)

4 Ⓐ (15,12 m)

5 Ⓒ (342,39 Euro)

6 Ⓓ (3,0 cm)

7 Ⓒ (37 Motive)

8 Ⓔ (24,0 cm)

9 Ⓒ (2,96 cm)

10 Ⓓ (2,5 cm)

11 Ⓓ (45 cm)

12 Ⓑ (560 Stück)

Technische Mathematik – ungebundene Aufgaben

Aufgabe **13**

Zahl der Stiche
= Nahtlänge : Stichlänge
= 960 mm : 3 mm/Stich
= **320 Stiche**

$\text{Garnlänge}_{\text{Fadenverschlingung}}$
= 2 · Nähgutdicke · Zahl der Stiche
= 2 · 1,2 mm · 320
= 786 mm = **78,6 cm**

$\text{Garnlänge}_{\text{gesamt}}$
= Länge Nadelfaden + Länge Greiferfaden + Länge Verschlingung
= 96 cm + 3 · 96 cm + 78,6 cm
= 460,8 cm
≈ **4,61 m**

Aufgabe **14**

Akkordlohn
= Zeit je Einheit · Mengenleistung · Minutenfaktor
= $t_e \cdot m \cdot min_f$
= 2,40 min / Stück · 227 Stück · 0,18 Euro/min
= **98,06 Euro**

Aufgabe **15**

Zuschnitt im Querformat

Zahl der Teile$_{\textbf{Stoffbreite}}$ = Stoffbreite : Länge$_{\text{Teil}}$
= 140 cm : 10 cm
= **14**

Zahl der Teile$_{\textbf{Stofflänge}}$ = Stofflänge : Breite$_{\text{Teil}}$
= 30 m : 0,08 m
= **375**

Zahl der Teile$_{\textbf{gesamt}}$ = Zahl der Teile$_{\text{Stoffbreite}}$ · Zahl der Teile$_{\text{Stofflänge}}$ · 2
= 14 · 375 · 2
= **10500**

Zuschnitt im Hochformat

Zahl der Teile$_{\textbf{Stoffbreite}}$ = Stoffbreite : Breite$_{\text{Teil}}$
= 140 cm : 8 cm
= 17,5 ⇒ **17**

Zahl der Teile$_{\textbf{Stofflänge}}$ = Stofflänge : Länge$_{\text{Teil}}$
= 30 m : 0,10 m
= **300**

Zahl der Teile$_{\textbf{gesamt}}$ = Zahl der Teile$_{\text{Stoffbreite}}$ · Zahl der Teile$_{\text{Stofflänge}}$ · 2
= 17 · 300 · 2
= **10200**

Beim günstigeren Zuschnitt im Querformat können maximal 10500 Teile zugeschnitten werden.

Gestaltung und Konstruktion – gebundene (multiple choice) Aufgaben

1 Ⓔ 2 Ⓓ 3 Ⓓ 4 Ⓑ 5 Ⓔ 6 Ⓓ 7 Ⓓ 8 Ⓑ 9 Ⓑ 10 Ⓐ

Gestaltung und Konstruktion – ungebundene Aufgaben

Aufgabe **11: Brusttasche für Herrenhemd**

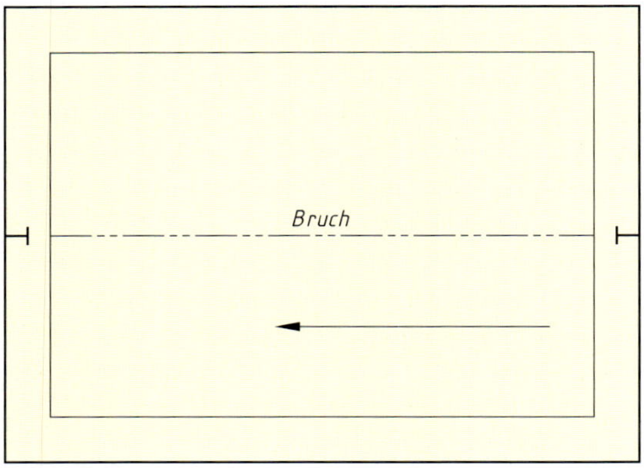

Maßstab 1 : 2

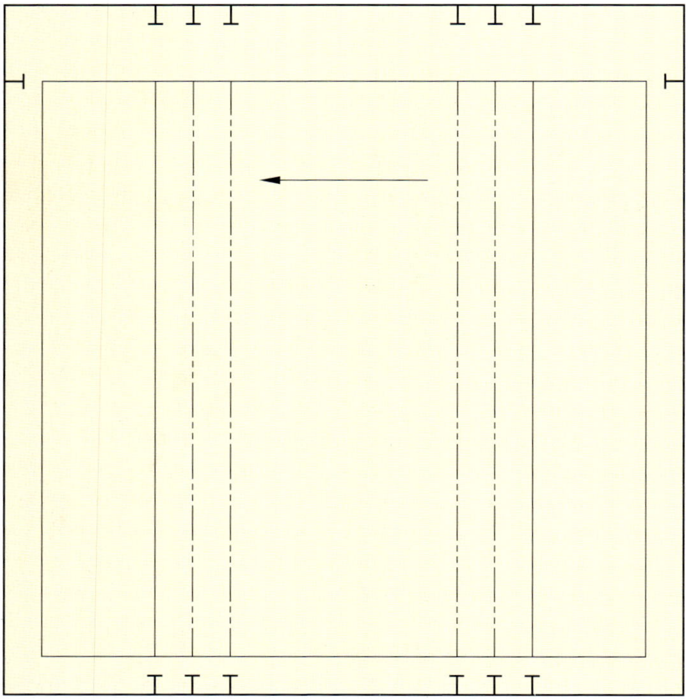

Maßstab 1 : 2

Aufgabe **12: Manschette einer Damenbluse**

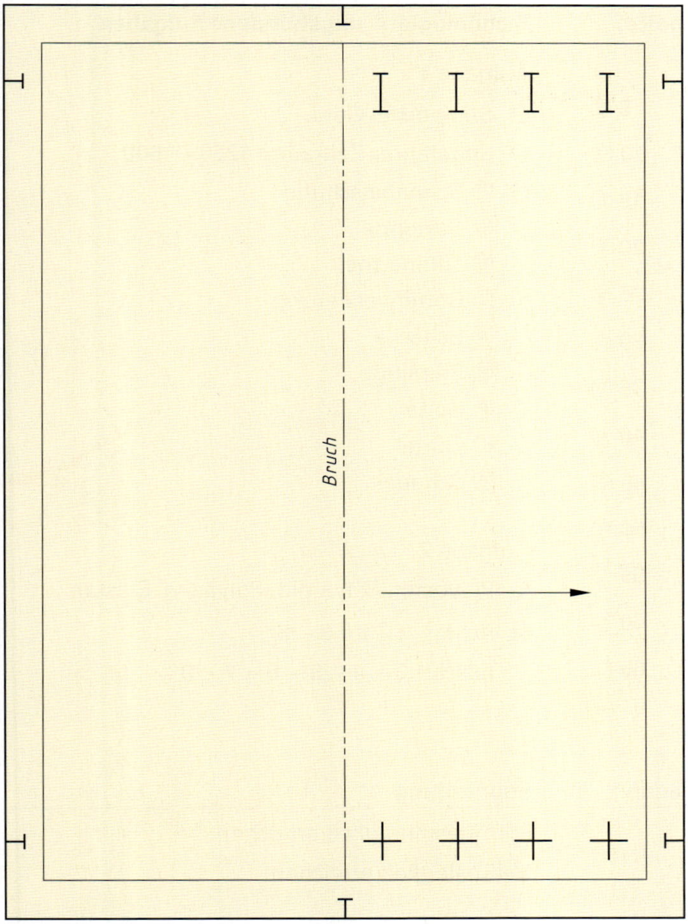

Maßstab 1 : 2

3 Beispiele für Abschlussprüfungen der Modeschneider (Teil D)

Technologie – gebundene (multiple-choice) Aufgaben

1 Ⓓ	2 Ⓑ	3 Ⓔ	4 Ⓑ	5 Ⓔ
6 Ⓔ	7 Ⓓ	8 Ⓓ	9 Ⓒ	10 Ⓓ
11 Ⓒ	12 Ⓐ	13 Ⓒ	14 Ⓔ	15 Ⓔ
16 Ⓔ	17 Ⓒ	18 Ⓒ	19 Ⓑ	20 Ⓔ
21 Ⓓ	22 Ⓓ	23 Ⓒ	24 Ⓒ	25 Ⓔ
26 Ⓑ	27 Ⓔ	28 Ⓑ	29 Ⓑ	30 Ⓓ
31 Ⓓ	32 Ⓓ	33 Ⓓ	34 Ⓔ	35 Ⓑ
36 Ⓐ	37 Ⓔ	38 Ⓔ	39 Ⓔ	40 Ⓑ
41 Ⓓ	42 Ⓑ	43 Ⓔ	44 Ⓑ	45 Ⓔ
46 Ⓐ	47 Ⓐ	48 Ⓓ	49 Ⓐ	50 Ⓑ
51 Ⓒ	52 Ⓔ	53 Ⓔ	54 Ⓑ	55 Ⓒ
56 Ⓒ	57 Ⓑ	58 Ⓓ	59 Ⓒ	60 Ⓑ
61 Ⓔ	62 Ⓓ	63 Ⓒ	64 Ⓐ	65 Ⓓ

Technologie – ungebundene Aufgaben

Aufgabe **1**

A Stilepoche: Gotik

B ungefährer Zeitraum: 1250 – 1500

C Ⓓ Schnabelschuhe
Ⓖ Schleppe
Ⓗ Tütenärmel
Ⓙ Bortenverzierung
Ⓐ Schecke
Ⓑ Beinlinge
Ⓕ Cotte
Ⓒ Gürtel
Ⓔ Schapel

Aufgabe **2**

A Polyester, Polyamid, Polyacryl, Elastan

B richtig: 1 – 2 – 8 – 10
falsch: 3 – 4 – 5 – 6 – 7 – 9

Aufgabe **3**

Maßnahmen zur Vermeidung von Schäden:	Begründung
1 Dehnwerte überprüfen	Formbeständigkeit erreichen
2 Vor dem Zuschneiden Einlaufwerte überprüfen	Maßhaltigkeit erreichen
3 Geeignete Nadelspitze und Nadelstärke auswählen	Vermeidung von Maschensprengschäden
4 Kanten mit Überwendlichstich sichern	Vermeidung von Fallmaschen und Beibehaltung der Dehnfähigkeit

Aufgabe **4**

Gestaltung der Arbeitssysteme	Ⓒ	Ⓓ
Fertigungsplanung	Ⓐ	Ⓔ
Fertigungssteuerung	Ⓑ	Ⓕ

Aufgabe **5**

	Schnittteileliste	Anzahl
1	Vorderteil	2
2	Rückenteil	2
3	Formbund (Sattel) vorne	1
4	Formbund (Sattel) hinten	2
5	Rocktasche	2
6	Taschenklappe	2

Technische Mathematik – gebundene Aufgaben

1 © (62,45 %)	**4** Ⓑ (12 Biesen)	**7** © (35,74 Euro)	**10** Ⓔ (120 %)
2 Ⓑ (17 h 48 min)	**5** Ⓓ (2,0 cm)	**8** Ⓓ 1,82 m)	**11** © (1918,84 Euro)
3 Ⓐ (12,86 Euro)	**6** Ⓓ (352 Stück)	**9** © (13 1/3 %)	**12** Ⓑ (124 Stück)

Technische Mathematik – ungebundene Aufgaben

Aufgabe **13**

$\text{Sozialversicherung}_{\text{Arbeitnehmer}} \quad 21{,}25\,\% \mathrel{\widehat{=}} 334{,}16\text{ Euro}$

$\text{Bruttolohn} \quad 100\,\% \mathrel{\widehat{=}} x$

$$x = \frac{334{,}16\text{ Euro} \cdot 100\,\%}{21{,}25\,\%}$$

$$= 1572{,}52\text{ Euro}$$

Lohnabzüge$_{\textbf{gesamt}}$ = Bruttolohn – Nettolohn

= 1572,52 Euro – 1079,10 Euro

= **493,42 Euro**

Aufgabe **14**

	Warenwert	= 29,00 Euro
–	Preisnachlass 29,00 Euro · 25/100	= 7,25 Euro
	Rechnungsbetrag	= 21,75 Euro
–	Mengenrabatt 21,75 Euro · 15/100	= 3,26 Euro
	Zahlungsbetrag	**= 18,49 Euro**

Aufgabe **15**

$$r_{TW} = \text{Taillenweite} : 2\pi = 66\text{ cm} : 2\pi \approx 10{,}5\text{ cm}$$

$$r_{SW} = r_{TW} + \text{Rocklänge} = 10{,}5\text{ cm} + 74\text{ cm} = 84{,}5\text{ cm}$$

Stoffbreite $= r_{SW} + \text{Nahtzugabe} + \text{Saumzugabe}$

$= 84{,}5\text{ cm} + 1{,}5\text{ cm} + 2\text{ cm}$

= 88 cm = 0,88 m

Stofflänge $= 4 \cdot (r_{SW} + \text{Saumzugabe})$

$= 4 \cdot (84{,}5\text{ cm} + 2\text{ cm})$

= 346 cm = 3,46 m

Saumweite $= 2 \cdot \pi \cdot r_{SW}$

$= 2 \cdot \pi \cdot 84{,}5\text{ cm}$

≈ **531 cm = 5,31 m**

F

Gestaltung und Konstruktion – gebundene Aufgaben

1 Ⓓ **2** Ⓒ **3** Ⓐ **4** Ⓐ **5** Ⓔ **6** Ⓓ **7** Ⓐ **8** Ⓔ **9** Ⓐ **10** Ⓓ

Gestaltung und Konstruktion – ungebundene Aufgaben

11.1 Ganzbild, Eingrößenbild

11.2 Ware mit Strich oder Kopfmuster

11.3 Die rechte vordere Schulterpasse ist doppelt vorhanden bzw. es fehlt eine linke Passe bei Doppelverarbeitung.

Die Säume des Vorderteils und des Rückenteils sind nicht abgerundet.

Der Oberkragen hat einen falschen Fadenlauf bzw. falsche Strichrichtung.

12.1 Hemdbluse

Aufgabe 12.2 Tabelle A

Lfd. Nr.	Benennung der Schnitteile	Anzahl
①	Oberkragen	2
②	Unterkragen	2
③	Innensteg	2
④	Außensteg	2
⑤	Ärmel (rechts und links)	2
⑥	Vorderteil (rechts und links)	2
⑦	Verschlussleiste (rechts und links)	2
⑧	Rückenteil	1
⑨	Passe	1
⑩	Tasche	1

Aufgabe 12.3 Tabelle B

Lfd. Nr.	Benennung der Näharbeitsgänge
①	Kragen fertigen
②	Kragen aufsetzen
③	Passe annähen
④	Ärmel einsetzen
⑤	Seiten- und Ärmelnähte schließen
⑥	Saumfertigung
⑦	Tasche aufsteppen
⑧	Seitenschlitze steppen
⑨	Ärmelsaum fertigen
⑩	Verschlussleisten fertigen

Aufgabe **13**

Dieses Bild zeigt den Lösungsweg

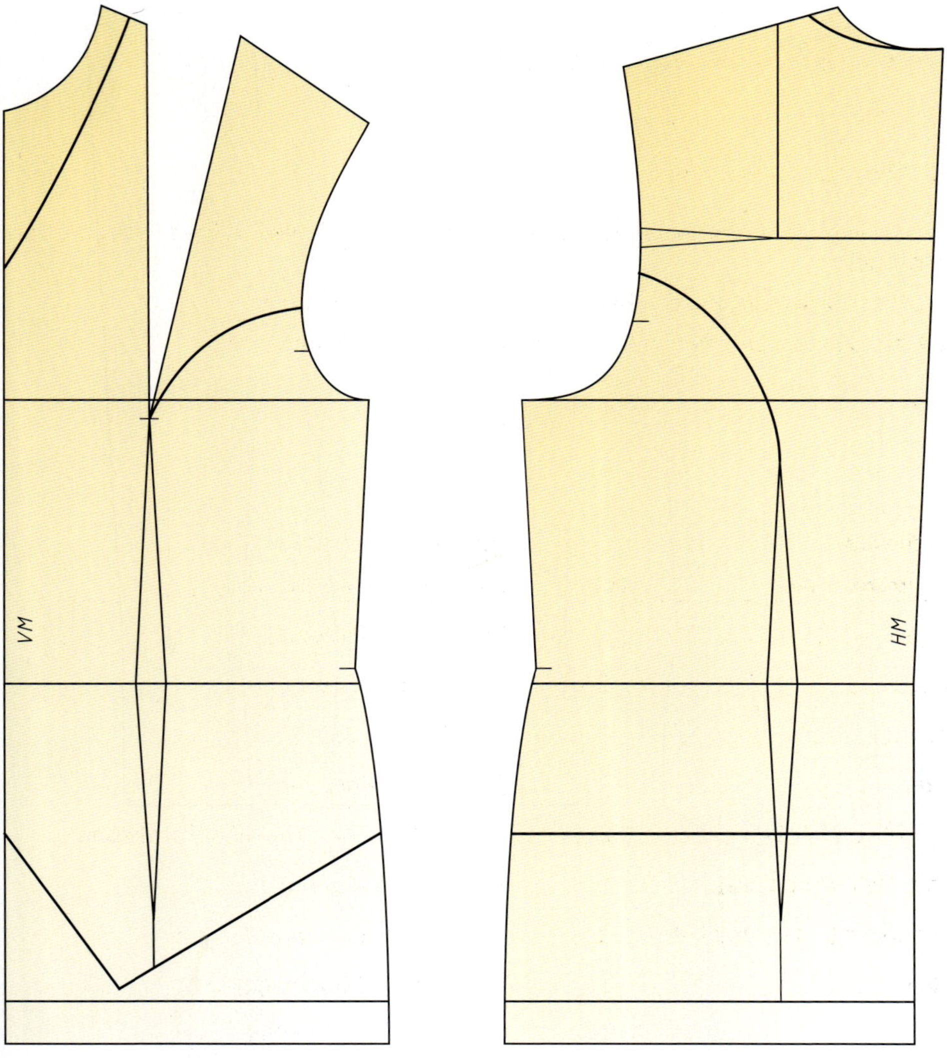

M 1:5

Aufgabe **13** (Fortsetzung)

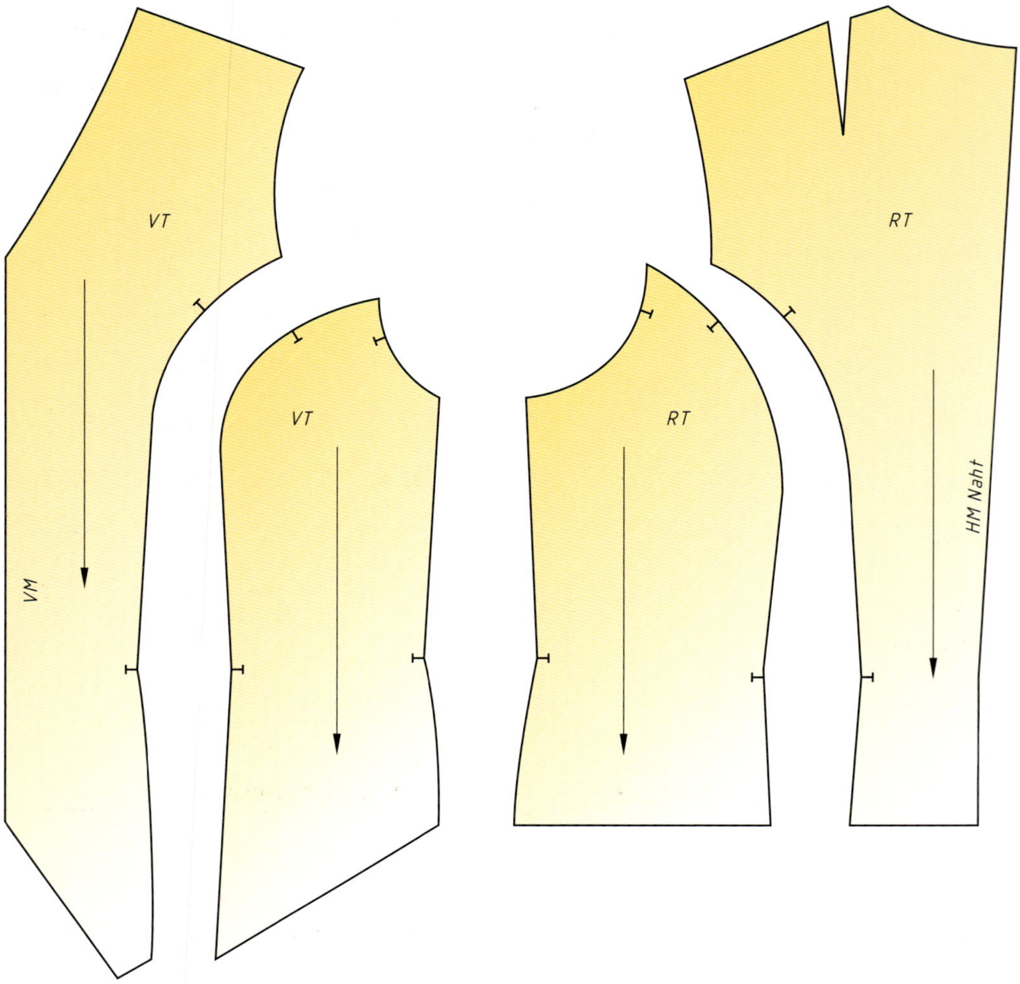

M 1:5

4 Lösungen der Testfragen zur Wirtschafts- und Sozialkunde

T1 Ⓔ	T2 Ⓑ	T3 Ⓐ	T4 Ⓑ	T5 Ⓒ	T6 Ⓔ	T7 Ⓔ	T8 Ⓑ	T9 Ⓓ	T10 Ⓒ
T11 Ⓐ	T12 Ⓔ	T13 Ⓑ	T14 Ⓔ	T15 Ⓒ	T16 Ⓒ	T17 Ⓓ	T18 Ⓓ	T19 Ⓑ	T20 Ⓓ
T21 Ⓓ	T22 Ⓐ	T23 Ⓓ	T24 Ⓔ	T25 Ⓓ	T26 Ⓓ	T27 Ⓔ	T28 Ⓑ	T29 Ⓐ	T30 Ⓑ
T31 Ⓔ	T32 Ⓑ	T33 Ⓑ	T34 Ⓔ	T35 Ⓑ	T36 Ⓔ	T37 Ⓑ	T38 Ⓐ	T39 Ⓓ	T40 Ⓑ
T41 Ⓓ	T42 Ⓑ	T43 Ⓔ	T44 Ⓓ	T45 Ⓒ	T46 Ⓓ	T47 Ⓐ	T48 Ⓐ	T49 Ⓑ	T50 Ⓔ
T51 Ⓒ	T52 Ⓒ	T53 Ⓒ	T54 Ⓑ	T55 Ⓓ	T56 Ⓐ	T57 Ⓒ	T58 Ⓒ	T59 Ⓒ	T60 Ⓐ
T61 Ⓒ	T62 Ⓓ	T63 Ⓒ	T64 Ⓔ	T65 Ⓓ	T66 Ⓒ	T67 Ⓒ	T68 Ⓒ	T69 Ⓔ	T70 Ⓔ
T71 Ⓒ	T72 Ⓔ	T73 Ⓑ	T74 Ⓒ	T75 Ⓑ	T76 Ⓑ	T77 Ⓐ	T78 Ⓒ	T79 Ⓐ	T80 Ⓒ
T81 Ⓑ	T82 Ⓒ	T83 Ⓔ	T84 Ⓓ	T85 Ⓑ	T86 Ⓔ	T87 Ⓑ	T88 Ⓔ	T89 Ⓒ	T90 Ⓐ
T91 Ⓒ	T92 Ⓓ	T93 Ⓒ	T94 Ⓑ	T95 Ⓒ	T96 Ⓓ	T97 Ⓓ	T98 Ⓐ	T99 Ⓔ	T100 Ⓑ
T101 Ⓑ	T102 Ⓓ	T103 Ⓔ	T104 Ⓐ	T105 Ⓑ	T106 Ⓐ	T107 Ⓔ	T108 Ⓑ	T109 Ⓒ	T110 Ⓓ
T111 Ⓑ	T112 Ⓓ								

5 Lösungen der Prüfungseinheit zur Wirtschafts- und Sozialkunde

Gebunde (multiple choice) Aufgaben

1 Ⓓ	2 Ⓒ	3 Ⓔ	4 Ⓐ	5 Ⓑ	6 Ⓓ	7 Ⓔ	8 Ⓑ	9 Ⓑ	10 Ⓑ
11 Ⓐ	12 Ⓔ	13 Ⓒ	14 Ⓓ	15 Ⓒ	16 Ⓓ	17 Ⓐ	18 Ⓔ	19 Ⓑ	20 Ⓑ
21 Ⓓ	22 Ⓓ	23 Ⓑ	24 Ⓑ	25 Ⓐ	26 Ⓒ	27 Ⓓ	28 Ⓒ	29 Ⓔ	30 Ⓓ

Ungebundene Aufgaben

31 Pflichten des Arbeitnehmers sind:

- Arbeitspflicht: die übertragenen Arbeiten gewissenhaft ausführen
- Sorgfaltspflicht: mit Maschinen und Arbeitsmaterial sorgfältig umgehen
- Weisungspflicht: Anweisungen und Arbeitsaufträge des Chefs oder Vorgesetzten sind auszuführen
- Treuepflicht: der Arbeitnehmer darf z.B. keine Betriebsgeheimnisse verraten und keine Handlungen begehen, die zum Nachteil seines Betriebs führen.

F

Pflichten des Arbeitgebers sind:

- Vergütungspflicht: Pünktliche Zahlung des vereinbarten Lohns
- Fürsorgepflicht: Gewährleistung der Arbeitssicherheit und des Gesundheitsschutzes während der Arbeit, Abführung der Sozialversicherungsbeiträge für die Arbeitnehmer
- Gewährung von Urlaub, Einhaltung von Erholungszeiten, maximaler Arbeitsdauer usw.
- Pflicht zur Ausstellung eines Arbeitszeugnisses nach Beendigung der Beschäftigung

32 **Der Arbeitnehmer**

- begeht eine grobe Beleidigung oder Tätlichkeit im Betrieb.
- verweigert die Ausführung einer Arbeit.
- begeht einen Diebstahl oder eine Unterschlagung.
- verrät Betriebsgeheimnisse oder schadet dem Betrieb.

33 Das **Pflichtzeugnis** enthält Angaben über Art, Dauer und Ziel der Berufsausbildung sowie die erworbenen Fertigkeiten und Kenntnisse des Ausgebildeten.

Das **qualifizierte Zeugnis** enthält auf Verlangen des Ausgebildeten Angaben über seine Führung, Leistung und besondere fachliche Fähigkeiten.

34 Das **Solidaritätsprinzip** schützt den Einzelnen bei Unfällen, Krankheit, Arbeitslosigkeit usw. durch die finanzielle Hilfe der anderen Mitglieder der Solidargemeinschaft. Wer z.B. einen Unfall hat, erhält finanzielle Leistungen aus der Unfallversicherung.

35

a) IHK	Industrie- und Handelskammer
b) GmbH	Gesellschaft mit beschränkter Haftung
c) PC-Software	Programme für einen Personalcomputer
d) AG	Aktiengesellschaft
e) CAD	Zeichnen am Computer, engl.: Computer Aided Design

36 Man kann die Rückgabe der Ware und einwandfreien Ersatz verlangen.

Alternativ kann man einen angemessenen Preisnachlass bei Behalten der beschädigten Ware verlangen.

37 Der Bruttoarbeitslohn ist die im Arbeitsvertrag vereinbarte Vergütung des Arbeitnehmers. Ausbezahlt bekommt er nur den Nettolohn. Das ist der Bruttoarbeitslohn abzüglich der Steuern und der Sozialversicherungsbeiträge.

38 Im Tarifvertrag sind die Mindesthöhe der Ausbildungsvergütungen festgelegt. Der Auszubildende kann den Tarifvertrag bei seinem Betriebsrat einsehen.

39 Fahrten mit den Betriebsfahrzeugen sollten auf das Notwendige beschränkt werden. Bei der Neuanschaffung eines Betriebsfahrzeuges sollte ein Fahrzeug mit niedrigem Treibstoffverbrauch gekauft werden.

40 Die Rente nach dem Generationenvertrag bedeutet, dass mit den derzeitigen Rentenversicherungsbeiträgen der Beschäftigten die Renten der heutigen Rentner finanziert werden.

Bei geringerer Zahl der Beschäftigten (Beitragszahler) und höherer Anzahl der Rentner sinkt die Höhe der Rente.